BIOINFORMATIK

Eine Einführung

Arthur M. Lesk

BIOINFORMATIK
Eine Einführung

Aus dem Englischen übersetzt von Sebastian Vogel

Mit einem Vorwort zur deutschen Ausgabe von Hans Werner Mewes,
Institut für Bioinformatik, GSF, Neuherberg

In nature's infinite book of secrecy
A little I can read.

Antonius und Kleopatra, William Shakespeare

Spektrum Akademischer Verlag Heidelberg · Berlin

Introduction to Bioinformatics
Aus dem Englischen übersetzt von Sebastian Vogel

Englische Originalausgabe bei Oxford University Press, Oxford
© 2002 Arthur M. Lesk

Die Deutsche Bibliothek – CIP-Einheitsaufnahme

Lesk, Arthur:
Bioinformatik: Eine Einführung / Arthur M. Lesk. Aus dem Engl. von
Sebastian Vogel – Heidelberg ; Berlin : Spektrum, Akad. Verl., 2003
    ISBN 3-8274-1371-0

© 2003 Spektrum Akademischer Verlag GmbH Heidelberg · Berlin

Lektorat: Frank Wigger, Bettina Saglio
Copy-Editing: Thomas Rattei, Heiko Schoof
Produktion: Ute Kreutzer
Umschlaggestaltung: prepress ulm, Ulm / SPIESZ Design, Neu-Ulm
Satz: Kühn & Weyh, Freiburg
Druck und Bindung: Ebner & Spiegel, Ulm

Für Eda, mit der ich meine Gene kombiniert habe

Vorwort zur deutschen Ausgabe

Bioinformatik als Zauberwort einer unverstandenen Magie weckt bei jungen Studenten und ergrauten Professoren Berührungsängste. Nicht alle wagen den Sprung ins kalte Wasser, manch einer sucht nach Begleitung auf den ersten Schritten. Erste Schritte sind wichtig, sie sollen nicht zu schwierig sein und die Lust am Laufen fördern. Genau das hat sich das Lehrbuch *Bioinformatik* von A. M. Lesk vorgenommen.

Die Datenflut der Genomprojekte hat die Feuilletons der Tageszeitungen erreicht, deren Kommentare oft von der Wissenschaft ins Spirituelle vordringen. „Humangenom entschlüsselt!" heißt es dort, und der „Schlüssel" sei die Bioinformatik. Tatsächlich strahlt dieses Fach durch seine generische Interdisziplinarität eine besondere Faszination aus. Die molekulare Biologie, die Mathematik und die Informatik als die aufregendsten Disziplinen der Jahrtausendwende stellen hohe Anforderungen an den Bioinformatiker. Die Analyse der Genominformation hat die systematische Biologie grundlegend verändert, sie ist datenorientiert. Keine Genomanalyse wird ohne Sequenzvergleiche durchgeführt, keine Expressionsanalyse ohne detaillierte statistische Analyse, und keine Darstellung einer Proteinstruktur erfolgt mehr ohne Visualisierung durch Computergrafik. Der interpretierenden Beobachtung der klassischen Biologie ist die objektive Quantifizierung solider Fakten gefolgt. Sequenz, Struktur, Funktion und ihre Beziehungen werden nicht mehr durch Worte, sondern durch berechenbare Größen beschrieben. Nach der Analyse der einzelnen zellulären Bausteine folgt die Suche nach den Interaktionen in den zellulären Netzwerken als nächste Vision der Bioinformatik. Die Zeit der individuellen Beobachtungen ist längst nicht vorbei, aber mit Genomanalyse und Bioinformatik haben auch Mathematik und Statistik ihren verdienten Platz bei der Analyse komplexer biologischer Systeme gefunden. Kein Student der Biologie sollte daher ohne die Grundbegriffe der Bioinformatik sein Studium beenden.

Wie findet man Zugang zu diesem Fach, ohne modischen Trends nachzulaufen, aber auch ohne zuerst die Grundlagen der Mathematik und Informatik studieren zu müssen? Arthur M. Lesk hat in seinem Lehrbuch die Grundlagen der Bioinformatik als Erweiterung des methodischen Arsenals der Biologie beschrieben, die neue Möglichkeiten eröffnet, biologische Fragen zu beantworten. Ihre Anwendung sollte jedem Biologen geläufig sein; Lesks Anschaulichkeit und der konkrete Bezug zur Praxis machen die Lektüre zum Vergnügen, sich näher mit der Bioinformatik zu befassen.

Nicht umsonst werden Lehrbücher häufig mit dem Namen des Autors zitiert. „Der Lesk" ist ganz besonders durch die Person, den Erzähler geprägt, der uns mit Leichtigkeit, aber konkret und sachlich durch die wichtigsten Themen führt. Sequenzen, Phylogenie, Proteinstrukturen, Datenbanken sowie Beispiele einfacher Programme zeigen, wie die Bioinformatik „funktioniert". Damit ist der aktuelle Zustand der Bioinformatik beschrieben: Die ersten Schritte sind gemacht und können im Lehrbuch präsentiert werden. Genauso deutlich wird, dass der Blick auf die Bioinformatik der Blick durch den Zaun einer großen Baustelle ist. Ich bin sicher, dass in einigen Jahren etliche Bioinformatiker den „Lesk" nennen werden, wenn sie gefragt werden, warum sie dieses Fach gewählt haben. So ähnlich ist es mir selbst vor fast 20 Jahren gegangen, als ich Arthur Lesk persönlich begegnet bin.

Neuherberg, August 2002   H. Werner Mewes

Vorwort

Seit dem 26. Juni 2000 ist in der biologischen und medizinischen Wissenschaft nichts mehr so, wie es einmal war. An diesem Tag hielten der britische Premierminister Tony Blair und Bill Clinton, der Präsident der Vereinigten Staaten, via Satellitenverbindung eine gemeinsame Pressekonferenz ab und gaben bekannt, die Rohversion der Sequenz des menschlichen Genoms sei fertig. Die Schlagzeile der *New York Times* am folgenden Tag lautete: »Wissenschaftler entschlüsseln den Code des menschlichen Lebens«. Die Sequenz aus drei Milliarden Basenpaaren war der krönende Abschluss eines Projekts, das man über zehn Jahre lang verfolgt hatte. Das Ziel hatte man während dieser Zeit stets im Visier gehabt; die Frage war nur, wie schnell die Technik Fortschritte machen und wie reichlich die Geldmittel fließen würden. Der Kasten auf der folgenden Seite nennt einige Meilensteine auf diesem Weg.

Neben den Politikern standen die Wissenschaftler. John Sulston, der Direktor des Sanger Centre in Großbritannien, war seit dem Aufkommen der Hochdurchsatz-Sequenzierungsverfahren eine der Schlüsselfiguren gewesen. Er hatte das Vorhaben vom Stadium des „Einmannbetriebes" bis zum heutigen internationalen Konsortium begleitet. Die Begleiter des Präsidenten Clinton in den USA waren Francis Collins, der Leiter des amerikanischen National Human Genome Research Institute als Vertreter der staatlich finanzierten Projekts, und J. Craig Venter, Präsident und wissenschaftlicher Vorstand der Celera Genomics Corporation, Repräsentant des privatwirtschaftlichen Sektors. Wenn man sich die beiden vorstellt, drängt sich unwillkürlich der Gedanke auf: „In dieser Ecke sehen Sie ... und in jener Ecke ..." Obwohl es zwischen den beiden Gruppen nie zu ernsthaften Konflikten kam, herrschte im Endstadium des Rennens sicher härteste Konkurrenz.

In dem Wettlauf ging es nicht nur darum, wer als Erster die Ziellinie überquerte und die wissenschaftlichen Lorbeeren beanspruchen konnte. Man würde die Beteiligten nach dem Wettkampf nicht daraufhin untersuchen, ob sie Medikamente genommen hatten, sondern vielmehr fragen, ob sie und Andere nun Medikamente entdecken und entwickeln konnten. Medizinische Anwendungen waren ein Hauptmotiv für die Finanzierung des Human-Genomprojekts. Nachdem Gerichte entschieden hatten, dass Gensequenzen patentierbar sind – was für Medikamente, die auf ihrer Grundlage entwickelt wurden, gewaltige Gewinne erwarten ließ –, meldete die Privatwirtschaft für die von ihren Wissenschaftlern aufgeklärten Sequenzen rasch Patente an, während die Arbeitsgruppen an den Universitäten sich beeilten, jedes von ihnen analysierte Sequenzbruchstück öffentlich bekannt zu machen, um etwaige Patentanträge von Celera – oder anderen Unternehmen – *zu verhindern*.

Die akademischen Gruppen, die sich gegen Celera zusammenschlossen, waren in mehreren Instituten angesiedelt, die sich vorwiegend – aber nicht ausschließlich – in Großbritannien und den USA befanden. Unter ihnen waren das Sanger Centre in England, die Washington University in St. Louis, das Whitehead Institute am Massachusetts Institute of Technology im amerikanischen Cambridge, das Baylor College of Medicine in Houston (Texas), das Joint Genome Institute am Lawrence Livermore National Laboratory in Livermore (Kalifornien) und das RIKEN Genomic Sciences Center, das seinen Sitz heute im japanischen Yokohama hat.

Finanziell konnten beide Seiten aus dem Vollen schöpfen. Celera hatte seine ursprünglichen Risikokapitalgeber, seine Mutterfirma PE Company und nach dem Börsengang alle, die sich ein wenig Nervenkitzel gönnen wollten. Das Sanger Centre wurde vom britischen Medical Research Council und vom Wellcome Trust finanziert. Das Geld für die staatlichen Institute in den USA stammte von den National Institutes of Health und vom Energieministerium.

Meilensteine des Human-Genomprojekts

1953	Veröffentlichung der DNA-Struktur durch Watson und Crick.
1975	F. Sanger sowie unabhängig davon A. Maxam und W. Gilbert entwickeln Methoden zur DNA-Sequenzierung.
1977	Sequenzierung des Bakteriophagen ϕX-174: erstes „vollständiges Genom".
1980	Oberster Gerichtshof der USA erklärt gentechnisch veränderte Bakterien für patentierbar. Diese Entscheidung wurde zur Grundlage für die Patentierung von Genen.
1981	Sequenzierung der menschlichen Mitochondrien-DNA: 16 569 Basenpaare.
1984	Sequenzierung des Genoms des Epstein-Barr-Virus: 172 281 Basenpaare.
1990	Beginn des internationalen Human-Genomprojekts; zeitlicher Horizont: 15 Jahre.
1991	J. C. Venter und Kollegen identifizieren aktive Gene anhand von ESTs (*expressed sequence tags*, kurze exprimierte Sequenzabschnitte aus Messenger-RNA).
1992	Vollständige, gering auflösende Genkopplungskarte des menschlichen Genoms.
1992	Beginn des *Caenorhabditis elegans*-Sequenzierungsprojekts.
1992	In Großbritannien gründen Wellcome Trust und Medical Research Council das Sanger Centre, das in großem Stil Genomsequenzierung betreiben soll; Leiter wird J. Sulston.
1992	J. C. Venter gründet The Institute for Genome Research (TIGR) im Zusammenhang mit Plänen, die Sequenzierung durch Genidentifizierung und Medikamentenentwicklung kommerziell zu nutzen.
1995	Erste vollständige Sequenz eines Bakteriums: *Haemophilus influenzae*, veröffentlicht von TIGR.
1996	Hoch auflösende Karte des menschlichen Genoms: Abstand zwischen den Markern etwa 600 000 Basenpaare.
1996	Vollständige Aufklärung des Hefegenoms: erste Sequenz eines Eukaryotengenoms.
Mai 1998	Celera kündigt an, die Sequenz des menschlichen Genoms bis 2001 fertig zu stellen. Wellcome reagiert mit Aufstockung der Mittel für das Sanger Centre.
1998	Veröffentlichung der Sequenz von *Caenorhabditis elegans*.
1. September 1999	Celera kündigt die Sequenz des Genoms von *Drosophila melanogaster* an und veröffentlicht sie im Frühjahr 2000.
1999	Human-Genomprojekt gibt als neues Ziel bekannt: Arbeitsentwurf des menschlichen Genoms (90 Prozent der Gene mit über 95 Prozent Genauigkeit sequenziert) bis 2001.
1. Dezember 1999	Erste vollständige Sequenz eines menschlichen Chromosoms wird veröffentlicht.
26. Juni 2000	Gemeinsame Bekanntgabe der vollständigen vorläufigen Sequenz des menschlichen Genoms.
2003	50. Jahrestag der Entdeckung der DNA-Struktur. Zieldatum für die Fertigstellung einer vollständigen menschlichen Genomsequenz von hoher Qualität durch staatliches Konsortium.

Am 26. Juni 2000 kamen die Kontrahenten überein, den Ausgang des Rennens für unentschieden zu erklären oder das Zielfoto zumindest geflissentlich unscharf zu lassen.

Das menschliche Genom ist nur eine von vielen vollständigen Genomsequenzen, die man mittlerweile kennt. Zusammengenommen vermitteln die Genomsequenzen von Organismen aus ganz unterschiedlichen Zweigen des Lebensstammbaumes ein Bild, das man zuvor nur erahnen konnte: Alles Leben auf der Erde ist *auch in den Einzelheiten* sehr einheitlich. Diese Erkenntnis veränderte unsere Wahrnehmung ganz ähnlich wie die ersten Bilder aus dem Weltraum, die unseren Planeten als einheitliches Ganzes erkennen ließen.

Ähnlich wie das Manhattan-Projekt, das im Zweiten Weltkrieg zur Atombombe führte, und das Weltraumprogramm mit der Landung eines Menschen auf dem Mond als Höhepunkt, so wird auch die Sequenzierung des menschlichen Genoms als eine der großen wissenschaftlich-technischen Leistungen des 20. Jahrhunderts in die Geschichte eingehen. Die Informatik steuerte dazu nicht nur die reine Fähigkeit zur Verarbeitung und Speicherung der Daten bei, sondern auch die hoch entwickelten mathematischen Verfahren, mit denen man zu den Ergebnissen gelangte. Aus dem Zusammenwachsen von Biologie und Computerwissenschaft entstand ein neues Fachgebiet: die Bioinformatik.

Heute ist die Bioinformatik eine angewandte Wissenschaft. Mit Computerprogrammen nutzen wir die Datenarchive der modernen Molekularbiologie, stellen Verbindungen zwischen den Erkenntnissen her und leiten daraus nützliche, interessante Vorhersagen ab.

Dieses Buch richtet sich an Studenten und aktive Wissenschaftler, die wissen müssen, wie man auf die Datenarchive über Genome und Proteine zugreift, welche Hilfsmittel für die Arbeit mit solchen Archiven entwickelt wurden und welche Art von Fragen man mithilfe dieser Archive und Werkzeuge beantworten kann. Informationen dazu findet man an vielen Stellen. Zahlreiche Sites im World Wide Web befassen sich mit Themen der Bioinformatik. Die schwierige Aufgabe besteht darin, aus diesem Material das Wesentliche herauszudestillieren und es auf der Ebene einer Einführung sowohl verständlich als auch zusammenhängend darzustellen.

Dabei wird vorausgesetzt, dass der Leser bereits über molekularbiologische Grundkenntnisse verfügt und Zugang zu einem Computer hat. Auf diesem Fundament baut das vorliegende Buch auf. Es eignet sich als Lehrbuch für fortgeschrittene Studenten und angehende Doktoranden. Der Text enthält viele ausführliche Beispiele sowie Verweise auf nützliche Websites und weiterführende Literatur.*

Am Ende jedes Kapitels bieten Übungsaufgaben die Möglichkeit, das Erlernte zu überprüfen und zu vertiefen, praktische Fähigkeiten zu trainieren und sich mit weiterführenden Themen zu befassen. Dabei gibt es jeweils drei Arten von Aufgaben. Die „Übungsaufgaben" sind kurze, einfache Anwendungen der zuvor erörterten Inhalte. Die „Anwendungsaufgaben" setzen ebenfalls nur Informationen aus dem Buch selbst voraus, erfordern aber ausführlichere Antworten und in manchen Fällen auch Berech-

---

* Die hohe Dynamik des gesamten Feldes bringt es mit sich, dass Informationen über Datenbanken und Zugangsmodalitäten ebenso wie Web-Adressen und Ergebnisse von Suchanfragen nur ein begrenztes „Haltbarkeitsdatum" haben. Insofern stellen viele der praktischen Beispiele zur Nutzung von Datenbanken oder anderer Internet-Angebote in diesem Buch Momentaufnahmen aus der Entstehungszeit des Werkes dar, die sich für den heutigen Nutzer bereits wieder anders darstellen, oft nur geringfügig, gelegentlich aber auch substanziell. Kein Leser sollte sich also verwirren lassen, wenn er die im Buch abgedruckten Beschreibungen oder Suchergebnisse bei seinen eigenen Erkundungen nicht in eben dieser Form wiederfindet.

nungen. Für die Übungen der dritten Kategorie, die „Web-Aufgaben", muss man sich des World Wide Web bedienen. Sie sollen den praktischen Umgang mit jenen Hilfsmitteln ermöglichen, die für das weitere Studium und die Forschung in dem Fachgebiet notwendig sind.

Das Buch konnte in dieser Form nur entstehen, weil sowohl die Archive selbst als auch die Programme für ihre Nutzung heute in großem Umfang über das Web zugänglich sind. Früher musste man Programme und Daten auf dem eigenen Computer installieren, um dann lokal die Berechnungen auszuführen. Das bedeutete natürlich, dass man immer auf die jeweils verfügbaren Einrichtungen angewiesen war. Heute lässt sich die Arbeit über eine Schnittstelle in das World Wide Web weiterleiten – ein Transfer, den die zu diesem Buch gehörende Website (siehe den Kasten auf der Einbandinnenseite) erleichtern soll. Um sicherzustellen, dass jeder Leser die Beschreibungen im Buch und im Web ungehindert nachvollziehen kann, wurden Erläuterungen und Bezüge zu kommerzieller Software vermieden, obwohl im Handel viele hochwertige Programmpakete erhältlich sind.

Ein schwieriges Problem ist die Unbeständigkeit des World Wide Web. Sites kommen und gehen, und im Gefolge bleibt eine Fülle toter Links zurück. Angesichts der großen Anzahl von Websites muss man einige stabile Zugänge finden, die nicht nur über längere Zeit existieren, sondern auch in Inhalt und Links ständig aktualisiert werden. Einige solche Sites sind im Text genannt, es gibt aber auch viele weitere, die ebenso gut sind. Eine lange Liste mit nützlichen Sites zu erstellen, ist nicht schwer, und viele solche Listen existieren bereits. Ein kurzes Verzeichnis zusammenzustellen, ist viel schwieriger!

Die in diesem Buch vorgestellten Berechnungen basieren auf der weit verbreiteten Programmiersprache Perl (oder PERL). Einfache Perl-Programme werden im Zusammenhang mit biologischen Fragestellungen vorgestellt. Zahlreiche leichte Perl-Programmieraufgaben finden sich in den Übungs- und Anwendungsaufgaben am Ende der einzelnen Kapitel.

Was kommt nach der Lektüre? Das vorliegende Buch kann als Vorbereitungs- und Begleitband dienen für *Introduction to Protein Architecture: The Structural Biology of Proteins* (Oxford University Press 2001), das hier natürlich empfohlen werden soll. Andere Bücher über Sequenzanalyse decken das gesamte Spektrum von biologischer Ausrichtung bis zu fast reiner Informatik ab. Letztlich sollte jeder bei der Lektüre die eigenen Interessen erkennen und in die Lage versetzt werden, sie weiter zu verfolgen.

Ich danke vielen Kolleginnen und Kollegen, die mich beim Verfassen dieses Buches mit Ratschlägen und Diskussionen unterstützt haben, sowie den Universitäten Uppsala, Umeå, Rom „Tor Vergata" und Cambridge, bei denen ich das Material erproben konnte.

Für Kommentare und kritische Anmerkungen danke ich besonders S. Aparicio, T. Baglin, D. Baker, A. Bench, M. Brand, G. Bricogne, R. W. Carrell, C. Chothia, D. Crowther, T. Dafforn, R. Foley, A. Friday, M. B. Gerstein, T. Gibson, T. J. P. Hubbard, J. Irving, J. Karn, K. Karplus, B. Kieffer, E. V. Koonin, M. Krichevsky, P. Lawrence, D. Liberles, A. Lister, E. L. Lesk, M. E. Lesk, V. E. Lesk, V.I. Lesk, L. Lo Conte, D. A. Lomas, J. Magré, C. Mitchell, J. Moult, E. Nacheva, H. Parfrey, A. Pastore, D. Penny, F. W. Roberts, G. D. Rose, B. Rost, J. Sulston, M. Segal, E. L. Sonnhammer, R. Srinivasan, R. Staden, G. H. Thomas, A. Tramontano, A. A. Travers, A. Venkitaraman, G. Vriend, J. C. Whisstock, S. H. White, C. Wu und M. Zuker.

Den Mitarbeiterinnen und Mitarbeitern von Oxford University Press danke ich für ihre Geduld und Mühe bei der Herstellung des Buches.

Cambridge, Januar 2002   A. M. L.

Inhalt

3 Archive und die Abfrage von Informationen

4 Alignments und phylogenetische Stammbäume

5 Proteinstruktur und Medikamentenentwicklung

Mit diesem Buch möchte ich meinen Lesern folgende Dinge vermitteln:

- einen Eindruck von der heute verfügbaren, gewaltigen Menge detaillierter Informationen über uns selbst und andere biologische Arten
- ein Gespür für die vielfältigen Anwendungsmöglichkeiten der Bioinformatik in Molekularbiologie, klinischer Medizin, Pharmakologie, Biotechnologie, Landwirtschaft, Forensik, Anthropologie und anderen Fachgebieten
- nützliche Kenntnisse der Methoden, mit deren Hilfe man sich über das World Wide Web Zugang zu den Daten und Analyseverfahren verschaffen kann
- einen Eindruck von der Bedeutung der Computer und der Informatik für die Auswertung und Anwendung der Daten
- die grundlegende Fähigkeit, Informationen aus Datenbanken abzurufen, mit den Daten Berechnungen durchzuführen und diese Basisqualifikation durch selbstständige „Freilandarbeit" im Web auszubauen
- ein Gefühl des Optimismus, dass die Daten und Methoden der Bioinformatik zu tiefgreifenden neuen Erkenntnissen über das Leben sowie zu einer Verbesserung der Gesundheit des Menschen und anderer Lebewesen führen werden

Der Aufbau des Buches

- Kapitel 1 schafft die Voraussetzungen und stellt alle wichtigen Beteiligten vor: Sequenzen und Strukturen von DNA und Proteinen, Genome und Proteome, Datenbanken und Informationsabruf, World Wide Web und Computerprogrammierung. Bevor wir einzelne Themen detaillierter behandeln, wird hier der Rahmen für das Verständnis ihrer Wechselbeziehungen geschaffen.
- Kapitel 2 beschreibt die einzelnen Genome – auch das des Menschen – und ihre Verwandtschaftsbeziehungen aus biologischer Sicht.
- Kapitel 3 vermittelt grundlegende Fähigkeiten zur Nutzung des World Wide Web in der Bioinformatik. Es beschreibt Archivdatenbanken und führt anhand von Beispielen in ihren Gebrauch ein; unter anderem werden dabei Informationen aus einigen wichtigen molekularbiologischen Datenbanken abgerufen.
- Im Kapitel 4 geht es um die Analyse der Verwandtschaftsbeziehungen zwischen Sequenzen, das heißt um Alignment und phylogenetische Stammbäume. Diese Methoden bilden die Grundlage für einige besonders wichtige Aufgaben der Bioinformatik: Erkennung entfernter Verwandter, Aufklärung der Verwandtschaftsverhältnisse zwischen den Genomen verschiedener Lebewesen, Nachzeichnen der Evolution auf der Ebene biologischer Arten und einzelner Moleküle.
- Das Kapitel 5 vollzieht die Erweiterung auf drei Dimensionen: Hier geht es um Struktur und Faltung von Proteinen. Sequenz und Struktur sind als gleichberechtigte Partner zu betrachten, und die Bioinformatik entwickelt Verfahren, mit denen man sich so reibungslos wie möglich zwischen ihnen hin und her bewegen kann. Eine detaillierte Kenntnis der Struktur von Proteinen ist unabdingbar, wenn man ihre Wirkmechanismen aufklären und sie in Medizin oder Pharmakologie nutzen will.

KAPITEL 1

EINFÜHRUNG

Die Biologie war seit jeher eher eine empirische denn eine deduktive Wissenschaft. Diese grundsätzliche Ausrichtung hat sich auch durch die Entwicklungen der jüngeren Zeit nicht geändert, aber das Wesen der Daten hat einen tief greifenden Wandel durchgemacht. Man kann mit Fug und Recht behaupten, alle biologischen Beobachtungen seien bis vor kurzem eher anekdotischer Natur gewesen – zugegebenermaßen allerdings von variierender, manchmal sehr hoher Genauigkeit. Im Laufe der letzten Generation jedoch sind die Daten nicht nur viel quantitativer und präziser geworden, sondern wenn es um Nucleotid- und Aminosäuresequenzen geht, sind sie auch *scharf*. Man kann die Genomsequenz eines Individuums oder Klons nicht nur vollständig, sondern im Prinzip auch *exakt* ermitteln. Experimentelle Fehler lassen sich zwar nie ganz vermeiden, aber in der modernen Sequenzierung von Genomen sind sie sehr selten.

Das alles hat aus der Biologie keine deduktive Wissenschaft gemacht. Das Leben gehorcht den Gesetzen von Physik und Chemie, aber vorläufig ist es noch zu komplex und zu stark von historischen Zufällen abhängig, als dass wir seine Eigenschaften im Einzelnen aus den grundlegenden Gesetzmäßigkeiten ableiten könnten.

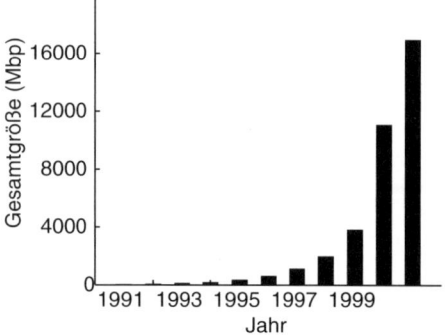

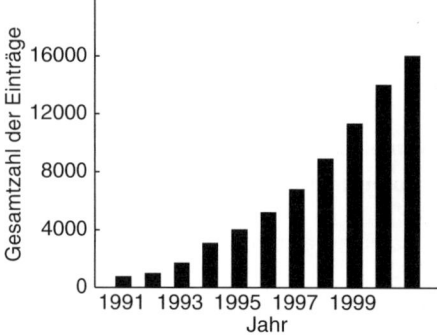

1.1 a) Wachstum von GenBank, der Archivdatenbank für Gensequenzen des National Center for Biotechnology Information (NCBI) der USA. b) Wachstum der Protein Data Bank (PDB), die dreidimensionale Strukturen biologischer Makromoleküle archiviert.

Eine zweite offenkundige Eigenschaft der Daten in der Bioinformatik ist ihre *sehr, sehr große Menge*. Die Datenbanken für Nucleotidsequenzen enthalten derzeit* rund 16×10^9 Basen (abgekürzt 16 Gbp). Nimmt man die ungefähre Größe des menschlichen Genoms – $3,2 \times 10^9$ Buchstaben – als Einheit, handelt es sich um etwa fünf Human-

---

* Die Menge der in den Datenbanken gespeicherten Informationen nimmt in vielen Fällen rapide zu, daher können die Zahlen, die in diesem Buch gegeben werden, nur eine Momentaufnahme auf dem Stand von 2001 darstellen.

Genomäquivalente (oder 5 *huges*, ein wahrhaft angemessener Name). Um einen verständlichen Vergleich anzustellen: 1 *huge* entspricht der Anzahl der Buchstaben in sechs vollständigen Jahrgängen der *New York Times*. Die wichtigste Datenbank für Makromolekülstrukturen (PDB, Protein Data Bank) umfasst mittlerweile mehr als 16 000 Einträge – das heißt vollständige Sequenzen und Raumkoordinaten von Proteinen mit einer Durchschnittslänge von etwa 400 Aminosäuren. Und die verschiedenen Datenbanken sind nicht nur riesig, sondern ihr Datenvolumen nimmt auch mit sehr hohem Tempo zu. Abbildung 1.1 zeigt das Wachstum von GenBank, einer Datenbank, die Nucleinsäuresequenzen archiviert, und PDB. Hochrechnungen für die weitere Entwicklung scheinen kaum sinnvoll machbar.

Qualität und Umfang der Daten waren für die Wissenschaftler Anlass, sich entsprechend ehrgeizige Ziele zu stecken:

- Man will, wie es einmal formuliert wurde, „das Leben klar und im Ganzen sehen". Das heißt, man möchte die *integrativen* Aspekte in den biologischen Eigenschaften der Lebewesen ins Auge fassen und sie als zusammenhängende, komplexe Systeme betrachten.
- Man will Sequenz, Raumstruktur, Wechselwirkungen und Funktionen einzelner Proteine, Nucleinsäuren und Protein-Nucleinsäure-Komplexe zueinander in Beziehung setzen.
- Man will die Befunde über heutige Lebewesen als Ausgangspunkt nutzen, um in Vergangenheit und Zukunft vorzudringen – in die Vergangenheit, um Rückschlüsse über entwicklungsgeschichtliche Vorgänge zu ziehen, und in die Zukunft, um an biologischen Systemen größere, wissenschaftlich begründete, gezielte Abwandlungen vorzunehmen.
- Man will Anwendungsmöglichkeiten in Medizin, Landwirtschaft und anderen Gebieten schaffen.

Ein Szenario

Wenn man sich eine erste Vorstellung davon verschaffen will, welche Rolle die Informatik für die Biologie spielt, kann man sich eine – irgendwo in der Zukunft angesiedelte – Krise vorstellen: Ein neues biologisches Virus verursacht bei Menschen oder Tieren eine tödliche Krankheitsepidemie. Im Labor wird das genetische Material des Erregers isoliert – eine Nucleinsäure, ein langes Polymermolekül aus vier Typen chemischer Bausteine – und anschließend sequenziert. Alles Weitere übernehmen Computerprogramme.

Durch Vergleich mit allen bekannten, in einer Datenbank gespeicherten genetischen Informationen wird das Virus charakterisiert, und seine Verwandtschaft zu bereits untersuchten Viren wird erkennbar [10]. Bei der weiteren Analyse verfolgt man das Ziel, eine virushemmende Therapie zu entwickeln. Viren enthalten Proteinmoleküle, und die eignen sich als Angriffspunkte für Medikamente, die dann Struktur und Funktion des Erregers beeinträchtigen. Wie die Nucleinsäuren, so sind auch die Proteine lange Polymermoleküle; die Sequenzen ihrer Bausteine, der Aminosäuren, sind Botschaften in einem Alphabet aus 20 Buchstaben. Aus den DNA-Sequenzen des Virus leiten Computerprogramme die Aminosäuresequenz eines oder mehrerer Virusproteine ab, die für Vermehrung und Zusammenbau von entscheidender Bedeutung sind [01].

Aus den Aminosäuresequenzen berechnen andere Programme die Struktur der Proteine. Grundlage ist dabei das Prinzip, dass die Aminosäuresequenz eines Proteins seine Raumstruktur und damit auch seine Funktionseigenschaften festlegt. Zunächst werden die Datenbanken nach ähnlichen Proteinen mit bekannter Struktur durchsucht [15]; werden solche Proteine gefunden, reduziert sich das Problem der Strukturvoraussage auf seine „differenzielle Form", das heißt auf die Voraussage, wie sich Sequenz*abweichungen* auf die Struktur auswirken, und die gesuchte Struktur wird mithilfe eines als **Homologiemodellierung** (*homology modelling*) bezeichneten Verfahrens vorhergesagt [25]. Wenn man kein ähnliches Protein mit bekannter Struktur findet, wenn also ein Virusprotein völlig neu zu sein scheint, muss man mit der Strukturvorhersage ganz am Anfang – *ab initio* – beginnen [55]. In diese Lage gerät man aber immer seltener, weil die Datenbank der bekannten Strukturen sich allmählich der Vollständigkeit nähert, während man gleichzeitig immer besser in der Lage ist, auch entfernte Verwandtschaft zuverlässig nachzuweisen.

Kennt man die Struktur der Virusproteine, kann man therapeutische Wirkstoffe entwerfen. Bestimmte Stellen an der Oberfläche von Proteinmolekülen sind für die Funktion von entscheidender Bedeutung und lassen sich blockieren. Man identifiziert ein kleines Molekül, das in Form und Ladungsverteilung zu einer solchen Stelle komplementär ist, oder entwirft es mit einem Computerprogramm, sodass es dann als virushemmendes Medikament dienen kann [50]; oder aber man entwirft und synthetisiert einen oder mehrere Antikörper, die das Virus unschädlich machen [50].

Dieses Szenario stützt sich auf wohlbekannte Gesetzmäßigkeiten, und ich habe keinen Zweifel, dass es eines Tages in der beschriebenen Form Wirklichkeit werden wird. Dass wir es heute bei AIDS noch nicht anwenden können, liegt an den vielen Problemen, die bisher nicht gelöst sind. (Außerdem wissen Viren auch nur allzu gut, wie sie sich verteidigen müssen.) Informatiker haben bei der Lektüre der vorangehenden Passagen sicher erkannt, dass es sich bei den Zahlen in eckigen Klammern nicht um Literaturzitate handelt, sondern dass sie nach der Konvention in den klassischen Büchern von D. E. Knuth, *The Art of Computer Programming*, den Schwierigkeitsgrad des jeweiligen Problems angeben! Zahlen unter 30 stehen für Probleme, zu denen es bereits Lösungen gibt; höhere Werte weisen auf aktuelle Forschungsthemen hin.

Schließlich sollte man auch zur Kenntnis nehmen, dass bei der Entwicklung virushemmender Wirkstoffe rein experimentelle Verfahren möglicherweise noch auf Jahre hinaus erfolgreicher sein werden als theoretische Ansätze.

Leben in Raum und Zeit

Leben zu definieren, ist schwierig; in dem Maße, wie Computer immer leistungsfähiger und die Kontakte an der Schnittstelle von Silizium und Leben immer inniger werden, gilt es diese Definition möglicherweise abzuwandeln – oder etwas unbehaglich mit der alten Definition zu leben. Probieren wir es vorerst einmal so: Ein biologisches Lebewesen ist ein natürlich vorkommendes, sich fortpflanzendes Gebilde, das kontrollierte Wirkungen auf Materie, Energie und Information ausübt.

Aus sehr großem Abstand betrachtet, ist das Leben auf der Erde ein sich selbst erhaltendes, in Raum und Zeit verteiltes System. Von größter Bedeutung ist die Tatsache, dass es in vielen Fällen aus *getrennten* Einzelorganismen besteht, die jeweils eine endliche Lebensdauer und in den meisten Fällen auch einzigartige Eigenschaften haben.

Betrachten wir zunächst den räumlichen Aspekt: Wenn man sich aus großer Entfernung allmählich nähert, kann man in der Biosphäre lokale **Ökosysteme** unterscheiden, die so lange stabil bleiben, bis die Umweltbedingungen sich ändern oder neue biologische Arten eindringen. Jedes Ökosystem ist mit einer ganzen Reihe solcher Arten oder **Spezies** besetzt, die durch darwinistische Selektion oder Gendrift eine Evolution durchmachen. Varianten entstehen durch natürliche Mutationen, Rekombination der Gene bei der sexuellen Fortpflanzung oder direkte Genübertragung. Jede Spezies besteht aus **Einzelorganismen**, die individuelle – allerdings nicht gänzlich voneinander unabhängige – Tätigkeiten ausführen. Die Lebewesen wiederum sind aus **Zellen** aufgebaut. Jede Zelle ist ein kleines, räumlich begrenztes Ökosystem, das von seiner Umwelt nicht isoliert ist, sondern mit ihr gezielt und genau kontrolliert in Wechselwirkung tritt. Eukaryotenzellen haben selbst eine komplizierte innere Struktur mit einem Zellkern, weiteren Organellen und einem Cytoskelett. Und damit sind wir auf der Ebene der Moleküle angelangt.

Das Leben hat aber nicht nur eine räumliche, sondern auch eine zeitliche Ausdehnung. Wir sehen heute eine Momentaufnahme vor uns, einen Augenblick aus der Geschichte des Lebendigen, welche sich mindestens 3,5 Milliarden Jahre weit in die Vergangenheit erstreckt. Mit der Theorie der natürlichen Selektion ist es hervorragend gelungen, die Entwicklung des Lebens rational zu erklären. Dennoch ist eine detaillierte Voraussage für die Zukunft nicht möglich – dazu hat der Zufall zu großen Einfluss auf den Fortgang der Ereignisse. Außerdem ermöglicht auch fossile DNA keinen stichhaltigen Zugang zu den historischen Belegen auf molekularer Ebene. Stattdessen sind wir darauf angewiesen, die Vergangenheit aus den heutigen Genomen herauszulesen. Oder, wie Felix Frankfurter, Richter am Obersten Gerichtshof der USA, es einmal formulierte: »Die amerikanische Verfassung ist nicht nur ein Dokument, sondern auch ein historischer Ablauf.« Das Gleiche gilt für die Genome, in denen ihre eigene Entwicklung festgeschrieben ist.

Dogmen: zentrale und periphere

Das Informationsarchiv eines Lebewesens – der Bauplan für seine potenzielle Entwicklung und Aktivität – ist das genetische Material, die DNA oder, wie bei einigen Viren, die RNA. DNA-Moleküle sind lange, *unverzweigte* Ketten, in denen die Information mit einem Alphabet aus vier Buchstaben niedergeschrieben ist (Kasten 1.1). Schon bei Mikroorganismen ist die Information sehr lang – im typischen Fall 10^6 Buchstaben. Eingebaut in die Struktur der DNA sind Mechanismen für die Selbstverdoppelung (Replikation) und die Übersetzung der Gene in Proteine (Transkription/Translation). Die Doppelhelix mit ihrer inhärenten Selbstkomplementarität, die für eine exakte Replikation sorgt, ist allgemein bekannt (siehe Farbtafel I). Eine nahezu fehlerfreie Replikation ist für eine stabile Vererbung unabdingbar; sehr wichtig sind aber auch gewisse Unvollkommenheiten bei der Replikation oder Mechanismen für die Aufnahme neuen genetischen Materials, denn sonst könnte bei ungeschlechtlichen Lebewesen keine Evolution stattfinden.

Die Stränge der Doppelhelix sind antiparallel angeordnet; um ihre Richtung angeben zu können, bezeichnet man die Enden (nach den Positionen im Ring der Desoxyribose) als 3′ und 5′. Bei der Translation in Protein wird die DNA immer in 5′→3′-Richtung abgelesen.

┤ 1.1 ├

Die vier natürlich vorkommenden Nucleotide in der DNA (RNA)
a Adenin   g Guanin   c Cytosin   t Thymin (u Uracil)

Die 20 natürlich in Proteinen vorkommenden Aminosäuren
unpolare Aminosäuren

G	Glycin	A	Alanin	P	Prolin	V	Valin
I	Isoleucin	L	Leucin	F	Phenylalanin	M	Methionin

polare Aminosäuren

S	Serin	C	Cystein	T	Threonin	N	Asparagin
Q	Glutamin	H	Histidin	Y	Tyrosin	W	Tryptophan

geladene Aminosäuren

D	Asparaginsäure	E	Glutaminsäure
K	Lysin	R	Arginin

Manchmal ist auch eine andere Einteilung der Aminosäuren nützlich. So sind beispielsweise Histidin, Phenylalanin, Tyrosin und Tryptophan aromatische Aminosäuren, die in Membranproteinen eine besondere Rolle für die Struktur spielen.

Häufig werden die Namen der Aminosäuren auch mit den ersten drei Buchstaben abgekürzt: Gly ist dann beispielsweise Glycin; Ausnahmen sind Isoleucin, Asparagin, Glutamin und Tryptophan, die in diesem System als Ile, Asn, Gln und Trp bezeichnet werden. Die seltene Aminosäure Selenocystein trägt die dreibuchstabige Abkürzung Sec und den einbuchstabigen Code U.

Nucleotidfolgen schreibt man häufig mit Kleinbuchstaben, Aminosäuren immer mit Großbuchstaben. Demnach bedeutet atg Adenin-Thymin-Guanin und ATG Alanin-Threonin-Glycin.

Die Umsetzung der genetischen Information erfolgt anfangs durch die Synthese von RNA und Proteinen. Proteinmoleküle sind zu einem großen Teil für Aufbau und Tätigkeiten eines Lebewesens verantwortlich. Haare, Muskeln, Verdauungsenzyme, Rezeptoren und Antikörper – sie alle sind Proteine. Sowohl die Nucleinsäuren als auch die Proteine sind lange, lineare (das heißt unverzweigte) Kettenmoleküle. Der genetische „Code" (Kasten 1.2) ist tatsächlich eine Chiffre: Aufeinander folgende Buchstaben-Dreiergruppen in der DNA-Sequenz legen die aufeinander folgenden Aminosäuren fest; in einem Abschnitt der DNA-Sequenz ist also die Aminosäuresequenz eines Proteins chiffriert. Ein typisches Protein ist 200 bis 400 Aminosäuren lang, seine Codierung erfordert also rund 600 bis 1 200 Buchstaben der DNA-Information. Auch für die Synthese von RNA-Molekülen, wie sie beispielsweise als Bestandteile der Ribosomen vorkommen, sorgen DNA-Sequenzen. Bei den meisten Lebewesen wird aber nicht die gesamte DNA in Form von Proteinen oder RNA exprimiert: Manche DNA-Abschnitte wirken an Steuerungsmechanismen mit, und ein beträchtlicher Anteil des Genoms höherer Organismen scheint „Schrott-DNA" (*junk DNA*) zu sein (was zum Teil möglicherweise einfach bedeutet, dass wir ihre Funktion bisher nicht kennen).

Die Moleküle, die das DNA-Alphabet bilden, sind sich chemisch sehr ähnlich, und die DNA selbst hat in erster Näherung eine einheitliche Struktur. Bei Proteinen dagegen findet man äußerst vielfältige räumliche Konformationen. Diese sind notwendig, damit die Moleküle ihre höchst unterschiedlichen Struktur- und Funktionsaufgaben erfüllen können.

| 1.2 |

Der genetische Standardcode

ttt	Phe	tct	Ser	tat	Tyr	tgt	Cys
ttc	Phe	tcc	Ser	tac	Tyr	tgc	Cys
tta	Leu	tca	Ser	taa	STOP	tga	STOP
ttg	Leu	tcg	Ser	tag	STOP	tgg	STOP
ctt	Leu	cct	Pro	cat	His	cgt	Arg
ctc	Leu	ccc	Pro	cac	His	cgc	Arg
cta	Leu	cca	Pro	caa	Gln	cga	Arg
ctg	Leu	ccg	Pro	cag	Gln	cgg	Arg
att	Ile	act	Thr	aat	Asn	agt	Ser
atc	Ile	acc	Thr	aac	Asn	agc	Ser
ata	Ile	aca	Thr	aaa	Lys	aga	Arg
atg	Met	acg	Thr	aag	Lys	agg	Arg
gtt	Val	gct	Ala	gat	Asp	ggt	Gly
gtc	Val	gcc	Ala	gac	Asp	ggc	Gly
gta	Val	gca	Ala	gaa	Glu	gga	Gly
gtg	Val	gcg	Ala	gag	Glu	ggg	Gly

Abweichungen vom genetischen Standardcode findet man unter anderem in den Organellen, das heißt in Mitochondrien und Chloroplasten.

Die dreidimensionale Struktur eines Proteins wird durch seine Aminosäuresequenz festgelegt. Zu jeder natürlich vorkommenden Aminosäuresequenz gehört ein einzigartiger, stabiler **nativer Zustand**, den das Molekül unter geeigneten Bedingungen von selbst einnimmt. Wenn man ein gereinigtes Protein erhitzt oder auf andere Weise Bedingungen schafft, die sich stark von seiner normalen physiologischen Umgebung unterscheiden, „entfaltet" es sich und bildet eine ungeordnete, biologisch nicht aktive Struktur. (Das ist der Grund, warum unser Organismus über Mechanismen verfügt, die in seinem Inneren nahezu konstante Bedingungen aufrechterhalten.) Werden die normalen Bedingungen wieder hergestellt, kehren Proteinmoleküle in der Regel zur nativen Struktur zurück, die vom ursprünglichen Zustand nicht zu unterscheiden ist.

Die spontane Faltung der Proteine zum nativen Zustand ist der Punkt, an dem die Natur den großen Schritt von der eindimensionalen Welt der Gen- und Proteinsequenz zur dreidimensionalen Welt unseres Lebens vollzieht. Hier stoßen wir auf einen Widerspruch: Die Translation der DNA-Sequenzen in eine Abfolge von Aminosäuren lässt sich logisch sehr einfach beschreiben; sie ist vom genetische Code vorgegeben. Dagegen ist es sehr schwierig, eine logische Beschreibung der Faltung einer Polypeptidkette zu einer genau festgelegten Raumstruktur zu geben. Andererseits erfordert aber die Translation einen ungeheuer komplizierten Apparat mit Ribosom, tRNA und Hilfsmolekülen; die Proteinfaltung dagegen geschieht spontan.

Proteine können ihre Funktion nur dann erfüllen, wenn sie in ihrer nativen, dreidimensionalen Struktur vorliegen. In der nativen Struktur eines Enzyms kann sich beispielsweise eine Vertiefung der Oberfläche befinden, die ein kleines Molekül bindet und mit katalytisch aktiven chemischen Gruppen in Kontakt bringt. Das Grundprinzip lautet also:

- Die DNA-Sequenz bestimmt über die Proteinsequenz.
- Die Proteinsequenz bestimmt über die Proteinstruktur.
- Die Proteinstruktur bestimmt über die Proteinfunktion.

Das Tätigkeitsgebiet der Bioinformatik kreist zum größten Teil um die Analyse der Daten, die mit diesen Prozessen zu tun haben.

Die genannten Prinzipien beziehen sich bisher nicht auf Ebenen, die über das molekulare Niveau der Struktur und Organisation hinausgehen; sie besagen beispielsweise nichts über die Frage, wie Gewebe sich während der Embryonalentwicklung spezialisieren oder – allgemeiner – wie die Umwelt sich auf genetische Vorgänge auswirkt. Wenn es sich um einfache Rückkopplungsmechanismen handelt, weiß man heute in manchen Fällen auf molekularer Ebene darüber Bescheid, wie die steigende Menge eines Reaktionsteilnehmers zu einer verstärkten Produktion des Enzyms führt, die seine Umsetzung katalysiert. Wesentlich komplizierter sind die Entwicklungsprogramme, die während der Lebensdauer eines Organismus ablaufen. Diese faszinierende Fragen nach Informationsfluss und Steuerung innerhalb eines Organismus bilden mittlerweile in der Bioinformatik einen wichtigen Themenbereich.

Beobachtbare Daten und ihre Archivierung

Zu einer Datenbank gehören ein Informationsarchiv, eine logische Organisation oder „Struktur" der Informationen sowie Hilfsmittel, um sie zugänglich zu machen. Molekularbiologische Datenbanken enthalten Nucleinsäure- und Proteinsequenzen, Makromolekülstrukturen und ihre Funktionen. So gibt es unter anderem:

- Archivdatenbanken mit biologischen Informationen
  - DNA- und Proteinsequenzen mit Annotationen (Anmerkungen)
  - Nucleinsäure- und Proteinstrukturen mit Annotationen
  - Proteinexpressionsmuster
- abgeleitete Datenbanken mit Informationen, die aus den Archivdatenbanken und der Analyse ihres Inhalts gewonnen wurden, wie zum Beispiel
  - Sequenzmotive (charakteristische „Musterkennzeichen" von Proteinfamilien)
  - Mutationen und Abweichungen in DNA- und Proteinsequenzen
  - Klassifikationen oder Verwandtschaftsbeziehungen (Zusammenhänge und gemeinsame Merkmale mehrerer Einträge in den Archiven, beispielsweise eine Datenbank mit Proteinsequenzfamilien oder eine hierarchische Klassifikation von Proteinfaltungsmustern)
  - biochemische Stoffwechselwege und Netzwerke
- bibliografische Datenbanken
- Datenbanken mit Websites
  - Datenbanken von Datenbanken, die biologische Informationen enthalten
  - Links zwischen Datenbanken

Mit einer Datenbankrecherche verfolgt man das Ziel, eine Gruppe von Einträgen (zum Beispiel Sequenzen oder Strukturen) zu finden, die entweder bestimmte, zuvor festgelegte Merkmale aufweisen oder Ähnlichkeit mit einer aktuell untersuchten Sequenz oder Struktur besitzen. Die häufigste Eingangsfrage lautet: „Ich habe eine neue Sequenz oder Struktur aufgeklärt – welche ähnlichen Sequenzen oder Strukturen sind in den Datenbanken gespeichert?" Hat man in der richtigen Datenbank eine Gruppe von

Sequenzen oder Strukturen aufgespürt, die dem Untersuchungsgegenstand ähneln, kann man ihre gemeinsamen Eigenschaften identifizieren und genauer analysieren.

Den Zugang zur Datenbank verschaffen Hilfsmittel, mit denen man unter anderem folgende Fragen beantworten kann:

- „Enthält die Datenbank die Informationen, die ich benötige?" (Zum Beispiel: In welchen Datenbanken finde ich Aminosäuresequenzen von Alkoholdehydrogenasen?)
- „Wie kann ich die aus der Datenbank gewonnenen Informationen in nützlicher Form zusammenstellen?" (Zum Beispiel: Wie erhalte ich eine Liste von Globinsequenzen oder – noch besser – ein Diagramm mit übereinander angeordneten Globinsequenzen?)
- Verzeichnisse von Datenbanken sind nützlich, wenn die Frage lautet: „Wo finde ich eine bestimmte Information?" (Zum Beispiel: Welche Datenbanken enthalten die Aminosäuresequenz von Stachelschweintrypsin?) Wenn man weiß und genau angeben kann, worauf man hinaus will, ist dies natürlich ein relativ einfaches Problem.

Eine Datenbank ohne effiziente Zugangsmöglichkeiten ist nicht mehr als ein Datenfriedhof. Wie man diesen Zugang erhält, ist eine Frage der Datenbankgestaltung, die im Idealfall für den Benutzer gar nicht erkennbar sein soll. Wie sich herausgestellt hat, ist ein effizienter Zugang nicht möglich, wenn man einfach einem unstrukturierten Archiv ein Suchsystem überstülpt. Der logische Aufbau der Informationsspeicherung muss vielmehr von vornherein vor dem Hintergrund des Zugangs – der Fragen, die zukünftige Benutzer stellen werden – geplant werden, und die Struktur des Archivs muss ein nahtloses Zusammenspiel mit der Abruf-(Retrieval-)Software ermöglichen.

In der Bioinformatik hat man es mit verschiedenen Typen von Datenbankabfragen zu tun; unter anderem sind folgende Situationen vorstellbar:

1. Man hat eine Sequenz oder ein Sequenzbruchstück und möchte in der Datenbank weitere ähnliche Sequenzen finden. Dies ist in der Bioinformatik eine zentrale Fragestellung. Es handelt sich um das Problem der Übereinstimmung von Zeichenketten, das auch in vielen anderen Bereichen der Informatik vorkommt. Textverarbeitungsprogramme unterstützen beispielsweise ebenfalls die Suche nach Zeichenketten.
2. Man hat eine Proteinstruktur oder einen Teil davon und möchte in der Datenbank ähnliche Strukturen finden. Hier handelt es sich um die Erweiterung der Zeichenkettensuche auf drei Dimensionen.
3. Man hat die Sequenz eines Proteins, dessen Raumstruktur man nicht kennt, und möchte in der Datenbank **Strukturen** finden, die dreidimensional ähnlich aufgebaut sind. Dabei ist man leicht versucht, sich eines Tricks zu bedienen: Man sucht in den Sequenzdatenbanken nach Proteinen, deren Sequenzen dem Untersuchungsobjekt ähneln, denn wenn zwei Proteinsequenzen ausreichend gut übereinstimmen, sind auch ihre Strukturen ähnlich. Das Umgekehrte stimmt jedoch nicht, und für die Zukunft kann man auf leistungsfähigere Suchverfahren hoffen, die Proteine mit ähnlicher Struktur selbst dann finden, wenn ihre Sequenzen sich so weit auseinander entwickelt haben, dass Übereinstimmungen durch einen reinen Sequenzvergleich nicht mehr nachzuweisen sind.
4. Man hat eine Proteinstruktur und will in der Datenbank **Sequenzen** finden, die ähnlichen Strukturen entsprechen. Auch hier kann man sich des Tricks bedienen, anhand der bekannten Struktur in einer Strukturdatenbank zu suchen, aber dieses Verfahren verspricht nur begrenzten Erfolg, weil die Zahl der bekannten Sequenzen weitaus größer ist als die der aufgeklärten Strukturen. Wünschenswert ist deshalb eine Methode, mit der man die Struktur aus der Sequenz ableiten kann.

Die Probleme 1 und 2 sind gelöst; Tausende solcher Abfragen werden jeden Tag durchgeführt. Mit den Fragen 3 und 4 beschäftigt sich die aktuelle Forschung.

Noch verwickeltere Anforderungen stellen sich, wenn man Zusammenhänge zwischen Informationen aus verschiedenen Datenbanken herstellen will. Dazu sind Links erforderlich, die den gleichzeitigen Zugang zu mehreren Datenbanken ermöglichen. Eine solche Fragestellung könnte zum Beispiel lauten: „Zu welchen Proteinen mit bekannter Struktur, die beim Menschen an krankhaften Störungen der Purinbiosynthese beteiligt sind, gibt es verwandte Proteine bei der Hefe?" Als Suchbedingungen geben wir an: bekannte Struktur, vorgegebene Funktion, Nachweis von Ähnlichkeit, Zusammenhang mit einer Krankheit, vorgegebene biologische Arten. Da der gleichzeitige Zugang zu mehreren Datenbanken immer wichtiger wird, befasst sich die Forschung heute mit Datenbankinteraktionen: Wie können Datenbanken „sich unterhalten", ohne dass sie zu viel von der Freiheit opfern müssen, ihre Daten so zu strukturieren, wie es für die individuellen Eigenarten des in ihnen enthaltenen Materials angemessen ist?

Ein Problem, das sich in der Molekularbiologie bisher nicht stellt, ist die Steuerung der Aktualisierung von Archiven. Die Reservierungsdatenbank einer Fluggesellschaft muss verhindern, dass mehrere Reisebüros denselben Platz an verschiedene Kunden verkaufen. In der Bioinformatik können die Benutzer Informationen aus Archivdatenbanken abrufen und lesen oder Material zur weiteren Verarbeitung durch das Personal eines Archivs einreichen, ohne aber Einträge selbst unmittelbar hinzuzufügen oder zu verändern. In dieser Beziehung könnte aber ein Wandel eintreten. Ganz praktisch betrachtet, wächst die Menge neuer Daten so schnell, dass die Datenbankinstitutionen sie möglicherweise nicht mehr selbst integrieren können. Schon heute gibt es Bestrebungen, die Wissenschaftler im Labor stärker an der Aufbereitung ihrer Daten für die Archive zu beteiligen.

Es gibt zwar stichhaltige Argumente dafür, die Kontrolle über die Archive in einer Hand zu belassen, aber es besteht keine Notwendigkeit, den Zugang zu ihnen – oder umgangssprachlich: die Gestaltung des „Frontend" – einzuschränken. Einzelne Benutzergruppen können beispielsweise Daten bestimmter Unterkategorien abrufen oder Daten aus unterschiedlichen Quellen kombinieren und zu diesem Zweck besondere Zugangswege bereitstellen. Solche „Boutique-Datenbanken" sind auf das ursprüngliche Archiv als Informationsquelle angewiesen, gestalten aber Organisation und Darstellung so, dass sie sich für ihre Zwecke eignen. Verschiedene abgeleitete Datenbanken können die gleichen Information sogar auf unterschiedliche Weise auseinander nehmen und wieder zusammensetzen. Denkt man diesen Gedanken vernünftig weiter, gelangt man zu der Vorstellung von spezialisierten „virtuellen Datenbanken", die sich auf die Archive stützen, aber individuelle Bandbreiten und Funktionen anbieten, die auf die Bedürfnisse verschiedene Arbeitsgruppen oder sogar einzelner Wissenschaftler zugeschnitten sind.

Datenbankpflege, Annotation und Qualitätskontrolle

Die naturwissenschaftliche und medizinische Welt ist auf eine hohe Qualität der Datenbanken angewiesen. Eine Qualitätseinstufung erlaubt zwar nicht die Korrektur von Fehlern, kann aber dazu beitragen, dass man keine falschen Schlussfolgerungen zieht.

Datenbankeinträge enthalten Rohbefunde aus Experimenten und ergänzende Informationen oder **Annotationen**. Für beide gibt es eigene Fehlerquellen.

Der wichtigste Faktor, der über die Qualität der eigentlichen Daten bestimmt, ist die Aktualität der experimentellen Methoden. Ältere Daten haben aufgrund älterer technischer Verfahren ihre Grenzen; Aminosäuresequenzen wurden beispielsweise früher durch Peptidsequenzierung ermittelt, heute leitet man sie fast immer aus den zugehörigen DNA-Sequenzen ab. Die explosionsartige Zunahme der Datenmenge hat unter anderem zur Folge, dass es sich bei den meisten Daten um neue Daten handelt, die mit aktuellen, meist recht zuverlässigen Methoden gewonnen wurden.

Die Annotation enthält Informationen über die Herkunft der Daten und die Methoden, mit denen sie gewonnen wurden. In ihr werden die verantwortlichen Wissenschaftler genannt und einschlägige Veröffentlichungen zitiert. Außerdem befinden sich hier auch Links zu ähnlichen Informationen in anderen Datenbanken. In Sequenzdatenbanken gehören zur Annotation auch die **Eigenschaftstabellen** (*feature tables*), Listen mit Sequenzabschnitten, die biologisch von Bedeutung sind wie beispielsweise proteincodierende Regionen. Sie werden in computerlesbarer Form aufgeführt, und ihr Inhalt beschränkt sich häufig auf einen genau festgelegten Wortschatz.

Bis vor kurzem wurden DNA-Sequenzen in der Regel jeweils von einer einzigen Arbeitsgruppe eingetragen, die ein Gen und seine Produkte auf einheitliche Weise untersucht hatte. Die Annotation stützte sich auf experimentelle Befunde und wurde von Fachleuten verfasst. Projekte zur Sequenzierung ganzer Genome dagegen umfassten weder die experimentelle Bestätigung, ob die meisten mutmaßlichen Gene auch exprimiert werden, noch eine Charakterisierung ihrer Produkte. In solchen Fällen stützen sich die Verwalter der Datenbanken mit der Annotation auf die Analyse der Sequenzen mit Computerprogrammen.

Die Annotation ist im Unternehmen der Genomforschung das schwächste Glied. Sie lässt sich nur in begrenztem Ausmaß automatisieren; alles richtig zu machen, ist nach wie vor arbeitsaufwändig, und die dafür zur Verfügung stehenden Mittel reichen nicht aus. Die Bedeutung einer richtigen Annotation kann man aber nicht hoch genug einschätzen. Wie P. Bork richtig feststellte, konterkarieren falsche Genzuordnungen die hohe Qualität der eigentlichen Sequenzdaten.

Da mit der Vermehrung der Sequenzdaten auch die Genauigkeit der statistischen Methoden zunimmt, wird auch eine Qualitätsverbesserung der Annotation möglich. Dies erlaubt eine verbesserte **Neuannotation** von Einträgen. Die Verbesserung der Anmerkungen ist zu begrüßen, aber ihre unvermeidliche Begleiterscheinung, die ständige Fluktuation der Annotation, erscheint beunruhigend. Wird man abgeschlossene Forschungsprojekte in regelmäßigen Abständen überprüfen und Schlussfolgerungen überdenken müssen? Dieses Problem wird erschwert durch die immer größere Zahl der Websites mit einem immer dichteren Netz von Links. Sie bieten nützliche Wege zu Anwendungsmöglichkeiten, aber das Internet ist auch eine Ansteckungsquelle: Fehler in den Rohdaten werden verbreitet, unfertige Daten werden später korrigiert, ohne dass die Korrekturen weitergegeben werden, und unterschiedliche Annotationen kursieren.

Die einzige Lösung ist ein *dezentraler, dynamischer* Prozess für Fehlerkorrektur und Annotation. Dezentral muss er sein, weil das Personal der Datenbanken weder die Zeit noch die erforderlichen Fachkenntnisse für diese Aufgabe mitbringt; die Datenbankpflege muss also von Spezialisten übernommen werden. Und „dynamisch" bedeutet, dass Fortschritte bei der Automatisierung der Annotation sowie bei der Erkennung und Korrektur von Fehlern eine Neukommentierung der Datenbanken möglich machen. Die bequeme Vorstellung von einer stabilen Datenbank, deren Einträge von Anfang an richtig sind und später nicht mehr verändert werden, müssen wir aufgeben. Datenbanken werden ein Schmelztiegel der Informationen werden, der an Größe zunimmt und dessen Qualität – so müssen wir hoffen – sich immer mehr verbessert.

Das World Wide Web

Vermutlich hat jeder Leser dieses Buches schon einmal das World Wide Web benutzt, um zu recherchieren, die neuesten Nachrichten abzurufen, Zugang zu molekularbiologischen Datenbanken zu erhalten, nach persönlichen Informationen über Personen – Freunde, Kollegen oder Prominente – zu suchen, oder einfach zu surfen. Grundsätzlich ist das Web ein Mittel, durch das Personen oder Computer über ein Netzwerk in Kontakt treten. Es schafft ein vollständiges globales Dorf, denn es enthält die Entsprechungen zu Bibliothek, Post, Geschäften und Schulen.

Auf dem Computer des Benutzers läuft ein Browserprogramm. Gebräuchliche Browser sind Netscape, Internet Explorer oder auch Opera. Mithilfe dieser Programme kann man das Datenmaterial aus der ganzen Welt lesen und darstellen. Darüber hinaus liefert der Browser auch Steuerungsinformationen, mit denen man einen Weg durch das Web vorwärts und rückwärts verfolgen oder einen Umweg unterbrechen kann. Außerdem ermöglicht er den Download von Informationen auf den eigenen Computer.

Die angezeigten Web-Seiten enthalten Links, mit deren Hilfe man auf andere Seiten und zu anderen Inhalten springen kann, was der Erkundung eine neue Dimension verleiht. Die Querverbindungen machen das Web lebendig. Das Besondere am menschlichen Gehirn ist nicht die Zahl der Neuronen als solche, sondern die ihrer wechselseitigen Verknüpfungen. Und auch das Web ist nicht nur wegen der Zahl seiner Inhalte so leistungsfähig, sondern wegen ihrer Vernetzung.

Die Links sind auf den angezeigten Seiten jederzeit sichtbar. Der Browser zeigt eine einzelne Seite oder einen Frame mit aktiven Objekten: Wörter, Buttons oder Bilder, die meist farbig hervorgehoben sind. Wählt man sie aus, gelangt man auf eine andere Seite. Gleichzeitig hinterlässt man eine Spur aus „elektronischen Brosamen", sodass man zum vorherigen Link zurückkehren und die Ausgangsseite erneut nutzen kann.

Man kann sich das Web als eine Art weltweites, riesiges schwarzes Brett vorstellen, das Texte, Bilder, Filmsequenzen und Geräusche enthält. Praktisch alles, was man auf einem Computer speichern kann, lässt sich auch über das Web bereitstellen und abrufen. Ein interessantes Beispiel ist eine Seite, in der die Gedichte von William Butler Yeats beschrieben werden. Die Seite auf der höchsten hierarchischen Ebene enthält ein Inhaltsverzeichnis. Über Links, die auf dieser übergeordneten Seite dargestellt werden, gelangt man zu dem gedruckten Text verschiedener Gedichte. Man kann verschiedene Ausgaben vergleichen, eine kritische Analyse der Werke einsehen und manche Gedichte in verschiedenen Versionen aus Yeats' Manuskripten begutachten. Von manchen Gedichten führt sogar ein Link zu einer Audiodatei, die das Gedicht, von Yeats selbst gesprochen, wiedergibt.

Es gibt interne und externe Links. Interne Links führen zu anderen Stellen des gerade aufgerufenen Dokuments oder zu Bildern, Filmsequenzen oder Geräuschen. Über externe Links gelangt man *abwärts* zu spezielleren Dokumenten, *aufwärts* zu allgemeinerem Material (das vielleicht den Hintergrund zu speziellen Angaben liefert), *seitlich* zu parallelen Dokumenten (beispielsweise anderen Veröffentlichungen zu dem selben Thema), oder *hinüber* zu Verzeichnissen, die weiteres einschlägiges Material angeben.

Wenn man das Web effizient nutzen will, besteht eine der wichtigsten Voraussetzungen darin, dass man die richtigen Einstiegspunkte findet. Von einem solchen Ausgangspunkt aus gelangt man über die Links zu jeder beliebigen Stelle. Zu den wichtigsten Websites gehören die **Suchmaschinen**, die das gesamte Web durchforsten und den Abruf nach Stichworten gestatten. Nach der Eingabe eines oder mehrerer Begriffe wie „Phosphorylase", „allosterischer Wechsel" oder „Kristallstruktur" liefert das Suchprogramm eine Liste von Links zu Seiten im Web, welche die eingegebenen Begriffe enthalten. Auf diese Weise findet man Sites, die für die jeweilige Fragestellung von Interesse sind.

Hat man eine Internet-Sitzung erfolgreich abgeschlossen, kann man beim nächsten Mal mithilfe der Speicherfunktionen des Browsers sofort wieder an die Stelle gelangen, die man zuvor verlassen hatte. Findet man während einer solchen Sitzung ein Dokument, zu dem man später vielleicht zurückkehren möchte, speichert man den Link in einer als **Lesezeichen** (*bookmarks*) oder **Favoriten** bezeichneten Datei. Anhand dieser Liste kann man in einer späteren Sitzung unmittelbar zu der fraglichen Stelle im Web zurückkehren, ohne dass man noch einmal die ganze Kette von Links verfolgen muss, durch die man beim ersten Mal dorthin gelangt war.

Eine persönliche **Homepage** ist eine kurze Selbstdarstellung (natürlich mit Links). Auch Ihre Berufskollegen werden eigene Homepages besitzen; diese enthalten in der Regel den Namen, die berufliche Stellung, Adressen für konventionelle Post und E-Mail, Telefon- und Faxnummer, eine Publikationsliste und die derzeitigen Forschungsgebiete. Nicht selten findet man auf einer Homepage auch private Informationen, beispielsweise über Hobbys, Bilder der betreffenden Person mit Ehepartner und Kindern oder sogar des Hundes der Familie!

Das Web ist auch nicht nur eine Einbahnstraße. Viele Dokumente enthalten Formulare, in die man Informationen eingeben kann, und anschließend wird ein Programm in Gang gesetzt, das während derselben Internetsitzung Ergebnisse liefert. Das vielleicht bekannteste Beispiel sind die Suchmaschinen. In der Bioinformatik werden heute auch viele Berechnungen über solche Webserver abgewickelt. Handelt es sich um langwierige Operationen, erhält man das Ergebnis vielfach nicht über das Web, sondern per E-Mail.

Der URL-Dschungel

Zu den ersten Internet-Erfahrungen gehören die seltsamen Buchstabenfolgen, die eine Website kennzeichnen. Diese so genannten **URLs** (*Uniform Resource Locators*) legen das Format des Materials und seinen Ort fest. Letztlich ist jedes Dokument im Web eine Datei, die irgendwo auf einem Computer gespeichert ist. Eine typische URL sieht beispielsweise so aus:

```
http://www.lib.berkeley.edu/TeachingLib/Guides/Internet/FindInfo.html
```

Diese URL führt zu einer nützlichen Einführung darüber, wie man Informationen im Internet findet. Das Präfix `http://` bedeutet *hypertext transfer protocol*. Es teilt dem Browser mit, dass er ein Dokument im http-Format zu erwarten hat, dem mit Abstand am weitesten verbreiteten Übertragungsformat im Internet. (Genauer gesagt ist http kein Format, sondern ein Protokoll, welches die Kommunikation zwischen zwei Programmen regelt, die Daten meist im html-Format austauschen.) Der nächste Abschnitt, `www.lib.berkeley.edu`, ist der Name eines Computers, in diesem Fall des Rechners der Zentralbibliothek an der University of California in Berkeley. Die restlichen Teile der URL geben an, wo und unter welchen Namen auf diesem Computer die Datei gespeichert ist, deren Inhalt der Browser darstellen soll.

Elektronisches Publizieren

Immer mehr wissenschaftliche Veröffentlichungen erscheinen im Web. Fachzeitschriften publizieren dort ihre Inhaltsverzeichnisse, manchmal auch zusammen mit Kurzfassungen der Artikel oder sogar mit dem vollständigen Text. Viele Mitteilungen von Institutionen – aktuelle Fachberichte – sind ebenfalls im Web zugänglich. Ebenso sind dort zahlreiche Zeitschriften, Tages- und Wochenzeitungen vertreten. Gute Beispiele sind etwa `http://www.nytimes.com` und `http://www.zeit.de`. Printmedien nennen heute vielfach auch Web-Adressen, unter denen man ergänzendes Material zu den gedruckten Informationen finden kann.

Heute befinden wir uns im Übergang zum papierfreien Publizieren. Wer gedruckte Artikel veröffentlicht, sollte stets die eigene E-Mail-Adresse und die URL der eigenen Homepage angeben.

Das elektronische Publizieren wirft eine Reihe von Fragen auf. Eine davon betrifft die Begutachtung durch Fachkollegen (*peer review*). Wie lässt sich für elektronische Veröffentlichungen die gleiche Qualität gewährleisten, die wir für gedruckte Fachzeitschriften voraussetzen? „Zählen" elektronische Veröffentlichungen in einer wissenschaftlichen Welt, in der die Produktivität (und manchmal sogar die Qualität) eines Stellenbewerbers an der Anzahl seiner Publikationen gemessen wird? Ein bekannter Experte machte einmal die ernüchternde (allerdings vielleicht übertriebene) Voraussage: »Sobald Harvard oder Stanford zum ersten Mal jemandem aufgrund elektronischer Publikationen eine feste Stelle gibt, werden 90 Prozent der Fachzeitschriften über Nacht verschwinden.«

Computer und Informatik

Bioinformatik wäre ohne die Fortschritte der Computertechnik bei Hard- und Software nicht möglich. Schon zur Pflege der Archive sind schnelle, leistungsfähige Speichermedien unverzichtbar. Abruf und Analyse von Informationen erfordern Programme, manche davon recht einfach, andere äußerst raffiniert. Und zur Verbreitung der Informationen werden Computernetzwerke sowie das World Wide Web gebraucht.

Die Informatik ist ein junges, erblühendes Wissenschaftsgebiet. Sie hat sich zum Ziel gesetzt, die Hardware der Informationstechnologie möglichst effizient zu nutzen. Manche Bereiche der theoretischen Informatik wirken sich unmittelbar auf die Bioinformatik aus. Zur Verdeutlichung betrachten wir eine typisch biologischen Fragestellung: „Finde in einer Datenbank alle Sequenzen, die einer zu untersuchenden Sequenz ähneln." Eine gute Lösung des Problems verlangt von der Informatik folgendes:

- **Analyse von Algorithmen.** *Ein Algorithmus ist eine vollständige, genaue Spezifikation einer Lösungsmethode für ein Problem.* Um ähnliche Sequenzen abzurufen, müssen wir die Ähnlichkeit der untersuchten Sequenz mit jeder einzelnen Sequenz in der Datenbank quantitativ erfassen. Dies lässt sich effizienter bewerkstelligen als mit dem naiven Verfahren, jedes Paar von Nucleotidpositionen in jeder nur denkbaren Gegenüberstellung zu prüfen – der Zeitaufwand wäre dabei selbst dann, wenn man keine Sequenzlücken berücksichtigt, proportional zum Produkt aus der Buchstabenzahl in der untersuchten Sequenz und der Buchstabenzahl aller Sequenzen in der Datenbank. Ein Spezialgebiet der Informatik, das gelegentlich als *stringology* (Zeichenketten-Lehre) bezeichnet wird, befasst sich mit der Entwicklung effizienter Lösungsverfahren für solche Probleme und analysiert ihre Leistungsfähigkeit.
- **Datenstruktur und Informationsabruf.** Wie lassen sich Daten so organisieren, dass eine effiziente Reaktion auf Anfragen möglich wird? Kann man beispielsweise Verzeichnisse erstellen oder die Daten auf andere Weise so verarbeiten, dass die Suche nach Sequenzähnlichkeiten effizienter wird? Wie kann man Schnittstellen gestalten, damit sie dem Benutzer helfen, eine Anfrage zu formulieren und auszuführen?
- **Softwareentwicklung.** In Maschinensprache, also der Sprache, die Computer direkt verstehen, werden heute kaum noch Programme geschrieben. Die Programmierer arbeiten mit Sprachen höherer Ordnung wie C, C++, Perl (oder PERL, „Practical

Extraction and Report Language") oder sogar FORTRAN. Welche Programmiersprache man wählt, hängt vom Wesen des Algorithmus, der mit ihm verbundenen Datenstruktur und der voraussichtlichen Anwendung des Programms ab. Die komplizierte Software, deren man sich in der Bioinformatik bedient, wird heute natürlich meist von Spezialisten geschrieben. Damit sind wir bei der Frage, wie viel Programmierkenntnisse man als Bioinformatiker braucht.

Programmierung

Das Programmieren ist für die Informatik, was das Mauern für die Architektur ist. Beides sind kreative Tätigkeiten; das eine ist eine Kunst, das andere ein Handwerk.

Bioinformatikstudenten stellen häufig die Frage, ob man unbedingt lernen muss, komplizierte Computerprogramme zu schreiben. Mein Rat (dem allerdings nicht alle Fachleute zustimmen würden) lautet: „Tun Sie es nicht, es sei denn, Sie wollen sich darauf spezialisieren." Wer in der Bioinformatik arbeiten will, muss sich die notwendigen Kenntnisse aneignen, um die im Web verfügbaren Hilfsmittel nutzen zu können. Entscheidend ist, dass man lernt, wie man eine Website einrichtet und pflegt. Und natürlich muss man wissen, wie man mit dem Betriebssystem des eigenen Computers umgeht. Eine unverzichtbare Erweiterung zur grundlegenden Beherrschung des Betriebssystems ist dann eine gewisse Fähigkeit, einfache Skripten in einer Sprache wie Perl zu erstellen.

Andererseits verlangen die Größe der Datenarchive und die immer komplizierteren Fragen, die wir an sie richten, einen gesunden Respekt. Die eigentlich kreative Programmierung auf diesem Gebiet überlässt man besser den Spezialisten, die gründlich in Informatik ausgebildet sind. Die *Anwendung* der Programme mithilfe sehr geschliffener – um nicht zu sagen: protziger – Web-Interfaces liefert auch keinerlei Anhaltspunkte dafür, wie viel Arbeit im Schreiben der Programme und der Beseitigung von Fehlern steckt. Bismarck sagte einmal: »Wer weiß, wie Gesetze und Würste zustande kommen, der kann nachts nicht mehr ruhig schlafen.« In diese Liste sollte man heute vielleicht auch Computerprogramme aufnehmen.

Ich habe empfohlen, sich gewisse grundlegende Kenntnisse in Perl anzueignen. Perl ist ein sehr leistungsfähiges Hilfsmittel, mit dem man zahlreiche höchst nützliche, einfache Aufgaben ohne große Schwierigkeiten bewältigen kann. Außerdem hat Perl den Vorteil, dass es auf den meisten Computersystemen zur Verfügung steht.

Wie kann man so viel Perl lernen, dass die Kenntnisse in der Bioinformatik von Nutzen sind? Viele Institutionen bieten Kurse an. Von Kollegen zu lernen, kann ebenfalls eine feine Sache sein, je nachdem, in welchem Verhältnis Ihre Auffassungsgabe zu deren Geduld steht. Es gibt Bücher. Eine hervorragende Möglichkeiten sind Kurse im Internet – wer in eine Suchmaschine „PERL tutorial" eingibt, findet viele nützliche Sites, die den Besucher bei der Hand nehmen und in die Grundlagen einführen. Und natürlich sollte man es so viel wie möglich bei der eigenen Arbeit verwenden. Dieses vorliegende Buch ist kein Kurs in Perl, aber es bietet viele Gelegenheiten, das an anderer Stelle Gelernte anzuwenden.

Dieses Buch enthält mehrere Beispiele einfacher Perl-Programme. Wegen seiner guten Handhabung von **Zeichenketten** (*strings*) eignet sich Perl besonders gut für die Analyse biologischer Sequenzen. Das folgende, sehr einfache Perl-Programm dient dazu, eine Nucleotidsequenz entsprechend dem normalen genetischen Code in eine Aminosäuresequenz zu übersetzen. Die erste Zeile #!/usr/bin/perl ist für das UNIX- (oder LINUX-)Betriebssystem das Signal, dass nun ein Perl-Programm folgt. Innerhalb des Programms sind alle Texte, die mit einem # beginnen, bis zum Ende der jeweiligen Zeile nur Kommentare. Die Zeile _END_ gibt an, dass das Programm beendet ist und

---

┤ www ├

```perl
#!/usr/bin/perl
#translate.pl -- translate nucleic acid sequence to protein sequence
#                according to standard genetic code

#   set up table of standard genetic code

%standardgeneticcode = (
  "ttt"=> "Phe", "tct"=> "Ser", "tat"=> "Tyr",  "tgt"=> "Cys",
  "ttc"=> "Phe", "tcc"=> "Ser", "tac"=> "Tyr",  "tgc"=> "Cys",
  "tta"=> "Leu", "tca"=> "Ser", "taa"=> "TER",  "tga"=> "TER",
  "ttg"=> "Leu", "tcg"=> "Ser", "tag"=> "TER",  "tgg"=> "Trp",
  "ctt"=> "Leu", "cct"=> "Pro", "cat"=> "His",  "cgt"=> "Arg",
  "ctc"=> "Leu", "ccc"=> "Pro", "cac"=> "His",  "cgc"=> "Arg",
  "cta"=> "Leu", "cca"=> "Pro", "caa"=> "Gln",  "cga"=> "Arg",
  "ctg"=> "Leu", "ccg"=> "Pro", "cag"=> "Gln",  "cgg"=> "Arg",
  "att"=> "Ile", "act"=> "Thr", "aat"=> "Asn",  "agt"=> "Ser",
  "atc"=> "Ile", "acc"=> "Thr", "aac"=> "Asn",  "agc"=> "Ser",
  "ata"=> "Ile", "aca"=> "Thr", "aaa"=> "Lys",  "aga"=> "Arg",
  "atg"=> "Met", "acg"=> "Thr", "aag"=> "Lys",  "agg"=> "Arg",
  "gtt"=> "Val", "gct"=> "Ala", "gat"=> "Asp",  "ggt"=> "Gly",
  "gtc"=> "Val", "gcc"=> "Ala", "gac"=> "Asp",  "ggc"=> "Gly",
  "gta"=> "Val", "gca"=> "Ala", "gaa"=> "Glu",  "gga"=> "Gly",
  "gtg"=> "Val", "gcg"=> "Ala", "gag"=> "Glu",  "ggg"=> "Gly"
);


#   process input data

while ($line = <DATA>) {                              # read in line of input
    print "$line";                                   # transcribe to output
    chop();                                           # remove end-of-line character
    @triplets = unpack("a3" x (length($line)/3), $line); # pull out successive triplets
    foreach $codon (@triplets) {                     # loop over triplets
        print "$standardgeneticcode{$codon}";        # print out translation of each
    }                                                 # end loop on triplets
    print "\n\n";                                     # skip line on output
}                                                     # end loop on input lines

#   what follows is input data

__END__
atgcatccctttaat
tctgtctga
```

Wenn man dieses Programm mit den gegebenen Input-Daten laufen lässt, erhält man folgendes Ergebnis:

```
atgcatccctttaat
MetHisProPheAsn

tctgtctga
SerValTER
```

---

dass nun eingegebene Daten folgen. Die Kommentare fassen Teile des Programms zusammen und beschreiben auch die Wirkung der einzelnen Anweisungen. (Alle Texte aus diesem Buch, die in computerlesbarer Form nützlich sind, darunter auch alle Programme, finden sich auf der zugehörigen Website.)

Schon dieses einfache Programm lässt mehrere Eigenschaften der Sprache Perl erkennen. Die Datei enthält Hintergrunddaten (die Translationstabelle mit dem genetischen Code), Anweisungen an den Computer, den Input (das heißt die Sequenz, die translatiert werden soll) zu verarbeiten, und die Input-Daten selbst (die nach der Zeile _END_ stehen). Kommentare fassen die Abschnitte des Programms zusammen und beschreiben auch die Auswirkungen der einzelnen Anweisungen.

Das Programm gliedert sich in Blöcke, die jeweils in geschweifte Klammern {...} eingeschlossen sind und die Kontrolle des Ablaufs vereinfachen. Innerhalb der Blöcke werden die einzelnen Anweisungen (die jeweils mit einem ; enden) nacheinander ausgeführt. Der äußere Block ist eine **Schleife**:

```
while ($line = <DATA>) {
    ...
}
```

<DATA> bezeichnet die Zeilen für die Dateneingabe (die nach dem _END_ folgt). Der Block wird für jede Eingabezeile einmal ausgeführt, das heißt, so lange (while) noch eine Eingabezeile verbleibt.

In dem Programm kommen dreierlei Datenstrukturen vor. Die als $line bezeichnete Zeile mit den eingegebenen Daten ist eine einfache Zeichenkette *(string)*. Diese spaltet sich in eine **Liste** *(array)*, auch **Vektor** genannt, aus Tripletts. In einer Liste sind mehrere Elemente hintereinander gespeichert, und einzelne Datenelemente lassen sich aus ihrer Position in der Liste abrufen. Damit die von den einzelnen Tripletts codierten Aminosäuren sich leichter zuordnen lassen, ist der genetische Code als **assoziative Liste** *(associative array* oder *hash)* gespeichert. Eine assoziative Liste ist eine verallgemeinerte Form der einfachen oder linearen Liste. Während die Elemente einer einfachen Liste durch aufeinander folgende ganze Zahlen gekennzeichnet werden, geschieht dies bei den Elementen einer assoziativen Liste durch *eine beliebige* Zeichenkette, in diesem Fall durch die 64 Tripletts. Die eingegebenen Tripletts verarbeiten wir *in der Reihenfolge ihres Auftretens* in der Nucleotidsequenz, aber auf die Elemente des genetischen Codes müssen wir *in beliebiger Reihenfolge* zugreifen, die durch die Reihenfolge der Tripletts vorgegeben ist. Eine einfache Liste oder ein Vektor aus Zeichenketten eignet sich für die Verarbeitung aufeinander folgender Tripletts, und die assoziative Liste ist das geeignete Mittel zum Auslesen der zugehörigen Aminosäuren.

Als Nächstes betrachten wir ein anderes Perl-Programm, das zusätzliche Aspekte der Sprache deutlich macht.* Es stellt folgenden Satz neu zusammen:

> All the world's a stage,
> And all the men and women merely players;
> They have their exits and their entrances,
> And one man in his time plays many parts.

Der Satz wird dazu zunächst in zufällige, überlappende Fragmente zerlegt (\n in den Fragmenten kennzeichnet Zeilenenden des Ausgangstextes):

> the men and women merely players;\n
> one man in his time
> All the world's
> their entrances,\nAnd one man
> stage,\nAnd all the men and women
> They have their exits and their entrances, \n
> world's a stage,\nAnd all
> their entrances,\nAnd one man
> in his time plays many parts.
> merely players;\nThey have

---

* Dieser Abschnitt kann beim ersten Lesen übersprungen werden.

┤ **www** ├

```perl
#!/usr/bin/perl
#assemble.pl -- assemble overlapping fragments of strings

#  input of fragments
while ($line = <DATA>) {                    #    read in fragments, 1 per line
    chop($line);                            #    remove trailing carriage return
    push(@fragments,$line);                 #    copy each fragment into array
}
#  now array  @fragments  contains fragments

#  we need two relationships between fragments:
#  (1) which fragment shares no prefix with suffix of another fragment
#       * This tells us which fragment comes first
#  (2) which fragment shares longest suffix with a prefix of another
#       * This tells us which fragment  follows  any fragment

#  First set array of prefixes to the default value   "noprefixfound".
#       Later, change this default value when a prefix is found.
#       The one fragment that retains the default value must be come first.

#  Then loop over pairs of fragments to determine maximal overlap.
#       This determines successor of each fragment
#       Note in passing that if a fragment has a successor then the
#            successor must have a prefix

foreach $i (@fragments) {                   #    initially set  prefix of each fragment
    $prefix{$i} = "noprefixfound";          #       to  "noprefixfound"
    }                                       #    this will be overwritten when a prefix is found

#  for each pair, find longest overlap of suffix of one with prefix of the other
#          This tells us which fragment FOLLOWS any fragment

foreach $i (@fragments) {                   #    loop over fragments
    $longestsuffix = "";                    #    initialize longest suffix to null

    foreach $j (@fragments) {               #    loop over fragment pairs
        unless ($i eq $j) {                 #    don't check fragment against itself

            $combine = $i . "XXX" . $j;  #    concatenate fragments, with fence XXX
            $combine =~ /([\S ]{2,})XXX\1/;   #   check for repeated sequence
            if (length($1) > length($longestsuffix)) {    # keep longest overlap
                $longestsuffix = $1;        #    retain longest suffix
                $successor{$i} = $j;        #    record that $j follows $i
            }

        }
    }
    $prefix{$successor{$i}} = "found";   #  if $j follows $i then $j must have a prefix
}


foreach (@fragments) {                      #  find fragment that has no prefix; that's the start
    if ($prefix{$_} eq "noprefixfound") {$outstring = $_;}
}

$test = $outstring;                         #    start with fragment without prefix
while ($successor{$test}) {                 #    append fragments in order
    $test = $successor{$test};              #    choose next fragment
    $outstring = $outstring . "XXX" . $test;  # append to string
    $outstring =~ s/([\S ]+)XXX\1/\1/;      #  remove overlapping segment
}

$outstring =~ s/\\n/\n/g;                   #    change signal \n to real carriage return
print "$outstring\n";                       #    print final result

__END__
the men and women merely players;\n
one man in his time
All the world's
their entrances,\nAnd one man
stage,\nAnd all the men and women
They have their exits and their entrances,\n
world's a stage,\nAnd all
their entrances,\nAnd one man
in his time plays many parts.
merely players;\nThey have
```

Solche Berechnungen sind von großer Bedeutung, wenn man DNA-Sequenzen aus überlappenden Fragmenten zusammensetzen will. (Von den Schwierigkeiten, die sich durch Sequenzen mit Wiederholungen (*repeats*) ergeben, handelt die Anwendungsaufgabe 1.4).

Falls Ihr Programmiererehrgeiz über solche einfachen Aufgaben hinausgeht, sollten Sie sich das Bioperl Project ansehen, eine Quelle für frei zugängliche Perl-Programme und Komponenten aus der Bioinformatik (siehe `http://bioperl.org`).

Biologische Klassifikation und Nomenklatur

Begeben wir uns einmal ins 18. Jahrhundert, eine Zeit, als das Akademikerleben zumindest in mancher Hinsicht einfacher war.

Grundlage der biologischen Nomenklatur ist die Vorstellung, dass man die Lebewesen in Gruppen unterteilen kann, die man als biologische Arten oder Spezies bezeichnet: ähnliche Lebewesen mit einem gemeinsamen Genvorrat. (Warum man die Lebewesen überhaupt in *abgegrenzte* Arten einteilt, ist eine sehr komplizierte Frage.) Der schwedische Naturforscher Carl von Linné klassifizierte die Lebensformen nach einer Hierarchie: Reich, Stamm, Klasse, Ordnung, Familie, Gattung und Art (Kasten 1.3). In der modernen biologischen Systematik kamen weitere Ebenen hinzu. Zur Identifizierung reicht es im Allgemeinen aus, wenn man nach der **binäre Nomenklatur** die Bezeichnungen für Gattung und Art angibt, beispielsweise *Homo sapiens* für den Menschen oder *Drosophila melanogaster* für die Taufliege. Jeder derartige Doppelname bezeichnet eindeutig eine biologischer Art, die häufig auch einen umgangssprachlichen Namen (Trivialnamen) trägt, wie beispielsweise *Bos taurus*, die Kuh. Die meisten Arten tragen aber natürlich keinen umgangssprachlichen Namen.

| 1.3 |

Klassifikation von Mensch und Taufliege

	Mensch	Taufliege
Reich	Animalia	Animalia
Stamm	Chordata	Arthropoda
Klasse	Mammalia	Insecta
Ordnung	Primates	Diptera
Familie	Hominidae	Drosophilidae
Gattung	*Homo*	*Drosophila*
Art	*sapiens*	*melanogaster*

Ursprünglich stützte sich Linnés Klassifikationssystem ausschließlich auf beobachtete Ähnlichkeiten. Nachdem man aber die Evolution entdeckt hatte, stellte sich heraus, dass es im Wesentlichen die biologischen Abstammungsverhältnisse widerspiegelt. Damit stellt sich die Frage, welche Ähnlichkeiten tatsächlich auf gemeinsame Vorfahren hinweisen. Merkmale, die sich von einem gemeinsamen Vorläufer ableiten, wie beispielsweise der Flügel eines Adlers und der Arm eines Menschen, bezeichnet man als **homolog**. Andere, die auf den ersten Blick ebenfalls ähnlich aussehen, sind wahrscheinlich unabhängig voneinander durch **konvergente Evolution** entstanden; ein Beispiel ist hier der Flügel des Adlers und der Flügel der Biene: Der letzte gemeinsame Vorfahre von Adlern und Bienen besaß nämlich keine Flügel. Umgekehrt haben sich manche homologen Merkmale auch so stark auseinander entwickelt, dass sie in Struktur und Funktion kaum noch Ähnlichkeiten haben. Die Knochen im Mittelohr des Menschen sind homolog zu Knochen im Kiefer primitiver Fische; unsere Eustachische Röhre ist homolog zu den Kiemenspalten. In den meisten Fällen können die Fachleute aber echte Homologien von Ähnlichkeiten unterscheiden, die durch konvergente Evolution entstanden sind.

Den eindeutigsten Beleg für die Verwandtschaftsbeziehungen zwischen biologischen Arten liefert die Sequenzanalyse. Besonders gut funktioniert dieses System bei den höheren Lebewesen, denn hier fügen Sequenzanalysen und die klassischen Befunde der vergleichenden Anatomie, Paläontologie und Embryologie sich gewöhnlich zu einem einheitlichen Bild zusammen. Die Klassifikation der Mikroorganismen ist schwieriger, unter anderem weil hier weniger leicht zu erkennen ist, aufgrund welcher Merkmale man sie einteilen soll, zum Teil aber auch weil die umfangreiche horizontale Genübertragung (horizontaler Gentransfer, Übertragung von Erbinformation zwischen verschiedenen Arten, die nicht auf Vererbung beruht) das gesamte Bild völlig zu sprengen droht.

Geeignete Eigenschaften besitzt, wie sich herausstellte, die ribosomale RNA: Sie ist in allen Lebewesen vorhanden und zeigt das richtige Ausmaß an Unterschiedlichkeit. (Bei zu vielen oder zu wenigen Unterschieden sind Verwandtschaftsbeziehungen nicht mehr zu erkennen.)

Anhand der ribosomalen 15S-RNA unterteilte Carl Woese die Lebewesen ganz grundsätzlich in drei Domänen (eine Ebene, die in der Hierarchie noch *über* dem Reich steht): **Bacteria**, **Archaea** und **Eukarya** (Abb. 1.2). Bacteria und Archaea sind Prokaryoten: Ihre Zellen besitzen keinen Zellkern. Zu den Bakterien gehören die typischen Mikroorganismen, die viele ansteckende Krankheiten hervorrufen, und natürlich auch *Escherichia coli*, das „Haustier" der Molekularbiologen. Viele Archaea sind extrem thermophile und halophile Arten, Sulfatreduzierer und Methanogene. Wir selbst sind Eukarya oder Eukaryoten, Lebewesen mit Zellkernen, zu denen neben allen vielzelligen Organismen auch die Hefe und andere Mikroorganismen gehören.

Ein Überblick über die Arten mit sequenziertem Genom zeigt ein deutliches Übergewicht der Bakterien. Dies liegt einerseits an ihrer medizinischen Bedeutung, andererseits aber auch daran, dass das Genom von Prokaryoten relativ einfach zu sequenzieren

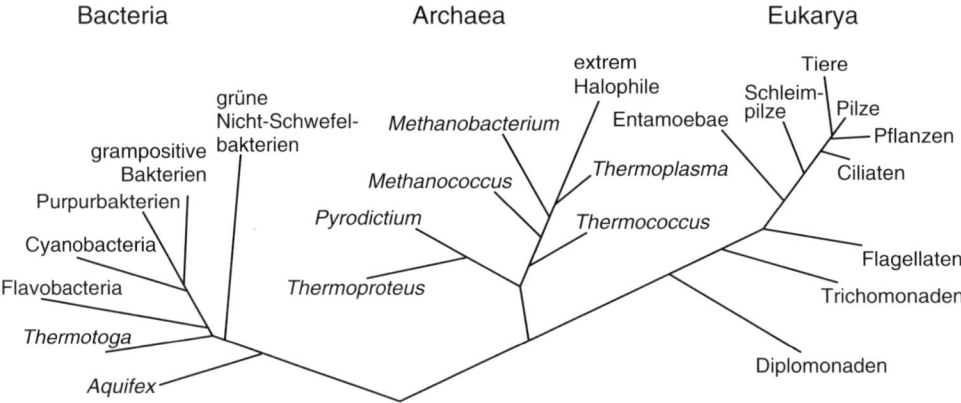

1.2 Die Hauptgruppen der Lebewesen, eingeteilt von C. Woese anhand der Sequenzen ihrer 15S-rRNA.

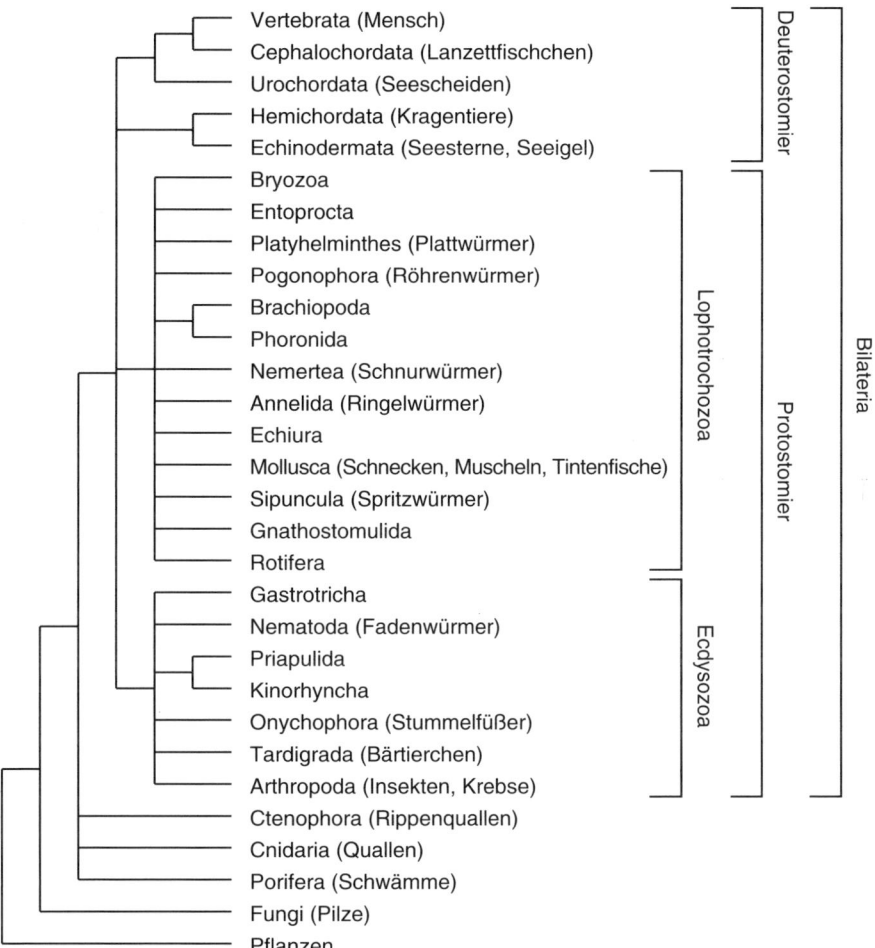

1.3 Der Stammbaum der vielzelligen Tiere (Metazoa). Zu den Bilateria gehören alle Tiere mit rechts-links-symmetrischem Körperbauplan. Die beiden großen Abstammungslinien der Protostomier und Deuterostomier trennten sich schon in einem frühen Stadium der Evolution vor schätzungsweise 670 Millionen Jahren und lassen sehr unterschiedliche Gesetzmäßigkeiten bei der Embryonalentwicklung erkennen: Die Furchungsmuster sind verschieden, der ausgereifte Darm ist im Verhältnis zur ersten Einstülpung der Blastula gegenläufig orientiert, und das Skelett stammt bei den Deuterostomiern vom Mesoderm, bei den Protostomiern dagegen vom Ektoderm ab. Die Protostomier gliedern sich in zwei Untergruppen, die man anhand ihrer 18S-rRNA (aus der kleinen Ribosomenuntereinheit) und an den Sequenzen der HOX-Gene unterscheiden kann. Morphologisch betrachtet, findet man bei den Ecdysozoa eine harte Außenhülle (Cuticula) aus organischem Material, die bei Häutungen abgeworfen wird, wohingegen die Lophotrochozoa einen weichen Körper haben. (Nach Adouette A, Balavoine G, Lartillot N, Lespinet O, Prud'homme B, Rosa R (2000) The new animal phylogeny: reliability and implications. *Proceedings of the National Academy of Sciences, USA* 97, 4453–4456.)

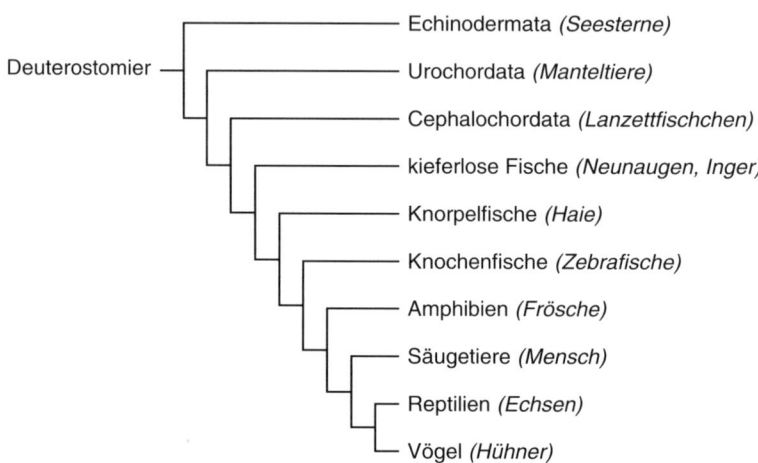

Deuterostomier
- Echinodermata *(Seesterne)*
- Urochordata *(Manteltiere)*
- Cephalochordata *(Lanzettfischchen)*
- kieferlose Fische *(Neunaugen, Inger)*
- Knorpelfische *(Haie)*
- Knochenfische *(Zebrafische)*
- Amphibien *(Frösche)*
- Säugetiere *(Mensch)*
- Reptilien *(Echsen)*
- Vögel *(Hühner)*

1.4 Stammbaum der Wirbeltiere und ihrer engsten Verwandten. Die Chordatiere (zu denen die Wirbeltiere oder Vertebrata gehören) und die Stachelhäuter sind Deuterostomier.

ist. Grundsätzlich können wir über uns selbst aber von den Archaea mehr lernen als von den Bakterien, denn trotz aller offenkundigen Unterschiede in der Lebensweise und obwohl ein Zellkern fehlt, sind die Archaea den Eukarya auf molekularer Ebene in mehrfacher Hinsicht ähnlicher als die Bakterien. Wahrscheinlich stehen die Archaea auch von allen heutigen Lebewesen der Wurzel des entwicklungsgeschichtlichen Stammbaumes am nächsten.

Abbildung 1.2 zeigt diesen Stammbaum in seiner grundsätzlichen Form. Zum Zweig der Eukarya gehören Tiere, Pflanzen, Pilze und Einzeller. An seinem Ende stehen die vielzelligen Lebewesen oder Metazoa (Abb. 1.3). Wir und unsere engsten Verwandten sind Deuterostomier (Abb. 1.4).

Nutzung von Sequenzen zur Klärung stammesgeschichtlicher Verwandtschaftsverhältnisse

In den vorangegangenen Abschnitten war von Sequenzdatenbanken und biologischen Verwandtschaftsverhältnissen die Rede. An den folgenden Beispielen soll deutlich werden, wie man aus Datenbanken abgefragte Sequenzen und Sequenzvergleiche nutzen kann, um biologische Verwandtschaftsverhältnisse zu untersuchen.

─── **Beispiel 1.1** ───────────────────────────────────────

Rufen Sie die Aminosäuresequenz der Pankreas-Ribonuclease aus Pferden ab. Dazu bedienen Sie sich des ExPASy-Servers am Schweizerischen Institut für Bioinformatik. Die URL lautet `http://www.expasy.ch/cgi-bin/sprot-search-ful` Geben Sie die Schlüsselbegriffe `horse pancreatic ribonuclease` ein und drücken Sie die ENTER-Taste. Wählen Sie `RNP_HORSE` und dann die Wiedergabe im FASTA-Format (Kasten 1.4). Daraufhin erhalten Sie folgendes Ergebnis (die erste Zeile ist verkürzt wiedergegeben):

— **Beispiel 1.1** *Fortsetzung*

```
>sp|P00674|RNP_HORSE RIBONUCLEASE PANCREATIC (EC 3.1.27.5) (RNASE 1) …
KESPAMKFERQHMDSGSTSSSNPTYCNQMMKRRNMTQGWCKPVNTFVHEP
LADVQAICLQKNITCKNGQSNCYQSSSSMHITDCRLTSGSKYPNCAYQTS
QKERHIIVACEGNPYVPVHFDASVEVST
```

Die Sequenz können Sie nun durch Ausschneiden und Einfügen in andere Programme übernehmen.

Man kann beispielsweise mehrere Sequenzen abrufen und durch **Alignment** vergleichen (Kasten 1.5). Das Sequenz-Alignment und die nachfolgende Analyse der Ähnlichkeiten sind nützlich, wenn man die Enge einer Verwandtschaftsbeziehung einschätzen will.

— **Beispiel 1.2** —————————————————————————

Stellen Sie anhand der Sequenzen für Pankreas-Ribonuclease aus Pferd (*Equus caballus*), Zwergwal (*Balaenoptera acutorostrata*) und Rotem Riesenkänguru (*Macropus rufus*) fest, welche dieser Arten am engsten miteinander verwandt sind.

Da wir wissen, dass Pferd und Wal zu den Plazentatieren gehören und das Känguru ein Beuteltier ist, rechnen wir damit, dass Pferd und Wal enger zusammengehören. Wir rufen die Sequenzen wie im vorigen Beispiel ab und fügen folgenden Text

```
>RNP_HORSE
KESPAMKFERQHMDSGSTSSSNPTYCNQMMKRRNMTQGWCKPVNTFVHEP
LADVQAICLQKNITCKNGQSNCYQSSSSMHITDCRLTSGSKYPNCAYQTS
QKERHIIVACEGNPYVPVHFDASVEVST
>RNP_BALAC
RESPAMKFQRQHMDSGNSPGNNPNYCNQMMMRRKMTQGRCKPVNTFVHES
LEDVKAVCSQKNVLCKNGRTNCYESNSTMHITDCRQTGSSKYPNCAYKTS
QKEKHIIVACEGNPYVPVHFDNSV
>RNP_MACRU
ETPAEKFQRQHMDTEHSTASSSNYCNLMMKARDMTSGRCKPLNTFIHEPK
SVVDAVCHQENVTCKNGRTNCYKSNSRLSITNCRQTGASKYPNCQYETSN
LNKQIIVACEGQYVPVHFDAYV
```

in das Programm CLUSTAL-W ein, das dem Alignment mehrerer Sequenzen dient: http://www.ebi.ac.uk/clustalw (eine Alternative ist T-COFFEE: http://www.ch.embnet.org/software/TCoffee.html). Man erhält – üblicherweise nach einer gewissen Wartezeit – folgendes Ergebnis (S. 26):

| 1.4 |

Das FASTA-Format

Ein Format, das für Sequenzen sehr häufig verwendet wird, leitet sich von den Konventionen des Programms FASTA (Fast Alignment) von W. R. Pearson ab. Viele Programme nutzen das FASTA-Format, um Sequenzen einzulesen und Ergebnisse auszugeben.

Eine Sequenz im FASTA-Format hat folgende Eigenschaften:

- Die Sequenz beginnt mit einer einzeiligen Beschreibung. In der ersten Spalte muss > stehen. Der Rest der Titelzeile ist beliebig, sollte aber informativ sein. Oft folgt ein Datenbankcode, der diese Sequenz eindeutig identifiziert, direkt auf das >.

- Die folgenden Zeilen enthalten die Sequenz, wobei jeder Baustein durch einen Buchstaben wiedergegeben wird.

- Für Nucleotide und Aminosäuren verwendet man die einbuchstabigen Codes, die von der International Union of Biochemistry und der International Union of Pure and Applied Chemistry (IUB/IUPAC) festgelegt wurden.
  Siehe `http://www.chem.qmw.ac.uk/iupac/misc/naabb.html`
  und `http://www.chem.qmw.ac.uk/iupac/AminoAcid/`
  Für Selenocystein wird Sec als dreibuchstabige und U als einbuchstabige Abkürzung benutzt:
  `http://www.chem.qmw.ac.uk/iubmb/newsletter/1999/item3.html`

- Die Zeilen können unterschiedlich lang sein; am rechten Rand gilt also „Flattersatz".

- Die meisten Programme akzeptieren auch Kleinbuchstaben als Code für Aminosäuren.

Ein Beispiel für das FASTA-Format: Rinder-Glutathionperoxidase

```
>gi|121664|sp|P00435|GSHC_BOVIN GLUTATHIONE PEROXIDASE
MCAAQRSAAALAAAAPRTVYAFSARPLAGGEPFNLSSLRGKVLLIENVASLUGTTVRDYTQMNDLQRRLG
PRGLVVLGFPCNQFGHQENAKNEEILNCLKYVRPGGGFEPNFMLFEKCEVNGEKAHPLFAFLREVLPTPS
DDATALMTDPKFITWSPVCRNDVSWNFEKFLVGPDGVPVRRYSRRFLTIDIEPDIETLLSQGASA
```

Die Titelzeile enthält folgende Felder:

> ist in Spalte 1 zwingend vorgeschrieben.

gi|121664 ist die *geninfo number* (*gi number*), eine Kennung, die das US-National Center for Biotechnology Information (NCBI) jeder Sequenz in seiner ENTREZ-Datenbank zuweist. Das NCBI sammelt Sequenzen aus den verschiedensten Quellen, unter anderem auch aus Archiven mit Rohdaten und Patentanmeldungen. Die *gi number* ist eine allgemein gebräuchliche, übergreifende Kennung, die den unterschiedlichen Konventionen der einzelnen Ursprungsdatenbanken übergeordnet ist. Wird ein Eintrag in der Ursprungsdatenbank aktualisiert, erstellt das NCBI einen neuen Eintrag mit neuer gi-Nummer, falls die Sequenz von der Veränderung betroffen ist; betrifft die Aktualisierung dagegen nur Informationen, die nicht unmittelbar mit der Sequenz zu tun haben (zum Beispiel Literaturzitate), wird der NCBI-Eintrag beibehalten und ebenfalls aktualisiert.

sp|P00435 gibt an, dass es sich bei der Ursprungsdatenbank um SWISS-PROT handelt und dass die Datenbankkennung bei SWISS-PROT P00435 lautet.

GSHC_BOVIN GLUTATHIONE PEROXIDASE ist der SWISS-PROT-Code für diese Sequenz und deren biologische Art (GSHC_BOVIN), gefolgt vom Namen des Moleküls.

| 1.5 |

Sequenz-Alignment

Als Sequenz-Alignment bezeichnet man die Zuordnung von Entsprechungen zwischen den Bausteinen mehrerer Sequenzen. Folgende Übereinstimmungen möchte man häufig finden:

- eine **globale Übereinstimmung** (*global match*): Das Alignment wird für sämtliche Bausteine zweier Sequenzen durchgeführt:

```
And.--so,.from.hour.to.hour,.we.ripe.and.ripe
||||    |||||||||||||||||||||||||||||    ||||||
And.then,.from.hour.to.hour,.we.rot-.and.rot-
```

Dies stellt Substitutionen (*mismatches*), Insertionen und Deletionen dar.

- eine **lokale Übereinstimmung** (*local match*): Man möchte in einer Sequenz einen Abschnitt finden, der mit einem Abschnitt der anderen übereinstimmt.

```
My.care.is.loss.of.care,.by.old.care.done,
   |||||||||    |||||||||||||    |||||||
Your.care.is.gain.of.care,.by.new.care.won
```

Bei der Suche nach lokalen Übereinstimmungen werden überstehende Enden nicht als Lücken betrachtet. Neben den in diesem Beispiel erkennbaren Fehlpaarungen oder Substitutionen (*mismatches*) sind auch Insertionen und Deletionen in dem übereinstimmenden Abschnitt möglich.

- eine **Motivübereinstimmung** (*motif match*): Man sucht Übereinstimmungen zwischen einer kurzen Sequenz und einem oder mehreren Abschnitten innerhalb einer längeren Sequenz. In diesem Fall ist eine Fehlpaarung erlaubt. Alternativ könnte man auch vollständige Übereinstimmung fordern oder aber mehr Fehlpaarungen und sogar Lücken zulassen.

```
      match
       ||||
for the watch to babble and to talk is most tolerable
```

oder

```
             match
              ||||
Any thing that's mended is but patched: virtue that transgresses is
    match                              match
     ||||                               ||||
but patched with sin; and sin that amends is but patched with virtue
```

- ein **multiples Alignment**: Man sucht nach Übereinstimmungen in mehreren Sequenzen.

```
no.sooner.---met.---------but.they.-look'd
no.sooner.look'd.---------but.they.-lo-v'd
no.sooner.lo-v'd.---------but.they.-sigh'd
no.sooner.sigh'd.---------but.they.--asked.one.another.the.reason
no.sooner.knew.the.reason.but.they.------------sought.the.remedy
no.sooner.              .but.they.
```

Die letzte Zeile enthält die Buchstaben, die in allen Sequenzen konserviert sind.
Genauer wird das Sequenz-Alignment in Kapitel 4 erörtert.

— **Beispiel 1.2** *Fortsetzung*

```
CLUSTAL W (1.8) multiple sequence alignment

RNP_HORSE    KESPAMKFERQHMDSGSTSSSNPTYCNQMMKRRNMTQGWCKPVNTFVHEPLADVQAICLQ  60
RNP_BALAC    RESPAMKFQRQHMDSGNSPGNNPNYCNQMMMRRKMTQGRCKPVNTFVHESLEDVKAVCSQ  60
RNP_MACRU    -ETPAEKFQRQHMDTEHSTASSSNYCNLMMKARDMTSGRCKPLNTFIHEPKSVVDAVCHQ  59
             *:** **:*****:  :......*** **  *.**.* ***:***:**.   *.*:* *

RNP_HORSE    KNITCKNGQSNCYQSSSSMHITDCRLTSGSKYPNCAYQTSQKERHIIVACEGNPYVPVHF  120
RNP_BALAC    KNVLCKNGRTNCYESNSTMHITDCRQTGSSKYPNCAYKTSQKEKHIIVACEGNPYVPVHF  120
RNP_MACRU    ENVTCKNGRTNCYKSNSRLSITNCRQTGASKYPNCQYETSNLNKQIIVACEG-QYVPVHF  118
             :*: ****::***:*.* : **:** *..****** *:**: :::******* ******

RNP_HORSE    DASVEVST  128
RNP_BALAC    DNSV----  124
RNP_MACRU    DAYV----  122
             * *
```

In dieser Zusammenstellung kennzeichnet ein Sternchen unter den Sequenzen eine Position, die in allen drei Sequenzen gleich (konserviert) ist, und ein : oder . weist auf Positionen hin, an denen alle Sequenzen Reste mit sehr ähnlichen (:) oder mäßig ähnlichen (.) physikalisch-chemischen Eigenschaften enthalten.

Die Sequenzen sind über weite Strecken identisch. Man findet zahlreiche ausgetauschte Bausteine, aber nur eine einzige interne Deletion. Vergleicht man die Sequenzen *paarweise*, dann findet man für die Zahl gleicher Reste in diesem Alignment (die nicht mit der Zahl der Sterne übereinstimmt):

Zahl gleicher Reste im Alignment der Sequenzen für
Ribonuclease A (von insgesamt 122–128 Resten)

Pferd	und	Zwergwal	95
Zwergwal	und	Riesenkänguru	82
Pferd	und	Riesenkänguru	75

Die meisten Übereinstimmungen bestehen zwischen Pferd und Wal. Das Ergebnis scheint signifikant zu sein und bestätigt demnach unsere Erwartungen. *Aber Achtung: Ist die Logik nicht genau anders herum?*

Probieren wir es einmal mit etwas Schwierigerem:

— **Beispiel 1.3** —————————————————————————————

Die beiden heute lebenden Elefantengattungen werden repräsentiert durch den Afrikanischen Elefanten (*Loxodonta africana*) und den Indischen Elefanten (*Elephas maximus*). Aus einem Sibirischen Wollmammut (*Mammuthus primigenius*), das im arktischen Permafrost erhalten geblieben war, konnte man das mitochondriale Cytochrom *b* sequenzieren. Mit welcher der heutigen Elefantengattungen ist das Mammut enger verwandt?

Heraussuchen der Sequenzen und Berechnung eines Alignment mit CLUSTAL-W ergibt:

— **Beispiel 1.3** *Fortsetzung*

```
African elephant    MTHIRKSHPLLKIINKSFIDLPTPSNISTWWNFGSLLGACLITQILTGLFLAMHYTPDTM 60
Siberian mammoth    MTHIRKSHPLLKILNKSFIDLPTPSNISTWWNFGSLLGACLITQILTGLFLAMHYTPDTM 60
Indian elephant     MTHTRKSHPLFKIINKSFIDLPTPSNISTWWNFGSLLGACLITQILTGLFLAMHYTPDTM 60
                    *** ******:**:**********************************************


African elephant    TAFSSMSHICRDVNYGWIIRQLHSNGASIFFLCLYTHIGRNIYYGSYLYSETWNTGIMLL 120
Siberian mammoth    TAFSSMSHICRDVNYGWIIRQLHSNGASIFFLCLYTHIGRNIYYGSYLYSETWNTGIMLL 120
Indian elephant     TAFSSMSHICRDVNYGWIIRQLHSNGASIFFLCLYTHIGRNIYYGSYLYSETWNTGIMLL 120
                    ************************************************************


African elephant    LITMATAFMGYVLPWGQMSFWGATVITNLFSAIPCIGTNLVEWIWGGFSVDKATLNRFFA 180
Siberian mammoth    LITMATAFMGYVLPWGQMSFWGATVITNLFSAIPYIGTDLVEWIWGGFSVDKATLNRFFA 180
Indian elephant     LITMATAFMGYVLPWGQMSFWGATVITNLFSAIPYIGTNLVEWIWGGFSVDKATLNRFFA 180
                    ********************************* ***:*********************


African elephant    LHFILPFTMIALAGVHLTFLHETGSNNPLGLISDSDKIPFHPYYTIKDFLGLLILILLLL 240
Siberian mammoth    LHFILPFTMIALAGVHLTFLHETGSNNPLGLTSDSDKIPFHPYYTIKDFLGLLILILFLL 240
Indian elephant     FHFILPFTMVALAGVHLTFLHETGSNNPLGLTSDSDKIPFHPYYTIKDFLGLLILILLLL 240
                    :********:*********************** ********************:**


African elephant    LLALLSPDMLGDPDNYMPADPLNTPLHIKPEWYFLFAYAILRSVPNKLGGVLALLLSILI 300

Siberian mammoth    LLALLSPDMLGDPDNYMPADPLNTPLHIKPEWYFLFAYAILRSVPNKLGGVLALLLSILI 300

Indian elephant     LLALLSPDMLGDPDNYMPADPLNTPLHIKPEWYFLFAYAILRSVPNKLGGVLALFLSILI 300
                    *****************************************************:*****


African Elephant    LGLMPLLHTSKHRSMMLRPLSQVLFWTLTMDLLTLTWIGSQPVEYPYIIIGQMASILYFS 360
Siberian mammoth    LGIMPLLHTSKHRSMMLRPLSQVLFWTLATDLLMLTWIGSQPVEYPYIIIGQMASILYFS 360
Indian elephant     LGLMPFLHTSKHRSMMLRPLSQVLFWTLTMDLLTLTWIGSQPVEYPYTIIGQMASILYFS 360
                    **:**:*********************: *** ************* ***********


African elephant    IILAFLPIAGVIENYLIK 378
Siberian mammoth    IILAFLPIAGMIENYLIK 378
Indian elephant     IILAFLPIAGMIENYLIK 378
                    **********:*******
```

Die Sequenzen von Mammut und Afrikanischem Elefanten stimmen an zehn Stellen nicht überein, bei Mammut und Indischem Elefanten findet man 14 Unterschiede. Anscheinend ist das Mammut also näher mit dem Afrikanischen Elefanten verwandt. Das Ergebnis ist aber weniger stichhaltig als in dem zuvor beschriebenen Beispiel. Man findet weniger Unterschiede. Sind sie dennoch signifikant? (Diese Frage ist hier schwieriger zu beantworten, weil wir aus anderen Quellen keinerlei Hinweise haben, wie die Antwort lauten sollte.)

Dieses Beispiel wirft mehrere Fragen auf:

1. Wir „wissen", dass Afrikanischer Elefant, Indischer Elefant und Mammut eng verwandt sein müssen – dazu braucht man sie nur anzusehen. Aber könnte man auch *allein aufgrund der Sequenzen* behaupten, dass es sich um eng verwandte Arten handelt?

2. Die Unterschiede sind gering. Spiegeln sie die durch Selektion entstandene evolutionäre Auseinanderentwicklung wider, oder sind sie nur auf Zufälle oder Gendrift zurückzuführen? Um zu beurteilen, wie signifikant die Ähnlichkeiten und Unterschiede sind, benötigen wir empfindliche statistische Kriterien.

Als Hintergrund zu solchen Fragen sei ausdrücklich darauf hingewiesen, dass zwischen *Ähnlichkeit* und *Homologie* ein Unterschied besteht. **Ähnlichkeit** ergibt sich aus den beobachteten oder gemessenen Übereinstimmungen und Unterschieden unabhängig von ihrer Ursache. Von **Homologie** spricht man nur dann, wenn die Sequenzen und die Lebewesen, in denen sie vorkommen, von einem gemeinsamen Vorfahren abstammen, wenn also Ähnlichkeiten gemeinsame, auf einen Vorläufer zurückgehende Merkmale darstellen. Sequenzähnlichkeiten (und auch die Ähnlichkeit makroskopischer biologischer Eigenschaften) lassen sich an Daten feststellen, die man *heute* sammeln kann, ohne dass man dazu historische Vermutungen anstellen müsste. Auf Homologie dagegen kann man nur aufgrund beobachteter Ähnlichkeiten schließen. Direkt beobachten lässt sich Homologie nur in wenigen Ausnahmefällen, beispielsweise im Stammbaum von Familien mit einem ungewöhnlichen Phänotyp wie der Habsburgerlippe, in Populationen von Labortieren oder in klinischen Untersuchungen, bei denen man den Verlauf einer Virusinfektion bei einzelnen Patienten auf Sequenzebene verfolgt.

Die Aussage, die Cytochrom-*b*-Proteine des Afrikanischen und Indischen Elefanten sowie des Mammuts seien homolog, *bedeutet zugleich*, dass alle drei einen gemeinsamen Vorfahren hatten; dieser besaß vermutlich ein einziges Cytochrom *b*, aus dem durch unterschiedliche Mutationen die entsprechenden Proteine des Mammuts und der heutigen Elefanten hervorgegangen sind. Rechtfertigt die sehr große Ähnlichkeit zwischen den Sequenzen die Schlussfolgerung, dass sie homolog sind, oder könnte es dafür auch andere Erklärungen geben?

- Möglicherweise *erfordert* ein funktionsfähiges Cytochrom *b* so viele konservierte Aminosäuren, dass die entsprechenden Proteine aller Tiere einander genauso stark ähneln wie die von Elefant und Mammut. Dies kann man prüfen, indem man sich die Cytochrom-*b*-Sequenzen anderer biologischer Arten ansieht. Dabei stellt man fest, dass die Cytochrom-*b*-Proteine anderer Tiere sich deutlich von denen der Elefanten und Mammuts unterscheiden.
- Zweitens wäre es denkbar, dass an ein gut funktionierendes Cytochrom *b* in einem elefantenähnlichen Tier besondere Anforderungen gestellt werden; dann wären die drei Proteine vielleicht unabhängig voneinander bei verschiedenen Vorfahren entstanden, und der gleichartige Selektionsdruck hätte zu den Ähnlichkeiten geführt. (Wie gesagt: Es geht hier ausschließlich darum, was man *allein* aus den Sequenzen des Cytochrom *b* ableiten kann.)
- Vielleicht ist das Mammut tatsächlich näher mit dem Afrikanischen Elefanten verwandt, aber möglicherweise hat sich die Sequenz für Cytochrom *b* beim Indischen Elefanten seit der Zeit des letzten gemeinsamen Vorfahren auch schneller weiter entwickelt als die des Afrikanischen Elefanten oder des Mammuts, sodass sich mehr Mutationen angesammelt haben.
- Viertens schließlich könnte man die Hypothese aufstellen, dass alle gemeinsamen Vorfahren von Elefanten und Mammuts völlig unähnliche Cytochrom-*b*-Proteine besaßen und dass sowohl die heutigen Elefanten als auch die Mammuts ein gemeinsames Gen durch virusbedingte Übertragung von einem ganz anderen Lebewesen übernommen haben.

Gehen wir aber jetzt einmal davon aus, die Sequenzähnlichkeiten von Elefant und Mammut seien so groß, dass wir sie als Beleg für Homologie betrachten können. Wie steht es dann mit den Sequenzen für Ribonuclease aus dem vorigen Beispiel? Sind die *größeren* Unterschiede zwischen den Pankreas-Ribonucleasen von Pferd, Wal und Känguru ein Indiz, dass es sich *nicht* um homologe Proteine handelt?

Können wir diese Fragen beantworten? Man hat für zahlreiche Proteine aus Arten, deren Verwandtschaftsbeziehungen man mit den klassischen Methoden aufgeklärt hatte, sorgfältige Berechnungen über Unterschiede und Ähnlichkeiten angestellt. Im Fall der Ribonuclease ist es gerechtfertigt, von der Ähnlichkeit auf Homologie zu schließen. Die Frage, ob das Mammut dem Afrikanischen oder dem Indischen Elefanten näher steht, ist nicht abschließend geklärt, obwohl man alle verfügbaren anatomischen Befunde und Sequenzen herangezogen hat. Die Analyse von Sequenzähnlichkeiten ist mittlerweile so weit entwickelt, dass sie als zuverlässigste Methode zur Ermittlung stammesgeschichtlicher Verwandtschaftsverhältnisse gilt, aber manchmal – so auch im Fall der Elefanten – sind die Ergebnisse nicht signifikant, und in anderen Fällen gelangt man sogar zu falschen Antworten. Daten stehen in großer Menge zur Verfügung, ebenso wirksame Hilfsmittel zum Abruf jener Befunde, die für eine gezielte Frage relevant sind, sowie leistungsfähige Analysewerkzeuge. Aber das alles macht ein gut begründetes wissenschaftliches Urteilsvermögen keineswegs überflüssig.

SINES, LINES und die Klärung stammesgeschichtlicher Verwandtschaftsbeziehungen

Wenn man aus dem Vergleich von Gen- und Proteinsequenzen auf stammesgeschichtliche Verwandtschaftsverhältnisse schließen will, stellen sich vor allem zwei Probleme: Erstens ist der Grad der Ähnlichkeit sehr unterschiedlich und sinkt manchmal unter die Grenze der statistischen Signifikanz; und zweitens ist die Evolution in den einzelnen Zweigen des Stammbaumes unterschiedlich schnell verlaufen. Selbst wenn eine Verwandtschaft durch Sequenzähnlichkeiten zweifelsfrei nachgewiesen ist, kann man in vielen Fällen nichts darüber aussagen, in welcher *Reihenfolge* sich die verschiedenen systematischen Gruppen aufgespalten haben. Der Traum der Evolutionsforscher – Merkmale mit „Alles-oder-Nichts"-Charakter, die einmal auftauchen und nie wieder verschwinden, sodass man an ihnen die Reihenfolge der Aufspaltungsereignisse ablesen kann – erfüllt sich in manchen Fällen durch bestimmte nichtcodierende Sequenzen in den Genomen.

Ein großer Teil von Eukaryotengenomen besteht aus **SINES** und **LINES** (*short / long interspersed nuclear elements*), kurzen oder langen repetitiven, nichtcodierenden Sequenzelementen im Kerngenom. Diese Sequenzen machen in der chromosomalen DNA des Menschen mindestens 30 und bei manchen höheren Pflanzen mehr als 50 Prozent des Genoms aus. SINES sind in der Regel etwa 70 bis 500 Basenpaare lang und liegen in bis zu 10^6 Kopien vor. LINES umfassen bis zu 7 000 Basenpaare, und ihre Zahl liegt bei bis zu 10^5. SINES gelangen durch reverse Transkription von RNA ins Genom. Sie enthalten meist an ihrem 5'-Ende einen Abschnitt, der Ähnlichkeit zu tRNA aufweist, einen mittleren Teil ohne Bezug zu tRNA und eine AT-reiche Region am 3'-Ende.

SINES haben mehrere Merkmale, die sie zu einem besonders nützlichen Hilfsmittel für stammesgeschichtliche Untersuchungen machen:

- Ein SINE ist entweder vorhanden, oder es fehlt. Ein SINE an einer bestimmten Position ist eine Eigenschaft ohne kompliziertes, schwankendes Ausmaß von Ähnlichkeit.

- SINES werden im nichtcodierenden Anteil des Genoms nach dem Zufallsprinzip eingebaut. Treten also ähnliche SINES bei zwei biologischen Arten an dem gleichen Locus auf, kann man daraus schließen, dass diese beiden Arten einen gemeinsamen Vorfahren hatten, bei dem sich der Einbau ereignet hat. Eine Entsprechung zur konvergenten Evolution, die das Bild verunklaren würde, gibt es nicht: Selektion auf den *Ort* des Einbaues findet nicht statt.

- Der Einbau eines SINE ist offenbar irreversibel: Von seltenen großen Deletionen abgesehen, die manchmal auch ein solches Element einschließen, kennt man keinen Mechanismus, durch den SINES verloren gehen könnten. Tragen also zwei Arten das gleiche SINE am gleichen Locus, lässt das *Fehlen* dieses Elements bei einer dritten Spezies darauf schließen, dass die beiden ersten untereinander enger verwandt sind als jede dieser beiden mit der dritten.

- SINES machen nicht nur Verwandtschaftsverhältnisse deutlich, sondern sie sagen auch etwas darüber aus, welche Art als erste da war. Der letzte gemeinsame Vorfahre von Arten mit einem gemeinsamen SINE muss *nach* dem letzten gemeinsamen Vorfahren entstanden sein, der diese Arten mit einer dritten ohne das SINE verbindet.

N. Okada und Kollegen haben mithilfe von SINE-Sequenzen stammesgeschichtliche Abstammungsverhältnisse analysiert. Wale sind Säugetiere, die sich an eine Lebensweise im Wasser angepasst haben. Aber welche landlebenden Arten sind ihre nächsten Verwandten? Die klassische Paläontologie brachte die Ordnung *Cetacea*, zu der die

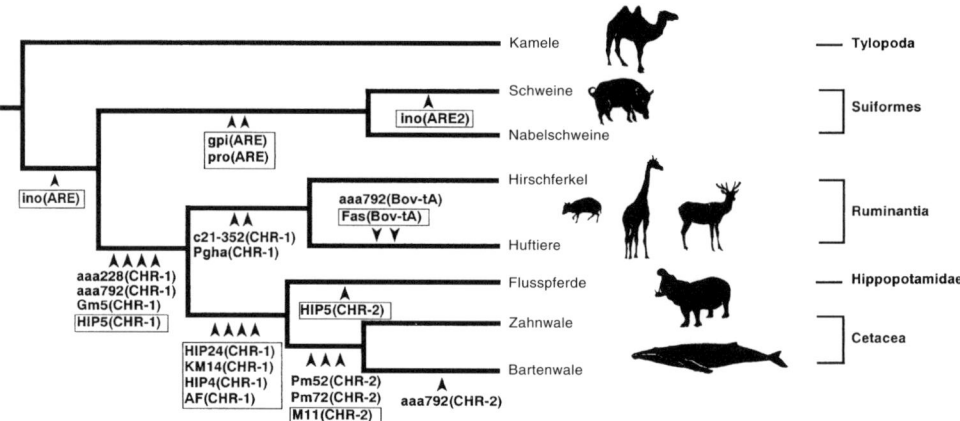

1.5 Phylogenetische Beziehungen zwischen den Cetacea und anderen Gruppen der Paarhufer (Arteriodactyla), abgeleitet aus der Analyse von SINE-Sequenzen. Insertionen sind durch kleine Pfeilspitzen markiert. Jede Pfeilspitze zeigt an, dass *rechts* von ihr bei allen Spezies ein bestimmtes SINE oder LINE vorkommt. Kleinbuchstaben bezeichnen Loci, Großbuchstaben kennzeichnen Sequenzmotive. Das ARE2-Motiv beispielsweise kommt nur bei Schweinen, und zwar am ino-Locus, vor. Das ARE-Sequenzmotiv findet man im Genom der Schweine zweimal (an den Loci gpi und pro), und an den gleichen Loci liegt es auch im Genom der Nabelschweine. Die Insertion von ARE ereignete sich also bei einer Spezies, die ein Vorfahre der Schweine und Nabelschweine war, aus der aber keine anderen Arten in dem Diagramm hervorgegangen sind. Demnach sind Schweine und Nabelschweine untereinander enger verwandt als mit allen anderen untersuchten Arten. (Aus Nikaido M, Rooney AP, Okada N (1999) Phylogenetic Relationships among cetartiodactyls based on insertions of short and long interspersed elements: Hippopotamuses are the closest extant relatives of whales. *Proceedings of the National Academy of Sciences, USA* 96, 10261–10266. (© 1999, National Academy of Sciences, USA.)

Wale und Delfine gehören, mit den *Arteriodactyla* oder Paarhufern in Verbindung, die unter anderem auch die Rinder umfassten. Früher glaubte man, die Cetacea hätten sich abgespalten, bevor der gemeinsame Vorfahre der heutigen Unterordnungen der Arteriodactyla lebte: der *Suiformes* (Schweine), *Tylopoda* (Kamele, Lamas und andere) und *Ruminantia* (Hirsche, Rinder, Ziegen, Schafe, Antilopen, Giraffen und so weiter). Um die Wale im Verhältnis zu diesen Gruppen richtig einzuordnen, führte man mehrere DNA-Sequenzuntersuchungen durch. Der Vergleich der Mitochondrien-DNA sowie der Gene für Pankreas-Ribonuclease, γ-Fibrinogen und andere Proteine ließ darauf schließen, dass die Flusspferde die engsten Verwandten der Wale sind; danach bilden Cetacea und Flusspferde innerhalb der Paarhufer eine eigene Gruppe, die am engsten mit den Ruminantia verwandt ist (siehe Web-Aufgabe 1.7).

Die SINE-Analyse bestätigt diese Einordnung. Mehrere SINES kommen bei Ruminantia, Flusspferden und Cetacea gleichermaßen vor. Vier weitere derartige Elemente dagegen findet man nur bei Walen und Flusspferden. Dieser Befund lässt auf den in Abbildung 1.5 dargestellten Stammbaum schließen; in ihm ist vermerkt, wann die einzelnen SINES eingebaut wurden. (Nach neuesten Berichten bestätigen auch neue Fossilien von landlebenden Vorfahren der Wale die Beziehung zwischen Walen und Paarhufern. Hier zeigt sich beispielhaft, wie molekularbiologische und paläontologische Methoden sich ergänzen: Mit der DNA-Sequenzanalyse kann man die Verwandtschaft zwischen heute lebenden Arten sehr genau feststellen, aber nur mithilfe von Fossilien lassen sich die Zusammenhänge zwischen ihren ausgestorbenen Vorfahren aufklären.)

Die Suche nach ähnlichen Sequenzen in Datenbanken: PSI-BLAST

In den bisher beschriebenen Beispielen ging es immer wieder darum, in einer Datenbank nach Einträgen zu suchen, die einem gerade analysierten Material ähneln. Hat man beispielsweise ein neues Gen sequenziert oder im Genom des Menschen ein krankheitserzeugendes Gen identifiziert, möchte man häufig wissen, ob bei anderen biologischen Arten ähnliche Gene vorkommen. Die ideale Methode ist sowohl **sensitiv** – das heißt, man kann mit ihr auch entfernte Verwandtschaftsbeziehungen aufspüren – als auch **selektiv** – das heißt, alle mit ihr aufgefundenen Verwandtschaftsbeziehungen sind echt.

Suchverfahren für Datenbanken stellen immer einen Kompromiss zwischen Sensitivität und Selektivität dar. Liefern sie alle oder zumindest die meisten tatsächlich vorhandenen „Treffer", oder bleibt ein großer Anteil unerkannt? Und umgekehrt: Wie viele der gefundenen „Treffer" sind falsch? Angenommen, eine Datenbank enthält 1 000 Globinsequenzen, und eine Suche nach Globinen in dieser Datenbank liefert 900 Ergebnisse, von denen 700 tatsächlich Globinsequenzen sind, 200 aber nicht. In einem solchen Fall spricht man davon, dass man 300 falsch-negative und 200 falsch-positive Ergebnisse erhalten hat. Setzt man die Toleranzschwelle niedriger an, erhält man sowohl mehr falsch-positive als auch mehr falsch-negative Befunde. Oft arbeitet man mit einer niedrigen Toleranzgrenze, um sicherzugehen, dass man nichts Wichtiges übersieht; in einem solchen Fall muss man aber die Ergebnisse anschließend genau analysieren, um die falsch-positiven Treffer auszuschließen.

Ein sehr leistungsfähiges Hilfsmittel, um Sequenzdatenbanken anhand einer vorhandenen Sequenz zu durchsuchen, ist PSI-BLAST vom amerikanischen National Center für Biotechnological Information (NCBI). PSI-BLAST bedeutet „Position Sensitive Iterated - Basic Local Alignment Search Tool". Ein älteres Programm namens BLAST identifizierte ähnliche Sequenzbereiche ohne Lücken und setzte sie dann zusammen. Die Abkürzung PSI bezeichnet die mittlerweile vorgenommenen Verbesserungen: Muster in den Sequenzen werden schon im Frühstadium der Datenbanksuche identifiziert und dann nach und nach verfeinert. Durch die Erkennung immer wieder auftretender Muster steigen sowohl die Selektivität als auch die Sensitivität der Suche. PSI-BLAST bedient sich eines ständig wiederholten (iterativen) Vorganges, sodass das hervortretende Muster in den nachfolgenden Stadien der Suche immer besser definiert wird.

— **Beispiel 1.4** ————————————————————————————

Homologe des PAX-6-Gens des Menschen. Die PAX-6-Gene steuern bei einer weit divergenten Gruppe biologischer Arten die Entwicklung der Augen (Kasten 1.6). Das menschliche PAX-6-Gen codiert ein Protein, das bei SWISS-PROT als Eintrag P26367 aufgeführt ist. Verwenden Sie PSI-BLAST und gehen Sie dazu zu folgender URL: `http://www.ncbi.nlm.nih.gov/blast/index.html` und wählen unter Protein BLAST „PSI- and PHI-BLAST".

Geben Sie die Sequenz ein. Benutzen Sie die voreingestellten Optionen für die Auswahl der zu durchsuchenden Datenbank und die dabei anzuwendende Ähnlichkeitsmatrix.

Das Programm liefert eine Liste von Einträgen, die der untersuchten Sequenz ähneln, geordnet in der Reihenfolge der statistischen Signifikanz. Auszüge aus den Ergebnissen zeigt der Kasten 1.7. Eine typische Zeile sieht beispielsweise folgendermaßen aus:

```
pir||I45557 eyeless, long form - fruit fly (Drosophila melano...255 7e-67
```

Der erste Ausdruck in der Zeile bezeichnet die Datenbank und die Nummer des Eintrags, getrennt durch ein oder zwei senkrechte Linien. In diesem Fall handelt es sich also um den Eintrag `I45557` der Protein Information Resource (PIR), das homologe Protein *eyeless* aus *Drosophila*. Die Zahl `255` ist ein Wert für das Ausmaß der gefundenen Sequenzübereinstimmung, und die Signifikanz dieser Übereinstimmung wird angegeben durch $E = 7 \times 10^{-67}$. E bezieht sich auf die Wahrscheinlichkeit, mit der die beobachtete Übereinstimmung durch Zufall entstanden sein könnte: E ist die Zahl der Sequenzen, bei denen man eine ebenso gute oder bessere Übereinstimmung erwarten würde, wenn man dieselbe Datenbank mit randomisierten Sequenzen durchsucht. $E = 7 \times 10^{-67}$ bedeutet: Es ist *äußerst* unwahrscheinlich, dass auch nur *eine einzige* Zufallssequenz eine ebenso gute Übereinstimmung zeigt wie die Sequenz aus *Drosophila*. Werte für E, die kleiner sind als 0,05, gelten als signifikant oder zumindest einer näheren Betrachtung wert. In Grenzfällen muss man fragen: Sind die Sequenzunterschiede immer die gleichen? Gibt es ein Muster von konservierten Positionen, oder sind Übereinstimmungen und Abweichungen zufällig über die Sequenzen verteilt? Mit der Zeit entwickelt man ein Gespür für die *Beschaffenheit* eines Alignment, auch wenn dies ein schwer bestimmbares Konzept ist.

Enthält die Datenbank viele Sequenzen, die der untersuchten Sequenz ähneln, stehen die Ähnlichsten in der Liste an erster Stelle. In unserem Beispiel lässt dies erkennen, dass es viele sehr ähnliche PAX-Gene bei anderen Säugetieren gibt. Unter Umständen muss man die Liste ein ganzes Stück weit durchgehen, um einen entfernten Verwandten zu finden, den man für besonders interessant hält.

Eigentlich hat das Programm ein Alignment für nur einen Teil der Sequenzen erstellt. Das vollständige Alignment ist im Kasten 1.8 wiedergegeben (siehe auch Anwendungsaufgabe 1.5).

| 1.6 |

Et in terra PAX hominibus, muscisque ...

Die Augen von Mensch, Fliege und Tintenfisch sind sehr unterschiedlich aufgebaut. Nach der herkömmlichen Lehre sind die Augen angesichts des gewaltigen Selektionsvorteils, den die Sehfähigkeit bietet, in den verschiedenen Stämmen des Tierreiches unabhängig voneinander entstanden. Deshalb war es eine große Überraschung, dass ein Gen, das beim Menschen die Entwicklung der Augen steuert, bei *Drosophila* ein homologes Gegenstück hat, das dort ebenfalls an der Augenentwicklung mitwirkt.

Zunächst wurde das PAX-6-Gen aus Menschen und Mäusen kloniert. Es ist ein übergeordnetes Regulationsgen, das in der Augenentwicklung eine komplizierte Kaskade weiterer Ereignisse in Gang setzt. Mutationen des Gens führen beim Menschen zum Krankheitsbild der *Aniridie*, einer Entwicklungsstörung, bei der die Iris im Auge fehlt oder fehlgebildet ist. Das zu PAX-6 homologe *Drosophila*-Gen, das *eyeless* heißt, erfüllt in der Augenentwicklung eine ähnliche Regulationsfunktion. Fliegen, bei denen dieses Gen mutiert ist, entwickeln sich ohne Augen, und umgekehrt führt seine Expression in Flügeln, Beinen oder Antennen der Fliege zur Entwicklung ektopischer (am falschen Platz befindlicher) Augen. (Die *eyeless*-Mutation bei *Drosophila* wurde 1915 erstmals beschrieben. Damals vermutete wohl niemand einen Zusammenhang mit einem menschlichen Gen.)

Die Gene von Insekten und Säugetieren ähneln sich nicht nur in ihrer Sequenz, sondern sie sind sogar so eng verwandt, dass sie ihre Funktion über Artgrenzen hinweg ausüben können. Die Expression des PAX-6-Gens aus der Maus in *Drosophila* setzt dort ebenso die Entwicklung ektopischer Augen in Gang wie das *eyeless*-Gen der Fliege selbst.

Homologe Gene zu PAX-6 gibt es auch in anderen Tierstämmen, so bei Plattwürmern, Ascidien, Seeigeln und Fadenwürmern. Ein weiteres Indiz, dass verschiedene Lichtsinnessysteme den gleichen Ursprung haben, liefert auch die Beobachtung, dass die Rhodopsine – eine Familie von Proteinen, die alle Retinal als Chromophor enthalten – in verschiedenen Stämmen als lichtempfindliche Pigmente dienen. In den tatsächlichen makroskopischen, anatomischen Unterschieden zwischen verschiedenen Augen spiegelt sich also die Divergenz und unabhängige Weiterentwicklung der übergeordneten Struktur wider.

| 1.7 |

Ergebnisse einer PSI-BLAST-Suche ausgehend vom menschlichen PAX-6-Protein

```
Reference: Altschul, Stephen F., Thomas L. Madden, Alejandro
A. Schaeffer, Jinghui Zhang, Zheng Zhang, Webb Miller, and David
J. Lipman (1997), "Gapped BLAST and PSI-BLAST: a new generation of
protein database search programs", Nucleic Acids Res. 25:3389-3402.

Query= sp|P26367|PAX6_HUMAN PAIRED BOX PROTEIN PAX-6
(OCULORHOMBIN) (ANIRIDIA, TYPE II PROTEIN) - Homo sapiens (Human).
         (422 letters)


         Sequences with E-value BETTER than threshold


                                                          Score    E
Sequences producing significant alignments:              (bits)  Value

  ref|NP_037133.1|  paired box homeotic gene 6 >gi|2495314|sp|P7...  730   0.0
  ref|NP_000271.1|  paired box gene 6, isoform a >gi|417450|sp|P...  730   0.0
  pir||A41644  homeotic protein aniridia - human                    728   0.0
```

1.7 Fortsetzung

```
gb|AAA59962.1|   (M77844) oculorhombin [Homo sapiens] >gi|18935...    728    0.0
prf||1902328A   PAX6 gene [Homo sapiens]                             724    0.0
emb|CAB05885.1|   (Z83307) PAX6 [Homo sapiens]                       723    0.0
ref|NP_001595.2|   paired box gene 6, isoform b                      721    0.0
ref|NP_038655.1|   paired box gene 6 >gi|543296|pir||S42234 pai...   721    0.0
dbj|BAA23004.1|   (D87837) PAX6 protein [Gallus gallus]              717    0.0
gb|AAF73271.1|AF154555_1   (AF154555) paired domain transcripti...   714    0.0
sp|P55864|PAX6_XENLA   PAIRED BOX PROTEIN PAX-6 >gi|1685056|gb|...    713    0.0
gb|AAB36681.1|   (U76386) paired-type homeodomain Pax-6 protein...    712    0.0
gb|AAB05932.1|   (U64513) Xpax6 [Xenopus laevis]                     712    0.0
sp|P47238|PAX6_COTJA   PAIRED BOX PROTEIN PAX-6 (PAX-QNR) >gi|4...    710    0.0
dbj|BAA24025.1|   (D88741) PAX6 SL [Cynops pyrrhogaster]             707    0.0
gb|AAD50903.1|AF169414_1   (AF169414) paired-box transcription ...   706    0.0
dbj|BAA13680.1|   (D88737) Xenopus Pax-6 long [Xenopus laevis]       703    0.0
sp|P26630|PAX6_BRARE   PAIRED BOX PROTEIN PAX[ZF-A] (PAX-6) >gi...    699    0.0
dbj|BAA24024.1|   (D88741) PAX6 LL [Cynops pyrrhogaster]             697    0.0
gb|AAD50901.1|AF169412_1   (AF169412) paired-box transcription ...   696    0.0
emb|CAA68835.1|   (Y07546) PAX-6 protein [Astyanax mexicanus] >...    693    0.0
pir||I50108   paired box transcription factor Pax-6 - zebra fis...   689    0.0
sp|O73917|PAX6_ORYLA   PAIRED BOX PROTEIN PAX-6 >gi|3115324|emb...    686    0.0
gb|AAC96095.1|   (AF061252) Pax-family transcription factor 6.2...    684    0.0
emb|CAA68837.1|   (Y07547) PAX-6 protein [Astyanax mexicanus]        683    0.0
emb|CAA68836.1|   (Y07547) PAX-6 protein [Astyanax mexicanus]        675    0.0
emb|CAA68838.1|   (Y07547) PAX-6 protein [Astyanax mexicanus]        675    0.0
emb|CAA16493.1|   (AL021531) PAX6 [Fugu rubripes]                    646    0.0
gb|AAF73273.1|AF154557_1   (AF154557) paired domain transcripti...   609    e-173
dbj|BAA24023.1|   (D88741) PAX6 SS [Cynops pyrrhogaster]             609    e-173
prf||1717390A   pax gene [Danio rerio]                               609    e-173
gb|AAF73268.1|AF154552_1   (AF154552) paired domain transcripti...   608    e-173
gb|AAD50904.1|AF169415_1   (AF169415) paired-box transcription ...   605    e-172
gb|AAF73269.1|AF154553_1   (AF154553) paired domain transcripti...   604    e-172
dbj|BAA13681.1|   (D88738) Xenopus Pax-6 short [Xenopus laevis]      600    e-171
dbj|BAA24022.1|   (D88741) PAX6 LS [Cynops pyrrhogaster]             599    e-170
gb|AAD50902.1|AF169413_1   (AF169413) paired-box transcription ...   595    e-169
gb|AAF73270.1|   (AF154554) paired domain transcription factor ...    594    e-169
gb|AAB07733.1|   (U67887) XLPAX6 [Xenopus laevis]                    592    e-168
gb|AAA40109.1|   (M77842) oculorhombin [Mus musculus]                455    e-127
emb|CAA11364.1|   (AJ223440) Pax6 [Branchiostoma floridae]           440    e-122
emb|CAA11366.1|   (AJ223442) Pax6 [Branchiostoma floridae]           437    e-122
gb|AAB40616.1|   (U59830) Pax-6 [Loligo opalescens]                  437    e-122
pir||A57374   paired box transcription factor Pax-6 - sea urchi...   437    e-121
emb|CAA11368.1|   (AJ223444) Pax6 [Branchiostoma floridae]           435    e-121
emb|CAA11367.1|   (AJ223443) Pax6 [Branchiostoma floridae]           433    e-120
emb|CAA11365.1|   (AJ223441) Pax6 [Branchiostoma floridae]           412    e-114
pir||JC6130   paired box transcription factor Pax-6 - Ribbonwor...   396    e-109
gb|AAD31712.1|AF134350_1   (AF134350) transcription factor Toy ...    380    e-104
gb|AAB36534.1|   (U77178) paired box homeodomain protein TPAX6 ...    377    e-104
emb|CAA71094.1|   (Y09975) Pax-6 [Phallusia mammilata]               342    4e-93
dbj|BAA20936.1|   (AB002408) mdkPax-6 [Oryzias sp.]                  338    6e-92
pir||S60252   paired box transcription factor vab-3 - Caenorhab...   336    2e-91
pir||T20900   hypothetical protein F14F3.1 - Caenorhabditis ele...   336    2e-91
pir||S36166   paired box transcription factor Pax-6 - rat (frag...   335    5e-91
sp|P47237|PAX6_CHICK   PAIRED BOX PROTEIN PAX-6 >gi|2147404|pir...    333    2e-90
dbj|BAA75672.1|   (AB017632) DjPax-6 [Dugesia japonica]              329    4e-89
gb|AAF64460.1|AF241310_1   (AF241310) transcription factor PaxB...    290    2e-77
gb|AAF73274.1|   (AF154558) paired domain transcription factor ...    287    1e-76
pdb|6PAX|A   Chain A, Crystal Structure Of The Human Pax-6 Pair...    264    1e-69
```

1.7 *Fortsetzung*

```
pir||C41061  paired box homolog Pax6 - mouse (fragment)        261    9e-69
gb|AAC18658.1|  (U73855) Pax6 [Bos taurus]                     259    4e-68
pir||I45557  eyeless, long form - fruit fly (Drosophila melano...  255    7e-67
gb|AAF59318.1|  (AE003843) ey gene product [Drosophila melanog...  255    7e-67
```

... viele weitere "Treffer" wurden weggelassen ...

... es folgen zwei ausgewählte Alignments ...

```
-------------------------------------------------------------------------
                            Alignments

>ref|NP_037133.1| paired box homeotic gene 6
 sp|P70601|PAX6_RAT PAIRED BOX PROTEIN PAX-6
 gb|AAB09042.1| (U69644) paired-box/homeobox protein [Rattus norvegicus]
         Length = 422

 Score =  730 bits (1865), Expect = 0.0
 Identities = 362/422 (85%), Positives = 362/422 (85%)


Query: 1    MQNSHSGVNQLGGVFVNGRPLPDSTRQKIVELAHSGARPCDISRILQVSNGCVSKILGRY 60
            MQNSHSGVNQLGGVFVNGRPLPDSTRQKIVELAHSGARPCDISRILQVSNGCVSKILGRY
Sbjct: 1    MQNSHSGVNQLGGVFVNGRPLPDSTRQKIVELAHSGARPCDISRILQVSNGCVSKILGRY 60


Query: 61   YETGSIRPRAIGGSKPRVATPEVVSKIAQYKRECPSIFAWEIRDRLLSEGVCTNDNIPSV 120
            YETGSIRPRAIGGSKPRVATPEVVSKIAQYKRECPSIFAWEIRDRLLSEGVCTNDNIPSV
Sbjct: 61   YETGSIRPRAIGGSKPRVATPEVVSKIAQYKRECPSIFAWEIRDRLLSEGVCTNDNIPSV 120


Query: 121  SSINRVLRNLASEKQQMGADGMYDKLRMLNGQTGSWGTRPGWYPGTSVPGQPTXXXXXXX 180
            SSINRVLRNLASEKQQMGADGMYDKLRMLNGQTGSWGTRPGWYPGTSVPGQPT
Sbjct: 121  SSINRVLRNLASEKQQMGADGMYDKLRMLNGQTGSWGTRPGWYPGTSVPGQPTQDGCQQQ 180


Query: 181  XXXXXNTNSISSNGEDSDEAQMXXXXXXXXXXXNRTSFTQEQIEALEKEFERTHYPDVFAR 240
                 NTNSISSNGEDSDEAQM           NRTSFTQEQIEALEKEFERTHYPDVFAR
Sbjct: 181  EGQGENTNSISSNGEDSDEAQMRLQLKRKLQRNRTSFTQEQIEALEKEFERTHYPDVFAR 240


Query: 241  ERLAAKIDLPEARIQVWFSNRRAKWRREEKLRNQRRQASNXXXXXXXXXXXXXXXXVYQPIP 300
            ERLAAKIDLPEARIQVWFSNRRAKWRREEKLRNQRRQASN            VYQPIP
Sbjct: 241  ERLAAKIDLPEARIQVWFSNRRAKWRREEKLRNQRRQASNTPSHIPISSSFSTSVYQPIP 300

Query: 301  QPTTPVSSFTSGSMLGRTDTALTNTYSALPPMPSFTMANNLPMQPPVPSQTSSYSCMLPT 360
            QPTTPVSSFTSGSMLGRTDTALTNTYSALPPMPSFTMANNLPMQPPVPSQTSSYSCMLPT
Sbjct: 301  QPTTPVSSFTSGSMLGRTDTALTNTYSALPPMPSFTMANNLPMQPPVPSQTSSYSCMLPT 360


Query: 361  SPSVNGRSYDTYTPPHMQTHMNSQPMXXXXXXXXXLIXXXXXXXXXXXXXXXXDMSQYWPR 420
            SPSVNGRSYDTYTPPHMQTHMNSQPM         LI            DMSQYWPR
Sbjct: 361  SPSVNGRSYDTYTPPHMQTHMNSQPMGTSGTTSTGLISPGVSVPVQVPGSEPDMSQYWPR 420


Query: 421  LQ 422
            LQ
Sbjct: 421  LQ 422


>pir||I45557 eyeless, long form - fruit fly (Drosophila melanogaster)
 emb|CAA56038.1| (X79493) transcription factor [Drosophila melanogaster]
         Length = 838

 Score =  255 bits (644), Expect = 7e-67
 Identities = 124/132 (93%), Positives = 128/132 (96%)
```

⊣ 1.7 *Fortsetzung*

```
Query: 5    HSGVNQLGGVFVNGRPLPDSTRQKIVELAHSGARPCDISRILQVSNGCVSKILGRYYETG 64
            HSGVNQLGGVFV GRPLPDSTRQKIVELAHSGARPCDISRILQVSNGCVSKILGRYYETG
Sbjct: 38   HSGVNQLGGVFVGGRPLPDSTRQKIVELAHSGARPCDISRILQVSNGCVSKILGRYYETG 97

Query: 65   SIRPRAIGGSKPRVATPEVVSKIAQYKRECPSIFAWEIRDRLLSEGVCTNDNIPSVSSIN 124
            SIRPRAIGGSKPRVAT EVVSKI+QYKRECPSIFAWEIRDRLL E VCTNDNIPSVSSIN
Sbjct: 98   SIRPRAIGGSKPRVATAEVVSKISQYKRECPSIFAWEIRDRLLQENVCTNDNIPSVSSIN 157

Query: 125  RVLRNLASEKQQ 136
            RVLRNLA++K+Q
Sbjct: 158  RVLRNLAAQKEQ 169
```

⊣ 1.8 ⊢

**Vollständiges paarweises Alignment des menschlichen Proteins PAX-6- mit dem
eyeless-Protein von *Drosophila melanogaster***

```
PAX6_human   --------------------------------MQNSHSGVNQLGGVFVNGRPLPDSTRQ 27
eyeless      MFTLQPTPTAIGTVVPPWSAGTLIERLPSLEDMAHKGHSGVNQLGGVFVGGRPLPDSTRQ 60
                                             :: .************ .*********

PAX6_human   KIVELAHSGARPCDISRILQVSNGCVSKILGRYYETGSIRPRAIGGSKPRVATPEVVSKI 87
eyeless      KIVELAHSGARPCDISRILQVSNGCVSKILGRYYETGSIRPRAIGGSKPRVATAEVVSKI 120
             *****************************************************.******

PAX6_human   AQYKRECPSIFAWEIRDRLLSEGVCTNDNIPSVSSINRVLRNLASEKQQ----------- 136
eyeless      SQYKRECPSIFAWEIRDRLLQENVCTNDNIPSVSSINRVLRNLAAQKEQQSTGSGSSSTS 180
             :*****************  .*.*****************:.:*:*

PAX6_human   -----------MG--------------------------------------------ADG 141
eyeless      AGNSISAKVSVSIGGNVSNVASGSRGTLSSSTDLMQTATPLNSSESGGATNSGEGSEQEA 240
                        :*                                           :.

PAX6_human   MYDKLRMLNGQTGS-------------------WGTRP------------------- 160
eyeless      IYEKLRLLNTQHAAGPGPLEPARAAPLVGQSPNHLGTRSSHPQLVHGNHQALQQHQQQSW 300
             :*:***:** * .:                   ***.

PAX6_human   -------GWYPG-------TSVP---------------------------GQP---- 172
eyeless      PPRHYSGSWYPTSLSEIPISSAPNIASVTAYASGPSLAHSLSPPNDIKSLASIGHQRNCP 360
                    .***       :*.*                            *:

PAX6_human   ----------TQDGCQQQEGG---GENTNSISSNGEDSDEAQMRLQLKRKLQRNRTSFTQ 219
eyeless      VATEDIHLKKELDGHQSDETGSGEGENSNGGASNIGNTEDDQARLILKRKLQRNRTSFTN 420
                       ** *.:* *   ***.:*. .:** :::: * ** *************:

PAX6_human   EQIEALEKEFERTHYPDVFARERLAAKIDLPEARIQVWFSNRRAKWRREEKLRNQRRQAS 279
eyeless      DQIDSLEKEFERTHYPDVFARERLAGKIGLPEARIQVWFSNRRAKWRREEKLRNQRRTPN 480
             :**::*************** .** .****************************** ..

PAX6_human   NTPSHIPISSSFSTSVYQPIPQPTTPVSSFTSGSMLG-------------------- 316
eyeless      STGASATSSSTSATASLTDSPNSLSACSSLLSGSAGGPSVSTINGLSSPSTLSTNVNAPT 540
             .* : . **: :*:      *:. :. **: *** *

PAX6_human   ------------------------------------------------------------
eyeless      LGAGIDSSESPTPIPHIRPSCTSDNDNGRQSEDCRRVCSPCPLGVGGHQNTHHIQSNGHA 600
```

1.8 *Fortsetzung*

```
PAX6_human      -------------------------RTDTALTNTYSALPPMPSFTMANNLPMQPPVP 348
eyeless         QGHALVPAISPRLNFNSGSFGAMYSNMHHTALSMSDSYGAVTPIPSFNHSAVGPLAPPSP 660
                               :*   :::::*.*:.*:***.  :    *:  ** *


PAX6_human      S-------QTSSYSCMLPTSP---------------------------SVNGRS 368
eyeless         IPQQGDLTPSSLYPCHMTLRPPPMAPAHHHIVPGDGGRPAGVGLGSGQSANLGASCSGSG 720
                     :* *.* :.  *                            * .* .


PAX6_human      YDTYTP--------------------------PHMQTHMNSQP----------MGTS 389
eyeless         YEVLSAYALPPPPMASSSAADSSFSAASSASANVTPHHTIAQESCPSPCSSASHFGVAHS 780
                *:. :.                        **    :* *       :. *


PAX6_human      GTTSTGLISPGVS---------------VPVQVPGS----EPDMSQYWPRLQ----- 422
eyeless         SGFSSDPISPAVSSYAHMSYNYASSANTMTPSSASGTSAHVAPGKQQFFASCFYSPWV 838
                .  *:. ***.**               .* ...*:    *. .*::.
```

Beispiel 1.5

Bei welchen Arten findet man mit PSI-BLAST homologe Gene zum menschlichen PAX-6?

PSI-BLAST führt die Arten an, bei denen die identifizierten Sequenzen vorkommen (Kasten 1.7). Die Artnamen erscheinen in dem ausgegebenen Text in eckigen Klammern, zum Beispiel so:

emb|CAA56038.1| (X79493) transcription factor [Drosophila melanogaster]

(In dem Abschnitt mit der Übersicht der *E*-Werte sind die Namen unter Umständen verkürzt.) Das folgende Perl-Programm destilliert aus dem PSI-BLAST-Output die Artnamen:

```perl
#!/usr/bin/perl
#extract species from psiblast output

# Method:
#   For each line of input, check for a pattern of form [Drosophila melanogaster]
#   Use each pattern found as the index in an associative array
#   The value corresponding to this index is irrelevant
#   By using an associative array, subsequent instances of the same
#      species will overwrite the first instance, keeping only a unique set
#   After processing of input complete, sort results and print.


while (<>) {                        # read line of input
    if (/\[([A-Z][a-z]+ [a-z]+)\]/) {   # select lines containing strings of form
                                    #      [Drosophila melanogaster]
        $species{$1} = 1;           # make or overwrite entry in
    }                               #           associative array
}


foreach (sort(keys(%species))){     # in alphabetical order,
    print "$_\n";                   #     print species names
}
```

Es werden 52 Arten gefunden (Kasten 1.9).

— **Beispiel 1.5** *Fortsetzung*

Das Programm nutzt die reichhaltigen Möglichkeiten von Perl zur Mustererkennung und sucht nach Zeichenketten mit der *Form* [Drosophila melanogaster]. Das Muster kann man folgendermaßen definieren:

- eine eckige Klammer
- danach ein Wort, das mit einem Großbuchstaben beginnt, gefolgt von beliebig vielen Kleinbuchstaben
- dann eine Leerstelle
- dann ein Wort in Kleinbuchstaben
- dann eine abschließende eckige Klammer

Ein solches Muster, das man als **regulären Ausdruck** *(regular expression)* bezeichnet, hat in Perl folgende Form: `[([A-Z][a-z]+ [a-z]+)]`

Die einzelnen Bausteine des Musters geben Buchstabenbereiche an:
  `[A-Z]` = jeder beliebige Buchstabe im Bereich A, B, C ... Z
  `[a-z]` = jeder beliebige Buchstabe im Bereich a, b, c ... z

Auch Wiederholungen kann man festlegen:
  `[A-Z]` = *ein* Großbuchstabe
  `[a-z]+` = *ein oder mehrere* Kleinbuchstaben

Nun kombiniert man die Ergebnisse: `[A-Z][a-z]+ [a-z]+` = ein Großbuchstabe, gefolgt von einem oder mehreren Kleinbuchstaben (dem Gattungsnamen), dann eine Leerstelle, gefolgt von einem oder mehreren Kleinbuchstaben (dem Artnamen).

Schließt man diesen Ausdruck in Klammern ein: `([A-Z][a-z]+ [a-z]+)`, gibt man Perl die Anweisung, das zu dem Muster passende Material zum späteren Nachschlagen zu speichern. Dieses übereinstimmende Material wird in Perl mit der Variablen `$1` bezeichnet. Enthält die Eingabezeile also die Zeichenkette `[Drosophila melanogaster]`, bedeutet die Anweisung

`$species{$1} = 1`

eigentlich folgendes:

`$species{"Drosophila melanogaster"} = 1`

Schließlich wollen wir noch die eckigen Klammern mit aufnehmen, die den Gattungs- und Artnamen einschließen, aber eckige Klammern bezeichnen bereits einen Buchstabenbereich. Deshalb müssen wir ihnen jeweils einen Backslash (\) voranstellen: `\[...\]`. Dies nennt man „schützen", womit die durch Backslash geschützten Zeichen nicht als Kommandozeichen interpretiert werden. So erhalten wir am Ende das fertige Muster `\[([A-Z][a-z]+ [a-z]+)\]`.

Ein weiterer aufschlussreicher Aspekt des Programms ist die Verwendung einer assoziativen Liste, um eine Liste von Arten zu erhalten, in der jede Art nur einmal genannt wird und Mehrfachnennungen vermieden werden. Wie bereits erwähnt wurde, ist die assoziative Liste *(array)* eine verallgemeinerte Form der gewöhnlichen Liste oder des Vektors, bei der die einzelnen Elemente nicht durch ganze Zahlen gekennzeichnet sind, sondern durch beliebige Zeichenketten. Ruft man ein Element einer assoziativen Liste mit einer zuvor bereits verwendeten Zeichenkette auf, ändert man unter Umständen den zugeordneten Wert, aber nicht die Zahl oder Bezeichnung der Elemente. In unserem Fall kümmern wir uns nicht um den Wert, sondern wir benutzen den Index der assoziativen Liste nur, um eine eindeutige Liste der gefundenen Arten aufzustellen. Nimmt man mehrfach auf dieselbe Art Bezug, führt dies nur zum Überschreiben der ersten Bezugnahme, aber nicht zu einer Liste mit Wiederholungen.

| 1.9 |

Arten, die mit PSI-BLAST „Treffer" ergeben, wenn man mit der Sequenz des menschlichen Gens PAX-6 sucht

Acropora millepora
Archegozetes longisetosus
Astyanax mexicanus
Bos taurus
Branchiostoma floridae
Branchiostoma lanceolatum
Caenorhabditis elegans
Canis familiaris
Carassius auratus
Chrysaora quinquecirrha
Ciona intestinalis
Coturnix coturnix
Cynops pyrrhogaster
Danio rerio
Drosophila mauritiana
Drosophila melanogaster
Drosophila sechellia
Drosophila simulans
Drosophila virilis
Dugesia japonica
Ephydatia fluviatilis
Fugu rubripes
Gallus gallus
Girardia tigrina
Halocynthia roretzi
Helobdella triserialis

Herdmania curvata
Homo sapiens
Hydra littoralis
Hydra magnipapillata
Hydra vulgaris
Ilyanassa obsoleta
Lampetra japonica
Lineus sanguineus
Loligo opalescens
Mesocricetus auratus
Mus musculus
Notophthalmus viridescens
Oryzias latipes
Paracentrotus lividus
Petromyzon marinus
Phallusia mammilata
Podocoryne carnea
Ptychodera flava
Rattus norvegicus
Schistosoma mansoni
Strongylocentrotus purpuratus
Sus scrofa
Takifugu rubripes
Tribolium castaneum
Triturus alpestris
Xenopus laevis

Proteinstruktur: eine Einführung

Mit den Proteinstrukturen lassen wir die eindimensionale Welt der Nucleotid- beziehungsweise Aminosäuresequenzen hinter uns und begeben uns in die räumliche Welt der Molekülgestalt. Manche Einrichtungen für Archivierung und Abruf molekularbiologischer Informationen überleben diesen Wechsel ziemlich unversehrt, manche müssen tief greifend verändert werden, und andere schaffen ihn überhaupt nicht.

Biochemisch betrachtet erfüllen Proteine bei Lebensvorgängen vielfältige Funktionen: Es gibt Strukturproteine (zum Beispiel die Hüllproteine der Viren, die verhornte äußere Hautschicht bei Menschen und Tieren, oder die Proteine des Cytoskeletts), Enzyme, die chemische Reaktionen katalysieren, Transport- und Speicherproteine (Hämoglobin), Regulatoren einschließlich Hormone und Rezeptoren/Signalübertragungsproteine sowie Proteine, welche die Transkription kontrollieren oder an Erkennungsvorgängen beteiligt sind, wie etwa Zelladhäsionsproteine, Antikörper und andere Proteine des Immunsystems.

Proteine sind große Moleküle. Die Funktion ist vielfach in einem kleinen Teil ihrer Struktur – dem **aktiven Zentrum** – lokalisiert, und der Rest dient nur dazu, die richtigen räumlichen Beziehungen zwischen den Aminosäuren des aktiven Zentrums herzustellen und aufrecht zu erhalten. Die Evolution der Proteine besteht in Veränderungen ihrer Struktur, die durch Mutationen in ihrer Aminosäuresequenz hervorgerufen werden. Das grundlegende Paradigma der Evolution lautet: Abwandlungen in der DNA

Aminosäure *i−1*   Aminosäure *i*   Aminosäure *i+1*

$$\cdots N - C\alpha - \underset{\underset{O}{\|}}{\overset{\overset{S_{i-1}}{|}}{C}} \ \ N - C\alpha - \underset{\underset{O}{\|}}{\overset{\overset{S_{i}}{|}}{C}} \ \ N - C\alpha - \underset{\underset{O}{\|}}{\overset{\overset{S_{i+1}}{|}}{C}} - \cdots$$

$\left.\right\}$ unterschiedliche Seitenketten

$\left.\right\}$ immer gleiche Hauptkette

1.6 Die Polypeptidketten der Proteine bestehen aus einer Hauptkette mit immer gleichem Aufbau und Seitenketten in unterschiedlicher Abfolge. Die Seitenketten sind hier als S_{i-1}, S_i und S_{i+1} bezeichnet. Sie werden unabhängig voneinander aus den 20 verfügbaren Aminosäuren ausgewählt. Die Abfolge der Seitenketten verleiht jedem Protein seine individuellen Struktur- und Funktionseigenschaften.

a

b

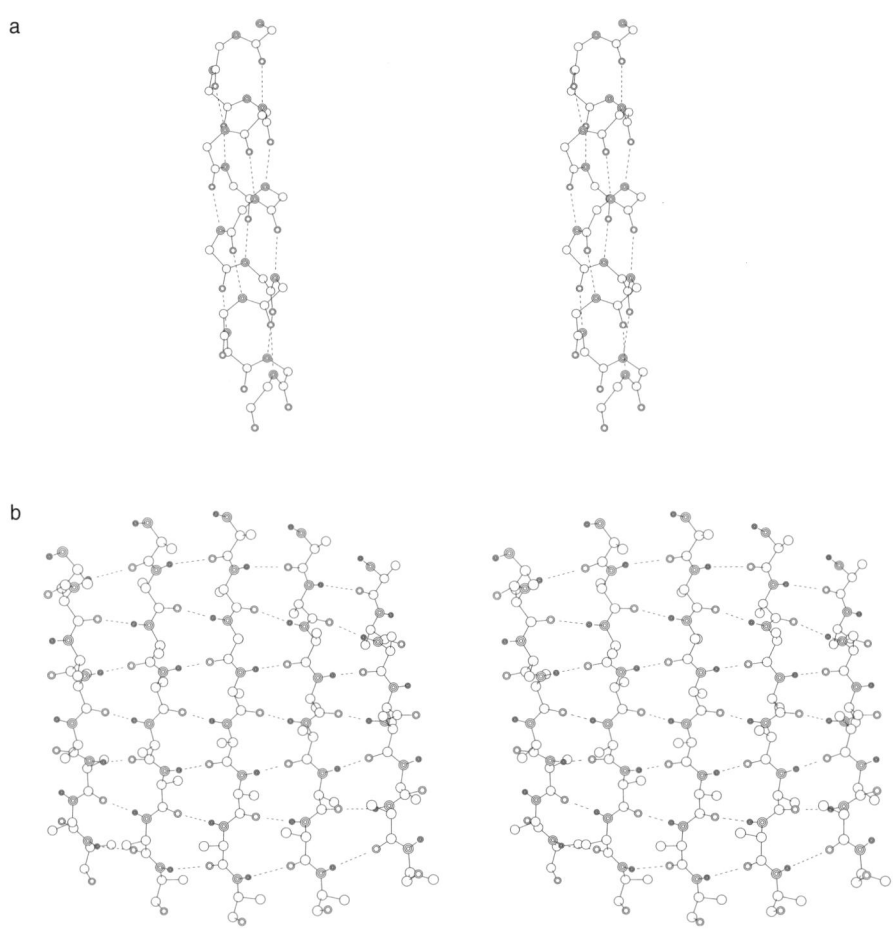

1.7 Standardformen von Proteinsekundärstrukturen. a) α-Helix. b) β-Faltblatt (*β-sheet*). Gestrichelte Linien symbolisieren Wasserstoffbrücken. In dem β-Faltblatt (b) haben alle Stränge die gleiche Orientierung. Häufig kommen aber auch antiparallele Faltblätter vor, in denen benachbarte Stränge jeweils paarweise gegenläufig orientiert sind. β-Faltblätter können sogar jede beliebige Kombination aus parallelen und antiparallelen Strängen enthalten. [Alle in diesem Buch wiedergegebenen Stereobilder ermöglichen es – mit ein wenig Übung –, die dreidimensionale Gestalt der jeweiligen Molekülstrukturen zu betrachten.]

schaffen bei den Proteinen eine Struktur- und Funktionsvielfalt, die sich auf den Fortpflanzungserfolg des Individuums auswirkt, und diese ist der Angriffspunkt der natürlichen Selektion.

Man kennt heute die dreidimensionale Struktur von ungefähr 15 000 Proteinen. In den meisten Fällen wurde sie durch Röntgenstrukturanalyse oder Kernresonanzspektroskopie (NMR) aufgeklärt. Aus diesen Untersuchungen konnte man nicht nur Kenntnisse über die Funktion einzelner Proteine ableiten – beispielsweise die chemische Erklärung für die katalytische Aktivität von Enzymen – sondern auch über die allgemeinen Prinzipien, denen Struktur und Faltung der Proteine unterliegen.

Chemisch betrachtet, ist ein Proteinmolekül ein langes Polymer, das im Regelfall mehrere tausend Atome enthält. Es besteht aus einem einheitlichen, auch als **Hauptkette** bezeichneten **Rückgrat** aus einheitlichen, wiederkehrenden Bauelementen, an die jeweils bestimmte **Seitenketten** gebunden sind (Abb. 1.6). Die Aminosäuresequenz eines Proteins gibt die Reihenfolge der Seitenketten an.

Die Polypeptidkette faltet sich im Raum zu einer gekrümmten Linie, deren Verlauf eine „Faltungsform" definiert. Man findet bei Proteinen eine große Vielfalt solcher Faltungsformen oder -muster, denen aber eine begrenzte Zahl gemeinsamer Strukturmerkmale zugrundeliegt. So findet man immer wieder bestimmte Grundformen oder Strukturmotive – zum Beispiel α-Helix und β-Faltblatt (Abb. 1.7) – und gemeinsame Prinzipien oder Eigenschaften wie die dichte Packung von Atomen im Inneren der Proteine. Man kann sich die Faltung als eine Art intramolekulare Kondensation oder Kristallisation vorstellen (siehe Kapitel 5).

Der hierarchische Aufbau der Proteinstruktur

Der dänische Proteinchemiker K. U. Linderstrøm-Lang unterschied zwischen folgenden Ebenen der Proteinstruktur: Die Aminosäuresequenz – das heißt die Gesamtheit der primären chemischen Bindungen – bildet die **Primärstruktur**. Die Anordnung in Helices und Faltblättern – die durch Wasserstoffbrücken stabilisierte Krümmung der Hauptkette – wird als **Sekundärstruktur** bezeichnet. Die Sekundärstrukturelemente bilden durch ihre Anordnung und Wechselwirkungen die **Tertiärstruktur**. Und bei Proteinen, die aus mehreren Untereinheiten bestehen, prägte J. D. Bernal den Begriff **Quartärstruktur** für die Anordnung der Monomere. Die Evolution führt manchmal zur Verschmelzung von Proteinen, sodass aus einer Quartär- eine Tertiärstruktur wird. So gibt es beispielsweise bei dem Bakterium *E. coli* fünf getrennte Enzyme, die aufeinander folgende Schritte im Biosyntheseweg der aromatischen Aminosäuren katalysieren und fünf Abschnitten eines einzigen Proteins bei dem Pilz *Aspergillus nidulans* entsprechen. Manchmal verbinden homologe Monomere sich auf unterschiedliche Weise zu Oligomeren; die Globine lagern sich beispielsweise im Hämoglobin der Säugetiere zu Tetrameren zusammen, bei der Archemuschel *Scapharca inaequivalvis* dagegen bilden sie – über eine andere Kontaktfläche – Dimere.

Mittlerweile hat es sich als hilfreich erwiesen, in die Hierarchie weitere Ebenen einzufügen:

- **Supersekundärstrukturen.** In Proteinen findet man immer wieder die gleichen Prinzipien für die Wechselwirkungen zwischen Helices und Faltblättern, die in der Sequenz dicht nebeneinander liegen. Zu diesen Supersekundärstrukturen gehören die α-Helix-„Haarnadel" (*hairpin*), die β-Haarnadel und das β-α-β-Element (Abb. 1.8).
- **Domänen.** Viele Proteine enthalten im Faltungsmuster einer einzigen Molekülkette mehrere kompakte Bereiche, bei denen es den Anschein hat, als könnten sie auch unabhängig von den anderen stabil sein. Solche Abschnitte bezeichnet man als Do-

mänen. (Diese Proteinunterstrukturen der Proteine darf man nicht mit den ebenfalls als Domänen bezeichneten großen Gruppierungen der Lebewesen – Archaea, Bacteria und Eukarya – verwechseln.) Ein Merkmal, das für Proteine mit mehreren Domänen typisch ist, findet man beispielsweise bei dem RNA-bindenden Protein L1: Die Bindungsstelle liegt in einer Spalte zwischen den beiden Domänen, und die geometrischen Verhältnisse zwischen den Domänen sind flexibel, sodass ein Ligand eine Konformationsänderung herbeiführen kann (Abb. 1.9). In der Hierarchie stehen die Domänen zwischen den Supersekundärstrukturen und der Tertiärstruktur des vollständigen Monomers.

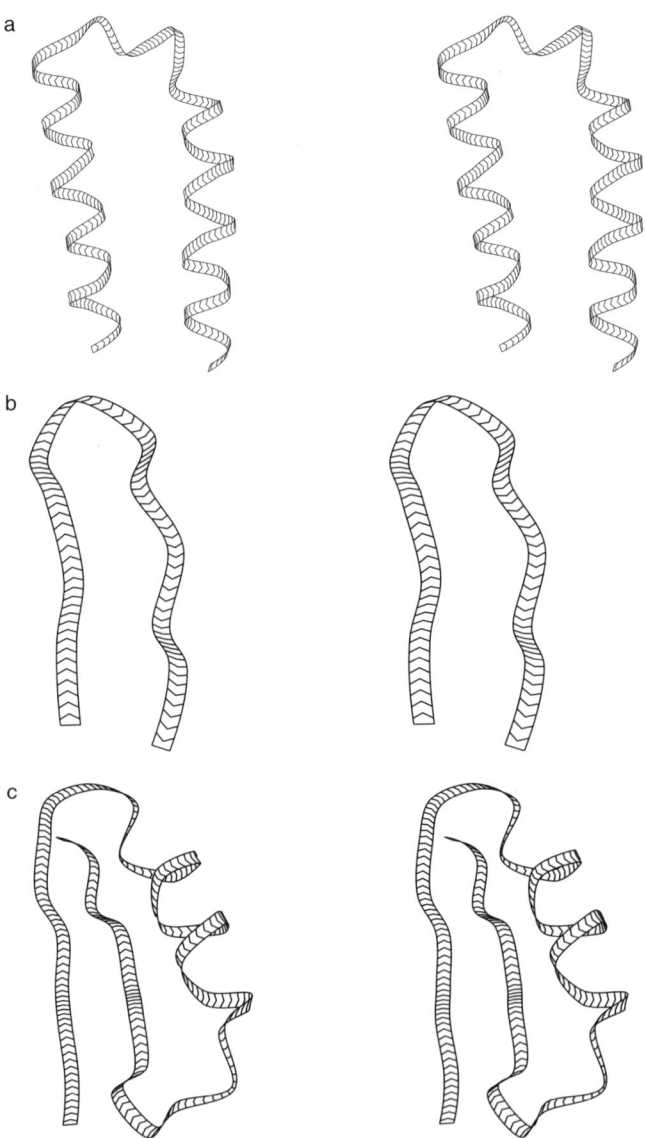

1.8 Häufige Supersekundärstrukturen. a) α-Helix-Haarnadel. b) β-Haarnadel. c) β-α-β-Element. Die Laufrichtung der Ketten ist durch die kleinen Winkel gekennzeichnet.

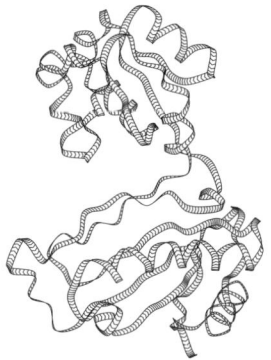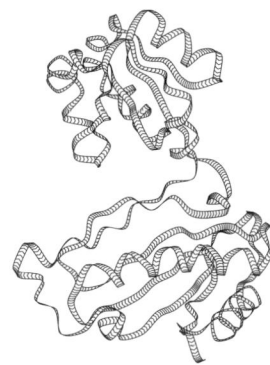

1.9 Das ribosomale Protein L1 aus *Methanococcus jannaschii* [1cjs]. ([1cjs] ist die Kennung für den betreffenden Eintrag in der Protein Data Bank.)

* **Modulartig aufgebaute Proteine.** Modulartig aufgebaute Proteine bestehen aus mehreren Domänen, die oft sehr eng miteinander verwandt sind. Manche Domänen kommen in verschiedenen Proteinen und in unterschiedlichem Strukturzusammenhang immer wieder vor, das heißt, Gruppen von Domänen können in verschiedenen modulartig aufgebauten Proteinen jeweils „passend gemischt" sein. Ein gutes Beispiel ist das Fibronectin, ein großes, extrazelluläres Protein, das an der Adhäsion und Wanderung von Zellen mitwirkt: Es enthält 29 Domänen, darunter mehrere Tandemwiederholungen von Domänen dreier Typen namens F1, F2 und F3. Das Molekül ist eine lineare Anordnung mit der Form $(F1)_6(F2)_2(F1)_3(F3)_{15}(F1)_3$. Die Fibronectin-Domänen kommen auch in anderen modulartig aufgebauten Proteinen vor.

(Unter `http://www.bork.embl-heidelberg.de/Modules/` findet man Bilder und Näheres zur Nomenklatur.)

Klassifikation von Proteinstrukturen

Die allgemeinste Einteilung in Familien von Proteinstrukturen stützt sich auf die Sekundär- und Tertiärstrukturen:

Klasse	Merkmale
α-helikal	Sekundärstruktur ausschließlich oder fast ausschließlich α-Helix
β-Faltblatt	Sekundärstruktur ausschließlich oder fast ausschließlich β-Faltblatt
$\alpha + \beta$	α-Helix und β-Faltblatt getrennt in verschiedenen Molekülteilen; kein β-α-β als Supersekundärstruktur
α/β	Helices und Faltblätter aus β-α-β-Einheiten zusammengesetzt
– α/β-linear	Mittellinie von Strängen der Faltblätter ungefähr linear
– α/β-Tonnen (*barrels*)	Mittellinie von Strängen der Faltblätter ungefähr kreisförmig
wenig oder gar keine Sekundärstruktur	

Innerhalb dieser weit gefassten Kategorien findet man vielfältige Faltungsformen. Proteine mit ähnlichem Faltungsmuster bilden Familien, die so viele gemeinsame Struktur-, Sequenz- und Funktionsmerkmale haben, dass man auf eine entwicklungsge-schichtliche Verwandtschaft schließen kann. Oft kommen ähnliche Struktureigen-schaften aber auch bei Proteinen vor, die nicht miteinander verwandt sind.

Die Klassifikation der Proteinstrukturen nimmt in der Bioinformatik eine Schlüssel-position ein, nicht zuletzt weil sie das Bindeglied zwischen Sequenz und Funktion dar-stellt. Wir werden später auf das Thema zurückkommen und uns dann sowohl mit Befunden als auch mit einschlägigen Websites befassen. Vorerst soll eine Galerie kleiner Strukturen die Gelegenheit bieten, wichtige räumliche Faltungsmuster visuell zu erken-nen und zu analysieren (Abb. 1.10). Man sollte die einzelnen Molekülketten einmal mit dem Blick verfolgen und auf Helices und Faltblätter achten. (Die Laufrichtung der Ket-ten ist durch Winkel angedeutet.) Erkennen Sie Supersekundärstrukturen? In welche großen Klassen kann man sie einordnen? (Siehe Übungsaufgaben 1.12 und 1.13 sowie Anwendungsaufgabe 1.2.) Viele weitere Beispiele finden sich in dem Buch *Introduction to Protein Architecture: The Structural Biology of Proteins*.

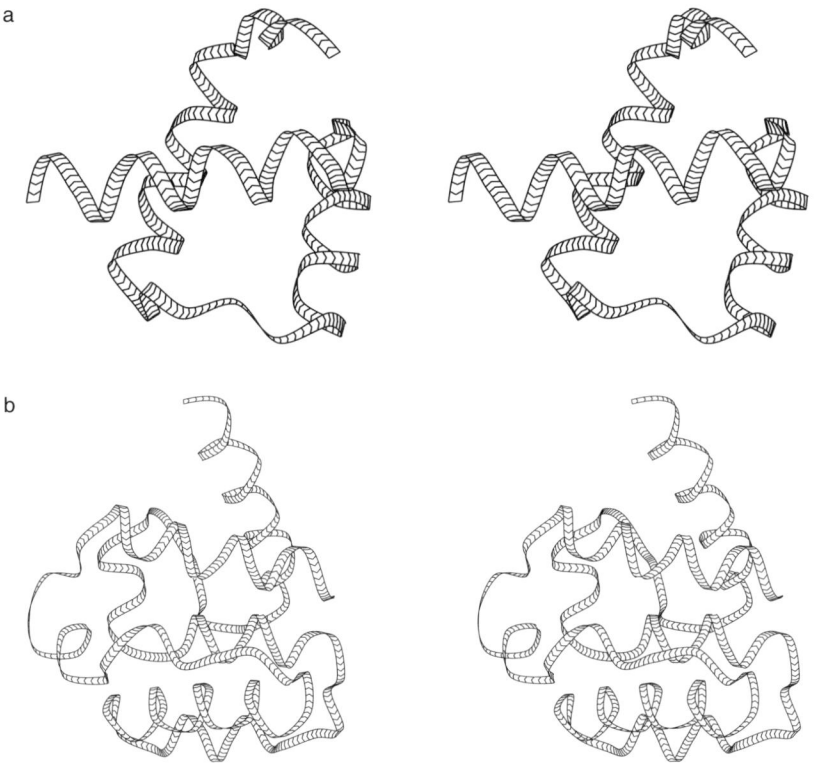

1.10   Ein Bilderalbum mit Proteinstrukturen, die Sie mit etwas Übung und Ausdauer dreidimen-sional sehen können. a) Homöodomäne von engrailed [1ENH]; b) zweite Calponin-homologe Domäne des Utrophins [1BHD]; c) DNA-bindende Domäne der HIN-Rekombinase [1HCR]; d) Cytochrom *c* aus Reisembryonen [1CCR]; e) Fibronectin, Zelladhäsionsmodul Typ III-10 [1FNA]; f) mannosespezifisches Agglutinin (Lectin) [1NPL]; g) Kerndomäne des TATA-Box-bindenden Proteins [1CDW]; h) Barnase [1BRN] i) Lysyl-tRNA-Synthetase [1BBW]; j) Scytalondehydratase [3STD]; k) NAD-bindende Domäne der Alkoholdehydrogenase [1EE2]; l) Adenylatkinase [3ADK]; (m) Chemotaxisrezeptor-Methyltransferase [1AF7]; n) Thiaminphosphatsynthase [2TPS]; o) spasmolytisches Polypeptid aus Schweinepankreas [2PSP].

c

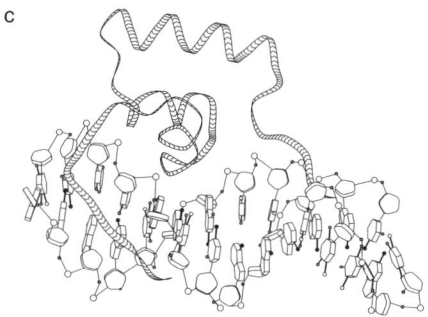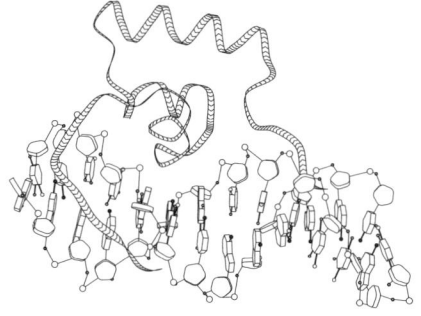

d

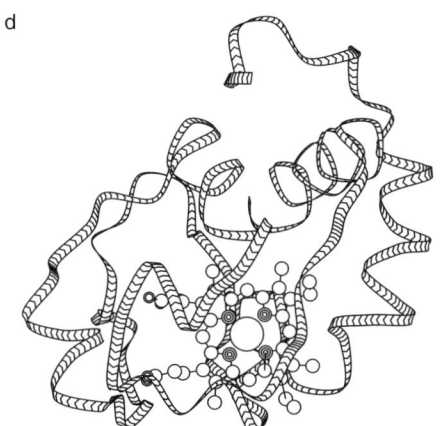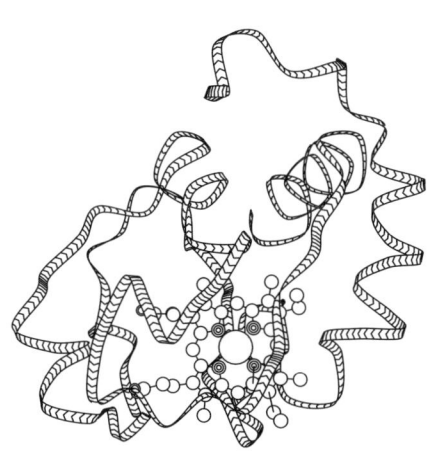

e

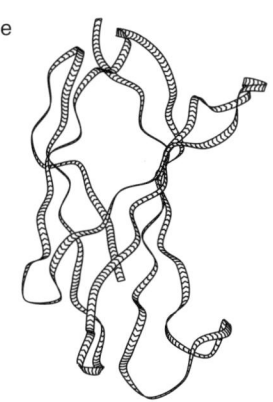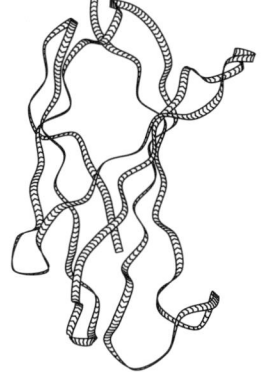

1.10 Fortsetzung

f

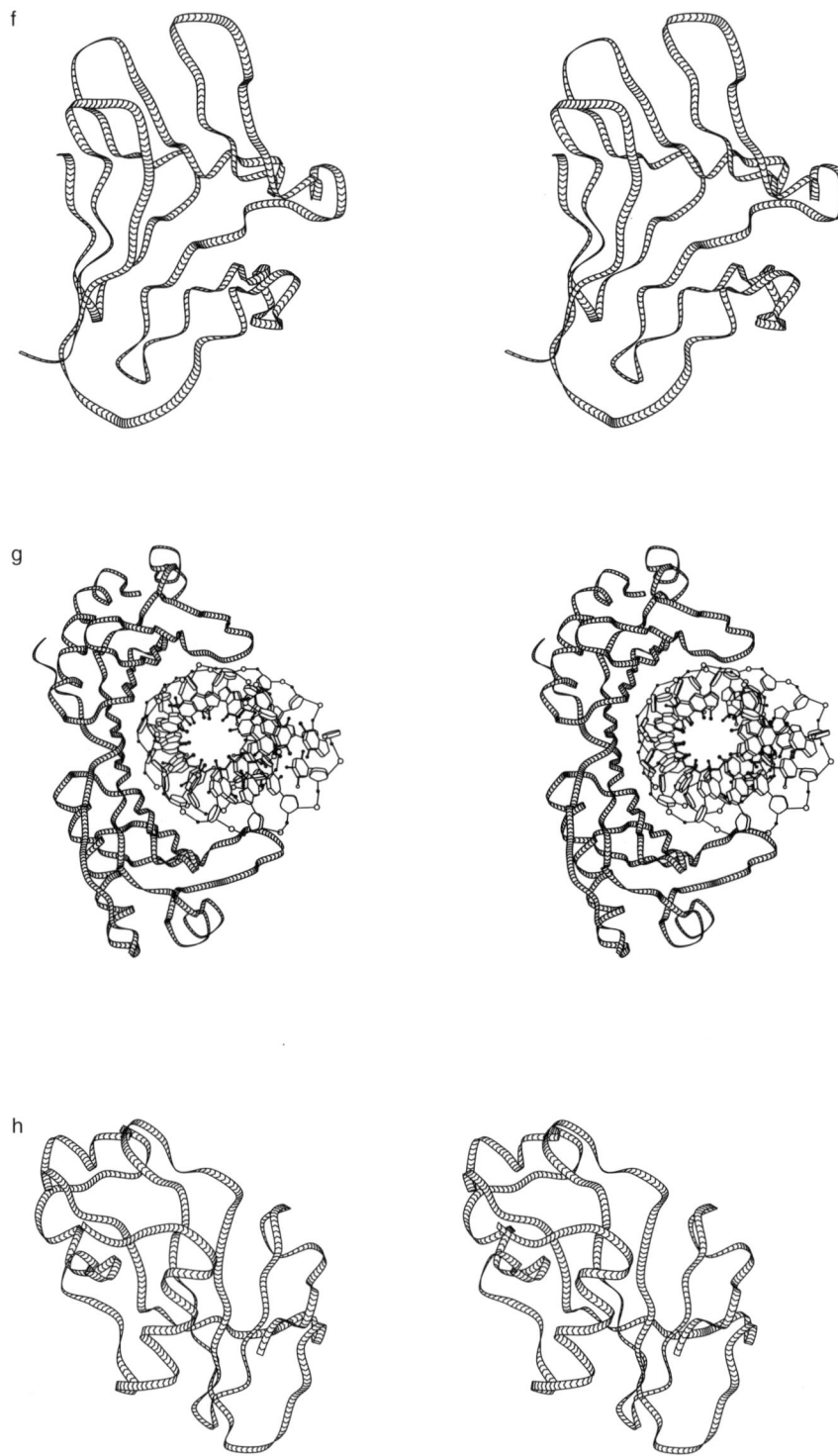

g

h

1.10 Fortsetzung

i

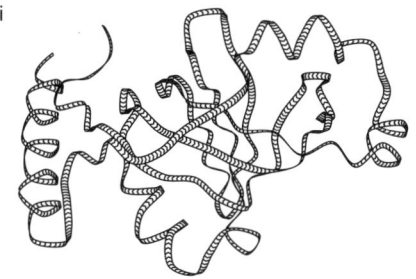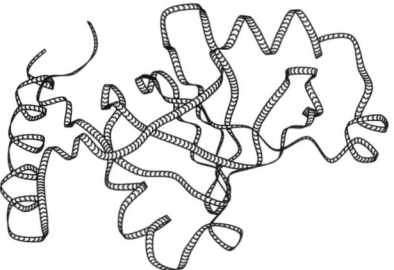

j

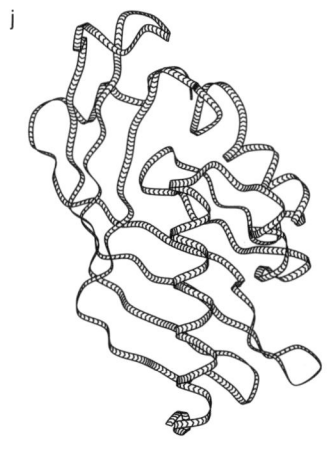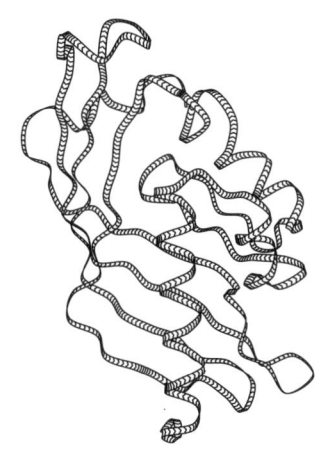

k

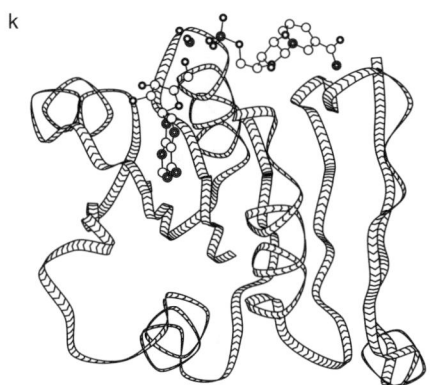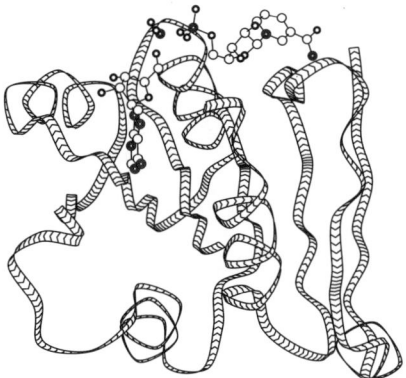

1.10 Fortsetzung

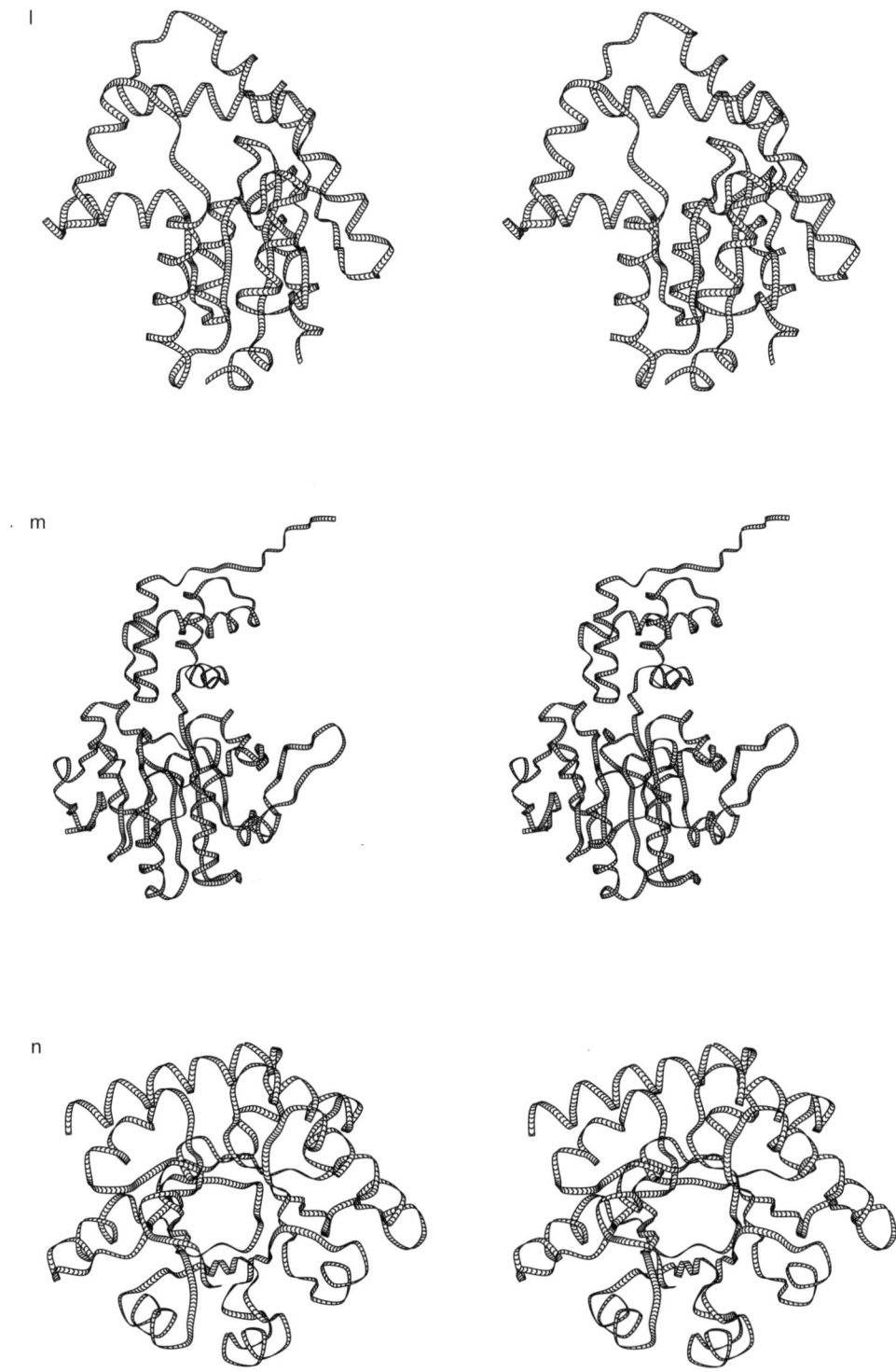

l

m

n

1.10 Fortsetzung

o

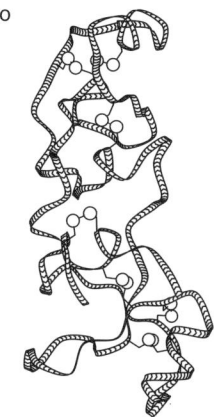
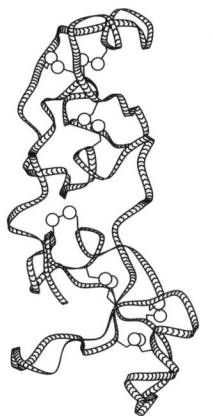

1.10 Fortsetzung

Vorhersage und künstliche Konstruktion von Proteinstrukturen

Die Aminosäuresequenz eines Proteins bestimmt über seine Raumstruktur. Befindet sich eine Proteinkette in einer Umgebung mit geeigneten Lösungsmittel- und Temperaturverhältnissen, wie sie im Inneren einer Zelle herrschen, faltet sie sich von selbst zu ihrem nativen, aktiven Zustand. Manche Proteine brauchen dazu die Hilfe von Chaperonen, aber die steuern den Vorgang eigentlich nicht, sondern katalysieren ihn nur.

Wenn die Aminosäuresequenz alle notwendigen Informationen enthält, um die dreidimensionale Struktur des Proteins festzulegen, müsste man eigentlich einen Algorithmus entwickeln können, mit dem sich die Proteinstruktur aufgrund der Aminosäuresequenz voraussagen lässt. Aber dies hat sich bisher als schwer fassbares Ziel erwiesen. Deshalb befasst man sich heute nicht nur mit der grundsätzlichen Aufgabe, die Proteinstruktur aus der Aminosäuresequenz abzuleiten, sondern man hat auch weniger ehrgeizige Ziele formuliert:

1. **Voraussage von Sekundärstrukturen:** Welche Sequenzabschnitte bilden Helices oder Faltblätter?
2. **Erkennung von Faltungsformen:** Angenommen, man verfügt über eine Bibliothek bekannter Proteinstrukturen einschließlich der zugehörigen Aminosäuresequenzen sowie über die Aminosäuresequenz eines Proteins mit unbekannter Struktur: Kann man dann in der Bibliothek diejenige Struktur finden, die mit der größten Wahrscheinlichkeit ein ähnliches Faltungsmuster aufweist wie das Protein, dessen Struktur man noch nicht kennt?
3. **Homologiemodellierung** (*homology modelling*): Angenommen, ein untersuchtes Protein mit bekannter Aminosäuresequenz und unbekannter Struktur ist homolog zu einem oder mehreren Proteinen, deren Struktur bereits aufgeklärt wurde. In einem solchen Fall rechnet man damit, dass die unbekannte Struktur in vielerlei Hinsicht der des bekannten Proteins ähnelt, sodass diese als Vorbild für die Rekonstruktion der unbekannten Struktur dienen kann. Wie gut und vollständig das Ergebnis ausfällt, hängt entscheidend davon ab, wie stark sich die beiden Sequenzen ähneln. Eine Faustregel lautet: Besitzen zwei oder mehrere Proteine bei optimalem Align-

ment mindestens 50 Prozent identische Aminosäuren, werden sie wahrscheinlich in mehr als 90 Prozent der Fälle eine ähnliche Konformation besitzen. (Dies ist, wie die folgende Abbildung zeigt, eine sehr vorsichtige Schätzung.)

Das folgende Beispiel zeigt das Sequenz-Alignment und die überlagerten Strukturen zweier verwandter Proteine: Lysozym aus Hühnereiweiß und α-Lactalbumin von Pavianen. Die Sequenzen ähneln sich stark (37 Prozent identische Aminosäuren im Alignment), und auch die Strukturen sind sehr ähnlich. Jedes der beiden Proteine kann, zumindest was den Verlauf der Hauptkette angeht, gut als Modell für das andere dienen.

Hühnerlysozym	KVFGRCELAAAMKRHGLDNYRGYSLGNWVCAAKFESNFNTQATNRNTDGS
α-Lactalbumin (Pavian)	KQFTKCELSQNLY--DIDGYGRIALPELICTMFHTSGYDTQAIVEND-ES
Hühnerlysozym	TDYGILQINSRWWCNDGRTPGSRNLCNIPCSALLSSDITASVNCAKKIVS
α-Lactalbumin (Pavian)	TEYGLFQISNALWCKSSQSPQSRNICDITCDKFLDDDITDDIMCAKKILD
Hühnerlysozym	DGN-GMNAWVAWRNRCKGTDVQA-WIRGCRL-
α-Lactalbumin (Pavian)	I--KGIDYWIAHKALC-TEKL-EQWL--CE-K

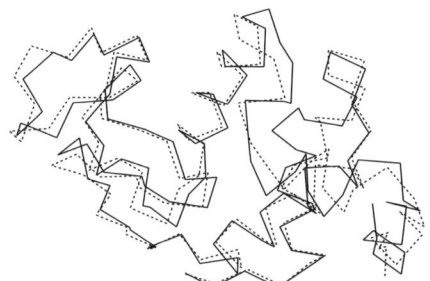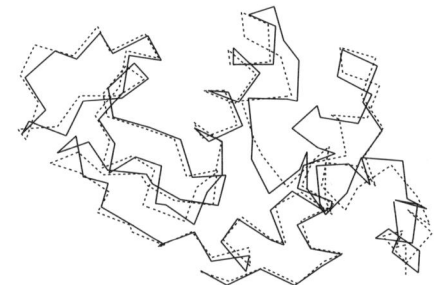

Kritische Beurteilung von Strukturvoraussagen (CASP)

Um beurteilen zu können, wie gut sich Proteinstrukturen mit einem bestimmten Verfahren voraussagen lassen, muss man Blindversuche durchführen. Zu diesem Zweck startete J. Moult Zweijahresprogramme zur kritischen Beurteilung von Strukturvoraussagen (*Critical Assessment of Structure Prediction*, CASP). Fachleute für Röntgenstrukturanalyse und NMR-Spektroskopie, die sich mit der Aufklärung von Proteinstrukturen befassen, werden aufgefordert, einerseits die Aminosäuresequenz mehrere Monate vor dem voraussichtlichen Abschluss ihrer Experimente zu veröffentlichen, und andererseits das Ergebnis der Strukturuntersuchung bis zu einem späteren Zeitpunkt, auf den man sich einigt, geheim zu halten. Andere sagen dann aufgrund der Sequenz verschiedene Strukturen voraus, die bis zu dem Termin für die Bekanntgabe der experimentell ermittelten Struktur ebenfalls unter Verschluss gehalten werden. Anschließend vergleicht man die Ergebnisse von Experiment und theoretischer Voraussage – was dann einige Beteiligte erfreut und die meisten anderen enttäuscht.

In den Ergebnissen von CASP spiegelt sich der Fortschritt der Voraussageverfahren wider. Dieser ist zum Teil dem Wachstum der Datenbanken zu verdanken, zum Teil aber auch einer verbesserten Methodik. Wir werden uns in Kapitel 5 genauer mit der Voraussage von Proteinstrukturen befassen.

Proteindesign

Früher hatten Molekularbiologen vieles mit Astronomen gemein: Sie konnten ihre Forschungsgegenstände beobachten, aber keinen Einfluss auf sie nehmen. Heute ist es anders. Wir können Nucleinsäuren und Proteine im Labor nach Belieben verändern, umfangreiche Mutationen einführen und ihre Auswirkungen auf die Funktion feststellen oder Proteine mit neuen Funktionen ausstatten wie bei der Entwicklung katalytisch aktiver Antikörper. Und wir können sogar darangehen, neue Funktionen zu schaffen.

Viele Gesetzmäßigkeiten der Proteinstruktur wurden aus der Untersuchung natürlich vorkommender Proteine abgeleitet. Diese Gesetzmäßigkeiten müssen auf künstlich gestaltete Proteine nicht zwangsläufig zutreffen. Manche Eigenschaften natürlicher Proteine sind auf die Erfordernisse allgemeiner physikalisch-chemischer Prinzipien, andere auf die Mechanismen der Proteinevolution zurückzuführen. Künstlich gestaltete Proteine unterliegen zwar ebenfalls den Gesetzen der physikalischen Chemie, nicht aber den Beschränkungen der Evolution. Mit dem Proteindesign kann man völliges Neuland betreten.

Medizinische Anwendungen

Es besteht allgemein Einigkeit darüber, dass die Sequenzierung der Genome des Menschen und anderer Organismen zu Verbesserungen bei der medizinischen Versorgung führen wird. Selbst wenn man manche übertriebenen Behauptungen außen vor lässt – in der Werbung ist alles groß und bunt –, kann man bei der Anwendung mehrere Kategorien unterscheiden:

1. **Diagnose von Krankheiten und Krankheitsrisiken.** Mit der DNA-Sequenzierung kann man feststellen, ob ein bestimmtes Gen fehlt oder eine Mutation trägt. Der Nachweis von DNA-Sequenzen, die mit Krankheiten in Verbindung stehen, ermöglicht eine schnelle, zuverlässige Diagnose, a) wenn ein Patient mit Symptomen zum Arzt kommt, b) bevor Symptome auftreten, beispielsweise in Tests auf erbliche, spät ausbrechende Leiden wie die Huntington-Krankheit (Kasten 1.10), c) bei der pränatalen Diagnose potenzieller Fehlbildungen wie der Cystischen Fibrose und d) zur genetischen Beratung von Paaren mit Kinderwunsch.

    In vielen Fällen verdammen unsere Gene uns nicht zwangsläufig zu einer Krankheit, aber sie führen zu einer erhöhten Krankheitswahrscheinlichkeit. Ein Beispiel für einen Risikofaktor, der sich auf genetischer Ebene nachweisen lässt, ist das α_1-Antitrypsin, ein Protein, das normalerweise in den Lungenbläschen die Elastase hemmt. Personen, die für die Z-Mutante des α_1-Antitrypsins (342Glu→Lys) homozygot sind, produzieren ausschließlich ein funktionsunfähiges Protein. Dies führt zu einem erhöhten Emphysemrisiko, weil die Lunge durch ihre eigene, nicht von ihrer normalen Hemmung im Zaum gehaltene Elastase Schaden nimmt, und auch zu einer Lebererkrankung, weil sich eine polymere Form des α_1-Antitrypsins in den Hepatocyten anhäuft, wo sie synthetisiert wird. Bei Rauchern bildet sich in einem solchen Fall mit ziemlicher Sicherheit ein Emphysem – die Krankheit ist hier also auf eine *Kombination* aus genetischer Disposition und Umweltfaktoren zurückzuführen.

    Häufig lässt sich der Zusammenhang zwischen Genotyp und Krankheitsrisiko jedoch bei Weitem nicht so einfach dingfest machen. Manche Krankheiten – ein Beispiel ist Asthma – entstehen durch Wechselwirkungen zwischen vielen Genen, und auch Umweltfaktoren sind beteiligt. In anderen Fällen ist ein Gen vielleicht in völlig normaler Form vorhanden, aber durch eine Mutation an anderer Stelle ändert sich

---

| 1.10 |

Die Huntington-Krankheit

Die Huntington-Krankheit (*Huntington Disease*, HD) ist eine genetisch bedingte, neurode-generative Erkrankung, von der allein in Deutschland rund 6 000 Menschen betroffen sind. Zu den schweren Symptomen gehören unkontrollierte, tanzähnliche Bewegungen (weshalb die Krankheit früher auch als „erblicher Veitstanz" bezeichnet wurde), geistige Verwirrung, Persönlichkeitsveränderungen und schließlich geistige Behinderung. Der Tod tritt meist 10 bis 15 Jahre nach den ersten Symptomen ein. Das Gen gelangte während der Kolonialzeit im 17. Jahrhundert nach Amerika und dürfte dort Anlass zu einigen Hexen-prozessen gegeben haben. Es ist aus der Bevölkerung nicht verschwunden, weil die Krank-heit in der Regel erst im Alter von 30 bis 50 Jahren ausbricht, also nach der Phase der Fort-pflanzung.

Früher hatten Angehörige der betroffenen Familien keine andere Wahl, als während ihrer gesamten Kindheit und Jugend mit Unsicherheit und Angst zu leben, denn sie konn-ten nicht wissen, ob sie die Krankheit geerbt hatten. Nachdem man 1993 das für die Hun-tington-Krankheit verantwortliche Gen entdeckt hatte, konnte man die Betroffenen identi-fizieren. Das Gen enthält vielfache Wiederholungen (Repeats) des Trinucleotids CAG, was Polyglutaminabschnitten im zugehörigen Protein namens **Huntingtin** entspricht. (Die HD gehört zu einer ganzen Familien von Krankheiten, die durch Trinucleotidrepeats verursacht werden.) Je länger der CAG-Block ist, desto früher bricht die Krankheit aus und desto schwerer sind die Symptome. Normalerweise enthält das Gen 11 bis 28 CAG-Einheiten. Bei Personen mit 29 bis 34 Wiederholungen bricht die Krankheit in der Regel nicht aus, bei 35 bis 41 Einheiten sind die Symptome relativ mild. Wer aber mehr als 41 CAG-Repeats besitzt, erkrankt mit ziemlicher Sicherheit an der voll ausgeprägten HD.

Die Vererbung ist durch ein als **Antizipation** bezeichnetes Phänomen gekennzeichnet: Die Wiederholungen werden in aufeinander folgenden Generationen immer länger, sodass die Schwere der Krankheit zu- und das Alter bei ihrem Ausbruch abnimmt. Aus unbekanntem Grund ist dieser Effekt in väterlichen Genen stärker als in mütterlichen. Des-halb sollten auch Personen, die sich mit 29 bis 41 Wiederholungen im Risikogrenzbereich befinden, in einer genetischen Beratung über die Gefahren für ihren Nachwuchs aufge-klärt werden.

---

seine Expressionsstärke oder Gewebeverteilung. Solche Anomalien lassen sich nur durch Messung der Proteinaktivität nachweisen. Die Analyse des Proteinexpressi-onsmusters ist auch eine wichtige Methode, wenn man wissen will, wie jemand auf eine Therapie anspricht.

2. **Genetische Grundlagen des Therapieerfolges und maßgeschneiderte Behand-lungsverfahren.** Da jeder Mensch Arzneistoffe in seinem Stoffwechsel anders um-setzt, ist auch bei derselben Krankheit unter Umständen eine individuelle unter-schiedliche Medikamentendosierung erforderlich. Die Sequenzanalyse schafft die Möglichkeit, Wirkstoffe und Dosierung optimal auf jeden einzelnen Patienten abzu-stellen, ein schnell wachsendes Wissenschaftsgebiet, das man als **Pharmakoge-nomik** bezeichnet. Der Arzt kann es somit vermeiden, mit unterschiedlichen Thera-pieverfahren zu experimentieren, was sonst häufig mit der Gefahr schädlicher – manchmal sogar tödlicher – Nebenwirkungen verbunden ist und in jedem Fall hohe Kosten verursacht. Die Therapie unerwünschter Nebenwirkungen verschriebener Medikamente belastet das Gesundheitswesen mit Milliardensummen.

Ein Beispiel ist das sehr toxische Medikament 6-Mercaptopurin, das zur Therapie kindlicher Leukämie eingesetzt wird. Für einen kleinen Teil der Patienten war die Behandlung früher tödlich, weil ihnen das Enzym Thiopurinmethyltransferase fehlte, das im Stoffwechsel zum Abbau des Wirkstoffes notwendig ist. Heute kann man Risikopatienten mit einem Test auf dieses Enzym identifizieren.

Umgekehrt kann der Einsatz von Medikamenten möglich werden, die nur bei einer Minderheit der Patienten ungefährlich und wirksam sind, bisher aber vor oder während der klinischen Prüfung jedoch verworfen wurden, weil bei der Mehrzahl der behandelten Personen keine Wirkung oder schwere Nebenwirkungen festgestellt wurden.

3. **Identifizierung von Ansatzpunkten für Arzneistoffe** *(drug targets)*. Ein Protein, dessen Funktion man durch die Wechselwirkungen mit einem Arzneistoff gezielt beeinflussen kann, um so Einfluss auf Symptome oder Ursachen einer Krankheit zu nehmen, bezeichnet man als *Ansatzpunkt* oder **Target**. Die Identifizierung solcher Ansatzpunkte ist die Voraussetzung für alle weiteren Schritte des Medikamentendesigns. Die Ansatzpunkte für knapp die Hälfte aller heute gebräuchlichen Medikamente sind Rezeptoren, bei einem weiteren Viertel handelt es sich um Enzyme und bei dem letzten knappen Viertel um Hormone. In etwa sieben Prozent der Fälle ist der Ansatzpunkt nicht bekannt.

Die wachsende Antibiotikaresistenz von Bakterien führt allmählich zu einer Krise der Krankheitsbekämpfung. Es besteht die sehr realistische Möglichkeit, dass unsere Nachfahren die zweite Hälfte des 20. Jahrhunderts im Rückblick als eine sehr kurze Phase betrachten werden, in der man Bakterieninfektionen unter Kontrolle halten konnte, während es davor und danach nicht möglich war.

Angesichts der Dringlichkeit des Auffindens neuer Wirkstoffe ist es beruhigend, dass Daten verfügbar sind, die als Grundlage für ihre Entwicklung dienen können. Die Genomforschung liefert Hinweise auf neue Ansatzpunkte (Targets). Durch **differenzielle** Genomanalyse oder den Vergleich der Proteinexpressionsmuster medikamentenempfindlicher und medikamentenresistenter Stämme von Krankheitserregern kann man die Proteine identifizieren, die für die Medikamentenresistenz verantwortlich sind. Durch Untersuchung der genetischen Unterschiede zwischen Tumorzellen und normalen Zellen, so die Hoffnung, kann man unterschiedlich exprimierte Proteine identifizieren, die sich als Ansatzpunkte für Krebsmedikamente eignen.

4. **Gentherapie.** Wenn ein Gen fehlt oder defekt ist, würde man es gern ersetzen oder zumindest sein Produkt zuführen. Ist ein Gen dagegen übermäßig aktiv, möchte man es gern abschalten.

Die unmittelbare Versorgung mit den entsprechenden Proteinen ist bei vielen Krankheiten möglich – die bekanntesten Beispiele sind vielleicht die Insulintherapie bei Diabetes oder die Behandlung mit Faktor VIII bei der häufigsten Form der Hämophilie.

Die Genübertragung ist bei Tieren bereits gelungen: Schafe und Kühe können heute mit ihrer Milch menschliche Proteine produzieren. Bei menschlichen Patienten hat die Genersatztherapie mithilfe eines Adenovirusvektors zu ermutigenden Ergebnissen bei der Cystischen Fibrose geführt.

Ein Verfahren, um Gene zu inaktivieren, wird als „Antisense-Therapie" bezeichnet. Sie beruht auf dem Prinzip, einen kurzen DNA- oder RNA-Abschnitt einzuschleusen, der sequenzspezifisch an einen bestimmten Teil eines Gens bindet. Eine solche Bindung an die DNA einer Zelle kann die Transkription beeinträchtigen, bei einer Bindung an die mRNA wird die Translation unterdrückt. Die Antisense-Therapie hat sich bei Infektionen mit dem Cytomegalovirus und bei Morbus Crohn bis zu einem gewissen Grade als wirksam erwiesen.

Die Antisense-Therapie ist sehr attraktiv, weil man mit der unmittelbaren Blockierung einer ganz bestimmten Sequenz viele Zwischenstufen des Medikamentendesigns überspringen kann.

Die Zukunft

Das 21. Jahrhundert wird, was die Entwicklung und Anwendung neuer medizinischer Verfahren angeht, ein Jahrhundert umwälzender Veränderungen werden. Die Grenzen zwischen der Forschung „ins Blaue hinein" und der klinischen Praxis werden schwinden. Möglicherweise entdeckt ein Leser oder eine Leserin dieses Buches eines Tages ein Heilungsverfahren für eine Krankheit, die bisher tödlich ist. Tatsächlich kann man wahrscheinlich damit rechnen, dass der berühmte Ausspruch von Albert Szent-Györgyi, »vom Krebs können mehr Menschen leben als daran sterben«, Wirklichkeit wird. Es bleibt zu hoffen, dass dies deshalb so kommt, weil es der Gemeinschaft der Wissenschaftler gelingt, Therapie- und Vorbeugungsmaßnahmen gegen Tumoren zu entwickeln, und nicht nur indem sie sich an deren unkontrolliertem Wachstum ein Beispiel nimmt.

| www |

Web-Ressourcen

Allgemeine Informationen:
Zwei sehr nützliche, *kurze* Einführungen in die Molekularbiologie, die den unentbehrlichen Kenntnishintergrund für die Bioinformatik schaffen, hat D. Casey vom Oak Ridge National Laboratory verfasst: *Primer on Molecular Genetics* (1992), und *Genomics and Its Impact on Medicine and Society: A 2001 Primer* (2001), beide Washington, DC, Human Genome Program, US Department of Energy.

Informationen über das Human-Genomprojekt:
http://www.ornl.gov/hgmis/project/info.html

Genom und Statistik:
http://bioinformatics.weizmann.ac.il/mb/statistics.html

Taxonomie:
Species 2000 – ein umfassendes Verzeichnis aller bekannten Pflanzen, Tiere, Pilze und Mikroorganismen:
http://www.sp2000.org

Tree of life – Phylogenetische Verwandtschaft und biologische Vielfalt:
http://tolweb.org/tree/phylogeny.html

Datenbanken mit genetisch bedingten Erkrankungen:
http://www.ncbi.nlm.nih.gov/omim/
http://www.geneclinics.org (Registrierung erforderlich)

Listen mit Datenbanken:
http://www.infobiogen.fr/services/dbcat/
http://www.ebi.ac.uk/biocat/

Liste mit Analysehilfsmitteln:
http://www.ebi.ac.uk/Tools/index.html

Diskussion über den elektronischen Zugang zur Fachliteratur:
http://www.nature.com/nature/debates/e-access/

Empfohlene Literatur

Ein Blick in die Zukunft?

Blumberg BS (1996) Medical research for the next millenium. *The Cambridge Review* 117, 3–8. [Eine faszinierende Voraussage über das, was noch kommen wird und zum Teil schon eingetreten ist.]

Der Übergang zum elektronischem Publizieren

Lesk M (1997) Practical Digital Libraries: Books, Bytes and Bucks. Morgan Kaufmann, San Francisco. [Einführende Darstellung des Überganges von den traditionellen Bibliotheken zur Informationsbereitstellung durch Computer.]
Berners-Lee T, Hendler J (2001) Publishing on the semantic web. *Nature* 410, 1023–1024. [Anmerkungen vom Erfinder des Web.]
Butler D, Campbell P (2001) Future e-access to the primary literature. *Nature* 410, 613. [Entwicklungen bei der elektronischen Veröffentlichung von Fachzeitschriften.]

Aufklärung von Genomsequenzen

Doolittle WF (2000) Neue Theorien vom Stammbaum des Lebens. *Spektrum der Wissenschaft* 2, 52–57. [Folgerungen aus der Sequenzanalyse für unsere Kenntnisse über die Verwandtschaft zwischen den Lebewesen.]
Green ED (2001) Strategies for systematic sequencing of complex organisms. *Nature Reviews (Genetics)* 2, 573–583. [Eine gut verständliche Erörterung über mögliche Vorgehensweisen bei großen Sequenzierungsprojekten. Mit einer Liste laufender Sequenzierungsprojekte vielzelliger Lebewesen und entsprechenden Links.]
Sulston J, Ferry G (2002) The common thread: a story of science, politics, ethics, and the human genome. Bantam, New York. [Ein Bericht aus erster Hand.]

Näheres über Proteinstrukturen

Branden C-I, Tooze J (1999) Introduction to Protein Structure. 2. Aufl. Garland, New York. [Eine gute Einführung.]
Lesk AM (2001) Introduction to Protein Architecture: The Structural Biology of Proteins. Oxford University Press, Oxford. [Begleitbuch zur Einführung in die Bioinformatik; das Schwergewicht liegt hier auf Struktur und Evolution der Proteine.]

Datenbanken

Frishman D, Heumann K, Lesk AM, Mewes H-W (1998) Comprehensive, comprehensible, distributed and intelligent databases: current status. *Bioinformatics* 14, 551–561. [Derzeitiger Stand und Probleme bei der Organisation molekularbiologischer Daten.]
Lesk AM und 25 Coautoren (2001) Quality control in databanks for molecular biology. *BioEssays* 22, 1024–1034. [Über das Problem und mögliche Lösungen bei der Qualitätssicherung der Datenarchive, auf die wir alle angewiesen sind.]

Stein L (2001) Genome annotation: from sequence to biology. *Nature Reviews (Genetics)* 2, 493–503. [Betont ebenfalls die große Bedeutung der Annotation.]

Patentrecht

Human Genome Project Information Website: Genetics and Patenting `http://www.ornl.gov/hgmis/elsi/patents.html`

Maschio T, Kowalski T (2001) Bioinformatics – a patenting view. *Trends in Biotechnology* 19, 334–33.

Caulfield T, Gold ER, Cho, MK (2000) Patenting human genetic material: refocusing the debate. *Nature Reviews (Genetics)* 1, 227–231. [Diskussion juristischer Aspekte der Genomik und Bioinformatik. Gene, Algorithmen/Computermethoden und Computerprogramme unterliegen dem Patentrecht oder Copyright.]

Übungsaufgaben, Anwendungsaufgaben und Web-Aufgaben

Übungsaufgabe 1.1 a) Im Rahmen des Projekts „Sloan Digital Sky Survey" wird der nördliche Himmel über einen Zeitraum von fünf Jahren kartiert. Die Rohdaten werden insgesamt einen Umfang von über 40 Terabyte erreichen (1 Byte = 1 Buchstabe; 1 TB = 10^{12} Bytes). Wie vielen menschlichen Genomäquivalenten entspricht das? b) Das Earth Observing System/Data Information System (EOS/DIS) wird nach Schätzungen 15 Petabyte an Speicherplatz erfordern (1 Petabyte = 10^{15} Bytes). Wie vielen menschlichen Genomäquivalenten entspricht das? c) Vergleichen Sie den erforderlichen Speicherplatz für das EOS/DIS mit dem, der zur Speicherung der vollständigen DNA-Sequenzen aller Einwohner der USA notwendig wäre. (Lassen Sie dabei Einsparungen, die man mit verschiedenen Verfahren zur Datenkompression erzielen könnte, außer Acht. Gehen Sie davon aus, dass die DNA-Sequenz jedes Menschen 1 Byte/Nucleotidpaar erfordert.)

Übungsaufgabe 1.2 a) Wie viele Standarddisketten würde man brauchen, um das gesamte Genom eines Menschen abzuspeichern? b) Auf wie vielen CD-ROMs könnte man das Genom unterbringen? c) Wie viele DVDs wären dafür erforderlich? (Nehmen Sie jeweils an, dass die Sequenz unkomprimiert mit 1 Byte je Buchstabe gespeichert wird.)

Übungsaufgabe 1.3 Angenommen, Sie wollten den Kasten über die Huntington-Krankheit (Kasten 1.10) für eine Website aufbereiten. Welche Wörter oder Satzteile würden Sie mit Links versehen?

Übungsaufgabe 1.4 Das Ende des Gens für das Hämoglobin des Menschen hat die Nucleotidsequenz

... ctg gcc aag tat cac taa

a) Wie lautet die zugehörige Aminosäuresequenz? b) Nennen Sie die Nucleotidsequenz, die sich nach dem Austausch einer einzigen Base und einer damit verbundenen stummen Mutation ergibt. (Als stumm bezeichnet man eine Mutation, die keine Veränderung der Aminosäuresequenz zur Folge hat. c) Nennen Sie die Nucleotidsequenz, die durch Austausch eines einzigen Basenpaares und eine damit verbundene *missense*-Mutation entsteht, sowie die zugehörige Aminosäuresequenz. Eine *missense*-Mutation führt zu einer anderen Aminosäure an dieser Position. d) Nennen Sie die Nucleotidsequenz, in der durch Austausch eines einzigen Basenpaares eine Mutation entsteht, die zum vorzeitigen Abbruch der Proteinkette führt (*nonsense*-Mutation). e) Nennen Sie die Nucleotidsequenz, in der durch Austausch eines einzigen Basenpaares eine Mutation entsteht, die durch falsche Beendigung der Proteinsynthese zu einem übermäßig langen Protein führt.

Übungsaufgabe 1.5 Nehmen Sie eine Fotokopie des Kastens 1.8, in dem das vollständige Alignment des menschlichen PAX-6-Gens und des *eyeless*-Gens aus *Drosophila* wiedergegeben ist, und markieren Sie mit einem Farbmarker die Bereiche, in denen mit PSI-BLAST das Alignment durchgeführt wurde.

Übungsaufgabe 1.6 a) Welchen Ausschlusswert für *E* würden Sie in einer PSI-BLAST-Recherche ansetzen, wenn Sie wissen möchten, ob Ihre Sequenz bereits in einer Datenbank gespeichert ist? b) Wie müsste dieser Ausschlusswert aussehen, wenn Sie entfernt homologe Verwandte Ihrer Sequenz finden wollen?

Übungsaufgabe 1.7 Sie wollen eine Antisense-Sequenz konstruieren. Wie lang müsste sie nach Ihrer Schätzung mindestens sein, damit eine genaue Komplementarität zu vielen zufälligen Sequenzen im menschlichen Genom vermieden wird?

Übungsaufgabe 1.8 Man nimmt an, dass alle heutigen Menschen von einer als Eva bezeichneten Vorfahrin abstammen, die vor rund 140 000 bis 200 000 Jahren lebte. a) Wie viele Generationen liegen zwischen Eva und der Gegenwart, wenn man von sechs Generationen je Jahrhundert ausgeht? b) Wie lange würde es dauern, bis bei Bakterien, die sich alle 20 Minuten teilen, die gleiche Generationenzahl erreicht ist?

Übungsaufgabe 1.9 Nennen Sie eine Aminosäure, die ähnliche physikalisch-chemische Eigenschaften hat wie a) Leucin, b) Asparaginsäure, c) Threonin. Im Allgemeinen rechnet man damit, dass ein solcher Aminosäureaustausch sich nur relativ geringfügig auf Struktur und Funktion eines Proteins auswirkt. Benennen Sie nun eine Aminosäure, die ganz andere physikalisch-chemische Eigenschaften hat als d) Leucin, e) Asparaginsäure, f) Threonin. Ein solcher Austausch kann für Struktur und Funktion eines Proteins tief greifende Auswirkungen haben, insbesondere wenn er sich im Inneren der Proteinstruktur abspielt.

Übungsaufgabe 1.10 Betrachten Sie die Abbildung 1.7a. Verläuft die Molekülkette vom N- zum C-Terminus auf dem Papier nach oben oder nach unten? Und wie verhält es sich in dieser Hinsicht mit den Molekülketten in Abbildung 1.7b?

Übungsaufgabe 1.11 Wie viele Male läuft die Molekülkette in Abbildung 1.9 zwischen den Domänen des Ribosomenproteins L1 aus *M. jannaschii* hin und her?

Übungsaufgabe 1.12 Kennzeichnen Sie auf einer Fotokopie der Abbildung 1.10 (k und l) die Helices in rot und die Stränge der Faltblätter in blau. Unterteilen Sie die Proteine auf einer Fotokopie der Abbildung 1.10 (g und m) in Domänen.

Übungsaufgabe 1.13 Welche der in Abb. 1.10 dargestellten Strukturen enthält folgende Domäne:

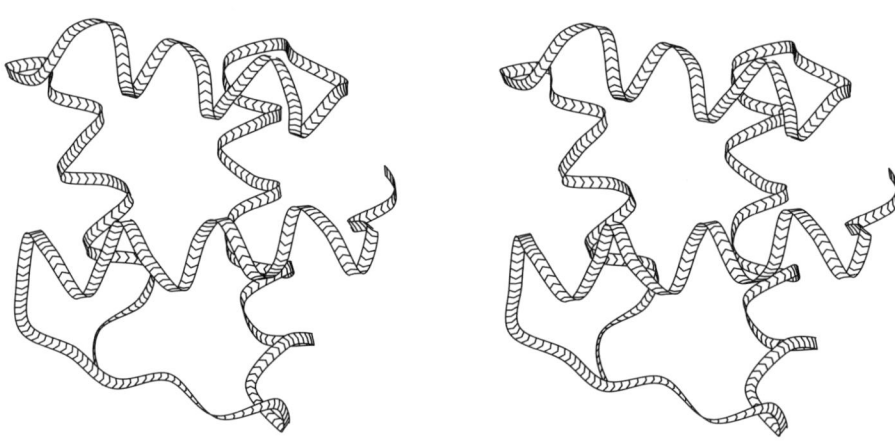

Übungsaufgabe 1.14 Markieren Sie auf einer Fotokopie der überlagerten Strukturen von Hühnerlysozym und Pavian-α-Lactalbumin zwei Bereiche, in denen die Hauptketten unterschiedliche Konformationen haben.

Übungsaufgabe 1.15 Schätzen Sie ab, welcher Anteil des Perl-Programms auf Seite 18 aus Annotationen besteht. (Zählen Sie dabei ganze und halbe Zeilen.)

Übungsaufgabe 1.16 Wandeln Sie das Perl-Programm, das aus den PSI-BLAST-Ergebnissen die Artnamen gewinnt, so ab, dass es auch Namen der Form [D. melanogaster] erkennt.

Übungsaufgabe 1.17 Wie lautet die Nucleotidsequenz des in Farbtafel I abgebildeten Moleküls?

Anwendungsaufgabe 1.1 Die folgende Aufstellung zeigt das multiple Alignment von Sequenzteilen einer Proteinfamilie, die als ETS-Domänen bezeichnet wird. Jede Zeile entspricht der Aminosäuresequenz eines Proteins, wobei jeder Buchstabe eine Aminosäure symbolisiert. Bei Betrachtung der senkrechten Spalten erkennt man, welche Aminosäure bei den Proteinen dieser Familie in der jeweiligen Position vorkommen. Auf diese Weise werden bevorzugte Muster sichtbar.

```
TYLWEFLLKLLQDR.EYCPRFIKWTNREKGVFKLV..DSKAVSRLWGMHKN.KPD
VQLWQFLLEILTD..CEHTDVIEWVG.TEGEFKLT..DPDRVARLWGEKKN.KPA
IQLWQFLLELLTD..KDARDCISWVG.DEGEFKLN..QPELVAQKWGQRKN.KPT
IQLWQFLLELLSD..SSNSSCITWEG.TNGEFKMT..DPDEVARRWGERKS.KPN
IQLWQFLLELLTD..KSCQSFISWTG.DGWEFKLS..DPDEVARRWGKRKN.KPK
IQLWQFLLELLQD..GARSSCIRWTG.NSREFQLC..DPKEVARLWGERKR.KPG
IQLWHFILELLQK..EEFRHVIAWQQGEYGEFVIK..DPDEVARLWGRRKC.KPQ
VTLWQFLLQLLRE..QGNGHIISWTSRDGGEFKLV..DAEEVARLWGLRKN.KTN
ITLWQFLLHLLLD..QKHEHLICWTS.NDGEFKLL..KAEEVAKLWGLRKN.KTN
LQLWQFLVALLDD..PTNAHFIAWTG.RGMEFKLI..EPEEVARLWGIQKN.RPA
IHLWQFLKELLASP.QVNGTAIRWIDRSKGIFKIE..DSVRVAKLWGRRKN.RPA
RLLWDFLQQLLNDRNQKYSDLIAWKCRDTGVFKIV..DPAGLAKLWGIQKN.HLS
RLLWDYVYQLLSD..SRYENFIRWEDKESKIFRIV..DPNGLARLWGNHKN.RTN
IRLYQFLLDLLRS..GDMKDSIWWVDKDKGTFQFSSKHKEALAHRWGIQKGNRKK
LRLYQFLLGLLTR..GDMRECVWWVEPGAGVFQFSSKHKELLARRWGQQKGNRKR
```

Wenn es sich um Ihr eigenes Exemplar des Buches handelt, tun Sie Folgendes:

a) Kennzeichnen Sie mit Farbmarkern in jeder Sequenz die verschiedenen Aminosäureklassen in unterschiedlichen Farben:

kleine Aminosäuren	G A S T
mittelgroße unpolare Aminosäuren	C P V I L
große unpolare Aminosäuren	F Y M W
polare Aminosäuren	H N Q
positiv geladene Aminosäuren	K R
negativ geladene Aminosäuren	D E

b) Schreiben Sie an den Stellen, an denen in allen Sequenzen die gleiche Aminosäure steht, den zugehörigen Großbuchstaben unter die betreffende Spalte. Positionen, an denen in allen Sequenzen außer einer die gleiche Aminosäure vorkommt, kennzeichnen Sie mit dem Kleinbuchstaben für diesen bevorzugten Baustein.

c) Welche periodischen Wiederholungsmuster konservierter Aminosäuren drängen sich auf?

d) Welche Verteilung finden Sie für die Konservierung von geladenen Aminosäuren? Stellen Sie begründete Vermutungen darüber an, mit was für einer Art Molekül diese Domänen in Wechselwirkung treten könnten.

Anwendungsaufgabe 1.2 Teilen Sie die in Abb. 1.10 dargestellten Strukturen in folgende Kategorien ein: α-Helix, β-Faltblatt, $\alpha+\beta$, α/β linear, α/β-Tonne (*barrel*), wenig oder gar keine Sekundärstruktur.

Anwendungsaufgabe 1.3 Verallgemeinern Sie das Perl-Programm von Seite 18 so, dass es die Übersetzung der DNA-Sequenz in allen sechs möglichen Leserastern (je drei für die Sequenz des eingelesenen Stranges und des Komplementärstranges) ausgibt.

Anwendungsaufgabe 1.4 Mit welchen der folgenden Satzfragmente würde das Perl-Programm von Seite 18 richtig funktionieren?

a) Würde es

> Kate, when France is mine and I am
> yours, then yours is France and you are mine.

richtig wiederherstellen aus

> Kate, when France
> France is mine
> is mine and
> and I am\nyours
> yours then
> then yours is France
> France and you are mine\n

b) Würde es

> One woman is fair, yet I am well; another is wise, yet I am well; another
> virtuous, yet I am well; but till all graces be in one woman, one woman shall not
> come in my grace.

richtig wiederherstellen aus

> One woman is
> woman is fair,
> is fair, yet I am
> yet I am well;
> I am well; another
> another is wise, yet I am well;
> yet I am well; another virtuous,
> another virtuous, yet I am well;
> well; but till all
> all graces be
> be in one woman,
> one woman, one
> one woman shall
> shall not come in my grace.

c) Würde es

> That he is mad, 'tis true: 'tis true 'tis pity;
> And pity 'tis 'tis true.

richtig wiederherstellen aus

> That he is
> is mad, 'tis
> 'tis true
> true: 'tis true 'tis
> true 'tis
> 'tis pity;\n
> pity;\nAnd pity
> pity 'tis
> 'tis 'tis
> 'tis true.\n

Würde es in c funktionieren, wenn man aus den Zeichenketten alle Satzzeichen entfernt?

Anwendungsaufgabe 1.5 Verallgemeinern Sie das Perl-Programm von Seite 18 so, dass es alle Fragmente aus der vorigen Frage richtig zusammenfügt. (Achtung: Diese Aufgabe ist nicht einfach!)

Anwendungsaufgabe 1.6 Schreiben Sie ein Perl-Programm zum Auffinden übereinstimmender Motive wie im Kasten 1.5. a) Fordern Sie eine genaue Übereinstimmung. b) Lassen Sie eine Fehlpaarung zu – sie muss sich, anders als in den Beispielen, nicht unbedingt in der ersten Position befinden –, aber keine Insertionen oder Deletionen.

Anwendungsaufgabe 1.7 Perl erlaubt eine sehr gedrängte Darstellung. Eine Alternativversion für das Programm zum Zusammenfügen überlappender Sequenzen (siehe Seite 18) sieht so aus:

```perl
#!/usr/bin/perl

$/ = "";
@fragments = split("\n",<DATA>);

foreach (@fragments) { $firstfragment{$_} = $_; }

foreach $i (@fragments) {
    foreach $j (@fragments) { unless ($i eq $j) {
        ($combine = $i . "XXX" . $j) =~ /([\S ]{2,})XXX\1/;
        (length($1) <= length($successor{$i})) || { $successor{$i} = $j };
    }                        }
    undef $firstfragment{$successor{$i}};
}

$test = $outstring = join "", values(%firstfragment);
while ($test = $successor{$test}) { ($outstring .= "XXX" . $test) =~ s/([\S ]+)XXX\1/\1/; }

$outstring =~ s/\\n/\n/g; print "$outstring\n";

__END__
the men and women merely players;\n
one man in his time
All the world's
their entrances,\nAnd one man
stage,\nAnd all the men and women
They have their exits and their entrances,\n
world's a stage,\nAnd all
their entrances,\nAnd one man
in his time plays many parts.
merely players;\nThey have
```

(Dies ist ein gutes Beispiel, wie man es nicht machen soll. Wer einen solchen Code schreibt, sollte umgehend entlassen werden. Keine Kommentare, verwickelte Codierung und unnötige Knappheit – da versteht man kaum noch, was das Programm eigentlich tut. Bei einem solchen Programm wird das Debugging schwierig und die Pflege fast unmöglich; für Fans solcher Verwicklungen gibt es die Website http://www.samag.com/tpj/obfuscated/. Vielleicht treten Sie irgendwann eine Nachfolge an einem Arbeitsplatz an, wo Sie ein solches Programm vorfinden und damit weiterarbeiten sollen. In diesem Fall gehört Ihnen mein ehrliches Mitleid.)

a) Fotokopieren Sie das hier wiedergegebene knappe Programm und die ursprüngliche Version auf Seite 18, sodass Sie beide nebeneinander betrachten können. Ordnen Sie, so weit möglich, jede Zeile des kurzen Programms den entsprechenden Zeilen der langen Version zu.

b) Versehen Sie das kurze Programm mit so vielen Kommentaren, dass klar wird, was es bewirkt (dazu können Sie eventuell auch Kommentare aus der langen Version übernehmen) und wie es seine Aufgabe erfüllt. Verändern Sie dabei keine Befehlszeilen (weder in Richtung der ursprünglichen Version noch auf andere Weise); fügen Sie nur Kommentare ein.

Web-Aufgabe 1.1 Nennen Sie die genaue Quelle aller Shakespeare-Zitate im Kasten 1.5.

Web-Aufgabe 1.2 Nennen Sie Websites, die *grundlegende*, einführende Erklärungen und/oder Online-Vorführungen zu folgenden Themen bieten: a) Polymerasekettenreaktion (*polymerase chain reaction*, PCR); b) Southern Blotting; c) Restriktionskartierung; d) Cache-Speicher; e) Suffixbaum (*suffix tree*). Schreiben Sie auf der Grundlage dessen, was Sie auf diesen Webseiten finden, zu jedem genannten Begriff eine Erklärung von 5 bis 10 Zeilen.

Web-Aufgabe 1.3 Zu welchen Stämmen gehören die folgenden Lebewesen? a) Seestern; b) Neunauge; c) Bandwurm; d) Ginkgobaum; e) Skorpion; f) Qualle; g) Seeanemone.

Web-Aufgabe 1.4 Wie lauten die Trivialnamen für folgende Arten? a) *Acer rubrum*; b) *Orycteropus afer*; c) *Beta vulgaris*; d) *Pyractomena borealis*; e) *Macrocystis pyrifera*.

Web-Aufgabe 1.5 Ein typisches britisches Frühstück besteht aus Hühnereiern (in Schweineschmalz gebraten), Speck, Räucherhering, gegrillten Champignons, Bratkartoffeln, Grilltomaten, Baked Beans, Toast und Tee mit Milch. Nennen Sie die vollständige systematische Einordnung aller Lebewesen, von denen diese Zutaten stammen.

Web-Aufgabe 1.6 Rufen Sie die Sequenzen des Cytochrom *b* aus Mitochondrien von Pferd, Wal und Känguru ab und führen Sie ein Alignment durch. a) Vergleichen Sie das Ausmaß der Ähnlichkeit zwischen jeweils zwei dieser Sequenzen mit den Ergebnissen des Sequenzvergleichs für die Pankreas-Ribonuclease der gleichen Tierarten (Beispiel 1.2). Stehen die Schlussfolgerungen, die man aus der Analyse des Mitochondrien-Cytochroms *b* ziehen kann, im Einklang mit den Befunden bei der Pankreas-Ribonuclease? b) Vergleichen Sie die *relative* Ähnlichkeit dieser Sequenzen mit den Ergebnissen des Sequenzvergleichs für die Pankreas-Ribonuclease der genannten Tierarten (Beispiel 1.2). Stehen die Schlussfolgerungen, die man aus der Analyse des Mitochondrien-Cytochroms *b* ziehen kann, in diesem Fall im Einklang mit den Befunden bei der Pankreas-Ribonuclease?

Web-Aufgabe 1.7 Rufen Sie die Sequenzen der Pankreas-Ribonuclease von Pottwal, Pferd und Flusspferd ab, und führen Sie ein Alignment durch. Stehen die Ergebnisse im Einklang mit den aus den SINES abgeleiteten Verwandtschaftsverhältnissen?

Web-Aufgabe 1.8 Wie wir festgestellt haben, sind die Aminosäuresequenzen des Cytochrom *b* von Elefant und Mammut sehr ähnlich. Dieser Befund wäre unter anderem mit der Hypothese zu erklären, dass ein funktionsfähiges Cytochrom *b* immer so viele gleichartige Aminosäuren enthalten *muss*. Dann müssten die Cytochrom-*b*-Proteine aller Tiere einander ebenso stark ähneln wie die von Elefant und Mammut. Überprüfen Sie diese Hypothese: Rufen Sie die Cytochrom-*b*-Sequenzen anderer Säugetiere ab und stellen Sie fest, ob sie bei weitläufiger verwandten Arten genauso ähnlich sind wie bei Mammut und Elefant.

Web-Aufgabe 1.9 Rufen Sie die Sequenzen des Cytochrom *c* von Mensch, Klapperschlange und Waran ab. Bei welchem Paar scheint die engste Verwandtschaft zu bestehen? Überrascht Sie der Befund? Warum oder warum nicht?

Web-Aufgabe 1.10 Schicken Sie die Sequenzen der Pankreas-Ribonuclease von Pferd, Zwergwal und Rotem Riesenkänguru (Beispiel 1.2) an den *multiple-alignment*-Server `http://www.ch.embnet.org/software/TCoffee.html`. Ist das hier erzielte Alignment identisch mit dem in Beispiel 1.2, das mit CLUSTAL-W erstellt wurde?

Web-Aufgabe 1.11 Carl von Linné unterteilte das Tierreich in sechs Klassen: Säugetiere, Vögel, Amphibien (einschließlich der Reptilien), Fische, Insekten und Würmer. Er unterstellte also beispielsweise zwischen Krokodilen und Salamandern eine engere Verwandtschaft als zwischen Krokodilen und Vögeln. Thomas Huxley dagegen fasste im 19. Jahrhundert die Reptilien und Vögel zu einer Gruppe zusammen. Ermitteln Sie bei drei geeigneten Proteinen, die bei Krokodilen, Salamandern und Vögeln in homologer Form vorkommen, die Ähnlichkeiten zwischen den homologen Sequenzen. Welche beiden Tiergruppen sind danach am engsten verwandt? Wer hatte Recht: Linné oder Huxley?

Web-Aufgabe 1.12 Wann wurde zum letzten Mal eine neue Primatenart entdeckt?

Web-Aufgabe 1.13 Bei wie vielen weiteren Arten hat man homologe Sequenzen zu PAX-6 entdeckt, seit die Tabelle im Kasten 1.9 zusammengestellt wurde?

Web-Aufgabe 1.14 Nennen Sie neben dem Fibronectin drei weitere modulartig aufgebaute Proteine, die Fibronectin-III-Domänen enthalten.

Web-Aufgabe 1.15 Nennen Sie neben Diabetes und Hämophilie sechs weitere Krankheiten, die sich durch direkte Zufuhr eines fehlenden Proteins behandeln lassen. Um welches Protein handelt es sich dabei jeweils?

Web-Aufgabe 1.16 Für welche spät im Leben ausbrechende Krankheit besteht bei Trägern eines abweichenden Gens für Apolipoprotein E ein besonders hohes Risiko? Bei welcher Variante ist die Gefahr am größten? Was weiß man über den Mechanismus, durch den diese Variante die Krankheitsentstehung beeinflusst?

Web-Aufgabe 1.17 Bei rund zehn Prozent aller Europäer wirkt das Schmerzmittel Codein nicht, weil den Betreffenden ein Enzym fehlt, das Codein zu Morphin, dem aktiven Molekül, umsetzt. Wie sieht die Mutation aus, die dies in den meisten Fällen verursacht?

KAPITEL 2

ORGANISATION UND EVOLUTION VON GENOMEN

Genomik und Proteomik

Das Genom einer typischen Bakterienzelle ist ein einziges DNA-Molekül, das ausgestreckt etwa zwei Millimeter lang wäre. (Die Zelle selbst hat einen Durchmesser von rund 0,001 Millimeter.) Die DNA höherer Organismen ist in Chromosomen organisiert – eine normale menschliche Zelle enthält 23 Chromosomenpaare. Die Gesamtmenge der genetischen Information je Zelle – das heißt der DNA-Nucleotidsequenzen – ist bei allen Angehörigen einer Spezies praktisch gleich, von einer Art zur anderen schwankt sie jedoch stark (eine längere Liste findet sich in Kasten 2.1):

Organismus	Genomgröße (Basenpaare)
Epstein-Barr-Virus	$0{,}172 \times 10^6$
Bakterium (*E. coli*)	$4{,}6 \times 10^6$
Hefe (*S. cerevisiae*)	$12{,}1 \times 10^6$
Fadenwurm (*C. elegans*)	$95{,}5 \times 10^6$
Ackerschmalwand (*A. thaliana*)	$117{,}0 \times 10^6$
Taufliege (*D. melanogaster*)	$180{,}0 \times 10^6$
Mensch (*H. sapiens*)	$3\,200 \times 10^6$

Nicht alle DNA-Sequenzen codieren Proteine. Umgekehrt liegen manche Gene auch in mehreren Exemplaren vor. Deshalb kann man aus der Genomgröße nicht ohne weiteres auf den Umfang der Sequenzinformation für Proteine schließen.

Gene

Ein einzelnes Gen, das ein bestimmtes Protein codiert, entspricht einer Nucleotidsequenz in einem oder mehreren DNA-Abschnitten. DNA- und Proteinsequenz sind colinear. Wenn es sich beim genetischen Material um doppelsträngige DNA handelt, können die Gene in beiden Strängen liegen. Die Funktionseinheit der genetischen Sequenzinformation eines Bakteriums ist also eine Kette aus $3N$ Nucleotiden, die eine Kette von N Aminosäuren codiert, oder ein Abschnitt aus N Nucleotiden mit der Information für ein Struktur-RNA-Molekül aus N Bausteinen. Eine solche Kette mitsamt den zugehörigen Annotationen bildet einen typischen Eintrag in einem Archiv für genetische Sequenzen.

Bei Eukaryoten sind die Nucleotidsequenzen, welche die Aminosäuresequenzen einzelner Proteine codieren, komplizierter organisiert. Hier besteht zwischen Gen- und Proteingröße ein ganz anderer Zusammenhang als bei Bakterien. Vielfach ist ein Gen in der genomischen DNA auf mehrere Abschnitte aufgeteilt. Als **Exon** bezeichnet man einen Abschnitt, der in der reifen mRNA noch vorhanden ist und in Protein translatiert wird. Ein **Intron** ist der Zwischenabschnitt zwischen zwei Exons. Der biochemische Apparat der Zelle spleißt die richtigen Abschnitte im RNA-Transkript zusammen; dabei orientiert er sich an Sequenzsignalen, die beiderseits der Exons in der RNA liegen. Viele Introns sind sehr lang – in manchen Fällen umfassen sie beträchtlich mehr DNA als die Exons.

Die Expression der Gene wird durch Regulationsmechanismen gesteuert. Gene können ein- oder ausgeschaltet (oder auch feiner reguliert) werden und reagieren damit auf Nährstoffkonzentrationen, Stress oder ein kompliziertes Entwicklungsprogramm, das

| 2.1 |

Genomgrößen

Organismus	Zahl der Basenpaare	Zahl der Gene	Erläuterungen
φX-174	5 386	10	Virus, das *E. coli* infiziert
menschliches Mitochondrium	16 569	37	Zellorganell
Epstein-Barr-Virus (EBV)	172 282	80	Erreger der Mononucleose
Mycoplasma pneumoniae	816 394	680	Erreger zyklischer Epidemien der Lungenentzündung
Rickettsia prowazekii	1 111 523	878	Bakterium, Erreger von Typhusepidemien
Treponema pallidum	1 138 011	1 039	Bakterium, Erreger der Syphilis
Borrelia burgdorferi	1 471 725	1 738	Bakterium, Erreger der Lyme-Krankheit
Aquifex aeolicus	1 551 335	1 749	Bakterium aus heißen Quellen
Thermoplasma acidophilum	1 564 905	1 509	Archaeon, Prokaryot ohne Zellwand
Campylobacter jejuni	1 641 481	1 708	häufiger Erreger von Lebensmittelvergiftungen
Helicobacter pylori	1 667 867	1 589	häufigster Erreger von Magengeschwüren
Methanococcus jannaschii	1 664 970	1 783	thermophiles Archaeon, Prokaryot
Haemophilus influenzae	1 830 138	1 738	Bakterium, Erreger von Mittelohrinfektionen
Thermotoga maritima	1 860 725	1 879	marines Bakterium
Archaeoglobus fulgidus	2 178 400	2 437	ein weiteres Archaeon
Deinococcus radiodurans	3 284 156	3 187	strahlungsresistentes Bakterium
Synechocystis	3 573 470	4 003	Cyanobakterium, „blaugrüne Alge"
Vibrio cholerae	4 033 460	3 890	Erreger der Cholera
Mycobacterium tuberculosis	4 411 529	4 275	Erreger der Tuberkulose
Bacillus subtilis	4 214 814	4 779	beliebtes Objekt der Molekularbiologie
Escherichia coli	4 639 221	4 406	Liebling der Molekularbiologen
Pseudomonas aeruginosa	6 264 403	5 570	größtes bisher sequenziertes Prokaryotengenom
Saccharomyces cerevisiae	$12,1 \times 10^6$	5 885	Hefe; erstes sequenziertes Eukaryotengenom
Caenorhabditis elegans	$95,5 \times 10^6$	19 099	„der Wurm"
Arabidopsis thaliana	$1,17 \times 10^8$	25 498	Blütenpflanze (Bedecktsamer)
Drosophila melanogaster	$1,8 \times 10^8$	13 601	die Taufliege
Fugu rubripes	$3,9 \times 10^8$	30 000	Kugelfisch
Mensch	$3,2 \times 10^9$	34 000?	
Weizen	16×10^9	30 000	
Salamander	10^{11}	?	
Psilotum nudum	10^{11}	?	Urfarn – eine einfache Pflanze

während der Lebensdauer eines Organismus abläuft. Viele Steuerungselemente liegen in der DNA nahe bei den Abschnitten, die Proteine codieren. Sie enthalten Sequenzen, die als Bindungsstellen für die an der Transkription beteiligten Moleküle dienen, oder Sequenzen für die Bindung von Regulationsmolekülen, die für eine *Blockierung* der Transkription sorgen. Einfache Fälle kennt man auch von Bakteriengenomen: Dort codieren hintereinander liegende Gene mehrere Proteine, die aufeinander folgende Schritte einer zusammenhängenden Reaktionsfolge katalysieren und von derselben Regulationssequenz gesteuert werden. Solche Gengruppen bezeichneten F. Jacob, J. Monod und E. Wollman als **Operons**. Wie nützlich es ist, wenn ihre Expression parallel von demselben Mechanismus reguliert wird, kann man sich leicht vorstellen.

Bei Tieren liefert die Methylierung der DNA die Signale für die gewebespezifische Expression von Genen, die entwicklungsbedingt reguliert werden. Die Produkte bestimmter Gene veranlassen die Zellen zum Selbstmord, ein Vorgang, den man als **Apoptose** bezeichnet. Bei manchen Krebsformen beobachtet man Störungen des Apoptosemechanismus, die zu unkontrolliertem Wachstum führen; die Wiederherstellung dieser Mechanismen stellt ganz allgemein einen Weg zur Krebstherapie dar.

Aus alledem kann man eine wichtige Erkenntnis ableiten: Wenn man genetische Daten auf einzelne codierende Sequenzen reduziert, übersieht man ihre höchst komplizierten Wechselbeziehungen, und man ignoriert die historischen, einheitlichen Aspekte des Genoms. Auf unvergleichliche Weise beschrieb Robbins die Situation:

> ... Stellen wir uns die 3,2 Gigabyte des menschlichen Genoms einmal als Dateien von 3,2 Gigabyte vor, die im Massenspeicher eines Computers mit unbekannter Konstruktion abgelegt sind. Die Aufklärung der Sequenz entspricht der Herstellung einer Image-Datei mit dem Inhalt dieses Massenspeichers. Sie zu verstehen, ist gleichbedeutend mit dem *reverse engineering* des Computersystems (und zwar sowohl der Hardware als auch der Software von 3,2 Gigabyte) bis hin zu einer vollständigen Beschreibung der Konstruktion und ihrer Wartung.

> Das *reverse engineering* der Sequenz wird dadurch erschwert, dass das dabei entstehende Abbild des Speichers keine Kopie geordneter Dateien ist, sondern ein Haufen von Bytes in der Reihenfolge, in der sie in das Gerät eingegeben wurden. Außerdem ist bekannt, dass die Dateien fragmentiert vorliegen, und manche Teile des Geräts enthalten auch gelöschte Dateien und anderen Müll. Nachdem man den Abfall identifiziert und verworfen hat, und nachdem dann die fragmentierten Dateien zusammengefügt wurden, kann man mit dem *reverse engineering* des Codes beginnen, aber dabei verfügt man nur über unvollständige und manchmal auch falsche Kenntnisse über die CPU [Zentraleinheit], auf der die Codes laufen. Die Aufklärung von Aufbau und Funktion der CPU ist ebenfalls ein Teil des Projekts, denn manche Teile der 3,2 Gigabyte sind binäre Anweisungen für den computergestützten Produktionsprozess, durch den die CPU hergestellt wird. Darüber hinaus gilt es zu berücksichtigen, dass zu dem riesigen Datenbestand auch Codes gehören, die bei buchstäblich Millionen von Wartungsarbeiten entstanden sind, und diese Wartungsarbeiten wurden von den

schlimmsten, opportunistischsten Hackern ausgeführt, die sich fauler Tricks bedienten, wie Spaghetti verworrene Codes benutzten, sich selbst modifizierende Codes schrieben und sich auf undokumentierte Eigenheiten des Systems verließen.

(Aus: Robbins RJ (1992) Challenges in the human genome project. *IEEE Engineering in Medicine and Biology* 11, 25–34; © 1992 IEEE.)

Proteine

Im Prinzip ist jede Datenbank mit DNA-Sequenzen auf dem Weg über den genetischen Code auch eine Datenbank der Aminosäuresequenzen von Proteinen. Tatsächlich ermittelt man neue Proteinsequenzen heute nicht mehr durch die Sequenzierung der Proteine selbst, sondern durch Ableitung aus den zugehörigen DNA-Sequenzen. (Ein Blick in die Geschichte: Die chemische Aufgabe, Proteine zu sequenzieren, war schon vor der Aufklärung des genetischen Codes gelöst, und erst recht gab es damals noch keine Methoden, um die Nucleotidsequenz einer DNA zu bestimmen. F. Sanger bewies 1955 mit der Sequenzierung des Insulins zum ersten Mal, dass Proteine eine eindeutige Aminosäuresequenz haben, eine Vorstellung, die zuvor ausschließlich hypothetischer Natur gewesen war.)

Ist es sinnvoll, zwischen unmittelbar an Proteinen ermittelten und durch Translation von DNA-Sequenzen gewonnenen Aminoäuresequenzen einen Unterschied zu machen? Zunächst einmal muss man unterstellen, dass man unter den vielen DNA-Sequenzen korrekt diejenigen identifizieren kann, die Proteine codieren. Die Programme zur Mustererkennung, die man zu diesem Zweck einsetzt, sind mit drei Fehlermöglichkeiten behaftet: Sie können eine echte Proteinsequenz völlig übersehen, ein unvollständiges Protein anzeigen oder ein Gen falsch spleißen. Noch komplizierter wird das Ganze durch weitere Variationen dieses Grundthemas: Manchmal überlappen sich die Gene für mehrere Proteine, oder ein Gen wird in verschiedenen Geweben aus unterschiedlichen Exons zusammengesetzt. Umgekehrt sind manche DNA-Sequenzen, die scheinbar Proteine codieren, in Wirklichkeit defekt, oder sie werden nicht exprimiert. *Ein aus einer genomischen Sequenz abgeleitetes Protein ist so lange ein hypothetisches Gebilde, bis seine Existenz durch ein Experiment bestätigt wird.*

Zweitens wird durch die Expression eines Gens in vielen Fällen ein Molekül synthetisiert, das in der Zelle noch modifiziert werden muss. Das so entstehende *reife* Protein unterscheidet sich dann erheblich von demjenigen, das man aufgrund der Gensequenz erwarten würde. Vielfach sind die anfangs noch fehlenden **posttranslationalen Modifikationen** – die molekularbiologische Entsprechung zum Körperpiercing – sehr wichtig, und anders als das Körperpiercing haben sie auch eine Bedeutung für die Funktion. Solche Abwandlungen, die nach der Translation erfolgen, sind beispielsweise das Anfügen von Liganden (zum Beispiel die kovalent gebundene Häm-Gruppe des Cytochrom *c*), Glycosylierung, Methylierung, Ausschneiden von Peptiden und anderes. Auch die Verteilung der Disulfidbrücken – unmittelbarer chemischer Verknüpfungen zwischen Cysteinresten – ist an der Aminosäuresequenz nicht zu erkennen. In manchen Fällen wird auch die mRNA vor der Translation „redigiert", sodass sich Änderungen der Aminosäuresequenz ergeben, die man nicht aus dem Gen ableiten kann.

Proteome

Das Genom eines Lebewesens stellt die vollständigen, aber statischen Anweisungen für das potenzielle Leben dieses Individuums dar. Sein Entwicklungszustand und seine molekularen Abläufe zu einem beliebigen Zeitpunkt hängen im Wesentlichen von Menge und Verteilung der Proteine ab. Das **Proteomprojekt** ist ein großes Forschungsprogramm, in dessen Rahmen man sich umfassend mit den Expressionsmustern der Proteine in biologischen Systemen befassen will; es stellt also eine Erweiterung und Ergänzung der Genomprojekte dar.

Was für Daten werden dabei ermittelt, und welche ausgereiften experimentellen Methoden stehen zu diesem Zweck zur Verfügung? Grundsätzlich besteht das Ziel darin, die Verwendung der Proteine in einem Organismus räumlich und zeitlich zu beschreiben. Die einzelnen Proteine werden je nach Gewebe, Zelltyp und Zellaktivität mit unterschiedlicher Geschwindigkeit synthetisiert. Verfahren, mit denen man die Transkriptionsmuster zahlreicher Gene sehr effizient analysieren kann, stehen bereits zur Verfügung (Kasten 2.2 und Farbtafel V). Da Proteine aber unterschiedlich schnell

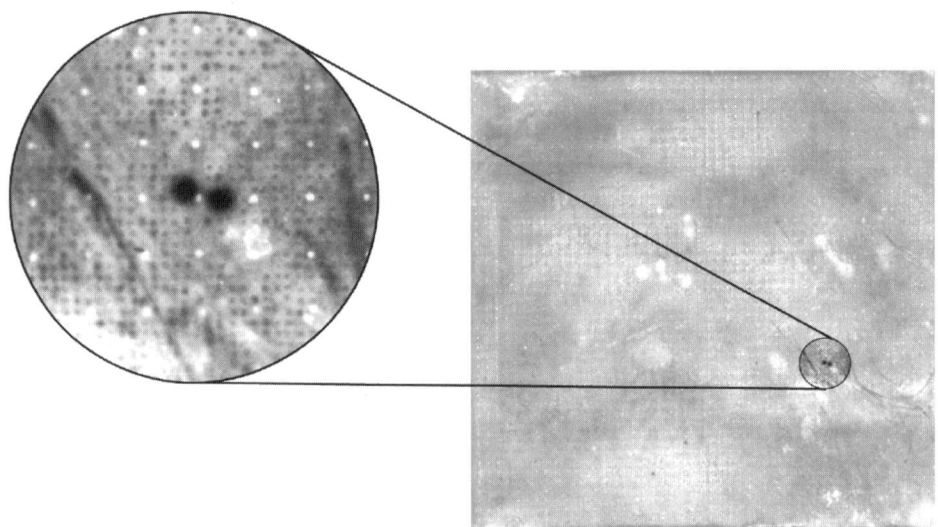

2.1 Die gewaltige Vielseitigkeit des Immunsystems beruht darauf, dass in großen Populationen von Antigenen und Antikörpern die richtige Kombination gefunden wird, die einen stabilen Komplex bildet. Sie kann im Wirbeltierorganismus stattfinden, aber auch in einem Experiment, in dem die Antikörper an der Oberfläche eines Phagen „ausgestellt" werden, oder – wie hier gezeigt – in einer Anordnung, in der rund 1 000 bis 5 000 Proteine aus dem menschlichen Gehirn auf ihre Affinität zu einem Antikörper getestet wurden. Die Proteine wurden von einzelnen, auf eine Membran aufgebrachten Bakterienklonen produziert, und durch Lyse der Zellen wurden die exprimierten Proteine freigesetzt. Anschließend wurde die Membran mit einer Mischung aus zwölf Antikörperfragmenten (in denen die Antigenbindungsstelle enthalten war) in Kontakt gebracht, und gebundene Antikörper wurden durch Autoradiographie sichtbar gemacht. Um die Identifizierung positiver Ergebnisse zu erleichtern, wurde jeder Klon zwei Mal aufgebracht, sodass man in der Abbildung einen doppelten Fleck erkennt. In weiterentwickelter Form wird dieses Verfahren ganz allgemein das schnelle Screening von Protein-Protein-Wechselwirkungen möglich machen. (Aus Holt LJ, Büssow K, Walter G und Tomlinson IM (2000) By-passing selection: direct screening for antibody-antigen interactions using protein arrays. *Nucleic Acids Research Methods Online* 28, E72.)

| 2.2 |

DNA-Mikroarrays

Mit DNA-Mikroarrays, auch DNA-Chips genannt, kann man eine DNA-Probe *gleichzeitig* auf das Vorhandensein vieler verschiedener Sequenzen überprüfen. DNA-Mikroarrays kann man benutzen, um Expressionsmuster verschiedener Proteine durch Nachweis ihrer mRNAs zu untersuchen oder um im Rahmen einer Genotypanalyse verschiedene Varianten einer Gensequenz aufzuspüren, beispielsweise – aber nicht nur – Einzelnucleotid-Polymorphismen (*single nucleotide polymorphisms*, SNPs). Man kann dabei entweder einfach nur prüfen, ob eine Sequenz vorhanden ist, oder aber ihre Häufigkeit quantitativ erfassen. Dabei gilt es allerdings zu beachten, dass zwischen der Häufigkeit einer mRNA und ihres zugehörigen Proteins keine vollständige Korrelation besteht.

Um das Expressionsmuster aller Gene einer Zelle zu bestimmen, muss man die relativen Mengen vieler verschiedener mRNAs messen. Eine genaue, empfindliche Methode, mit der man eine ganz bestimmte Sequenz in einer DNA-Probe nachweisen kann, ist die Hybridisierung. Um eine Analyse mit hohem Durchsatz vorzunehmen, muss man viele Hybridisierungsexperimente parallel laufen lassen. Diesem Zweck dienen die DNA-Mikroarrays.

Für eine solche parallele Hybridisierungsanalyse werden zahlreiche DNA-Oligomere in bekannten Positionen und regelmäßig-rechtwinkliger Anordnung („Array") an einen festen Träger angekoppelt. Damit man die Hybride schließlich erkennen kann, wird die Mischung, die man analysieren möchte, mit radioaktiven oder fluoreszierenden Markierungen versehen. Dann bringt man die Probe auf den Array, sodass schließlich jedes Element in der Anordnung, das sich mit einem Bestandteil der Probe verbunden hat, die radioaktive oder fluoreszierende Markierung trägt. Da man die Sequenz der Oligomere in den einzelnen Positionen des Arrays kennt, kann man die in der Probe enthaltenen Sequenzen anhand der Position der Markierungen identifizieren. Damit hat man die Probe analysiert.

Ein DNA-Array oder DNA-Chip kann bis zu 100 000 Oligomere tragen, mehr als die Gesamtzahl der Gene eines höheren Lebewesens. Die einzelnen Positionen auf dem Chip haben dabei häufig einen Durchmesser von nur 150 Mikrometern, die ganze Anordnung misst in der Regel einige Zentimeter.

Will man Expressionsmuster analysieren, verwendet man als Oligomere cDNAs oder cDNA-Fragmente, die den mRNAs verschiedener Gene entsprechen. Meist setzt man Oligomere aus rund 50 bis 80 Basenpaaren ein. Für Genotypanalysen verwendet man Fragmente der genomischen DNA, die 500 bis 5 000 Basenpaare lang sind.

DNA-Mikroarrays kann man unter anderem zu folgenden Zwecken einsetzen:

- *Untersuchung von Zellzuständen und Zellprozessen.* Expressionsmuster, die sich mit dem Zustand der Zelle ändern, liefern Anhaltspunkte für die Mechanismen bei der Sporulation, dem Wechsel vom aeroben zum anaeroben Stoffwechsel und anderen Vorgängen.
- *Diagnose von Krankheiten.* Durch den Nachweis von Mutationen kann man den Verdacht auf eine genetisch bedingte Erkrankung bestätigen, auch wenn es sich um ein erst spät ausbrechendes Leiden wie die Huntington-Krankheit handelt; auf diese Weise kann man feststellen, ob zukünftige Eltern ein Gen tragen, das die Gesundheit ihrer Kinder gefährden könnte.
- *Genetische Warnzeichen.* Manche Krankheiten sind nicht eindeutig und unwiderruflich im Genotyp festgeschrieben, aber die Wahrscheinlichkeit, dass sie ausbrechen, steht im Zusammenhang mit bestimmten Genen oder ihrem Expressionsmuster. Wer über ein solches erhöhtes Krankheitsrisiko Bescheid weiß, kann dem häufig mit einer veränderten Lebensweise entgegenwirken.

| 2.2 *Fortsetzung*

- *Auswahl von Medikamenten.* Man kann genetische Faktoren nachweisen, die über die Reaktion auf Arzneistoffe bestimmen und eine medikamentöse Therapie unwirksam machen oder zu unerwünschten Nebenwirkungen führen können.
- *Klassifikation von Krankheiten.* Verschiedene Typen der Leukämie sind an charakteristischen Genexpressionsmustern zu erkennen. Nur wenn man genau weiß, um welche Krankheit es sich handelt, kann man das optimale Therapieverfahren auswählen.
- *Auswahl von Ansatzpunkten für die Medikamentenentwicklung.* Proteine, deren Transkription sich bei bestimmten Krankheitszuständen verstärkt, sind Kandidaten für pharmakologische Eingriffe (vorausgesetzt, man kann mit anderen Verfahren nachweisen, dass die erhöhte Transkription zum pathologischen Zustand beiträgt oder seiner Aufrechterhaltung dient).
- *Resistenz gegen Krankheitserreger.* Durch Vergleich der Genotypen oder Expressionsmuster von Bakterienstämmen, die einem Antibiotikum gegenüber sensitiv oder resistent sind, erhält man Hinweise auf die Proteine, die an dem Resistenzmechanismus beteiligt sind.

Aus der Sicht der Bioinformatik sind DNA-Arrays eine weitere Quelle umfangreicher neuer Daten. Sie stellen die üblichen Anforderungen an die Gestaltung leistungsfähiger Archivierungs- und Datenabrufsysteme. Allerdings haben sie den Vorteil, dass alle Daten ganz neu sind; deshalb wird das ganze Fachgebiet nicht durch Datenstrukturen und Datenformate behindert, die auf ältere Hard- und Softwaregenerationen zurückgehen.

„umgeschlagen" werden, muss man ihre Menge auch unmittelbar messen. Die Verteilung der exprimierten Proteine ergibt sich aus dem Gleichgewicht aus Synthese und Abbau. Der Proteingehalt einer Probe lässt sich mit hoch auflösender, zweidimensionaler Polyacrylamid-Gelelektrophorese (2D-PAGE) sichtbar machen. Die dabei aufgetrennten Proteine und ihre nach der Translation erfolgten Abwandlungen kann man mit massenspektroskopischen Verfahren identifizieren.

Man kann auch **Protein-Arrays** herstellen und damit nach paarweise interagierenden Proteinen suchen (Abb. 2.1).

Mithilfe solcher Methoden erhält man ein Bild der auf Proteinen beruhenden Aktivität eines Lebewesens, wobei das Genom die vollständige Ausstattung mit potenziellen Proteinen erkennen lässt. Oder, um einen Vergleich von R. Simpson zu zitieren: Wenn das Genom die Liste der Instrumente in einem Orchester ist, dann entspricht das Proteom dem ganzen Ensemble, das eine Symphonie spielt.

Belauscht: die Übertragung der genetischen Information

Wie wird die Erbinformation gespeichert, weitergegeben und umgesetzt? Das ist vielleicht *die* zentrale Frage der Biologie. Für ihre Beantwortung haben dreierlei Darstellungen eine entscheidende Rolle gespielt (Kasten 2.3):

1. Genkopplungskarten
2. Chromosomen-Bandenmuster
3. DNA-Sequenzen

─┤ 2.3 ├─

Genkarten, Chromosomenkarten, Sequenzkarten

1. Der klassische Weg zur Erstellung einer *Genkarte* führt über den beobachteten Erbgang. An Kopplungsgruppen und Rekombinationshäufigkeiten kann man erkennen, ob Gene auf denselben oder verschiedenen Chromosomen liegen und wie weit sie voneinander entfernt sind. Dahinter steht das Prinzip, dass zwei Gene mit umso größerer Wahrscheinlichkeit bei der Meiose durch Crossing-over rekombinieren, je größer ihr Abstand ist. Zwei Gene, die sehr weit auseinander auf demselben Chromosom liegen, scheinen deshalb sogar überhaupt nicht gekoppelt zu sein. Die Längeneinheit für Genkarten ist das Morgan (M); 1 cM entspricht dabei definitionsgemäß einer Rekombinationshäufigkeit von 1 Prozent. (Heute wissen wir, dass 1 cM beim Menschen ungefähr 1×10^6 Basenpaaren entspricht, allerdings mit Schwankungen je nach der Stelle im Genom und dem Abstand zwischen den Genen.)

2. *Karten von Chromosomen-Bandenmustern.* Chromosomen sind physische Gegenstände und können Bandenmuster als sichtbares Merkmal tragen. Dabei verwendet man folgende Nomenklatur: Die Chromosomen vieler Lebewesen werden nach der Größe nummeriert; das größte erhält die Nummer 1. Die beiden durch das Centromer getrennten Arme menschlicher Chromosomen werden als p (*petite*, kurz) und q (*queue*, lang) bezeichnet. Abschnitte innerhalb eines Chromosoms werden vom Centromer aus nach außen mit p1, p2 … beziehungsweise q1, q2 … durchnummeriert. Weitere Zahlen symbolisieren die Unterabschnitte einzelner Banden. So bezeichnet man beispielsweise bestimmte Banden auf dem langen Arm des menschlichen Chromosoms 15 als 15q11.1, 15q11.2 und 15q12. Ursprünglich hatte man die Banden 15q11 und 15q12 definiert; 15q11 wurde später in 15q11.1 und 15q11.2 unterteilt. Deletionen in diesem Bereich stehen im Zusammenhang mit dem Prader-Willi- und dem Angelman-Syndrom. Beide Krankheitsbilder haben die interessante Eigenschaft, dass die klinischen Auswirkungen davon abhängen, ob das betroffene Chromosom vom Vater oder von der Mutter stammt. Dieses Phänomen, **genomische Prägung** (*genomic imprinting*) genannt, belegt, dass genetische Information nicht nur in Form der reinen DNA-Sequenz von den Eltern an die befruchtete Eizelle weitergegeben wird. Die mütterlichen und väterlichen Chromosomen befinden sich in unterschiedlichen Methylierungszuständen und enthalten damit unterschiedliche Signale für die Genexpression. Die DNA-Modifikation, die während der Entwicklung eines Lebewesens im Zuge der Differenzierung stattfindet, beginnt schon in der Zygote.

3. *Die DNA-Sequenz selbst.* Physisch handelt es sich dabei um eine Nucleotidsequenz im Molekül, im Computer um eine Kette aus den Zeichen A, T, G und C. Gene sind Abschnitte dieser Sequenz, unterbrochen in vielen Fällen von nichtcodierenden Regionen.

Diese Darstellungen geben Daten ganz unterschiedlichen Typs wieder. Die Gene, wie Mendel sie entdeckte, waren völlig abstrakte Gebilde. Chromosomen sind physische Objekte mit den Banden als deutlich erkennbaren Orientierungsmarken. Aber erst bei der DNA-Sequenz haben wir es unmittelbar mit der gespeicherten Erbinformation in ihrer greifbaren Form zu tun.

Es war die große biologische Errungenschaft des 20. Jahrhunderts, den Zusammenhang zwischen diesen drei Datentypen herzustellen. Der erste Schritt – wirklich ein großer Sprung – war der Beweis, dass die Karte eines Chromosoms stets eine eindimensionale Anordnung darstellt und dass solche Karten aller Chromosomen stets colinear sind. Heute weiß jedes Schulkind, dass die Gene auf den Chromosomen aufgereiht sind und dass jedes Gen einer DNA-Sequenz entspricht. Der Beweis für diese Behauptung brachte seinen Urhebern zahlreiche Nobelpreise ein.

Wenn man ein langes DNA-Molekül – zum Beispiel die DNA eines ganzen Chromosoms – in Stücke von geeigneter Größe zerlegt, die sich klonieren und sequenzieren lassen, braucht man weitere Karten, in denen ihre Reihenfolge festgehalten ist. Nur so kann man aus den Sequenzen der Fragmente später wieder die Gesamtsequenz rekonstruieren. Um solche Karten herzustellen, bedient man sich der Restriktionsendonucleasen, besonderer Enzyme, die DNA an ganz bestimmten, meist 6 Bp langen Sequenzen schneiden. Behandelt man die DNA mit mehreren Restriktionsendonucleasen unterschiedlicher Spezifität, erhält man eine Reihe überlappender Fragmente. Aus der Größe dieser Abschnitte kann man eine **Restriktionskarte** ableiten, in der Anordnung und Abstände der Restriktionsspaltstellen eingetragen sind. Durch eine Mutation an einer solchen Stelle ändert sich die Größe der Fragmente, die das zugehörige Enzym erzeugt, sodass man die Lage der Veränderung auf der Karte feststellen kann.

Mit Restriktionsenzymen kann man recht große DNA-Fragmente erzeugen. Schneidet man die DNA in kleinere Stücke, die man klonieren und anhand überlappender Sequenzen ordnen kann (wie das Beispiel mit dem Text auf Seite 17), erhält man eine feiner aufgelöste DNA-Karte, die als **Contig-Karte** bezeichnet wird.

Früher war der Zusammenhang zwischen Chromosomen, Genen und DNA-Sequenzen von entscheidender Bedeutung, wenn man die molekularen Defekte identifizieren wollte, die hinter erblichen Störungen wie Huntington-Krankheit oder Cystische Fibrose stehen. Dies hat sich durch die Sequenzierung des gesamten menschlichen Genoms tief greifend geändert. Es bleibt jedoch die Erkenntnis, dass Huntington-Krankheit und Cystische Fibrose jeweils durch die Funktionsstörung eines einzigen Proteins entstehen, das von einem einzigen Gen codiert wird; ein Zusammenhang mit Umweltfaktoren oder Lebensweise besteht nicht. Dagegen werden viele verbreitete Krankheiten wie Diabetes und Krebs von zahlreichen Genen beeinflusst.

Hat man eine Krankheit auf ein defektes Protein zurückgeführt, eröffnen sich mehrere Möglichkeiten:

- Kennt man das verantwortliche Protein, kann man rational begründete Therapieansätze entwickeln.
- Kennt man das verantwortliche Gen, kann man Tests zur Identifizierung von Betroffenen und Überträgern entwickeln.
- In vielen Fällen ist es weder für die Therapie noch für den Nachweis der Krankheit erforderlich, dass man genau weiß, wo das Gen sich auf den Chromosomen befindet; dies wird erst dann notwendig, wenn man das Gen identifizieren und so eine Verbindung zwischen Erbgang und DNA-Sequenz herstellen will. (Für Krankheiten, die auf Chromosomenanomalien zurückzuführen sind, gilt diese Aussage allerdings nicht.)

Bei der Sichelzellanämie zum Beispiel kennt man das verantwortliche Protein: Die Krankheit entsteht durch eine einzige Punktmutation im Hämoglobin. Hier kann man sofort dazu übergehen, Medikamente zu entwickeln. Die DNA-Sequenz braucht man nur für genetische Tests und Familienberatung. Kennt man dagegen weder das Protein noch das Gen, muss man irgendwie den Weg vom Phänotyp zurück zum Gen gehen, ein Vorgang, den man als **Positionsklonierung** oder **reverse Genetik** bezeichnet. Die Positionsklonierung war früher gewissermaßen ein immer genaueres Eingrenzen von der Genkarte über die Chromosomenkarte bis zur DNA-Sequenz. (Später wird noch davon die Rede sein, wie dieses Verfahren durch neuere Entdeckungen abgekürzt wurde.)

Am Erbgang ist zu erkennen, was für ein genetischer Defekt für eine Krankheit verantwortlich ist. Er zeigt beispielsweise, dass Huntington-Krankheit und Cystische

Fibrose jeweils von einem einzigen Gen verursacht werden. Um das Gen zu finden, das die Cystische Fibrose auslöst, musste man bei der Genkarte anfangen und anhand der Kopplungsmuster in betroffenen Familien das fragliche Gen in einem bestimmten Chromosomenabschnitt lokalisieren. Nachdem man den entsprechenden Chromoso-

---

| 2.4 |

Identifizierung des Gens für Cystische Fibrose

Die Cystische Fibrose (CF), in Deutschland auch Mukoviszidose genannt, ist in der Überlieferung schon mindestens seit dem Mittelalter und in der Medizin seit ungefähr 500 Jahren bekannt. Sie wird autosomal-rezessiv vererbt. Zu den Symptomen zählen Darmverschluss, verminderte Fruchtbarkeit in Verbindung mit anatomischen Anomalien (insbesondere bei Männern), sowie ständige Blockade und Infektionen der Lunge – diese sind heute, nachdem es für die Magen-Darm-Beschwerden wirksame Therapieverfahren gibt, die Haupttodesursache. Etwa die Hälfte der Betroffenen sterben vor dem 25. Lebensjahr, und älter als 50 Jahre werden nur die Wenigsten. In der US-amerikanischen und europäischen Bevölkerung ist etwa eines unter 2500 Individuen betroffen. Etwa vier Prozent aller Weißen europäischer Abstammung und einer unter 65 Afroamerikanern tragen das mutierte Gen. Das Protein, das bei der Cystischen Fibrose defekt ist, dient auch als Rezeptor für die Aufnahme des Typhuserregers *Salmonella typhi*. Die größere Widerstandsfähigkeit der Heterozygoten – die selbst keine Cystische Fibrose bekommen, das mutierte Gen aber weitervererben können – gegenüber diesem Bakterium ist wahrscheinlich der Grund, warum das Gen aus der Bevölkerung nicht verschwunden ist.

Aufgrund des Erbganges wusste man, dass die Cystische Fibrose auf ein einziges Gen zurückzuführen ist. Um welches Protein es sich aber handelte, war nicht bekannt. Man musste es auf dem Weg über das Gen finden.

Aufschlussreiche Anhaltspunkte gewann man aus klinischen Befunden. Man wusste, dass die Symptome mit dem Transport von Chloridionen im Epithelgewebe zu tun hatten. Die Volksmedizin hatte schon lange erkannt, dass Kinder mit ungewöhnlich salzigem Schweiß – den man schmeckt, wenn man den Säugling auf die Stirn küsst – nicht lange leben. Später stellte sich bei physiologischen Untersuchungen heraus, dass das Epithelgewebe der CF-Patienten Chlorid nicht rückresorbieren kann. Als man sich schließlich dem Gen nähern wollte, waren die voraussichtliche Gewebeverteilung seiner Expression und der Proteintyp eine nützliche Richtschnur.

Im Jahr 1989 wurde das Gen für Cystische Fibrose isoliert und sequenziert. Es wird als CFTR (*cystic fibrosis transmembrane conductance regulator*) bezeichnet und codiert ein Protein aus 1 480 Aminosäuren, das normalerweise im Epithel einen durch zyklisches AMP regulierten Cl^--Kanal bildet. Das Gen, das aus 24 Exons besteht, überspannt einen DNA-Abschnitt von 250 kb. Bei 70 Prozent der mutierten Allele handelt es sich um eine Deletion von drei Basenpaaren, durch die aus dem Protein die Aminosäure 508Phe verschwindet. Deshalb wird die Mutation auch als del508 bezeichnet. Die Mutation hat zur Folge, dass der Transport des Proteins nicht mehr funktioniert: Es wird nicht zur Zellmembran befördert, sondern im endoplasmatischen Reticulum abgebaut.

Ein pränataler Test auf CF bedient sich fetaler DNA. Mit einem entsprechend gestalteten PCR-Primer erhält man am normalen Allel ein Produkt von 154 Basenpaaren, beim Allel del 508 umfasst es nur 151.

Da das betroffene Gewebe der Atemwege medizinisch leicht zugänglich ist, eignet sich die Cystische Fibrose für Experimente mit der Gentherapie. Mit gentechnisch veränderten Adenoviren, die in die Atemwege gesprüht werden, kann man das fehlerfreie Gen in das Epithelgewebe einschleusen.

menbereich ungefähr kannte, konnte man in der DNA dieser Region nach Kandidatengenen suchen; am Ende wurde das verantwortliche Gen dingfest gemacht und sequenziert (Kästen 2.4 und 2.5). Bei vielen anderen Genen ist der Erbgang jedoch nicht so einfach, und selbst wenn nur ein einziges Gen die Ursache ist, sorgt es vielfach nur für eine

---

| 2.5 |

Positionsklonierung: Wie das Gen für Cystische Fibrose gefunden wurde

Das Verfahren, mit dem man das Gen aufspürte, wird als **Positionsklonierung** (*positional cloning*) oder **reverse Genetik** bezeichnet.

- Als man in Familienstammbäumen nach einem gekoppelten Marker suchte, stellte sich heraus, dass das CF-Gen in der Nähe einer bekannten Tandemwiederholung mit variabler Anzahl (VNTR) namens DOCR-917 liegt. Somatische Hybridzellen zeigten, dass dieser Marker sich in der Bande q3 des Chromosoms 7 befindet.
- Man fand weitere Marker, die noch enger mit dem gesuchten Gen gekoppelt waren. Es war eingerahmt von einem VNTR im Onkogen MET und einem weiteren VNTR mit der Bezeichnung D7S8. Das gesuchte Gen ist 1,3 cM von MET und 0,9 cM von D7S8 entfernt – damit hatte man es in einem Bereich von 1 bis 2 Millionen Basenpaaren lokalisiert. Eine derart lange Region kann ohne weiteres 100 bis 200 Gene enthalten.
- Anhand der Erbgänge weiterer Marker aus derselben Region konnte man das Gen in einem Bereich von 500 kb eingrenzen. Ein als „Springen auf dem Chromosom" (*chromosome jumping*) bezeichnetes Verfahren erlaubte eine bessere Erkundung dieser Region.
- Nun klonierte man einen Abschnitt von 300 kb, der in der richtigen Entfernung von den Markern lag. Man isolierte Sonden aus dem Abschnitt, um damit nach aktiven Genen mit einer „stromaufwärts" (*upstream*) vor dem Gen gelegenen CCGG-Sequenz zu suchen. (Für diesen Schritt ist die Restriktionsendonuclease *Hpa*II sehr nützlich; sie schneidet die DNA an der genannten Sequenz, aber nur dann, wenn das zweite C keine Methylgruppe trägt, das heißt, wenn das Gen aktiv ist.)
- Die Gene in der fraglichen Region wurden durch Sequenzieren identifiziert.
- Als man bei Tieren nach Genen suchte, die den Genkandidaten (oder Kandidatengenen) ähnelten, stieß man auf vier plausible Möglichkeiten. Als man sie anhand von cDNA-Bibliotheken aus den Schweißdrüsen von CF-Patienten und gesunder Kontrollen überprüfte, fand man eine Sonde, deren Gewebeverteilung dem erwarteten Expressionsmuster des CF-Gens entsprach. Ein langer codierender Abschnitt hatte die richtigen Eigenschaften, und tatsächlich handelte es sich um ein Exon des CF-Gens. Die meisten CF-Patienten tragen die gleiche Veränderung in diesem Gen, eine Deletion von drei Basenpaaren, die aus dem Protein das Phe508 verschwinden lässt.

Dass man das richtige Gen identifiziert hatte, wurde folgendermaßen bewiesen:

- 70 Prozent der CF-Allele tragen die Deletion. Bei Menschen, die weder betroffen noch mutmaßliche Überträger sind, findet man es nicht.
- Durch Expression des Wildtypgens in Zellen, die man aus Patienten isoliert hat, wird der normale Cl⁻-Transport wiederhergestellt.
- Inaktivierung des homologen Gens bei Mäusen führt zum Phänotyp der Cystischen Fibrose.
- Das Genexpressionsmuster stimmt mit der erwarteten Gewebeverteilung überein.
- Das Protein, das von dem Gen codiert wird, enthält eine Transmembrandomäne, was für eine Transportfunktion spricht.

besondere Krankheitsanfälligkeit, deren klinische Folgen dann von Umweltfaktoren abhängen. In diesen komplizierteren Fällen werden die vollständige Sequenz des menschlichen Genoms und die Untersuchung von Genexpressionsmustern entscheidend dazu beitragen, die genetischen Komponenten identifizieren zu können.

Kartierung zwischen den Karten

Durch Untersuchung von Individuen mit Deletionen oder Translokationen von Chromosomenteilen kann man einen Zusammenhang zwischen der Genkopplungskarte und dem Bandenmuster der Chromosomen herstellen. Ist eine phänotypische Veränderung mit einer Deletion assoziiert, müssen die für diese Veränderung verantwortlichen Gene im deletierten Bereich liegen. Translokationen gehen mit veränderten Kopplungs- und Rekombinationsmustern einher.

Um Bandenmuster auf den Chromosomen mit den DNA-Sequenzen einzelner Gene in Verbindung zu bringen, hat man mehrere Verfahren entwickelt:

- Bei der **Fluoreszenz-*in-situ*-Hybridisierung (FISH)** markiert man eine Sonde mit einem Fluoreszenzfarbstoff. Dann lässt man die Sonde mit den Chromosomen hybridisieren, sodass die Stelle auf den Chromsomen, an der sich die Sonde angeheftet hat, auf einem Foto unmittelbar zu erkennen ist (Farbtafel IV). Die Auflösung liegt in der Regel bei ungefähr 10^5 Basenpaaren, mit neuen Spezialverfahren kann man sie aber auch bis auf rund 1000 Basenpaare steigern. Führt man die FISH gleichzeitig mit zwei Sonden durch, kann man Kopplung nachweisen und sogar genetische Abstände abschätzen. Dies ist insbesondere wichtig, wenn die betreffende Spezies eine so lange Generationszeit hat, dass die üblichen genetischen Methoden sich nicht ohne weiteres anwenden lassen. Mit der FISH kann man auch Chromsomenanomalien finden.
- **Somatische Zellhybride** sind Nagerzellen, die ein oder einige wenige menschliche Chromsomen oder auch nur Chromosomenteile enthalten. (Solche Chromosomenfragmente stellt man her, indem man die menschlichen Zellen vor der Fusion mit Strahlen behandelt. Deshalb bezeichnet man derartige Zelllinien auch als *Strahlungshybride*.) Mittels einer Sonde, die man mit einer Reihe somatischer Zellhybride hybridisieren lässt und dann anhand ihrer Fluoreszenz nachweist, kann man das Chromosom mit der gesuchten Sequenz identifizieren. Dieses Verfahren wurde allerdings weitgehend verdrängt; heute verwendet man Hefe-, Bakterien- oder Phagenklone, die Fragmente der menschlichen DNA in künstlichen Chromosomen (YACs, BACs oder PACs) enthalten.

Was die menschliche DNA angeht, sind natürlich alle diese Methoden heute, da die gesamte Sequenz bekannt ist, obsolet (allerdings gilt diese Aussage nur mit Einschränkungen). Wenn man die DNA-Sequenz hat, braucht man einfach nur dort nachzusehen.

Hoch auflösende Karten

Früher waren Gene die einzigen erkennbaren Chromosomenteile. Heute beschränkt sich die Auswahl genetischer Marker nicht nur auf Gene mit offenkundigen Auswirkungen auf den Phänotyp, die nur in so geringer Zahl vorhanden sind, dass man mit ihrer Hilfe keine ausreichend hoch auflösende Karte des menschlichen Genoms erstellen kann. Nachdem man DNA-Sequenzen jetzt unmittelbar untersuchen kann, dienen alle

Eigenschaften, in denen sich die DNA verschiedener Individuen unterscheidet, als Marker. Das gilt beispielsweise für:

- Tandemwiederholungen mit variabler Anzahl (*variable number tandem repeats*, **VNTRs**, auch **Minisatelliten** genannt). VNTRs enthalten Abschnitte von 10–100 Basenpaaren, die sich unterschiedlich oft wiederholen – die Sequenz ist gleich, die Zahl der Wiederholungen individuell verschieden. VNTRs aus gleichen Wiederholungseinheiten können im Genom einmal auftreten oder auch mehrmals, wobei sie auf verschiedenen Chromosomen unterschiedlich lang sind. Als Marker dienen die Verteilung und die Größe der Wiederholungseinheiten. Man kann die Vererbung der VNTRs in einer Familie verfolgen und wie jedes andere Merkmal mit einem pathologischen Phänotyp in Verbindung bringen. VNTRs waren die ersten DNA-Sequenzen, die in Form des „genetischen Fingerabdrucks" in Vaterschafts- und Strafprozessen der Personenidentifizierung dienten.
  Früher analysierte man VNTRs, indem man mit ihrer Hilfe **Restriktionsfragment-Längenpolymorphismen** (**RFLPs**) erzeugte. VNTRs sind in der Regel auf beiden Seiten von Schnittstellen für das gleiche Restriktionsenzym flankiert, das sie dann exakt ausschneidet. Die Spaltprodukte kann man auf einem Gel trennen und mit Southern Blotting nachweisen. Wichtig ist die Unterscheidung: VNTRs sind eine Eigenschaft der Sequenzen im Genom; ein RFLP dagegen ist eine künstliche Mischung kurzer DNA-Abschnitte, die man im Labor hergestellt hat, um die VNTRs zu identifizieren.
  Viel einfacher und effizienter kann man die Größe der VNTRs ermitteln, wenn man sie mit der PCR vermehrt; dieses Verfahren hat die Restriktionsanalyse heute weitgehend abgelöst.
- Polymorphismen kurzer Tandemwiederholungen (*short tandem repeat polymorphisms*, **STRPs**), auch **Mikrosatelliten** genannt. STRPs sind Abschnitte aus nur 2–5 Basenpaaren, die sich vielfach wiederholen – in der Regel liegen 10–30 Exemplare hintereinander. STRPs haben gegenüber den VNTRs als Marker mehrere Vorteile; einer davon ist die Tatsache, dass sie gleichmäßiger über das menschliche Genom verteilt sind.

Es besteht kein Grund, dass diese Marker in exprimierten Genen liegen müssten, und in der Regel ist das auch nicht der Fall. (Die CAG-Wiederholungseinheiten im Gen für Huntingtin und einige andere krankheitsauslösende Gene sind Ausnahmen.)
  Stark vereinfacht wird die Identifizierung der Gene durch so genannte *Panels* mit Mikrosatellitenmarkern. Interessant ist der Vergleich zwischen einem Gennachweisprojekt aus jüngerer Zeit (Kasten 2. 6), nachdem die Sequenz des menschlichen Genoms bekannt war, und klassischen Untersuchungen wie dem Nachweis des Gens für Cystische Fibrose.
  Andere Kartierungsverfahren zielen unmittelbar auf die DNA-Sequenzen und können den Weg zur Identifizierung eines Gens erheblich abkürzen:

- Ein **Contig** (*contiguous clone map*) ist eine Reihe überlappender DNA-Klone, deren Reihenfolge auf einem Chromosom des untersuchten Lebewesens – beispielsweise des Menschen – man kennt und die sich als künstliche Hefechromosomen (*yeast artificial chromosomes*, **YACs**) oder künstliche Bakterienchromosomen (*bacterial artificial chromosomes*, **BACs**) in Hefe- beziehungsweise Bakterienzellen befinden. Mit einer Contig-Karte kann man zu einer sehr feinen Kartierung eines Genoms gelangen. Ein YAC ist ein kleines zusätzliches Chromosom in einer Hefezelle, in dem ein Stück menschliche DNA – bis zu 10^6 Basenpaare – stabil integriert ist. Im Prinzip könnten 10 000 YAC-Klone das gesamte menschliche Genom repräsentieren. In einem BAC

| 2.6 |

Identifizierung eines Gens für das Berardinelli-Seip-Syndrom

Das Berardinelli-Seip-Syndrom, auch progressive Lipodystrophie genannt, ist eine autosomal-rezessiv vererbliche Krankheit. Zu den Symptomen gehören das Fehlen von Körperfett, ein insulinresistenter Diabetes und verstärktes Skelettwachstum.

Um das verantwortliche Gen zu finden, führte die Arbeitsgruppe von J. Magré DNA an Angehörigen betroffener Familien eine Kopplungsanalyse und Homozygotiekartierung durch. Dazu verwendeten sie ein Panel von rund 400 Mikrosatellitenmarkern mit bekannter genetischer Lokalisierung, deren Abstand durchschnittlich ca. 10 cM betrug. Bei diesem Verfahren werden die einzelnen Marker mit einem festgelegten Spektrum von Primern vermehrt und analysiert, und dann vergleicht man die Gesamt-DNA der Betroffenen mit der ihrer gesunden Verwandten. In den Messungen zeigt sich, wie lang die mit den einzelnen Mikrosatelliten gekoppelten Sequenzwiederholungen sind. Jede beobachtete Länge eines Mikrosatelliten stellt ein Allel dar. Durch Identifizierung der Mikrosatellitenmarker, die eng mit dem Phänotyp gekoppelt sind, konnte man das gewünschte Gen lokalisieren. Solche Messungen lassen sich mit handelsüblichen Primersets und Instrumenten sehr effizient parallel durchführen.

Zwei Marker in der Chromosomenbande 11q13 – sie trugen die Bezeichnungen D11S4191 und D11S987 – segregierten mit der Krankheit, und einige Betroffene aus blutsverwandten Familien waren für sie homozygot. Durch Feinkartierung mit zusätzlichen Markern konnte man das Gen in einem Abschnitt von rund 2,5 Mb auf dem Chromosom 11 eingrenzen.

In der fraglichen Region von 2,5 Mb und ihrer Nachbarschaft liegen 27 Gene. Als man diese Gene aus einer Reihe von Patienten sequenzierte, fand man in einem davon eine Deletion von drei Exons. Der Beweis, dass es sich um das krankheitserzeugende Gen handelte, wurde durch Sequenzvergleich mit Angehörigen aus den untersuchten Familien erbracht, und man konnte nachweisen, dass zwischen dem Krankheitsbild und den Anomalien in dem Gen ein Zusammenhang besteht. Von den anderen 26 Genen in dem verdächtigen Chromosomenabschnitt zeigte keines eine solche Korrelation.

Frühere Untersuchungen hatten bei anderen Familien mit dem gleichen Syndrom Hinweise auf ein weiteres Gen namens *BSCL1* im Abschnitt 9q34 geliefert, das aber noch nicht identifiziert wurde. Möglicherweise haben Abweichungen in beiden Genen die gleichen Auswirkungen, weil ihre Produkte an dem gleichen biologischen Ablauf beteiligt sind, sodass dieser durch eine Fehlfunktion beider Proteine blockiert werden kann.

Das als *BSCL2* bezeichnete Gen auf dem Chromosom 11 enthält elf Exons und erstreckt sich insgesamt über mehr als 14 kb. Es codiert ein Protein aus 398 Aminosäuren, das als Seipin bezeichnet wird. In diesem Protein beobachtet man verschiedene Veränderungen, zum Beispiel Deletionen und den Austausch einzelner Aminosäuren. Die Auswirkungen lassen auf einen Funktionsverlust schließen, der entweder durch Rasterverschiebung und Verkürzung entsteht, oder aber durch die Missense-Mutation Ala 212→Pro, die vermutlich eine Helix- oder Faltblattstruktur instabil werden lässt.

Zu Seipin homologe Proteine gibt es bei Mäusen und *Drosophila*. Auch bei ihnen weiß man nichts über die Funktion, den Voraussagen zufolge sollten sie allerdings Transmembranhelices enthalten. Gewisse Anhaltspunkte für den Entstehungsmechanismus der Krankheit liefert allerdings das Expressionsmuster: Das Gen wird in Gehirn und Hoden am stärksten exprimiert. Dies passt zu älteren endokrinologischen Untersuchungen, wonach beim Berardinelli-Seip-Syndrom im Hypothalamus die Regulation der Ausschüttung von Hypophysenhormonen gestört ist. Nachdem man ein Protein mit unbekannter Funktion entdeckt hat, das an dem Syndrom beteiligt ist, eröffnet sich die Aussicht, einen möglicherweise völlig neuen biochemischen Reaktionsweg aufzuklären.

wird die menschliche DNA in ein Plasmid einer *E. coli*-Zelle integriert. (Ein Plasmid ist ein kleines Stück doppelsträngiger DNA, das zusätzlich zum eigentlichen Genom vorhanden ist; Plasmide sind meist, aber nicht immer, ringförmig.) Ein BAC kann bis zu 250 000 Basenpaare aufnehmen. Trotz dieser geringeren Kapazität zieht man die BACs gegenüber den YACs vor, weil sie stabiler sind und sich einfacher handhaben lassen.

- Eine **sequenzmarkierte Stelle** (*sequence tagged site*, STS) ist ein kurzer DNA-Abschnitt mit bekannter Sequenz, der in der Regel 200–600 Basenpaare lang ist und nur an einer einzigen Stelle im Genom vorkommt. Er muss nicht polymorph sein. Man kann eine STS mit der PCR im Genom kartieren und dann in Zellen, für die man eine Contig-Karte besitzt, nach ihr suchen.

- Ein besonderer Typ der STS sind die **exprimierten Sequenzmarkierungen** (*expressed sequence tags*, ESTs). Dabei handelt es sich um cDNA-Abschnitte, das heißt um komplementäre DNA, synthetisiert beispielsweise an der Messenger-RNA eines exprimierten Gens. Eine solche Sequenz enthält nur die Exons des Gens, die zur proteincodierenden Sequenz zusammengespleißt wurden. Man kann cDNA-Sequenzen mit der FISH auf den Chromosomen kartieren oder in einer Contig-Karte lokalisieren.

Wie erleichtern Contig-Karten und sequenzmarkierte Stellen die Identifizierung von Genen? Wenn man mit einem Lebewesen arbeitet, dessen Genomsequenz nicht vollständig bekannt ist, während aber für alle Chromosomen komplette Contig-Karten zur Verfügung stehen, identifiziert man STS-Marker, die mit dem Gen eng gekoppelt sind, und lokalisiert diese dann in den Contig-Karten.

Die Suche nach Genen in Genomen

Computerprogramme zur Genomanalyse identifizieren **offene Leseraster** (*open reading frames*, ORFs). Ein ORF ist ein Abschnitt in der DNA-Sequenz, der mit einem Startcodon (ATG) beginnt und mit einem Stoppcodon endet. ORFs sind also potenziell proteincodierende Abschnitte.

Zur Identifizierung von Abschnitten, die tatsächlich Proteine codieren, gibt es zwei Verfahren, die sich auch kombinieren lassen:

1. *Nachweis von Abschnitten, die bekannten codierenden Regionen anderer Lebewesen ähneln.* Entweder codiert ein solcher Abschnitt eine Aminosäuresequenz, die man in ähnlicher Form von anderen Proteinen kennt, oder er hat Ähnlichkeit mit einer exprimierten Sequenzmarkierung (EST). Da ESTs sich von der Messenger-RNA ableiten, entsprechen sie Genen, die bekanntermaßen exprimiert werden. Um ausreichende Informationen zur Identifizierung eines Gens zu gewinnen, braucht man nur wenige hundert Basen am Anfang der cDNA zu sequenzieren: Die Charakterisierung von Genen anhand ihrer ESTs ähnelt der Erstellung von Lied- oder Gedichtregistern anhand der Anfangszeile.

2. *Verfahren, die „ganz am Anfang" ansetzen und das Ziel haben, Gene anhand der Eigenschaften der DNA-Sequenz selbst zu identifizieren.* Die computergestützte Annotation der Genome ist bei Bakterien viel vollständiger und genauer als bei Eukaryoten. Bakteriengene lassen sich relativ leicht identifizieren, weil sie nicht unterbrochen sind – ihnen fehlen die für Eukaryotengenome typischen Introns –, und die Abschnitte zwischen den Genen sind kurz. Bei höheren Organismen ist die Identifizierung von Genen schwieriger. Der Nachweis der Exons stellt das erste Problem dar, ein zweites

ist das Zusammenfügen. Besondere Komplikationen ergeben sich durch alternative Spleißmuster.

Wenn man Gene in Eukaryotengenomen allein auf der DNA-Sequenz identifizieren will, können unter anderem folgende Merkmale als Anhaltspunkte dienen:

- Das erste Exon (am 5′-Ende) beginnt mit einer Transkriptionsstartstelle, und dieser wiederum geht – in der Regel ungefähr 30 Basenpaare vorher („stromaufwärts", *upstream*) – eine entscheidende Promotorstruktur wie die TATA-Box voraus. Das Exon enthält in seinem Leseraster keine Stoppcodons und endet unmittelbar vor einem GT-Spleißsignal. (In manchen Fällen liegt vor dem Exon, in dem sich das Initiatorcodon befindet, noch ein nichtcodierendes Exon.)
- Exons im Inneren des Gens sind wie das Anfangsexon in ihrem Leseraster frei von Stoppcodons. Sie beginnen unmittelbar hinter einem AG-Spleißsignal und enden vor dem Spleißsignal GT. Ihre flankierenden Introns enthalten Consensussequenzen für Verzweigungspunkte und Polypyrimidinabschnitte, die mit dem Spleißapparat in Wechselwirkung treten.
- Das letzte Exon (am 3′-Ende) beginnt unmittelbar hinter einem AG-Spleißsignal und endet mit einem Stoppcodon, gefolgt von einer Signalsequenz für die Polyadenylierung. (In manchen Fällen folgt auf das Exon, in dem das Stoppcodon liegt, noch ein nichtcodierendes Exon.)

Alle codierenden Abschnitte enthalten Sequenzen, deren Merkmale nicht zufällig sind; unter anderem werden manche Codons bevorzugt genutzt. Wie man empirisch festgestellt hat, eignen sich Hexanucleotidsequenzen am besten, um codierende und nichtcodierende Abschnitte zu unterscheiden. Ausgehend von einer Reihe bekannter Gene eines Lebewesens, kann man ein Programm zur Mustererkennung trainieren und so auf ein bestimmtes Genom abstimmen.

Die zuverlässige Erkennung von Genen ist ein wichtiger Bestandteil der Genom-Sequenzanalyse und steht deshalb heute im Mittelpunkt intensiver Forschungsarbeiten.

Prokaryotengenome

In den meisten Prokaryotenzellen liegt das genetische Material in Form eines einzigen, ringförmigen DNA-Doppelstranges vor, der in der Regel weniger als 5 Mb umfasst. Außerdem enthalten solche Zellen auch Plasmide.

Die proteincodierenden Abschnitte der Bakteriengenome enthalten keine Introns. Bei vielen Prokaryoten sind diese Abschnitte zum Teil in **Operons** organisiert – die Gene liegen hintereinander und unterliegen einer gemeinsamen Transkriptionssteuerung. Vielfach codieren die Gene solcher Bakterienoperons Proteine mit verwandten Funktionen. Die aufeinander folgenden Gene des *trp*-Operons von E. coli zum Beispiel codieren Proteine, die aufeinander folgende Schritte der Tryptophanbiosynthese katalysieren (Abb. 2.2). Bei den Archaea sind solche Funktionszusammenhänge zwischen den Genen eines Operons seltener zu beobachten.

Das typische Prokaryotengenom enthält (im Vergleich zu Eukaryoten) relativ wenig nichtcodierende DNA, die sich über die gesamte Sequenz verteilt. Bei E. coli beträgt ihr Anteil nur etwa elf Prozent der Gesamt-DNA.

Regulationsregion

	trpE	trpD	trpC	trpB	trpA

2.2 Das *trp*-Operon von *E. coli* beginnt mit einem Regulationsabschnitt, der Promotor, Operator und Leadersequenzen enthält. Die dann folgenden fünf Strukturgene codieren Proteine, die aufeinander folgende Schritte der Biosynthese von Tryptophan aus dem Vorläufer Chorismat codieren:

Chorismat $\rightarrow$ Anthranilat $\rightarrow$ Phosphoribosyl- $\rightarrow$ Indolglycerin- $\rightarrow$ Indol $\rightarrow$ Tryptophan
anthranilat   phosphat
(1)   (2)   (3)   (4)   (5)

Reaktionsschritt 1: trpE und trpD codieren zwei Bestandteile der Anthranilatsynthase. Dieses Enzym, ein Tetramer aus je zwei Exemplaren der beiden Untereinheiten, katalysiert die Umsetzung von Chorismat zu Anthranilat. Reaktionsschritt 2: Das von trpD codierte Protein katalysiert auch die nachfolgende Phosphoribosylierung des Anthranilats. Reaktionsschritt 3: trpC codiert ein weiteres Enzym mit Doppelfunktion, die Phosphoribosylanthranilatisomerase - Indolglycerinphosphatsynthase. Diese wandelt das Phosphoribosylanthranilat über die Zwischenstufe Carboxyphenylaminodesoxyribulosephosphat in Indolglycerinphosphat um. Reaktionsschritte 4 und 5: trpB codiert die β-, trpA die α-Untereinheit der Tryptophansynthase (ein Tetramer mit der Struktur $\alpha_2\beta_2$), die ebenfalls eine Doppelfunktion erfüllt. Die α-Untereinheit katalysiert die Umsetzung Indolglycerinphosphat $\rightarrow$ Indol, und das Produkt wird durch einen Tunnel in der Proteinstruktur ohne Kontakt zum Lösungsmittel zum aktiven Zentrum der β-Untereinheit weitergeleitet, wo dann die Umsetzung Indol $\rightarrow$ Tryptophan stattfindet.

Den trp-Repressor codiert ein eigenes Gen namens trpR, das nicht mit dem Operon verbunden ist. Der Repressor heftet sich nur dann an die Operatorsequenz im Regulationsabschnitt der DNA, wenn er Tryptophan gebunden hat. Der gebundene Repressor versperrt der RNA-Polymerase den Zugang zum Promotor, sodass der Reaktionsweg stillgelegt wird, wenn Tryptophan reichlich vorhanden ist. Für eine weitere von der Tryptophankonzentration abhängige Regulation sorgt das Attenuatorelement in der Leadersequenz der RNA. Die Attenuatorregion enthält hintereinander zwei trp-Codons und kann außerdem unterschiedliche Sekundärstrukturen annehmen, von denen eine zum Abbruch der Transkription führt. Die vorhandene Tryptophanmenge bestimmt über die Menge der trp-tRNA, und von dieser wiederum hängt es ab, wie schnell die hintereinander gelegenen trp-Codons das Ribosom durchlaufen. Kommt das Ribosom an den beiden Codons wegen der geringen Tryptophanmenge vorübergehend zum Stillstand, bildet sich in der mRNA seltener die Sekundärstruktur, die zum Abbruch der Transkription führt.

Das Genom des Bakteriums *Escherichia coli*

Der *E. coli*-Stamm K-12 ist schon seit langem das Haustier der Molekularbiologen. Das Genom des Stammes MG1655, dessen Sequenz die Arbeitsgruppe um F. Blattner von der University of Wisconsin 1997 veröffentlichte, ist eine einzige, ringförmige DNA aus 4 639 221 Basenpaaren ohne Plasmide. Rund 89 Prozent der Sequenz codieren Proteine oder Struktur gebende RNAs. Ein Verzeichnis nennt:

- 4 285 proteincodierende Gene
- 122 Gene für Struktur-RNAs
- nichtcodierende Wiederholungssequenzen
- Regulationselemente
- Leitsequenzen für Transkription und Translation
- Transposasen
- Reste von Prophagen
- Insertionssequenzen

- ungewöhnlich zusammengesetzte Sequenzteile, vermutlich fremde Elemente, die durch horizontale Genübertragung aufgenommen wurden.

Die Sequenzanalyse des Gesamtgenoms erforderte die Identifizierung und Annotation proteincodierender Gene und anderer funktionstragender Abschnitte. Viele Proteine von *E. coli* kannte man aufgrund jahrelanger eingehender Forschung schon, bevor die Sequenzierung abgeschlossen war: Vor der Veröffentlichung der Genomsequenz waren 1 853 Proteine beschrieben. Anderen Genen konnte man Funktionen zuordnen, nachdem man homologe Sequenzen in Sequenzdatenbanken gefunden hatte. Je stärker man das Funktionsspektrum dieser homologen Gene eingrenzen konnte, desto genauer konnte man die Zuordnung vornehmen. Derzeit kann man für über 60 Prozent der Proteine zumindest eine allgemeine Funktion benennen (Kasten 2.7). In anderen Abschnitten des Genoms erkannte man Regulationssequenzen oder bewegliche genetische Elemente, auch dies aufgrund ihrer Ähnlichkeit zu Sequenzen, die man von anderen Lebewesen bereits kannte.

Die Verteilung der proteincodierenden Gene im Genom von *E. coli* – sowohl entlang der DNA als auch zwischen ihren beiden Strängen – unterliegt anscheinend keiner ein-

---

| 2.7 |

Verteilung der Proteine von *E. coli* auf 22 Funktionsgruppen

Funktionsgruppe	Anzahl	%
Regulationsfunktionen	45	1,05
mutmaßliche Regulationsproteine	133	3,10
Zellstrukturen	182	4,24
mutmaßliche Membranproteine	13	0,30
mutmaßliche Strukturproteine	42	0,98
Phagen, Transposons, Plasmide	87	2,03
Transport- und Bindeproteine	281	6,55
mutmaßliche Transportproteine	146	3,40
Energiestoffwechsel	243	5,67
DNA-Replikation, -Rekombination, -Modifikation, und -Reparatur	115	2,68
Transkription, RNA-Synthese, RNA-Stoffwechsel und RNA-Modifikation	55	1,28
Translation, posttranslationale Proteinmodifikation	182	4,24
Zellprozesse (u. a. Anpassung und Schutz)	188	4,38
Biosynthese von Cofactoren, prosthetischen Gruppen und Transportproteinen	103	2,40
mutmaßliche Chaperone	9	0,21
Nucleotidbiosynthese und -stoffwechsel	58	1,35
Aminosäurebiosynthese und -stoffwechsel	131	3,06
Fettsäure- und Phospholipidstoffwechsel	48	1,12
Katabolismus von Kohlenstoffverbindungen	130	3,03
zentraler Intermediärstoffwechsel	188	4,38
mutmaßliche Enzyme	251	5,85
andere bekannte Gene (Produkt oder Phänotyp ist bekannt)	26	0,61
hypothetisch, nicht klassifiziert, unbekannt	1632	38,06

Aus Blattner et al. (1997) The complete genome sequence of *Escherichia coli* K12'. *Science* 277, 1453–1474.

fachen Gesetzmäßigkeit. Der Vergleich verschiedener Stämme zeigt sogar, dass die Gene beweglich sind.

Die Gene liegen im Genom von *E. coli* relativ dicht. Rund 89 Prozent der Sequenz bestehen aus Genen für Proteine oder Struktur-RNAs. Die durchschnittliche Länge eines ORF beträgt 317 Aminosäuren. Bei gleichmäßiger Verteilung der Gene wären die zwischen ihnen liegenden Abschnitte 130 Basenpaare lang; in Wirklichkeit beobachtet man einen durchschnittlichen Abstand von 118 Basenpaaren. Die Länge dieser intergenen Abschnitte schwankt allerdings beträchtlich. Manche von ihnen sind recht groß und enthalten Regulationselemente oder Wiederholungssequenzen. In der längsten intergenen Region, die 1 730 Basenpaare lang ist, findet man nicht codierende, mehrfach wiederholte Sequenzabschnitte.

Etwa drei Viertel der transkribierten Einheiten enthalten jeweils nur ein Gen; die übrigen bestehen aus mehreren aufeinander folgenden Genen oder Operons. Insgesamt enthält das Genom von *E. coli* Schätzungen zufolge rund 630–700 Operons. Diese können unterschiedlich groß sein, allerdings bestehen wohl nur wenige aus mehr als fünf Genen. Die Gene eines Operons haben meist verwandte Funktionen.

In manchen Fällen codiert dieselbe DNA-Sequenz Teile mehrerer Polypeptidketten. So codiert beispielsweise ein Gen sowohl die τ- als auch die γ-Untereinheit der DNA-Polymerase III. Durch Translation des gesamten Gens wird die τ-Untereinheit produziert, die γ-Untereinheit entspricht ungefähr zwei Dritteln dieser Sequenz am N-Terminus. Das Ribosom vollzieht in rund 50 Prozent der Fälle an dieser Stelle eine Rasterverschiebung, die zum Kettenabbruch führt, sodass die Untereinheiten τ und γ zu ungefähr gleichen Teilen entstehen. Überlappende Gene, in denen zwei oder drei verschiedene Leseraster unterschiedliche Proteine codieren, gibt es offenbar nicht.

In anderen Fällen taucht die gleiche Polypeptidkette in mehreren Enzymen auf. Ein Protein, das allein als Lipoatdehydrogenase wirkt, ist auch eine unentbehrliche Untereinheit der Pyruvatdehydrogenase, der 2-Oxoglutaratdehydrogenase und des Komplexes zur Glycinspaltung.

Nachdem wir heute das gesamte Genom kennen, können wir die Proteinausstattung von *E. coli* genauer unter die Lupe nehmen. Die größte Proteinklasse – etwa 30 Prozent der Gene – sind Enzyme. Viele Enzymfunktionen werden von mehreren Proteinen wahrgenommen. Bei manchen dieser Gruppen handelt es sich um eng verwandte Proteine mit ähnlichen Funktionen, die offensichtlich entweder bei *E. coli* selbst oder einem Vorfahren durch Genduplikation entstanden sind. Bei anderen sind die Sequenzen völlig verschieden, und sie unterscheiden sich auch in Spezifität, Regulation und Lage innerhalb der Zelle.

Wegen seiner üppigen Proteinausstattung hat *E. coli* einen sehr vielseitigen, flexiblen Stoffwechsel, mit dessen Hilfe die Bakterien unter sehr unterschiedlichen Bedingungen wachsen und in Konkurrenz zu anderen Arten treten können:

- Sie können alle Protein- und Nucleinsäurebausteine (Aminosäuren und Nucleotide) sowie sämtliche Cofaktoren selbst synthetisieren.
- Mit ihrem wandelbaren Stoffwechsel können sie unter aeroben und anaeroben Bedingungen wachsen, wobei sie sich unterschiedlicher Stoffwechselwege zur Energiegewinnung bedienen; sie können Kohlenstoff und Stickstoff aus vielen verschiedenen Quellen aufnehmen; nicht alle Stoffwechselwege sind jederzeit gleichzeitig aktiv; verschiedene Alternativen schaffen die Möglichkeit, sich auf wechselnde Bedingungen einzustellen.
- Ein breites Spektrum von Transportmechanismen ermöglicht die Aufnahme der benötigten Substrate.
- Selbst für sehr spezifische Stoffwechselreaktionen gibt es in vielen Fällen mehrere Enzyme; die so geschaffene Redundanz trägt dazu bei, dass der Stoffwechsel auf

unterschiedliche äußere Bedingungen abgestimmt werden kann; für die Koordination der Proteinexpression sorgen komplizierte Regulationsmechanismen.

- Trotz allem besitzt *E. coli* nicht das vollständige Spektrum der enzymatischen Möglichkeiten: Es kann beispielsweise weder CO_2 noch N_2 fixieren.

Hier wurden einige *statische* Eigenschaften des *E. coli*-Genoms und der zugehörigen Proteinausstattung beschrieben. Die moderne Forschung befasst sich allerdings stärker mit den dynamischen Aspekten und insbesondere mit dem Proteinexpressionsmuster.

Das Genom des Archaeons *Methanococcus jannaschii*

Zur Beantwortung der Frage, welche Merkmale allen Lebewesen gemeinsam sind, machte S. Luria schon vor vielen Jahren einen interessanten Vorschlag: Man solle nicht versuchen, alles zu erfassen, sondern lieber dasjenige Lebewesen identifizieren, das sich von uns am stärksten unterscheidet, und dann nach Gemeinsamkeiten suchen. Dahinter stand die Annahme, man könne auf diese Weise einen Organismus finden, der an eine so weit wie möglich andere Umwelt angepasst ist.

Wie wir aus der Tiefseeforschung wissen, gibt es Umweltbedingungen, die von den uns vertrauten ebenso weit entfernt sind wie die aus Science-Fiction-Romanen. Am Meeresboden gibt es heiße Quellen, unterseeische Vulkane, die durch Spalten im Gestein heiße Lava und Gase abgeben. Sie schaffen ökologische Nischen für Gemeinschaften von Lebewesen, die völlig unabhängig von der Meeresoberfläche sind und ihre anorganischen Nährstoffe aus den Mineralien beziehen, die eine solche Quelle ausstößt. Die an solchen Stellen beheimateten Mikroorganismen sind als einzige bekannte Lebensformen weder direkt noch indirekt vom Sonnenlicht als Energielieferanten abhängig.

Der Mikroorganismus *Methanococcus jannaschii* wurde 1983 in der Nähe einer Quelle am Meeresboden in 2 600 Metern Tiefe vor der Küste der mexikanischen Halbinsel Baja California gefunden. Er ist thermophil und überlebt bei Temperaturen zwischen 48 und 94 °C, das Optimum liegt bei 85 °C. Außerdem ist er ein strenger Anaerobier und kann sich mit ausschließlich anorganischen Ausgangsstoffen fortpflanzen. Grundprinzip seines Stoffwechsels ist die Synthese von Methan aus H_2 und CO_2.

M. jannaschii gehört zu den Archaea, der dritten großen Kategorie von Lebewesen neben den Bacteria und Eukarya (siehe Abb. 1.2). Die Archaea gliedern sich in verschiedene Gruppen von Prokaryoten, darunter Organismen, die an extreme Umweltbedingungen angepasst sind, beispielsweise an hohe Temperatur, hohen Druck oder eine hohe Salzkonzentration.

Das Genom von *M. jannaschii* wurde 1996 vom Institute for Genomic Research (TIGR) als erstes Genom eines Archaeons sequenziert. Es besteht aus einem großen Chromosom mit einem ringförmigen DNA-Doppelstrang aus 1 664 976 Basenpaaren und zwei extrachromosomalen Elementen von 58 407 beziehungsweise 16 550 Basenpaaren. Man sagte 1 743 codierende Abschnitte voraus, davon 1 628 auf dem Chromosom, 44 auf dem großen und 12 auf dem kleinen extrachromosomalen Element. Manche RNA-Gene enthalten Introns. Und wie in anderen Prokaryotengenomen gibt es nur wenig nicht codierende DNA.

M. jannaschii erscheint als guter Kandidat für Lurias Ziel, unseren am weitesten entfernten lebenden Verwandten zu finden. Der Vergleich seines Genoms mit der DNA anderer Lebewesen zeigt, dass zu diesen nur eine sehr weitläufige Verwandtschaft besteht. Anfangs konnte man nur 38 Prozent der ORFs aufgrund der homologen Proteine, die man von anderen Organismen kannte, eine Funktion zuordnen (heute ist dieser Anteil auf über 50 Prozent gestiegen). Aber zur allgemeinen Überraschung sind die

Archaea in mehrfacher Hinsicht näher mit den Eukaryoten verwandt als mit den Bakterien! Sie stellen eine komplizierte Mischung von Eigenschaften dar. Die Proteine, die bei den Archaea an Transkription, Translation und Regulation beteiligt sind, ähneln den entsprechenden Proteinen der Eukaryoten stärker. Bei den Proteinen, die am Stoffwechsel mitwirken, bestehen dagegen größere Ähnlichkeiten zwischen Archaea und Bakterien.

Das Genom eines der einfachsten Lebewesen: *Mycoplasma genitalium*

Mycoplasma genitalium ist ein infektiöses Bakterium: Es verursacht die nicht von Gonokokken ausgelöste Harnröhrenentzündung. Sein Genom wurde 1995 in Zusammenarbeit von Wissenschaftlergruppen des TIGR, der Johns Hopkins University und der University of North Carolina sequenziert. Es handelt sich um ein einziges DNA-Molekül aus 580 070 Basenpaaren. Damit ist es das kleinste bisher sequenzierte Genom einer Zelle. Von allen heute bekannten Arten entspricht *M. genitalium* am ehesten der Vorstellung von einem **Minimalorganismus**, der kleinsten Einheit, die ein eigenständiges Leben führen kann. (Viren dagegen sind auf den Stoffwechselapparat ihrer Wirtszelle angewiesen.)

Das Genom ist, was die codierenden Bereiche angeht, sehr gedrängt aufgebaut. Man hat 468 Gene in Form exprimierter Proteine identifiziert. In manchen Abschnitten der Sequenz liegen viele Gene, in anderen weniger, insgesamt erfüllen jedoch 85 Prozent der Sequenz eine Codierungsfunktion. Die codierenden Regionen sind im Durchschnitt 1 040 Basenpaare lang und enthalten wie bei anderen Bakterien keine Introns. Eine noch bessere Nutzung des Genoms wird durch überlappende Gene erreicht. Diese sind anscheinend vielfach durch den Verlust von Stoppcodons entstanden.

Zur Ausstattung von *M. genitalium* gehören einige Gene, deren zugehörige Proteine für eine unabhängige Fortpflanzung unentbehrlich sind, darunter solche für DNA-Replikation, Transkription, Translation, sowie Gene für ribosomale RNA und Transfer-RNA. Andere Gene sind gezielt für die infektiöse Wirkung verantwortlich; dabei handelt es sich um Adhesine, die für die Anheftung an die infizierte Zelle sorgen, Moleküle für die Verteidigung gegen das Immunsystem des Wirts und zahlreiche Transportproteine. In Anpassung an die parasitische Lebensweise sind viele Stoffwechselenzyme verloren gegangen, darunter solche für die Aminosäure-Biosynthese – eine Aminosäure fehlt sogar in sämtlichen Proteinen von *M. genitalium* (siehe Web-Aufgabe 2.7).

Eukaryotengenome

Nur selten trifft man in der Wissenschaft auf ein ganz neues Spektrum völlig unerwarteter Phänomene. Eine solche neue Welt sind die komplexen Eigenschaften des Eukaryotengenoms (Kasten 2.8).

In Eukaryotenzellen befindet sich der größte Teil der DNA im Zellkern, wo er in Nucleoproteinbündel, die Chromosomen, aufgeteilt ist. Jedes Chromosom enthält ein einziges, doppelsträngiges DNA-Molekül. Kleinere DNA-Mengen kommen auch in den Organellen vor – in den Mitochondrien und Chloroplasten. Diese Organellen sind aus intrazellulären Parasiten hervorgegangen. Bei ihren Genomen handelt es sich in der Regel um ringförmige, doppelsträngige DNA, manchmal sind sie aber auch gestreckt, oder sie liegen in Form mehrerer Ringe vor. Der genetische Code, nach dem die Gene

---

| 2.8 |

Inventar eines Eukaryotengenoms

mittelrepetitive DNA

- mit Funktion
  - verstreute Genfamilien (z. B. Actin, Globin)
  - Genfamilien in Tandemanordnung
  - rRNA-Gene (250 Kopien)
  - tRNA-Gene (beim Menschen 50 Stellen mit jeweils 10–100 Kopien)
  - bei vielen Arten: Histongene

- ohne bekannte Funktion
  - kurze verstreute Elemente (SINES)
  - z. B. Alu (mit einer gewissen Funktion bei der Genregulation)
  - 200–300 Bp lang
  - mehrere hunderttausend Kopien (Alu: 300 000)
  - verstreute Lage (keine Tandemwiederholungen)
  - lange verstreute Elemente (LINES)
  - 1–5 kb lang
  - 10–10 000 Kopien je Genom
  - Pseudogene

hoch repetitive DNA

- Minisatelliten
  - bestehen aus wiederholten Abschnitten von 14–500 Basenpaaren
  - 1–5 kb lang
  - viele unterschiedliche Varianten
  - über das ganze Genom verstreut

- Mikrosatelliten
  - bestehen aus wiederholten Abschnitten von bis zu 13 Basenpaaren
  - mehrere hundert kb lang
  - etwa 10^6 Kopien je Genom
  - machen den größten Teil des Heterochromatins beiderseits des Centromers aus

- Telomere
  - enthalten eine kurze Wiederholungseinheit (meist 6 Basenpaare: TTAGGG im menschlichen Genom, TTGGGG bei *Paramecium*, TAGGG bei Trypanosomen, TTTAGGG bei *Arabidopsis*)
  - 250–1000 Wiederholungen an den Chromosomenenden

---

der Organellen translatiert werden, unterscheidet sich geringfügig von dem der Gene im Zellkern.

Das Genom im Zellkern kann bei verschiedenen biologischen Arten sehr unterschiedlich groß sein (Kasten 2.1). Zwischen der Größe des Genoms und der Komplexität des Lebewesens besteht nur ein sehr grober Zusammenhang, und der spricht sicher nicht für das Vorurteil, der Mensch stehe in irgendeiner Form auf einem Gipfel der Entwicklung. In vielen Fällen spiegelt sich in der unterschiedlichen Genomgröße nur die unterschiedliche Menge an einfachen, repetitiven Sequenzen wider, die häufig als „DNA-Schrott" (*junk DNA*) bezeichnet werden. (Sidney Brenner traf eine nützliche

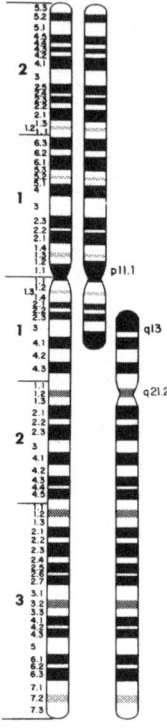

2.3 Links: Das Chromosom 2 des Menschen. Rechts: die entsprechenden Chromosomen des Schimpansen. (Aus Yunis JJ, Sawyer JR, Dunham K (1980) The striking resemblance of high-resolution G-banded chromosomes of man and chimpanzee. *Science* 208, 1145–1148. Abdruck mit freundlicher Genehmigung. © 1980 American Association for the Advancement of Science.)

Unterscheidung zwischen „Schrott" (*junk*) und „Müll" (*garbage*): Müll wirft man weg, Schrott lässt man liegen.)

Die einzelnen Eukaryotenarten unterscheiden sich nicht nur in ihrem DNA-Gehalt, sondern auch in der Zahl der Chromosomen und in der Art, wie die Gene auf ihnen verteilt sind. Manche Unterschiede in der Verteilung der Gene auf den Chromosomen sind auf Translokationen – Bruch und neue Verbindung von Chromosomenteilen – zurückzuführen. Menschen besitzen beispielsweise 23 Chromosomenpaare, bei Schimpansen sind es 24. Das menschliche Chromosom 2 entspricht den verschmolzenen Schimpansenchromosomen 12 und 13 (Abb. 2.3). Die Probleme, die nach einem solchen Ereignis in der Zygote während der Chromosomenpaarung in der Mitose auftreten, können zur reproduktiven Isolation beitragen und damit eine Voraussetzung für die Entstehung neuer biologischer Arten schaffen.

Andere Unterschiede in der Chromosomenausstattung spiegeln Verdoppelungs- oder Hybridisierungsereignisse wider. Bei der ersten Weizenart, die im Nahen Osten vor rund 10 000 bis 15 000 Jahren in der Landwirtschaft verwendet wurde, handelte es sich um das diploide Einkorn (*Triticum monococcum*), das 14 Chromosomenpaare enthält. Der Emmer (*T. dicoccum*), der ebenfalls schon seit der Steinzeit angebaut wird, und der Hartweizen (*T. turgidum*) sind Hybride aus Verwandten des Einkorn und anderen Wildgräsern, die tetraploide Arten bilden. Durch weitere Bastardisierung mit verschiedenen wilden Weizenarten entstanden hexaploide Formen wie der Dinkel (*T. spelta*) und der moderne Saatweizen (*T. aestivum*). *Triticale*, ein widerstandsfähiges Getreide, das in der modernen Landwirtschaft entwickelt wurde und derzeit vor allem als Tierfutter dient, ist eine künstliche Gattung; es entstand durch die Kreuzung von Hartweizen (*Triticum turgidum*) und Roggen (*Secale cereale*). Die meisten Triticale-Sorten sind hexaploid.

Weizensorte	wissenschaftlicher Name	Chromosomensatz
Einkorn	*Triticum monococcum*	AA
Emmer	*Triticum turgidum*	AABB
Hartweizen	*Triticum turgidum*	AABB
Dinkel	*Triticum spelta*	AABBDD
Saatweizen	*Triticum aestivum*	AABBDD
Triticale	*Triticosecale*	AABBRR

A = Genom des ursprünglich diploiden Weizens oder eines nahen Verwandten, B = Genom eines wilden Grases (*Aegilops speltoides*, *Triticum speltoides* oder Verwandter), D = Genom eines anderen wilden Grases (*Triticum tauschii* oder Verwandter), R = Genom des Roggens *Secale cereale*.

Alle diese Arten werden – manche nur in geringem Umfang – auch heute noch angebaut und haben in der Küche ihre eigenen Einsatzgebiete. Der Dinkel, in Italien *farro* genannt, dient als Grundlage für eine beliebte Suppe; Nudeln werden aus Hartweizen hergestellt; und aus *T. aestivum* wird Brot gebacken.

Aber auch wenn man nur ein einzelnes Chromosom betrachtet, findet man bei Eukaryoten häufig Genfamilien. Bei manchen Angehörigen solcher Familien handelt es sich um **paraloge Gene** – sie sind verwandt, haben sich innerhalb des gleichen Genoms verdoppelt und dabei in vielen Fällen auseinander entwickelt, sodass sie bei späteren biologischen Arten unterschiedliche Aufgaben erfüllen. Der Entwicklung solcher neuer Funktionen dürften Veränderungen im Expressionsmuster vorausgehen. (**Orthologe Gene** dagegen sind bei verschiedenen Arten homolog und erfüllen vielfach die gleiche Funktion. Die menschlichen Gene für α- und β-Globin beispielsweise sind paralog, die Myoglobingene von Mensch und Pferd sind ortholog.) Bei anderen ähnlichen Sequenzen handelt es sich um Pseudogene; diese entstehen entweder durch Duplikation oder durch Retrotransposition von Messenger-RNA, gefolgt von der Anhäufung von Mutationen bis hin zum Funktionsverlust. Ein gutes Beispiel ist die Globingengruppe des Menschen (Kasten 2.9).

2.9

Die Globingengruppe des Menschen

Die Hämoglobingene und -pseudogene liegen beim Menschen auf den Chromosomen 11 und 16. Ein gesunder Erwachsener synthetisiert vorwiegend Globinketten dreier Typen: die α- und β-Ketten, die sich zum $\alpha_2\beta_2$-Tetramer zusammenlagern, sowie das Myoglobin, ein Proteinmonomer, das in den Muskeln vorkommt. Im Embryonal- und Fetalstadium werden andere Formen des Hämoglobins synthetisiert, die auch in anderen Genen codiert sind.

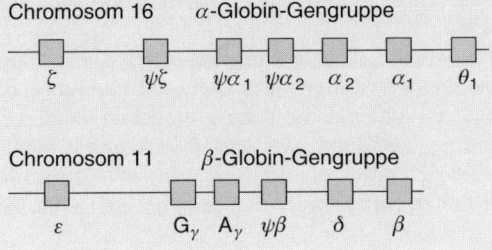

| **2.9** *Fortsetzung*

Die α-Gengruppe erstreckt sich auf dem Chromosom 16 über 28 kbp. Zu ihr gehören drei funktionsfähige Gene (ζ sowie zwei in ihrer codierenden Region identische α-Gene), drei Pseudogene ($\psi\zeta$, $\psi\alpha_1$ und $\psi\alpha_2$) und ein weiteres homologes Gen namens θ_1, dessen Funktion nicht bekannt ist. Die β-Gengruppe auf dem Chromosom 11 ist insgesamt rund 50 kbp lang und umfasst fünf funktionsfähige Gene: ε, zwei γ-Gene (G_γ und A_γ), die sich in einer Aminosäure unterscheiden, sowie δ und β; außerdem gehört zu dieser Gruppe noch ein Pseudogen namens $\psi\beta$. Das Gen für Myoglobin ist mit keiner dieser beiden Gruppen verbunden.

Alle Hämoglobin- und Myoglobingene des Menschen haben die gleiche Intron-Exon-Struktur. Sie enthalten drei Exons, die durch zwei Introns getrennt sind:

E bedeutet Exon und I Intron. Die Länge der Abschnitte in dem Schema gibt die Verhältnisse im menschlichen β-Globingen wieder. Das gleiche Exon-Intron-Muster findet man auch bei den meisten anderen exprimierten Globingenen der Wirbeltiere, so bei den α- und β-Ketten des Hämoglobins sowie beim Myoglobin. Die Gene der pflanzlichen Globine enthalten dagegen ein weiteres Intron, in den Genen von *Paramecium* ist ein Intron weniger vorhanden, und die Globingene der Insekten enthalten überhaupt keine Introns. Das Gen für das menschliche Neuroglobin, ein kürzlich entdecktes homologes Protein, das im Gehirn in geringem Umfang exprimiert wird, umfasst wie die pflanzlichen Globingene drei Introns.

In der Verteilung der Hämoglobingene und -pseudogene auf die Chromosomen spiegelt sich offensichtlich ihre entwicklungsgeschichtliche Entstehung durch Verdoppelung und Auseinanderentwicklung wider.

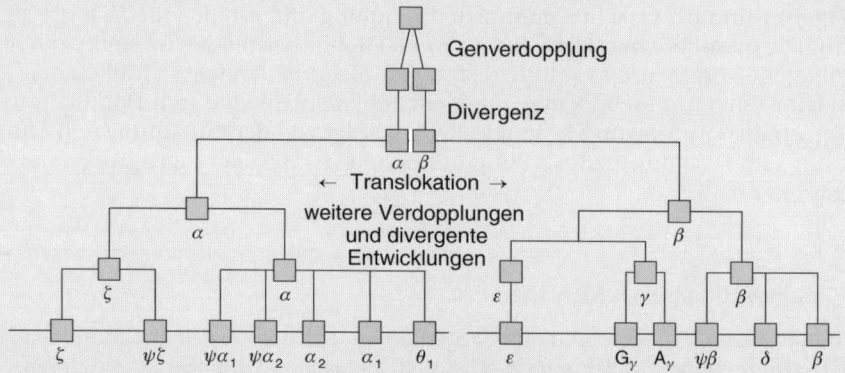

Die Expression dieser Gene unterliegt im Laufe der Entwicklung einer strengen Gesetzmäßigkeit. Im Embryo (bis zu sechs Wochen nach der Befruchtung) werden vor allem die beiden Hämoglobinketten ζ und ε synthetisiert, die ein Tetramer des Typs $\zeta_2\varepsilon_2$ bilden. Beginnend sechs Wochen nach der Befruchtung und bis etwa acht Wochen nach der Geburt ist das fetale Hämoglobin $\alpha_2\gamma_2$ der vorherrschende Typ. Anschließend folgt das adulte Hämoglobin $\alpha_2\beta_2$.

Thalassämien sind genetisch bedingte Krankheiten, bei denen Hämoglobingene defekt oder deletiert sind. Die meisten Weißen europäischer Abstammung besitzen vier Gene für die α-Kette des normalen adulten Hämoglobins, wobei die beiden tandemförmig angeordneten Gene α_1 und α_2 jeweils mit zwei Allelen vorliegen. Deshalb können α-Thalassämien klinisch sehr unterschiedlich stark ausgeprägt sein, je nachdem, wie viele Gene noch die normalen α-Ketten exprimieren. Symptome treten unter normalen Umständen

| **2.9** *Fortsetzung*

nur dann auf, wenn weniger als zwei aktive Gene verblieben sind. Zu den beobachteten Gendefekten gehören Deletionen beider Gene (ein Vorgang, der durch die Tandemanordnung und die durch repetitive Sequenzen bedingte erhöhte Rekombinationswahrscheinlichkeit erleichtert wird) und ein Verlust des Kettenabbruchsignals, der bei der Transkription zum „Weiterlesen" und damit zu längeren, instabilen Polypeptidketten führt.

β-Thalassämien haben ihre Ursache in der Regel in Punktmutationen, und zwar sowohl in *missense-* (Austausch einer Aminosäure) als auch in *nonsense-*Mutationen (Umwandlung eines codierenden Codons in ein Stoppcodon). Die Folgen sind ein vorzeitiger Abbruch der Translation und damit eine verkürzte Proteinkette, Mutationen an Spleißstellen oder Veränderungen in der codierenden Region. Von manchen Deletionen sind das normale Stoppcodon und der Abschnitt zwischen den Genen δ und β betroffen; in solchen Fällen entsteht ein δ-β-Fusionsprotein.

Das Genom der Bäckerhefe *Saccharomyces cerevisiae*

Einer der einfachsten Eukaryoten, die man kennt, ist die Hefe. Ihre Zellen enthalten wie unsere eigenen einen Zellkern und andere spezialisierte Kompartimente. Die Sequenzierung ihres Genoms durch ein ungewöhnlich leistungsfähiges internationales Konsortium aus rund 100 Instituten, war 1996 abgeschlossen. Das Hefegenom im Zellkern besteht aus 12 057 500 Basenpaaren, die sich auf 16 Chromosomen verteilen. Das Größenspektrum der Chromosomen reicht über eine ganze Zehnerpotenz, vom Chromosom IV mit 1 352 kbp bis zum Chromosom I mit nur 230 kbp.

Anhand der Sequenz konnte man 5 885 proteincodierende Gene, rund 140 Gene für ribosomale RNAs, 40 Gene für kleine RNAs im Zellkern und 275 Gene für Transfer-RNA voraussagen. Das Hefegenom ist in seinen codierenden Abschnitten in zweierlei Hinsicht gedrängter gebaut als die bekannten Genome der komplexeren Eukaryoten *Caenorhabditis elegans, Drosophila melanogaster* und *Homo sapiens*: Erstens gibt es nur relativ wenige Introns, und die sind relativ klein; nur 231 Gene der Hefe enthalten Introns. Und zweitens kommen im Vergleich zu den komplexeren Eukaryoten weniger Wiederholungssequenzen vor.

Vor rund 150 Millionen Jahren kam es anscheinend zu einer Verdoppelung des gesamten Hefegenoms. Anschließend folgten Translokationen einzelner Teile der verdoppelten DNA, und von den meisten Genen (ca. 92 Prozent) ging eine Kopie verloren.

3 408 der 5 885 potenziell proteincodierenden Gene entsprechen bekannten Proteinen. Etwa 1 000 weitere weisen gewisse Ähnlichkeiten mit bekannten Proteinen anderer biologischer Arten auf. Rund 800 ähneln ORFs in anderen Genomen, die ebenfalls unbekannten Proteinen entsprechen. Viele dieser homologen Sequenzen gehören zu Prokaryoten. Zu nur etwa einem Drittel der Hefeproteine gibt es erkennbare Homologien im menschlichen Genom.

Bei der Katalogisierung von Genen hatte es sich als nützlich erwiesen, ihre Funktionen in große Kategorien einzuteilen. Die folgende Klassifikation der Funktionen von Hefeproteinen stammt aus `http://mips.gsf.de/proj/yeast/catalogues/`

- Stoffwechsel
- Energie
- Zellzyklus und DNA-Verarbeitung
- Transkription
- Proteinsynthese
- weiteres Schicksal der Proteine

- intrazellulärer Transport und Transportmechanismen
- Zellkommunikation/Signalübertragung
- Rettung, Verteidigung und Entgiftung von Zellen
- Regulation von Wechselwirkungen mit der Umgebung
- Zell-Lebenslauf
- Transponierbare Elemente, Virus- und Plasmidproteine
- Steuerung der Zellorganisation
- subzelluläre Lokalisation
- Regulation von Proteinaktivitäten
- Proteine mit Bindungsfunktion oder Cofaktor-Bedarf
- Transporterleichterung
- Zuordnung unklar
- nicht zugeordnete Proteine

Die Hefe dient als Versuchsfeld für die Entwicklung von Methoden, mit denen man Genprodukten bestimmte Funktionen zuordnen will. Man betrieb eine umfassende Suche nach homologen Genen, die auch heute noch nicht abgeschlossen ist. Es gibt Sammlungen von Mutanten, in denen jedes Gen einzeln ausgeschaltet wurde. (Die Identifizierung derjenigen Stämme, die unter den jeweils gewählten Bedingungen wachsen, wird durch einen in die einzelnen Mutationen eingeschleusten, einzigartigen Sequenz-„Strichcode" erleichtert.) Man kann die Lage der Proteine in der Zelle und ihr Expressionsmuster untersuchen. Mit einer ganzen Reihe von Messungen – beispielsweise der Transkriptionsaktivierung durch Paare von Proteinen, die Dimere bilden können – erstellt man Kataloge der Wechselwirkungen zwischen den Proteinen.

Das Genom von *Caenorhabditis elegans*

Der Fadenwurm (Nematode) *Caenorhabditis elegans* wurde in den Sechzigerjahren des 20. Jahrhunderts aufgrund einer Einladung von Sidney Brenner zum Gast in den biologischen Labors. Brenner erkannte, welches Potenzial der Wurm barg: Er war einerseits so kompliziert gebaut, dass seine Erforschung lohnte, andererseits aber auch so einfach, dass man seine Entwicklung und die Nervenschaltkreise auf der Ebene der Zellen vollständig analysieren konnte.

| 2.10 |

Verteilung der Gene von *C. elegans*

Chromosom	Größe (Mb)	Zahl der Proteingene	Dichte der Proteingene (kb/Gen)	Zahl der tRNA-Gene
I	7,9	2803	5,06	13
II	8,5	3259	3,65	6
II	7,6	2508	5,40	9
IV	9,2	3094	5,17	7
V	9,8	4082	4,15	5
X	10,1	2631	6,54	3

Das Genom von *C. elegans*, dessen Sequenzierung 1998 abgeschlossen war, stellte die erste vollständig bekannte Sequenz eines vielzelligen Organismus dar. Seine DNA besteht aus rund 97 Mbp, die sich auf die paarweise vorhandenen Chromosomen I, II, III, IV, V und X verteilen (Kasten 2.10). Ein Y-Chromosom gibt es nicht. Die beiden Geschlechter von *C. elegans* haben die Form eines selbstbefruchtenden Hermaphroditen mit dem Genotyp XX und beim Männchen mit dem Genotyp X0.

Das Genom von *C. elegans* ist etwa achtmal so groß wie das der Hefe, und mit seinen 19 099 vorausgesagten Genen übertrifft es die entsprechende Zahl der Hefe um das Dreifache. Die Gendichte ist für einen Eukaryoten mit rund einem Gen je 5 kb der DNA relativ gering. Die Exons machen ungefähr 27 Prozent des Genoms aus, und jedes Gen enthält im Durchschnitt fünf Introns. Etwa 25 Prozent der Gene gehören zu Gruppen, deren Mitglieder einander ähneln.

C. elegans hat viele Proteine mit anderen Lebensformen gemeinsam. Manche sind offensichtlich spezifisch für Fadenwürmer. Zu 42 Prozent der Proteine gibt es homologe Moleküle außerhalb dieses Tierstammes, 34 Prozent sind homolog zu Proteinen anderer Fadenwürmer, und zu 24 Prozent kennt man außerhalb von *C. elegans* selbst keine

---

┤ 2.11 ├

C. elegans: die 20 häufigsten Proteindomänen

Domänentyp	Anzahl
Siebenfach-Transmembran-Chemorezeptor	650
eukaryotische Proteinkinase-Domäne	410
Zinkfinger des Typs C4 mit zwei Domänen	240
Kollagen	170
Siebenfach-Transmembran-Rezeptor (Rhodopsinfamilie)	140
Zinkfinger des Typs C2H2	130
Lectin Typ C	120
RNA-Erkennungsmotiv	100
Zinkfinger des Typs C3HC4 (RING-Finger)	90
Protein-Tyrosinphosphatase	90
Ankyrin-Wiederholungseinheit	90
WD-Domäne, G-β-Wiederholungseinheit	90
Homöobox-Domäne	80
neurotransmittergesteuerter Ionenkanal	80
Cytochrom P450	80
konservierte C-terminale Helikase	80
Kurzketten- und Alkoholdehydrogenasen	80
UDP-Glucoronosyl- und UDP-Glucosyltransferasen	70
EGF-artige Domäne	70
Immunglobulin-Superfamilie	70

Quelle: *C. elegans*-Konsortium, Artikel in *Science* am 11. Dezember 1998.

Homologien. Viele Proteine wurden entsprechend ihrer Struktur und Funktion klassifiziert (Kasten 2.11).

Es wurden mehrere Typen von RNA-Genen identifiziert. Das Genom von *C. elegans* enthält 659 Gene für tRNA, von denen fast die Hälfte (44 Prozent) auf dem X-Chromosom liegen. Die Gene für die Spleißosomen-RNAs verteilen sich in mehreren, häufig genau gleichen Kopien über das ganze Genom. (Spleißosomen sind die Moleküleaggregate, die aus der transkribierten Prä-mRNA die Introns herausschneiden und sie so in reife mRNA verwandeln.) Die Gene für die ribosomalen RNAs liegen hintereinander in einer langen Kette am Ende des Chromosoms I, und jene für die 5S-RNAs befinden sich, ebenfalls hintereinander angeordnet, auf dem Chromosom V. Manche RNA-Gene liegen in den Introns proteincodierender Gene.

Das Genom von *C. elegans* enthält zahlreiche Wiederholungssequenzen. Etwa 2,6 Prozent der gesamten DNA bestehen aus Tandemwiederholungen. Rund 3,6 Prozent des Genoms enthalten invertierte Sequenzwiederholungen; diese tauchen vorwiegend nicht zwischen den Genen auf, sondern in den Introns. An vielen Stellen findet man Wiederholungen der Hexamersequenz TTAGGC. Darüber hinaus gibt es einfache Verdoppelungen, von denen Hunderte oder sogar Zehntausende von Kilobasen betroffen sind.

Das Genom von *Drosophila melanogaster*

Die Taufliege *Drosophila melanogaster* ist seit fast 100 Jahren Gegenstand eingehender genetischer und entwicklungsbiologischer Forschungsarbeiten. Die Sequenz ihres Genoms, deren Aufklärung ein Gemeinschaftsprojekt der Firma Celera Genomics und des Berkeley Drosophila Genome Project war, wurde 1999 veröffentlicht.

Die Chromosomen von *D. melanogaster* sind Nucleoproteinkomplexe. Etwa ein Drittel des Genoms liegt in Form von Heterochromatin vor, das heißt als stark spiralisierte, kompakte und deshalb stark anfärbbare Bereiche beiderseits der Centromere. Die anderen zwei Drittel sind Euchromatin, eine relativ wenig spiralisierte, weniger kompakte Form. Die meisten aktiven Gene liegen im Euchromatin. Das Heterochromatin von *D. melanogaster* enthält zahlreiche Tandemwiederholungen der Sequenz AATAACATAG und relativ wenige Gene.

Insgesamt hat die DNA in den Chromosomen von *D. melanogaster* eine Größe von rund 180 Mbp. Die veröffentlichte Sequenz stellt den Euchromatinanteil von etwa 120 Mbp dar.

Das Genom verteilt sich auf fünf Chromosomen: drei große Autosomen, ein Y-Chromosom und ein winziges fünftes Chromosom, das nur ungefähr 1 Mb an Euchromatin enthält. Die Zahl der Gene bei der Fliege ist mit 13 601 nahezu doppelt so groß wie bei der Hefe, aber, was vielleicht verwundert, niedriger als bei *C. elegans*. Die durchschnittliche Dichte der Gene in den Sequenzen des Euchromatins liegt bei einem Gen je 9 kb, viel weniger als der für Prokaryoten typische Wert von einem Gen je kb.

Obwohl Insekten mit den Säugetieren nicht sonderlich nahe verwandt sind, ist das Genom der Fliege von großem Nutzen für die Erforschung von Krankheiten des Menschen. Es enthält homologe Sequenzen zu 289 menschlichen Genen, die an verschiedenen Krankheiten beteiligt sind, darunter Krebs sowie Störungen von Herz und Kreislauf, Nerven- und Hormonsystem, Niere, Stoffwechsel und Blut. Manche dieser homologen Gene erfüllen bei Mensch und Fliege unterschiedliche Funktionen. Andere Gene, die beim Menschen mit Krankheiten in Verbindung stehen, kann man in die Fliege einschleusen und dann untersuchen. So ruft beispielsweise das menschliche Gen für die spinozerebellare Ataxie des Typs 3 auch bei Expression in der Fliege eine ganz ähnliche Degeneration der Nervenzellen hervor. Auch für Parkinson-Krankheit und Malaria gibt es mittlerweile Fliegenmodelle.

Die nichtcodierenden Genomabschnitte von *D. melanogaster* müssen Bereiche enthalten, die den räumlichen und zeitlichen Ablauf der Entwicklung steuern. Die entwicklungsbiologischen Vorgänge wurden bei der Fliege sehr eingehend untersucht, und deshalb wird sich bei ihr die Beantwortung der Frage, wie sich das Genom auf die Entwicklung auswirkt, als besonders aufschlussreich erweisen.

Das Genom von *Arabidopsis thaliana*

Die Ackerschmalwand *Arabidopsis thaliana* ist eine Blütenpflanze und damit ein sehr entfernter Verwandter der anderen höheren Eukaryoten, deren Genomsequenzen mittlerweile bekannt sind. Deshalb liegt es nahe, hier mit vergleichenden Analysen gemeinsame und spezialisierte Merkmale zu identifizieren.

Das Genom von *Arabidopsis thaliana* umfasst rund 125 Mbp, und 115,4 Mbp davon wurden 2000 von der Arabidopsis Genome Initiative veröffentlicht (Kasten 2.12). Auf den fünf Chromosomenpaaren liegen den Voraussagen zufolge 25 498 Gene. Das Genom ist mit einer durchschnittlichen Dichte von einem Gen je 4,6 kb relativ kompakt. Diese Zahl, die ungefähr mit dem Wert für *C. elegans* übereinstimmt, liegt in der Mitte zwischen Prokaryoten und *Drosophila*. Die Gene von *Arabidopsis* sind vergleichsweise klein. Ihre Exons umfassen im typischen Fall 250 Bp, und die Introns sind mit einer mittleren Länge von 170 Bp recht kurz. Ein typisches Kennzeichen von Pflanzengenen ist der hohe GC-Gehalt der codierenden Abschnitte.

Zu den meisten Proteinen von *Arabidopsis* gibt es bei Tieren eine homologe Entsprechung, aber manche Systeme, beispielsweise Zellwandproduktion und Photosynthese, sind unter den höheren Organismen ausschließlich auf Pflanzen beschränkt. Viele Proteine, die man in ähnlicher Form auch bei Tieren findet, haben sich seit dem letzten gemeinsamen Vorfahren weit auseinander entwickelt. Ein anderer auffälliger Unterschied zwischen Pflanzen und Tieren ist die Tatsache, dass 25 Prozent der Gene im Zellkern von Pflanzen besondere Signalsequenzen enthalten, die den Transport der zugehörigen Proteine in die Organellen – Mitochondrien und Chloroplasten – dirigieren; bei Tieren dagegen werden nur fünf Prozent der Proteine, deren Gene im Zellkern liegen, für den Transport in die Mitochondrien gekennzeichnet.

| 2.12 |

Das Genom von *Arabidopsis thaliana*

	Chromosom					
	1	2	3	4	5	gesamt
Länge (Bp)	29 105 111	19 646 945	23 172 617	17 549 867	25 353 409	115 409 949
Zahl der Gene	6 543	4 036	5 220	3 825	5 874	25 498
Dichte der Gene (kb/Gen)	4,0	4,9	4,5	4,6	4,4	
mittlere Länge eines Gens	2 078	1 949	1 925	2 138	1 974	

Im Genom von *Arabidopsis* findet man viele Spuren großer und kleiner Verdoppel-ungsereignisse. 58 Prozent des Genoms bestehen aus 24 verdoppelten Abschnitten mit einer Länge von jeweils mindestens 100 kb. Die Gene in diesen verdoppelten Bereichen zeigen in der Regel keine erkennbare Homologie. Allerdings liegen 4 140 Gene (17 Prozent der Gesamtzahl) in 1 528 tandemförmig angeordneten Genfamilien, die jeweils bis zu 23 Mitglieder haben. Die Verteilung der verdoppelten Abschnitte lässt darauf schlie-ßen, dass sich bei einem Vorfahren von *Arabidopsis* das gesamte Genom dupliziert hat, sodass eine tetraploide Spezies entstand. Dass dieser Vorgang sich schon vor sehr langer Zeit – nach Schätzungen vor 112 Millionen Jahren – abgespielt haben muss, zeigt sich an dem hohen Prozentsatz verdoppelter Gene, bei denen eine Kopie verloren gegangen ist, sowie an der starken Auseinanderentwicklung der verbliebenen Sequenzen.

In höheren Pflanzen müssen drei Genome – in Zellkern, Chloroplasten und Mito-chondrien – zusammenwirken. Die Organellengenome sind wesentlich kleiner, wie die Genverteilung bei *A. thaliana* zeigt:

	Zellkern	Chloroplast	Mitochondrium
Größe (kb)	125 100	154	367
Gene für Proteine	25 498	79	58
Dichte (kb/proteincodierendes Gen)	4,5	1,2	6,25

Viele Gene, die im Zellkern liegen und deren zugehörige Proteine in die Organellen transportiert werden, haben ihren Ursprung offensichtlich in den Organellen und wur-den erst im Verlauf der Evolution an ihren heutigen Ort transferiert.

Das Genom des Menschen (*Homo sapiens*)

Personen, die versuchen, ein Motiv in dieser Erzählung zu fin-den, werden gerichtlich verfolgt; Personen, die versuchen, eine Moral darin zu finden, werden verbannt; Personen, die versuchen, eine Fabel darin zu finden, werden erschossen.

Mark Twain: Huckleberry Finns Abenteuer. (Deutsch von Lore Krüger. Rowohlt 1996.)

Im Februar 2001 veröffentlichten das International Human Genome Sequencing Con-sortium und die Firma Celera Genomics unabhängig voneinander vorläufige Sequenzen des menschlichen Genoms. Sie umfassten etwa $3,2 \times 10^9$ Bp, das Dreißigfache der Genome von *C. elegans* oder *D. melanogaster*. Diese Größenunterschiede sind zum Teil darauf zurückzuführen, dass codierende Sequenzen im menschlichen Genom noch nicht einmal fünf Prozent ausmachen; der Anteil der Wiederholungssequenzen dage-gen liegt bei über 50 Prozent. Vielleicht am überraschendsten war die geringe Zahl der Gene, die man identifizieren konnte. Die Tatsache, dass man nur etwa 30 000 bis 40 000 Gene fand, legt die Vermutung nahe, dass alternatives Spleißen einen nennenswerten Beitrag zu unserer Proteinausstattung leistet. Alternative Spleißmuster kommen Schät-zungen zufolge bei rund 35 Prozent der Gene vor.

Das menschliche Genom verteilt sich auf 22 Chromosomenpaare sowie das X- und Y-Chromosom. Der DNA-Gehalt der Autosomen reicht von 279 bis 48 Mbp. Das X-Chromosom enthält 163 Mbp, das Y-Chromosom nur 51 Mbp.

Die Exons der proteincodierenden Gene sind beim Menschen im Vergleich zu den bekannten Genomen anderer Eukaryoten relativ klein, die Introns haben dagegen eine beträchtliche Länge. Deshalb erstrecken sich viele proteincodierende Gene über lange DNA-Abschnitte. Das Dystrophingen zum Beispiel, das ein Protein von 3 685 Aminosäuren codiert, ist mehr als 2,4 Mbp lang.

Proteincodierende Gene

Eine Analyse der Proteinausstattung des Menschen, die nach Aufklärung der Genomsequenzen nahe lag, erwies sich als problematisch, unter anderem weil die Gene nur schwer zuverlässig nachzuweisen sind und weil es alternative Spleißmuster gibt. Nach Schätzungen des International Human Genome Sequencing Consortium wird die Gesamtzahl bei rund 32 000 liegen.

Teilt man die Gene nach ihrer Funktion ein, kann man folgende Oberkategorien bilden:

Funktion	Anzahl	%
nucleinsäurebindende Proteine	2 207	14,0
DNA-bindend	1 656	10,5
DNA-Reparaturproteine	45	0,2
DNA-Replikationsfaktoren	7	0,0
Transkriptionsfaktoren	986	6,2
RNA-bindend	380	2,4
ribosomale Strukturproteine	137	0,8
Translationsfaktoren	44	0,2
transkriptionsfaktorbindende Proteine	6	0,0
Zellzyklusregulatoren	75	0,4
Chaperone	154	0,9
Motorproteine	85	0,5
actinbindende Proteine	129	0,8
Abwehr-/Immunproteine	603	3,8
Enzyme	3 242	20,6
Peptidasen	457	2,9
Endopeptidasen	403	2,5
Proteinkinasen	839	5,3
Proteinphosphatasen	295	1,8
Enzymaktivatoren	3	0,0
Enzyminhibitoren	132	0,8
Apoptoseinhibitoren	28	0,1
Signalübertragungsproteine	1 790	11,4
Rezeptoren	1 318	8,4
Transmembranrezeptoren	1 202	7,6
G-Protein-gekoppelte Rezeptoren	489	3,1
olfaktorische Rezeptoren	71	0,4
Speicherproteine	7	0,0
Zelladhäsionsproteine	189	1,2
Strukturproteine	714	4,5

Funktion	Anzahl	%
Strukturproteine des Cytoskeletts	145	0,9
Transportproteine	682	4,3
Ionenkanäle	269	1,7
Neurotransmitter-Transporter	19	0,1
ligandenbindende und Carrier-Proteine	1 536	9,7
Elektronentransportproteine	33	0,2
Cytochrom P450	50	0,3
Tumorsuppressorproteine	5	0,0
nicht klassifiziert	4 813	30,6
gesamt	15 683	100,0

Quelle: http://www.ebi.ac.uk/proteome/
[gemäß Funktionsklassifizierung für *H. sapiens* mit Gene Ontology (GO): allgemeine Statistik (InterPro-Proteine mit GO-Treffern)]

Eine Klassifikation nach der Struktur ergibt folgende Haupttypen von Proteinen:

Protein	Anzahl
Immunglobulin- und Haupthistokompatibilitätskomplex-Domäne	591
Zinkfinger, Typ C2H2	499
eukaryotische Proteinkinase	459
rhodopsinähnliche GPCR-Superfamilie	346
aktives Zentrum der Serin/Threonin-Proteinkinasefamilie	285
EGF-artige Domäne	259
RNA-bindende Region RNP-1 (RNA-Erkennungsmotiv)	214
Wiederholungseinheiten des G-Proteins beta WD-40	196
Src-Homologiedomäne 3 (SH3)	194
Pleckstrin-Homologiedomäne (PH)	188
Familie der EF-Hände	185
Homöobox-Domäne	179
katalytische Domäne der Tyrosinkinase	173
Immunglobulin Typ V	163
RING-Finger	159
prolinreiches Extensin	156
Fibronectin-III-Domäne	151
Ankyrin-Wiederholungseinheit	135
KRAB-Box	133
Immunglobulin-Subtyp	128
Cadherindomäne	118
PDZ-Domäne (auch DHR oder GLGF genannt)	117
leucinreiche Wiederholungseinheit	113
Serinproteasen, Trypsinfamilie	108
Superfamilie der Ras-GTPasen	103
Src-Homologiedomäne 2 (SH2)	100
BTB/POZ-Domäne	99
TPR-Wiederholungseinheit	92
Superfamilie der AAA-ATPasen	92
Asparaginsäure- und Asparagin-Hydroxylierungsstelle	91

Quelle: http://www.ebi.ac.uk/proteome/

Wiederholungssequenzen

Über 50 Prozent des Genoms bestehen aus Wiederholungssequenzen:

- transponierbare Elemente oder verstreute Sequenzwiederholungen, die fast die Hälfte des Genoms ausmachen. Hierher gehören auch SINES und LINES (Kasten 2.13).
- durch Retrotransposition entstandene Pseudogene.
- einfache „Stotterer" – Wiederholungen kurzer Oligomere, unter anderem Mini- und Mikrosatelliten. Wiederholungen von Trinucleotiden wie CAG, die aufeinander folgenden Glutaminresten im zugehörigen Protein entsprechen, spielen bei vielen Krankheiten eine Rolle.
- Verdoppelungen von Sequenzblöcken aus 10 bis 300 kb. Sequenzdubletten treten auch – manchmal an mehreren Stellen – in nicht homologen Chromosomen auf. Bei Regionen, die innerhalb eines Chromosoms doppelt vorkommen, handelt es sich manchmal um eng benachbarte, viele Kilobasen lange Abschnitte mit sehr ähnlicher Sequenz, die mit genetisch bedingten Krankheiten in Verbindung stehen. Ein Beispiel ist das Charcot-Marie-Tooth-Syndrom Typ 1A: Diese progressive Erkrankung des peripheren Nervensystems entsteht durch die Verdoppelung einer Region, die das Gen für das periphere Myelinprotein 22 enthält.
- Blöcke mit Tandemwiederholungen, darunter auch Genfamilien.

| 2.13 |

Typen transponierbarer Elemente im menschlichen Genom

Element	Größe (Bp)	Kopien-zahl	Anteil am Genom (%)
kurze verstreute Elemente im Zellkern (SINES)	100–300	1 500 000	13
lange verstreute Elemente im Zellkern (LINES)	6 000–8 000	850 000	21
lange terminale Sequenzwiederholungen	15 000–110 000	450 000	8
„Fossilien" von DNA-Transposons	80–3 000	300 000	3

RNA

Die RNA-Gene im menschlichen Genom lassen sich folgendermaßen einteilen:

1. 497 Gene für Transfer-RNA. Eine große Gengruppe auf dem Chromosom 6 enthält auf einer Länge von 4 Mb insgesamt 140 tRNA-Gene.
2. Gene für die 28S- und 5,8S-rRNA; diese liegen in Form von 150 bis 200 tandemförmig angeordneten Kopien in einem Abschnitt von 44 kb. Auch die Gene für die 5S-RNA liegen als Tandemanordnungen von 200 bis 300 Genen vor; die größte derartige Gruppe befindet sich auf dem Chromosom 1.
3. Kleine RNAs des Nucleolus, darunter zwei Familien von Molekülen, die ribosomale RNAs spalten und weiterverarbeiten.

4. Gene für die snRNAs der Spleißosomen, darunter die U1-, U2-, U4-, U5- und U6-snRNA; vielfach Gruppen aus Tandemwiederholungen nahezu identischer Sequenzen oder invertierter Sequenzwiederholungen.

Einzelnucleotid-Polymorphismen (SNPs)

Ein **Einzelnucleotid-Polymorphismus** (*single nucleotide polymorphism* oder **SNP**, ausgesprochen „snip") ist ein genetischer Unterschied zwischen Individuen, der sich auf ein einziges Basenpaar beschränkt. Dieses kann ausgetauscht, insertiert oder deletiert sein. Ein Beispiel für eine Krankheit, die durch einen ganz bestimmten SNP entsteht, ist die Sichelzellanämie: Durch eine A→T-Mutation im Gen für β-Globin kommt es zu einem Austausch Glu→Val, der auf dem Hämoglobinmolekül eine klebrige Oberfläche erzeugt, die zur Polymerisierung der desoxygenierten Form führt.

Die SNPs verteilen sich über das gesamte Genom und kommen durchschnittlich alle 2 000 Basenpaare vor. Sie sind zwar durch Mutationen entstanden, an vielen Stellen mit SNPs ist die Mutationsrate aber gering, sodass sie stabile Marker für die Genkartierung darstellen. Derzeit arbeitet ein Konsortium aus vier großen Genomforschungszentren an Hochschulen und elf Privatunternehmen an einer leistungsfähigen, hoch auflösenden Karte für die SNPs des Menschen, und man hat sich verpflichtet, diese öffentlich zugänglich zu machen. Eine kürzlich publizierte Version enthält 1,42 Millionen SNPs.

Nicht alle SNPs stehen mit Krankheiten in Verbindung. Vielfach liegen sie in Abschnitten, die anscheinend keine Funktion haben (allerdings ist die durchschnittliche Dichte der SNPs in Bereichen, die Gene enthalten, höher). Manche SNPs, die sich in Exons befinden, lassen synonyme Codons entstehen oder verursachen einen Aminosäureaustausch, der die Proteinfunktion nicht nennenswert beeinträchtigt. Andere

---

⊣ **www** ⊢

Web-Ressourcen: Informationen über das menschliche Genom

Interaktiver Zugang zu DNA- und Proteinsequenzen:
http://www.ensembl.org/

Bilder von Chromosomen, Karten und Loci:
http://www.ncbi.nlm.nih.gov/genome/guide/

Genkarte 99:
http://www.ncbi.nlm.nih.gov/genemap99/

Übersicht über den Aufbau des menschlichen Genoms:
http://hgrep.ims.u-tokyo.ac.jp

Einzelnucleotid-Polymorphismen:
http://snp.cshl.org/

Genetische Erkrankungen des Menschen:
http://www.ncbi.nlm.nih.gov/Omim/
http://www.geneclinics.org/

Ethische, juristische und gesellschaftliche Fragen:
http://www.nhgri.nih.gov/ELSI/

SNPs jedoch sorgen für mehr als nur eine lokale Störung in einem Protein: Durch eine Mutation eines sinnvollen Codons in ein Stoppcodon oder umgekehrt kommt es entweder zum vorzeitigen Abbruch einer Proteinkette oder zum „Weiterlesen". Und eine Deletion oder Insertion führt bei der Translation zur Phasenverschiebung.

Sehr deutlich werden diese Möglichkeiten an den Allelen für die Blutgruppen A, B und 0. Die Allele für A und B unterscheiden sich durch vier SNP-Substitutionen. Sie codieren ähnliche Proteine, die an ein Antigen auf der Oberfläche roter Blutzellen unterschiedliche Saccharideinheiten anfügen:

Allel	Sequenz	Saccharid
A	...gctggtgacccctt...	N-Acetylgalactosamin
B	...gctcgtcaccgcta...	Galactose
0	...cgtggt-acccctt...	–

Im 0-Allel hat eine Mutation zu einer Phasenverschiebung geführt, sodass kein aktives Enzym gebildet wird. Bei Personen mit der Blutgruppe 0 tragen die roten Blutzellen weder das A- noch das B-Antigen. Die Träger der Blutgruppe 0 sind deshalb Universalspender bei Bluttransfusionen. Der Aktivitätsverlust des Proteins hat offensichtlich keinerlei schädliche Auswirkungen. Im Gegenteil: Personen mit den Blutgruppen B und 0 sind sogar widerstandsfähiger gegen Pocken.

Eine enge Verbindung zwischen einer Krankheit und einem spezifischen SNP ist medizinisch von Vorteil, denn sie erlaubt es, Betroffene oder Überträger relativ einfach zu identifizieren. Hat eine Krankheit ihre Ursache in der Funktionsstörung eines ganz bestimmten Proteins, kann diese Inaktivierung ihre Ursache im Prinzip in der Mutation vieler Stellen haben. Ist dennoch vorwiegend eine ganz bestimmte Stelle verändert, kann dies daran liegen, 1) dass alle Träger des Gens die Nachkommen einer einzigen Person sind, bei der sich die Mutation ereignet hat, 2) dass die Krankheit nicht durch den Verlust, sondern den *Zugewinn* einer Eigenschaft entsteht, beispielsweise durch die Polymerisationsfähigkeit des Sichelzellhämoglobins, und/oder 3) dass die Mutationsrate an einer bestimmten Stelle ungewöhnlich hoch ist wie beispielsweise bei der Mutation Gly380→Arg im Gen für den Fibroblastenwachstumsfaktor-Rezeptor FGFR3, die mit der Achondroplasie (einem Krankheitsbild mit Kleinwuchs) assoziiert ist.

Dagegen hat man in den Genen BRCA1 und BRCA2, die mit dem früh einsetzenden Brust- und Eierstockkrebs in Verbindung stehen, viele unabhängige Mutationen entdeckt. Die normalen Genprodukte dienen als Tumorsuppressoren. Insertions- oder Deletionsmutationen, die zu einer Phasenverschiebung führen, lassen das Protein entweder überhaupt nicht mehr oder in inaktiver Form entstehen. Ob eine neu entdeckte *Substitutions*mutation in BRCA1 oder BRCA2 mit einem erhöhten Krankheitsrisiko verbunden ist, kann man jedoch nicht von vornherein vorhersagen.

Für die Therapie von Krankheiten, die durch defekte oder fehlende Proteine entstehen, gibt es mehrere Möglichkeiten:

1. *Zufuhr des normalen Proteins.* Erwähnt wurden bereits das Insulin beim Diabetes und der Faktor VIII bei der häufigsten Form der Hämophilie. Ein weiteres Beispiel ist das menschliche Wachstumshormon, das man künstlich zuführen kann, wenn es nicht oder nur in stark verminderter Menge gebildet wird. Gentechnisch hergestellte Proteine beseitigen dabei die Gefahr, dass AIDS durch Bluttransfusionen oder die Creutzfeldt-Jakob-Krankheit durch das Wachstumshormon aus Hypophysenrohextrakt übertragen werden.

2. *Veränderungen der Lebensweise mit dem Ziel, die fehlende Funktion überflüssig zu machen.* Die Phenylketonurie (PKU), ebenfalls eine genetisch bedingte Krankheit, entsteht durch das Fehlen der Phenylalaninhydroxylase, eines Enzyms, das Phenylalanin in Tyrosin umwandelt. Durch die Anhäufung großer Phenylalaninmengen kommt es zu Entwicklungsstörungen, unter anderem auch zu geistiger Behinderung. Die Symptome lassen sich durch phenylalaninfreie Ernährung vermeiden. In den Vereinigten Staaten und vielen anderen Ländern ist für Neugeborene die Untersuchung auf einen hohen Phenylalaninspiegel gesetzlich vorgeschrieben.

3. Die Gentherapie zum Ersatz fehlender Proteine ist derzeit Gegenstand intensiver Forschungsarbeiten.

In anderen medizinischen Anwendungen der SNPs spiegeln sich die Zusammenhänge zwischen dem Genotyp und der Reaktion auf die Therapie wider (Pharmakogenomik). So ist beispielsweise ein SNP im Gen für die *N*-Acetyltransferase NAT-2 mit der peripheren Neuropathie – Muskelschwäche, Taubheitsgefühle und Schmerzen in Armen, Beinen, Händen oder Füßen – assoziiert, die als Nebenwirkung der häufig angewandten Tuberkulosetherapie mit Isoniazid (Isonicotinsäurehydrazid) auftritt. Patienten mit diesem SNP werden deshalb anders behandelt.

Genetische Vielfalt in der Anthropologie

Befunde über SNPs sind für die Anthropologie von großem Nutzen, denn sie liefern Anhaltspunkte für historisch bedingte Abweichungen der Populationsgröße und Wanderungsbewegungen.

Das Ausmaß der genetischen Unterschiede kann man im Hinblick auf die Größe der Gründerpopulation interpretieren. Als Gründer bezeichnet man die ursprüngliche Gruppe von Individuen, von denen eine ganze Population abstammt. Die Gründer können entweder erste Siedler sein, wie die Polynesier, die sich als Erste in Neuseeland niederließen, oder schlicht die Überlebenden, wenn die Population beinahe ausgestorben wäre. Die Folgen eines solchen Populationsengpasses, den es vor schätzungsweise 10 000 Jahren gab, erkennt man an den Geparden. Alle heute lebenden Geparde sind untereinander so eng verwandt wie Geschwister. Hochrechnungen aufgrund der Variationen in der Mitochondrien-DNA der modernen Menschen lassen auf eine einzige Vorfahrin schließen, die vor 140 000 bis 200 000 Jahren lebte. Sie wurde als Eva bezeichnet, was den Gedanken nahe legt, sie sei die erste Frau gewesen. Die Funde menschlicher Fossilien reichen aber viel weiter zurück. Die Eva der Mitochondrien war in Wirklichkeit die Gründerin einer überlebenden Population, nachdem es zuvor fast zum vollständigen Aussterben gekommen wäre.

Populationsspezifische SNPs liefern Aufschlüsse über Wanderungsbewegungen. Informationen über weibliche Vorfahren erhält man aus den Sequenzen in den Mitochondrien, jene auf dem Y-Chromosom sagen etwas über die männlichen Vorfahren aus. So wurde beispielsweise die Vermutung geäußert, die Bevölkerung Islands – das erstmals vor rund 1 100 Jahren besiedelt wurde – könne von Männern aus Skandinavien abstammen, während die Frauen sowohl aus Skandinavien als auch von den britischen Inseln kamen. Isländische Schriften aus dem Mittelalter berichten von Überfällen auf Siedlungen im heutigen Großbritannien.

Einen faszinierenden Zusammenhang zwischen menschlichen DNA-Sequenzen und Sprachfamilien untersuchten L. L. Cavalli-Sforza und Kollegen. Ihre Studien erwiesen sich als äußerst nützlich für die Aufklärung der Beziehungen zwischen den Indianersprachen. Außerdem bestätigten sie, dass die Basken, die bekanntermaßen eine sprachlich isolierte Bevölkerungsgruppe darstellen, auch genetisch isoliert waren.

Mit der Entdeckung isolierter Bevölkerungsgruppen liefert die genetische Anthropologie neue Daten, die für die Medizin von großem Nutzen sind: Die Kartierung krankheitserzeugender Gene wird einfacher, wenn die Variationsbreite im Hintergrund nur gering ist. Zu den genetisch isolierten Bevölkerungsgruppen in Europa gehören neben den Basken auch Finnen, Isländer, Waliser und Lappen. In Island stehen umfangreiche Aufzeichnungen über Abstammung und medizinische Befunde zur Verfügung. Die isländische Regierung verabschiedete 1998 ein umstrittenes Gesetz, das die Einrichtung einer Datenbank mit Krankenakten, Familiengeschichte und genetischen Sequenzen aller 275 000 Bürger gestattete. Analyse und Anwendung dieser Informationen sind das Aufgabegebiet des Unternehmens Decode Genetics in Zusammenarbeit mit der weltweiten Pharmaindustrie.

Genetische Vielfalt und Personenidentifizierung

Wegen den Abweichungen in der DNA-Sequenz hat jeder Mensch einen individuellen „genetischen Fingerabdruck". Diesen kann man zur Identifizierung und zum Nachweis von Verwandtschaftsbeziehungen nutzen, auch – aber nicht nur – in Vaterschaftsfragen. Dass DNA-Analysen in Strafprozessen nützliche Indizien liefern können, ist mittlerweile allgemein bekannt.

Das Verfahren zur Herstellung genetischer Fingerabdrücke stützte sich anfangs auf die Muster der VNTRs, wurde aber mittlerweile auf die Analyse anderer Merkmale erweitert, darunter die Sequenzen der Mitochondrien-DNA.

Bei den meisten Menschen sind alle Mitochondrien genetisch identisch, ein Zustand, den man als Homoplasmie bezeichnet. Manche Personen besitzen jedoch Mitochondrien mit unterschiedlichen DNA-Sequenzen – dann spricht man von Heteroplasmie. Ist von solchen Sequenzabweichungen ein krankheitserzeugendes Gen betroffen, beobachtet man für diese Krankheit einen komplizierteren Erbgang.

Der berühmteste Fall von Heteroplasmie betraf den Zaren Nikolaus II. von Russland. Nach der Revolution von 1917 wurden der Herrscher und seine Familie nach Jekaterinburg in Zentralrussland ins Exil geschickt. In der Nacht vom 16. zum 17. Juli 1918 wurden der Zar, die Zarin Alexandra, mindestens drei ihrer fünf Kinder sowie ihr Arzt und drei Diener, die bei der Familie geblieben waren, ermordet. Die Leichen bestattete man an einem geheimen Ort. Als die sterblichen Überreste wieder entdeckt wurden, ließ die Untersuchung der Knochen und Zähne darauf schließen, dass es sich tatsächlich um eine Familie handelte – und dieser Befund wurde durch die Sequenzanalyse bestätigt. Im Falle der Zarin konnte die Identität anhand der Mitochondrien-DNA-Sequenz bewiesen werden: Sie stimmte mit der eines Verwandten mütterlicherseits überein, des Prinzen Philip, Rektor der Universität Cambridge, Herzog von Edinburgh und Großneffe der Zarin.

Als man jedoch die Sequenzen der Mitochondrien-DNA aus den mutmaßlichen Überresten von Nikolaus II. mit denen zweier Verwandter mütterlicherseits verglich, stieß man auf einen Unterschied bei der Base 16 169: Dort stand beim Zaren ein C, bei den Verwandten jedoch ein T. Wegen der starken politischen und sogar religiösen Empfindlichkeiten durfte es aber keinerlei Zweifel geben. In weiteren Untersuchungen stellte sich heraus, dass beim Zaren eine Heteroplasmie vorlag; das T in der Position 16 169 gehörte zu einer Minderheit der Mitochondrien-DNA. Um die Identität jenseits aller vernünftigen Zweifel zu belegen, exhumierte man die Leiche des Großherzogs Georgij, des Bruders des Zaren; bei ihm wurde die gleiche seltene Heteroplasmie gefunden.

Genetische Analyse der Domestizierung von Rindern

Der Umgang mit Tieren ist ein unverzichtbarer, wesentlicher Aspekt der menschlichen Kultur. Die Analyse von DNA-Sequenzen wirft neues Licht auf ihre historische Entwicklung und auf die genetische Vielfalt, die für die heute zur Zucht verwendeten Populationen charakteristisch ist.

Die modernen Hausrinder gliedern sich in die Spezies *Bos taurus*, die in Westeuropa und Nordamerika allgemein verbreitet ist, und *Bos indicus*, die Zebus Afrikas und Indiens. Der auffälligste Unterschied im äußeren Erscheinungsbild ist der Rückenhöcker der Zebus. Man ging allgemein davon aus, dass die Rinder nur einmal vor rund 8 000 bis 10 000 Jahren domestiziert wurden und dass die beiden Arten sich erst danach auseinander entwickelt haben.

Die Analyse der Mitochondrien-DNA aus europäischen, afrikanischen und asiatischen Rindern führte jedoch zu einer anderen Erkenntnis: Erstens sind alle europäischen und afrikanischen Rassen untereinander enger verwandt als jede von ihnen mit den Rassen aus Indien, und zweitens trennten sich die beiden Gruppen schon vor über 200 000 Jahren, was auf eine unabhängige Domestizierung verschiedener biologischer Arten in jüngerer Zeit schließen lässt. Dass afrikanische und indische Zebus sich in ihrem äußeren Erscheinungsbild so stark ähneln (eine Ähnlichkeit, die sich auf molekularer Ebene, zum Beispiel bei den VNTR-Markern in der DNA des Zellkerns, fortsetzt), ist demnach auf den Import von Rindern aus Indien nach Ostafrika zurückzuführen.

Evolution von Genomen

Nachdem Informationen über vollständige Genomsequenzen zur Verfügung stehen, hat die Forschung eine andere Richtung eingeschlagen. Eine allgemeine Aufgabe bei der Genomanalyse ist die Identifizierung „interessanter Ereignisse". Der allgemeine Hintergrund in der Mutationsrate codierender Sequenzen spiegelt sich im **synonymen Nucleotidaustausch** wider: im Wechsel von Codons, der sich aber nicht auf die Aminosäuresequenz auswirkt. Legt man ihn zugrunde, kann man nach Fällen suchen, in denen die Rate des **nichtsynonymen Nucleotidaustauschs** signifikant erhöht ist, in denen also die Veränderung von Codons auch zu Mutationen im zugehörigen Protein führt. (Dabei gilt es aber zu beachten, dass auch synonyme Veränderungen im Hinblick auf die Selektion nicht unbedingt neutral sind.)

Nach dem Alignment von zwei Sequenzen kann man zwei Werte berechnen: K_a, die Zahl der nichtsynonymen Nucleotidaustausche, und K_s, die Zahl der synonymen Nucleotidaustausche. (Die Berechnung besteht nicht nur im einfachen Abzählen, weil man die Zahl mehrfacher Austauschereignisse abschätzen und das Ergebnis entsprechend korrigieren muss.) An einem großen Verhältnis von K_a/K_s erkennt man Sequenzpaare, bei denen offensichtlich positive Selektion und möglicherweise sogar eine Funktionsveränderung stattgefunden hat.

Dieses neue Forschungsgebiet der vergleichenden Genomforschung befasst sich mit Fragen, die man erst jetzt untersuchen kann, wie zum Beispiel:

- Welche *Gene* haben verschiedene Tierstämme gemeinsam? Welche Gene sind in den einzelnen Tierstämmen einzigartig? Sind diese Gene im Genom von einem Tierstamm zum anderen unterschiedlich angeordnet?
- Welche homologen *Proteine* haben verschiedene Tierstämme gemeinsam? Welche Proteine sind in den einzelnen Tierstämmen einzigartig? Wirken diese Proteine von

einem Tierstamm zum anderen unterschiedlich zusammen? Werden die Expressionsmuster dieser Proteine von einem Tierstamm zum anderen durch unterschiedliche Mechanismen reguliert?

- Welche *biochemischen Funktionen* haben verschiedene Tierstämme gemeinsam? Welche biochemischen Funktionen sind in den einzelnen Tierstämmen einzigartig? Wirken diese biochemischen Funktionen von einem Tierstamm zum anderen unterschiedlich zusammen? Wenn zwei Stämme eine gemeinsame Funktion haben und wenn es zu dem Protein, das in einem Stamm diese Funktion ausübt, im anderen eine homologe Entsprechung gibt, führt das homologe Protein dann die gleiche Funktion aus?

Die gleichen Fragen kann man auch für verschiedene Arten aus demselben Stamm stellen.

Was unsere Aufmerksamkeit angeht, steht das menschliche Genom vielleicht an erster Stelle. Von großer Bedeutung ist aber auch die Tatsache, dass man häufig aus einem Genom neue Erkenntnisse über ein anderes gewinnen kann.

M. A. Andrade, C. Ouzounis, C. Sander, J. Tamames und A. Valencia verglichen die Proteinausstattung verschiedener biologischer Arten aus den drei großen Domänen der Lebewesen; die Bakterien waren durch *Haemophilus influenzae* vertreten, die Archaea durch *Methanococcus jannaschii* und die Eukarya durch die Hefe *Saccharomyces cerevisiae*. Die Proteinfunktionen wurden in drei allgemeine Klassen eingeteilt, nämlich Energiehaushalt, Informationsverarbeitung und Kommunikation/Regulation:

- Energie
  – Biosynthese von Cofaktoren und Aminosäuren
  – Zentral- und Intermediärstoffwechsel
  – Energiestoffwechsel
  – Fettsäuren und Phospholipide
  – Nucleotidbiosynthese
  – Transport
- Information
  – Replikation
  – Transkription
  – Translation
- Kommunikation und Regulation
  – Regulationsfunktionen
  – Zellhülle/Zellwand
  – Zellprozesse

Die drei genannten Arten besitzen folgende Genzahlen:

Spezies	Zahl der Gene
Haemophilus influenzae	1 680
Methanococcus jannaschii	1 735
Saccharomyces cerevisiae	6 278

Gibt es darunter gemeinsame Proteine für gemeinsame Funktionen? In der Kategorie „Energiehaushalt" bestehen Gemeinsamkeiten in allen drei Domänen, in der Kategorie „Kommunikation" dagegen besitzt jede Domäne ihre eigenen Proteine. In den Kategorien Regulation und Information haben die Archaea manche Proteine mit den Bakterien gemeinsam, andere aber auch mit den Eukarya.

Die Analyse gemeinsamer Funktionen in allen Domänen des Lebendigen führte zu der Frage, ob man einen **Minimalorganismus** definieren kann, ein Lebewesen mit der kleinstmöglichen Genausstattung, die noch mit eigenständigem Leben auf der Grundlage des zentralen Dogmas DNA→RNA→Protein vereinbar ist (das heißt unter Ausschluss proteinfreier Lebensformen, die sich ausschließlich auf RNA gründen). Ein solcher Minimalorganismus muss sich fortpflanzen können, es ist aber nicht erforderlich, dass er in Wachstum und Fortpflanzungsgeschwindigkeit mit anderen Lebewesen konkurriert. Man kann ohne weiteres ein üppig ausgestattetes neues Medium voraussetzen, das den Organismus von Biosyntheseanforderungen befreit, und auch Funktionen zur Reaktion auf Belastungen, wie beispielsweise die DNA-Reparatur, sind nicht erforderlich.

Das kleinste eigenständige Lebewesen, das man kennt, ist *Mycoplasma genitalium*, das den Voraussagen zufolge 468 Proteinsequenzen besitzt. Im Jahr 1996 verglichen A. R. Mushegian und E. V. Koonin die Genome von *M. genitalium* und *H. influenzae*, damals die beiden einzigen vollständig sequenzierten Bakteriengenome. Der letzte gemeinsame Vorfahre dieser weit auseinander entwickelten Bakterien lebte vor rund zwei Milliarden Jahren. Von den 1 703 proteincodierenden Gegen von *H. influenzae* sind 240 homolog zu Proteinen in *M. genitalium*. Diese, so die Schlussfolgerung von Mushegian und Koonin, müssen ausnahmslos lebenswichtig sein, dürften aber allein für ein eigenständiges Leben nicht ausreichen – manche unentbehrlichen Funktionen werden bei den beiden Lebewesen von Proteinen ausgeführt, die nicht miteinander verwandt sind. Die gemeinsamen 240 Proteine ließen zum Beispiel Lücken in lebenswichtigen Reaktionswegen, die sich aber mit 22 Proteinen von *M. genitalium* füllen ließen. Nachdem man Doppelfunktionen und parasitenspezifische Gene ausgeschlossen hatte, blieb eine Liste von 256 Genen als vermutlich notwendige *und* hinreichende Ausstattung.

Was für Gene enthält das mutmaßliche Minimalgenom? Es handelt sich um Funktionen aus folgenden Kategorien:

- Translation und Proteinsynthese
- DNA-Replikation
- Rekombination und Reparatur – eine zweite Funktion lebenswichtiger, an der DNA-Replikation beteiligter Proteine
- Transkriptionsapparat
- chaperonartige Proteine
- Intermediärstoffwechsel (Glycolyse)
- keine Nucleotid-, Aminosäure- oder Fettsäuresynthese
- Proteinausscheidungsapparat
- begrenztes Repertoire an Transportproteinen für Stoffwechselprodukte

Allerdings – das muss hier betont werden – ist bisher nicht bewiesen, dass ein Organismus mit diesen Proteinen lebensfähig wäre. Und selbst wenn man durch Experimente belegen könnte, dass eine gewisse Minimalausstattung mit Genen – den hier vorgeschlagenen oder anderen – notwendig und hinreichend ist, hat man noch nicht die damit zusammenhängende Frage beantwortet, wie die Genausstattung des gemeinsamen Vorfahren von *M. genitalium* und *H. influenzae* oder der ersten lebenden Zellen allgemein aussah. Nur zu 71 Prozent der genannten 256 Proteine gibt es erkennbare Homologien bei den Proteinen von Eukaryoten *oder* Archaea.

Dennoch eröffnet sich durch die Identifizierung von Funktionen, die zwangsläufig allen Lebensformen gemeinsam sein müssen, die Möglichkeit zur Untersuchung der Frage, in welchem Ausmaß verschiedene Lebensformen diese Funktionen auf die gleiche Weise ausführen. Werden ähnliche Reaktionen bei verschiedenen biologischen Arten von homologen Proteinen katalysiert? Die Genomanalyse hat gezeigt, dass es Familien mit homologen Proteinen bei Archaea, Bacteria und Eukarya gibt. Man geht davon aus, dass die zugehörigen Gene in der Evolution durch eine Abfolge von Artbildungs- und Verdoppelungsereignisse aus einem einzigen Ausgangsgen entstanden sind; in manchen Fällen dürfte allerdings auch horizontale Genübertragung eine Rolle gespielt haben. Die Aufgabe besteht nun darin, gemeinsame Funktionen und gemeinsame Proteine in ein System zu bringen.

Man hat mehrere tausend Proteinfamilien identifiziert, die homologe Mitglieder bei Archaea, Bacteria und Eukarya haben. Die einzelnen Arten enthalten sehr unterschiedlich große Anteile dieser gemeinsamen Familien: Bei Bakterien reicht das Spektrum von *Aquifex aeolicus* – zu 83 Prozent der Proteine dieser Spezies gibt es homologe Proteine bei Archaea und Eukaryoten – bis zu *Borrelia burgdorferi*, wo der entsprechende Anteil nur 52 Prozent beträgt. In den Genomen der Archaea liegt der Prozentsatz mit 62 bis 71 Prozent Proteinen, zu denen es homologe Moleküle bei Bakterien und Eukaryoten gibt, etwas höher. Umgekehrt findet man aber nur zu 35 Prozent der Hefeproteine entsprechende Homologien in bei Bakterien und Archaea.

Führen die gemeinsamen Proteine auch gemeinsame Funktionen aus? Zu den Proteinen der Minimalausstattung, die man bei *M. genitalium* identifiziert hat, gibt es nur in etwa 30 Prozent der Fälle Homologien in allen bekannten Genomen. Andere lebenswichtige Funktionen müssen demnach von Proteinen ausgeführt werden, die nicht miteinander verwandt sind, oder in manchen Fällen möglicherweise auch von homologen Proteinen, die man noch nicht kennt. Unter den Proteinfamilien, deren homologe Mitglieder bei Archaea, Bacteria und Eukarya gleiche Funktionen ausführen, sind besonders viele, die an der Translation mitwirken:

Klasse von Proteinfunktionen	Zahl der Familien, die in allen bekannten Genomen vorkommen
Translation einschließlich Ribosomenstruktur	53
Transkription	4
Replikation, Rekombination, Reparatur	5
Stoffwechsel	9
Zellprozesse: Chaperone, Sekretion, Zellteilung, Zellwandbiosynthese	9

Allmählich zeichnet sich immer deutlicher ab, dass die Evolution die gewaltige Vielfalt möglicher Proteine für verschiedene Funktionen in sehr unterschiedlichem Ausmaß ausprobiert hat. Am konservativsten war sie dabei im Bereich der Proteinsynthese.

┤ www ├

Web-Ressourcen: Auswahl von Datenbanken mit Alignments von Genfamilien

Pfam: Datenbank mit Proteinfamilien:
`http://www.sanger.ac.uk/Software/Pfam/`

COG: Cluster orthologer Gruppen:
`http://www.ncbi.nlm.nih.gov/COG/`

HOBACGEN: Datenbank mit homologen Bakteriengenen:
`http://pbil.univ-lyon1.fr/databases/hobacgen.html`

HOVERGEN: Datenbank mit homologen Wirbeltiergenen:
`http://pbil.univ-lyon1.fr/databases/hovergen.html`

TAED: The Adaptive Evolution Database:
`http://www.sbc.su.se/~liberles/TAED.html`

Gene bitte weitergeben: horizontale Genübertragung

Nachdem Brian Hartley 1970 festgestellt hatte, dass das Trypsin von *S. griseus* mit dem Rindertrypsin näher verwandt ist als mit anderen Proteinasen aus Mikroorganismen, meinte er: »Das Bakterium muss sich bei einer Kuh angesteckt haben.« Es war ein eindeutiger Fall von lateraler oder horizontaler Genübertragung: Ein Bakterium hatte aus dem Boden, in dem es wuchs, ein Gen aufgenommen, das ein Exemplar einer anderen Spezies dort abgelegt hatte. Ein noch älteres Beispiel sind die klassischen Experimente mit der Transformation von Pneumokokken, mit denen O. Avery, C. MacLeod und M. McCarthy nachgewiesen hatten, dass DNA das genetische Material ist. Im Allgemeinen versteht man unter horizontaler Genübertragung jedoch den Übergang genetischen Materials von einem Lebewesen auf ein anderes auf natürlichem Weg und nicht durch Laborverfahren, und zwar nicht durch Vererbung, Replikation oder Paarung. Man kennt mehrere Mechanismen der horizontalen Genübertragung, so beispielsweise die direkte Aufnahme von DNA wie in den Pneumokokken-Transformationsexperimenten oder die Weitergabe über Viren.

Bei der Analyse von Genomsequenzen stellte sich heraus, dass die horizontale Genübertragung durchaus kein seltenes Ereignis ist. Die meisten Gene von Mikroorganismen waren irgendwann einmal davon betroffen. Sie erfordert, dass wir unsere Denkweise nicht mehr nur auf die normale Vorstellung einer „klonalen" Vererbung von Eltern auf Nachkommen beschränken. Belegt wird die horizontale Genübertragung unter anderem durch Diskrepanzen zwischen Evolutionsstammbäumen, die man anhand unterschiedlicher Gene konstruierte, und durch direkten Sequenzvergleich zwischen Genen verschiedener Arten:

- Bei *E. coli* sind anscheinend 755 ORFs (insgesamt 547,8 kb oder rund 18 Prozent des Genoms) in das Genom gelangt, nachdem die Abstammungslinie sich vor 100 Millionen Jahren von den *Salmonella*-Vorfahren abgespalten hatte.
- In der Evolution der Mikroorganismen kommt horizontale Genübertragung bevorzugt bei Genen vor, die mit konstitutiven Tätigkeiten wie der Biosynthese zu tun haben, und seltener bei solchen, die der Informationsverarbeitung dienen und beispielsweise an Transkription oder Translation mitwirken. *Bradyrhizobium japonicum* zum Beispiel,

ein Stickstoff fixierendes Bakterium, das in Symbiose mit höheren Pflanzen lebt, besitzt zwei Gene für Glutaminsynthase. Eines davon ähnelt entsprechenden Genen bei verwandten Bakterien; das andere stimmt zu 50 Prozent mit denen höherer Pflanzen überein. Das Gen für Rubisco (Ribulose-1,5-bisphosphatcarboxylase/oxygenase), das Enzym, welches das Kohlendioxid in der Photosynthese zu Beginn des Calvin-Zyklus fixiert, wurde zwischen Bakterien, Mitochondrien und Algenplastiden hin- und hergeschoben und hat dabei auch Verdoppelungen durchgemacht. Weitere Beispiele, die auch Anhaltspunkte für den Übertragungsmechanismus liefern, sind die vielen Bakteriophagengene, die man im Genom von *E. coli* findet.

Das Phänomen der horizontalen Genübertragung beschränkt sich auch nicht auf Prokaryoten. Sowohl Pro- als auch Eukaryoten sind Chimären. Die Eukaryoten haben ihre Gene, die mit der Informationsverarbeitung zu tun haben, bevorzugt von einem mit *Methanococcus* verwandten Lebewesen bezogen, Gene für Stoffwechselaktivitäten dagegen vorwiegend von Bakterienvorläufern, wobei manche Beiträge auch von Cyanobakterien und Methanogenen stammen. Bei *Methanococcus* wiederum sind fast alle Gene, die an der Informationsverarbeitung mitwirken, mit Hefegenen verwandt. Von der Übertragung sind auch nicht unbedingt nur Vorfahren aus längst vergangener Zeit betroffen. Man hat die (mittlerweile allerdings umstrittene) Vermutung geäußert, zahlreiche Bakteriengene könnten auch ins menschliche Genom gelangt sein. Umgekehrt hat man im Genom von *M. tuberculosis* mindestens acht menschliche Gene gefunden.

Solche Beobachtungen legen den Gedanken an einen „globalen Organismus" nahe, einen gemeinsamen genetischen Markt oder sogar ein World Wide Web der DNA, aus dem die Lebewesen sich die Gene nach Belieben herunterladen können! Wie lässt sich diese Idee mit der Tatsache vereinbaren, dass Artgrenzen aufrechterhalten werden? Nach der üblichen Erklärung gibt es in der Welt des Lebendigen ökologische „Nischen", an die sich die einzelnen biologischen Arten anpassen. Die Abgrenzung dieser Nischen ist demnach die Ursache für die Abgrenzung der Arten. Aber eine solche Erklärung setzt voraus, dass die Eignung der Arten für ihre Nischen durch eine stabile, normale Vererbung erhalten bleibt. Warum durchbricht der globale Organismus nicht die Grenzlinien zwischen den Arten, wie der globale Zugang zur Jugendkultur die Grenzen zwischen dem kulturgeschichtlichen Erbe der Nationen und Bevölkerungsgruppen aufzuweichen droht? Die Antwort liegt vielleicht in den Genen, die mit der Informationsverarbeitung zu tun haben und offensichtlich weniger stark der horizontalen Genübertragung unterliegen: Möglicherweise bestimmen sie über die Identität der Arten.

Interessanterweise wurde die horizontale Genübertragung trotz der überwältigenden Belege, die für ihre Existenz sprechen, lange als seltenes, unwichtiges Phänomen abgetan. Woher dieses Unbehagen kam, liegt auf der Hand: Die Übertragung der Gene von den Eltern auf die Kinder ist das Kernstück des darwinistischen Modells für die biologische Evolution, wonach die Selektion (unterschiedlich gute Fortpflanzung) des elterlichen Phänotyps für eine veränderte Genhäufigkeit in der nächsten Generation sorgt. Der Gedanke, dass Nachkommen ihre Gene aus einer anderen Quelle als von den Eltern beziehen könnten, riecht nach Lamarckismus und anderen in Misskredit geratenen Alternativen zur herrschenden Lehre. Die Vorstellung vom Evolutionsstammbaum als Organisationsprinzip biologischer Verwandtschaftsbeziehungen ist tief verwurzelt: Naturwissenschaftler hängen mit dem Eifer von Umweltschützern an Bäumen, und das selbst dann, wenn der Baum kein geeignetes Modell für das Geflecht der Verwandtschaftsbeziehungen darstellt. Man sollte sich vielleicht daran erinnern, dass Darwin keine Ahnung von Genen hatte; der Mechanismus, der für die Variationen sorgt und so die Voraussetzung für die Selektion schafft, war für ihn ein völliges Rätsel. Möglicherweise hätte er sich mit dem Gedanken an horizontale Genübertragung eher anfreunden können als seine Nachfolger!

Vergleichende Genomanalyse bei Eukaryoten

Beim Vergleich der Genome von Hefe, Fliege, Wurm und Mensch fand man 1 308 Proteingruppen, die bei allen vier Organismen vorkommen. Diese bilden einen entwicklungsgeschichtlich konstanten „harten Kern" von Proteinen für grundlegende Lebensfunktionen wie Stoffwechsel, DNA-Replikation, DNA-Reparatur und Translation.

Diese Proteine bestehen aus Domänen, die man immer wieder antrifft. Es handelt sich um Proteine mit nur einer Domäne, oligomere Proteine und modulartig aufgebaute Proteine, die viele Domänen enthalten (das größte, das Muskelprotein Titin, besteht aus 250 bis 300 Domänen). Die Proteine des Fadenwurmes und der Taufliege setzen sich aus einem Repertoire von Strukturen zusammen, zu dem etwa dreimal so viel Domänen gehören wie zu den Proteinen der Hefe. In den menschlichen Proteinen sind es noch einmal doppelt so viele Domänen wie in den Proteinen von Wurm und Fliege. Die meisten derartigen Domänen kommen auch bei Bakterien und Archaea vor, manche sind aber auch spezifisch für Wirbeltiere (und wurden vermutlich von ihnen erfunden; siehe die folgende Tabelle). In diese Gruppe gehören Proteine, deren Aktivität für Wirbeltiere charakteristisch ist, beispielsweise jene für Abwehr und Immunsystem, sowie Proteine des Nervensystems; nur ein Einziges von ihnen ist ein Enzym, und zwar eine Ribonuclease.

Verteilung mutmaßlicher Homologien zu vorhergesagten Proteinen des Menschen

nur Wirbeltiere	22 %
Wirbeltiere und andere Tiere	24 %
Tiere und andere Eukaryoten	32 %
Eukaryoten und Prokaryoten	21 %
keine Homologien bei Tieren	1 %
nur Prokaryoten	1 %

Wenn neue Proteine entstehen, werden dabei nur in seltenen Fällen neue Domänen erfunden. Weit häufiger werden vorhandene Domänen in immer neuen, zunehmend komplexen Kombinationen zusammengestellt. Ein verbreiteter Mechanismus besteht darin, dass an den Enden modulartig aufgebauter Proteine weitere Domänen angefügt werden (Abb. 2.4). Dieser Vorgang kann sich unabhängig abspielen und in den einzelnen Stämmen des Tierreiches einen unterschiedlichen Verlauf nehmen.

Proteinfamilien entstehen vielfach durch Verdoppelung von Genen, die sich anschließend auseinander entwickeln. So gibt es beispielsweise im Genom des Menschen 906 Gene und Pseudogene für Geruchsrezeptoren, Proteine, die nach Schätzungen die Moleküle von rund 10 000 Substanzen binden können. Homologe Proteine wurden bei Hefe und anderen Pilzen nachgewiesen (wobei manche Vergleiche durchaus anrüchig sind), aber erst bei den Wirbeltieren, die auf einen hoch entwickelten Geruchssinn angewiesen waren, kam es zu einer derart großen Ausweitung und Spezialisierung dieser Proteinfamilie. Beim Menschen liegen 80 Prozent der Gene für Geruchsrezeptoren in Gengruppen vor. Hier besteht ein deutlicher Gegensatz zur kleinen Gruppe der Globingene (Kasten 2.9), bei denen keine derart große Vielfalt erforderlich war.

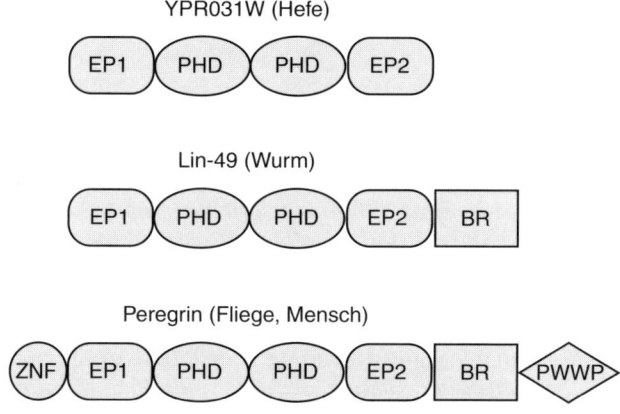

2.4 Evolution durch Ansammlung von Domänen: Alle hier gezeigten Moleküle sind Verwandte des Perigrins, eines menschlichen Proteins, das vermutlich an der Regulation der Transkription mitwirkt. Lin-49, das homologe Protein bei *C. elegans*, ist für die normale Entwicklung des Wurmes unentbehrlich. Die Funktion des homologen Proteins bei der Hefe kennt man nicht. Die Proteine enthalten folgende Domänen: ZNF = Zinkfinger des Typs C_2H_2 (nicht zu verwechseln mit Acetylen! C und H stehen hier für Cystein und Histidin); EP1 und EP2 = Enhancer von Polycomb 1 und 2; PHD = *plant homeodomain*, eine Repressordomäne mit einem Zinkfinger des Typs $C_4H_3C_3$; BR = Bromodomäne; PWWP = Domäne mit dem Sequenzmotiv Pro-Trp-Trp-Pro.

| www |

Web-Ressourcen: Genomdatenbanken

Listen vollständiger Genome:

http://www.ncbi.nlm.nih.gov/PMGifs/Genomes/allorg.html
http://www.ebi.ac.uk/genomes/mot/index.html
http://pir.georgetown.edu/pirwww/search/genome.html

Datenbanken über einzelne biologische Arten:

http://www.unl.edu/stc-95/ResTools/biotools/biotools10.html
http://www-fp.mcs.anl.gov/~gaasterland/genomes.html
http://www.hgmp.mrc.ac.uk/GenomeWeb/genome-db.html
http://www.bioinformatik.de/cgi-bin/browse/Catalog/
  Databases/Genome_Projects/

Empfohlene Literatur

C. elegans sequencing consortium (1999) How the worm was won. The *C. elegans* genome sequencing project. *Trends in Genetics* 15, 51–58. [Beschreibung des Projekts, in dessen Rahmen die Hochdurchsatz-DNA-Sequenzierung ursprünglich entwickelt wurde, und seines Ergebnisses, des ersten sequenzierten Metazoengenoms.]

Doolittle WF (1999) Lateral genomics. *Trends in Cell Biology* 9, M5–8. [Horizontale Genübertragung und wie sie unsere hergebrachten Vorstellungen von Evolution durcheinander bringt.]

Fitch WM (2000) Homology: A personal view of some of the problems. *Trends in Genetics* 16, 227–231. [Eine nachdenkliche Untersuchung des Homologiekonzepts.]

Koonin EV (2000) How many genes can make a cell: The minimal-gene-set concept. *Annual Review of Genomics and Human Genetics* 1, 99–116. [Zusammenfassung über Arbeiten aus der vergleichenden Genomforschung.]

Kwok P-Y, Gu Z (1999) SNP libraries: why and how are we building them? *Molecular Medicine Today* 5, 538–543. [Fortschritte und Überlegungen im Zusammenhang mit Datenbanken für Einzelnucleotid-Polymorphismen.]

Die vorläufigen Sequenzen des gesamten menschlichen Genoms erschienen in Sonderausgaben von *Nature*, 15 Februar 2001 (Ergebnisse des staatlich finanzierten Human-Genomprojekts), und *Science*, 16. Februar 2001 (Ergebnisse von Celera Genomics). Beide Ausgaben sind Meilensteine.

Die Maiausgabe 2001 von *Genome Research*, Band 11, Heft 5, ist dem menschlichen Genom gewidmet.

Übungsaufgaben, Anwendungsaufgaben und Web-Aufgaben

Übungsaufgabe 2.1 Das Genom von *E. coli* hat insgesamt die Basenzusammensetzung 49,2 % AT, 50,8 % GC. Wie viele Male rechnet man in einer Zufallssequenz von 4 639 221 Nucleotiden mit der Sequenz CTAG?

Übungsaufgabe 2.2 Das Genom von *E. coli* enthält mehrere Genpaare für Enzyme, die jeweils die gleiche Reaktion katalysieren. Was bedeutet diese Beobachtung für Knockout-Experimente (Deletion oder Inaktivierung einzelner Gene), mit denen man Genfunktionen aufklären will?

Übungsaufgabe 2.3 Welche der Kategorien, mit denen man die Funktionen der Hefeproteine klassifiziert (siehe Seite 91/92), eignen sich auch für die Einteilung der in einem Prokaryotengenom codierten Proteine?

Übungsaufgabe 2.4 Was geschah früher: die erste Landung eines Menschen auf dem Mond oder die Entdeckung der unterseeischen Schlote? Raten Sie zuerst, dann schlagen Sie nach.

Übungsaufgabe 2.5 Bei einer als Gardner-Syndrom bezeichneten Krankheit bilden sich im Dickdarm zahlreiche Polypen, was ohne Behandlung in jedem Fall zu Krebs führt. In allen bekannten Fällen litt ein Elternteil der Patienten ebenfalls an der Krankheit. Wie sieht ihr Erbgang aus?

Übungsaufgabe 2.6 Das Gen für das Retinoblastom wird zusammen mit einem eng gekoppelten Gen für Esterase D vererbt. Jedes der beiden Allele für Esterase D kann aber zusammen mit jedem der beiden Allele für das Retinoblastom vererbt werden. Woher wissen Sie, dass das Retinoblastom kein unmittelbarer Bestandteil des Esterase-D-Phänotyps ist?

Übungsaufgabe 2.7 Warum muss man cDNA-Bibliotheken von verschiedenen Geweben herstellen, wo doch alle somatischen Zellen eines Organismus die gleichen DNA-Sequenzen enthalten?

Übungsaufgabe 2.8 Angenommen, Sie wollen ein Gen identifizieren, das beim Menschen eine Krankheit verursacht. 0,75 cM von dem Gen entfernt finden Sie einen genetischen Marker. Wie groß (in Bp) ist ungefähr der Bereich, in dem Sie das Gen lokalisiert haben? Wie viele Gene wird er schätzungsweise enthalten?

Übungsaufgabe 2.9 Die Leber-Optikusatrophie ist eine erbliche Erkrankung, die zu einem weitgehenden Verlust der Sehfähigkeit führt. Ursache sind Mutationen in der Mitochondrien-DNA. Sie sollen ein heiratswilliges Paar beraten; die Mitochondrien-DNA der Frau ist normal, der Mann leidet an der Leber-Optikusatrophie. Wie schätzen Sie die Gefahr ein, dass die aus dieser Ehe hervorgehenden Kinder die Krankheit bekommen?

Übungsaufgabe 2.10 Der Glucose-6-phosphat-dehydrogenasemangel ist ein rezessiver, X-gekoppelter genetischer Defekt, der von einem einzigen Gen ausgeht. Betroffen sind viele hundert Millionen Menschen. Als klinische Symptome beobachtet man hämolytische Anämie und eine hartnäckige Gelbsucht beim Neugeborenen. Das Gen ist aus der Bevölkerung nicht verschwunden, weil es gegen Malaria resistent macht. Das Protein, das die Störung verursacht, konnte man in diesem Fall aufgrund der allgemeinen Kenntnisse über Stoffwechselwege identifizieren. Angenommen, Sie kennen die Aminosäuresequenz des Proteins; wie würden Sie feststellen, an welcher Stelle (oder an welchen Stellen) auf den Chromosomen das zugehörige Gen liegt?

Übungsaufgabe 2.11 Bevor man wusste, dass DNA das genetische Material ist, war es ein völliges Rätsel, was ein Gen – biochemisch betrachtet – eigentlich ist. In den Vierzigerjahren des 20. Jahrhunderts beobachteten G. Beadle und E. Tatum, dass einzelne Mutationen ganz bestimmte Schritte der biochemischen Reaktionswege ausschalten können. Aufgrund dieser Befunde formulierten sie die **Ein-Gen-Ein-Enzym-Hypothese**. Machen Sie eine Fotokopie der Abbildung 2.2 und verbinden Sie darin mit Linien die Gene mit den nummerierten Schritten der Reaktionsfolge. Inwieweit erfüllen die Gene des *trp*-Operons die Ein-Gen-Ein-Enzym-Hypothese, und wo gibt es Ausnahmen?

Übungsaufgabe 2.12 Die folgende Abbildung zeigt links das Chromosom 5 des Menschen und rechts das entsprechende Chromosom eines Schimpansen. Zeichnen sie auf einer Fotokopie der Abbildung ein, welche Abschnitte eine Umkehrung des Bandenmusters zeigen.

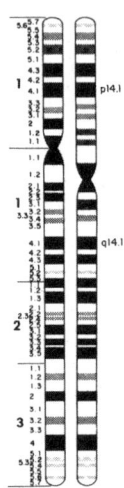

(Abdruck mit freundlicher Genehmigung aus Yunis JJ, Sawyer JR, Dunham K (1980) The striking resemblance of high-resolution G-banded chromosomes of man and chimpanzee. *Science* 208, 1145–1148. © 1980 American Association for the Advancement of Science.)

Übungsaufgabe 2.13 Beschreiben Sie allgemein, wie das FISH-Bild in Farbtafel IV aussehen würde, wenn die betroffene Region des Chromosoms 20 nicht deletiert, sondern auf ein anderes Chromosom transloziert wäre.

Übungsaufgabe 2.14 In den 14,4 Millionen Jahren, seit die Entwicklungslinien von *E. coli* und *Salmonella* sich getrennt haben, sind 755 ORFs durch horizontale Genübertragung in das Genom von *E. coli* gelangt. Wie groß ist die Durchschnittsgeschwindigkeit der horizontalen Genübertragung in kb/Jahr? Wie vielen typischen Proteinen (je ungefähr 300 Aminosäuren) entspricht das? Welchen Prozentsatz der bekannten Gene hat das Genom von *E. coli* durch horizontale Übertragung aufgenommen?

Übungsaufgabe 2.15 Inwieweit entspricht ein lebendes Genom einer Datenbank? Welche der folgenden Eigenschaften haben lebende Genome und Computerdatenbanken gemeinsam? Welche Eigenschaften findet man nur bei lebenden Genomen, aber nicht bei Datenbanken? Und welche Eigenschaften sind für Datenbanken typisch, für lebende Genome aber nicht?

a) Sie dienen als Informationsspeicher.

b) Sie interpretieren sich selbst.

c) Verschiedene Kopien sind nicht genau gleich.

d) Wissenschaftler können Fehler finden.

c) Wissenschaftler können Fehler korrigieren.

f) Es gibt geplante, organisierte Zuständigkeiten für die Zusammenstellung und Verbreitung der Information.

Anwendungsaufgabe 2.1 Welche experimentellen Befunde belegen, dass die genetische Kopplungskarte eines einzelnen Chromosoms linear geordnet ist?

Anwendungsaufgabe 2.2 Wie lauten bei *M. genitalium* und *H. influenzae* die Werte für a) Gendichte (in Gene/kb), b) Durchschnittsgröße eines Gens in Bp, c) Anzahl der Gene? Welcher Faktor trägt am meisten dazu bei, dass das Genom von *M. genitalium* im Vergleich zu *H. influenzae* so viel kleiner ist?

Anwendungsaufgabe 2.3 Das Immunsystem des Menschen kann Schätzungen zufolge 10^{15} verschiedene Antikörper produzieren. Wäre es denkbar, dass derart viele Proteine jeweils durch eigene Gene codiert sind, und dass die Vielfalt demnach durch Verdoppelung und Auseinanderentwicklung von Genen entstanden ist? Ein Gen für ein IgG-Molekül ist im typischen Fall rund 2 000 Bp lang.

Web-Aufgabe 2.1 Zeichnen Sie auf Fotokopien der Abbildungen 1.2 bis 1.4 die Stellung der biologischen Arten ein, deren vollständige Genomsequenzen man kennt. (http://www.ebi.ac.uk/genomes/)

Web-Aufgabe 2.2 Welche Unterschiede bestehen zwischen dem genetischen Standardcode und dem genetischen Code in den Mitochondrien der Wirbeltiere?

Web-Aufgabe 2.3 An welcher Stelle auf den Chromosomen des Menschen liegt das Gen für Myoglobin?

Web-Aufgabe 2.4 An wie vielen Stellen im Genom von *E. coli* kommt das Tetranucleotid CTAG vor? Ist es im Vergleich zu den Berechnungen, die man für eine Zufallssequenz mit der Länge und Basenzusammensetzung des *E. coli*-Genoms anstellen kann (siehe Übungsaufgabe 2.1), über- oder unterrepräsentiert?

Web-Aufgabe 2.5 Zeichnen Sie für die Jahre seit 1995 ein Histogramm mit der Gesamtzahl der vollständig sequenzierten Genome.

Web-Aufgabe 2.6 a) Wie viele vorausgesagte ORFs enthält das Chromosom X der Hefe? b) Und wie viele tRNA-Gene?

Web-Aufgabe 2.7 Welche Aminosäure fehlt in den Proteinen von *M. genitalium* völlig? In welcher Hinsicht unterscheidet sich der genetische Code von *M. genitalium* vom Standardcode?

Web-Aufgabe 2.8 Beim Menschen entspricht 1 cM ungefähr 10^6 Bp. Wie viele Basenpaare sind bei der Hefe gleichbedeutend mit 1 cM?

Web-Aufgabe 2.9 Spermien können aktiv schwimmen und enthalten Mitochondrien. Bei der Befruchtung gelangt der gesamte Inhalt der Samenzelle in die Eizelle. Wie kommt es, dass Mitochondrien-DNA dennoch ausschließlich von der Mutter vererbt wird?

Web-Aufgabe 2.10 Der Kasten 2.9 zeigt, wie die Verdoppelung und Auseinanderentwicklung von Genen beim Menschen zu den heutigen Gruppen der α- und β-Globingene geführt haben. a) Bei welchen biologischen Arten, die eng mit den Vorfahren der Menschen verwandt waren, fand diese Auseinanderentwicklung statt? b) Bei welchen mit den Vorfahren des Menschen verwandten Arten entstand das entwicklungsabhängige Expressionsmuster ($\zeta_2\varepsilon_2$ = embryonal; $\alpha_2\gamma_2$ = fetal; $\alpha_2\beta_2$ = erwachsen)?

Web-Aufgabe 2.11 Sind Sprachgruppen mit Abweichungen in der menschlichen Mitochondrien-DNA oder in den Sequenzen des Y-Chromosoms enger korreliert? Schlagen Sie eine Erklärung für das beobachtete Ergebnis vor.

Web-Aufgabe 2.12 Bei der Mutation, welche die Sichelzellanämie verursacht, handelt es sich um den Austausch einer einzigen Base (A→T), der in der Position 6 der β-Kette des Hämoglobins zu dem Wechsel Glu→Val führt. Der Basenaustausch erfolgt in der Sequenz 5'-GTGAG (*normal*) → GTGTG (*mutiert*). Mit welchem Restriktionsenzym kann man zwischen diesen Sequenzen unterscheiden und damit Träger des Gens identifizieren? Welche Spezifität hat dieses Enzym?

Web-Aufgabe 2.13 Welche Mutation ist die häufigste Ursache der Phenylketonurie (PKU)?

Web-Aufgabe 2.14 Finden Sie drei Beispiele für Mutationen im CFTR-Gen (das die Cystische Fibrose verursacht), die zu einer verminderten, aber nicht völlig fehlenden Funktion des Chloridkanals führen. Welche klinischen Symptome erzeugen diese Mutationen?

Web-Aufgabe 2.15 Finden Sie jeweils ein Beispiel für eine genetisch bedingte Erkrankung mit folgenden Eigenschaften: a) autosomal-dominant; b) autosomal-rezessiv (außer der Cystischen Fibrose); c) X-gekoppelt dominant; d) X-gekoppelt rezessiv; e) Y-gekoppelt; f) durch anormale Mitochondrien-DNA verursacht (außer der Leber-Optikusatrophie).

Web-Aufgabe 2.16 a) Nennen Sie einen Bundesstaat der USA, in dem neugeborene Kinder routinemäßig auf Homocystinurie untersucht werden. b) Nennen Sie einen Bundesstaat der USA, in dem neugeborene Kinder *nicht* routinemäßig auf Homocystinurie untersucht werden. c) Nennen Sie einen Bundesstaat der USA, in dem neugeborene Kinder routinemäßig auf Biotinidase untersucht werden. d) Nennen Sie einen Bundesstaat der USA, in dem neugeborene Kinder *nicht* routinemäßig auf Biotinidase untersucht werden. e) Welche klinischen Folgen treten ein, wenn Homocystinurie oder Biotinidasemangel nicht diagnostiziert werden?

Web-Aufgabe 2.17 a) Welche normale Funktion hat das Protein, das beim Menkes-Syndrom defekt ist? b) Gibt es im Genom von *A. thaliana* ein Gen, das zu diesem Gen homolog ist? c) Wenn ja: Welche Funktion hat dieses Gen bei *A. thaliana*?

Web-Aufgabe 2.18 Die *Duchenne-Muskeldystrophie* (DMD) ist eine X-gekoppelte, erbliche Krankheit, die zu fortschreitender Muskelschwäche führt. Die Betroffenen können in der Regel schon mit zwölf Jahren nicht mehr gehen, und die Lebenserwartung liegt höchstens bei 20 bis 25 Jahren. Eine weniger schwere Erkrankung, die durch das gleiche Gen verursacht wird, ist die *Becker-Muskeldystrophie* (BMD). Beide Leiden entstehen in der Regel durch Deletionen in einem einzigen Gen, nämlich dem für Dystrophin. Bei der DMD fehlt das funktionsfähige Protein völlig; bei der BMD liegt ein verkürztes Protein vor, das noch einen Teil seiner Funktionsfähigkeit besitzt. Manche Deletionen bei der BMD sind länger als andere, die zur DMD führen. Wodurch unterscheiden sich die Deletionen, die die beiden Krankheiten hervorrufen?

Web-Aufgabe 2.19 Welches Chromosom der Kuh enthält einen Abschnitt, der zur Chromosomenregion 8q21.12 des Menschen homolog ist?

KAPITEL 3

ARCHIVE UND DIE ABFRAGE VON INFORMATIONEN

Einleitung

Das nun folgende Kapitel gibt eine Einführung in die Methoden der Informationsabfrage, mit denen man Datenbanken effizienter nutzen kann. Es soll mit grundlegenden Vorgehensweisen vertraut machen, die sich dann später leicht ausbauen und weiterentwickeln lassen. Auch in vielen Datenbanken selbst sind Lehrgänge integriert, die jeden Benutzer in die Lage versetzen, ihre Möglichkeiten auszuschöpfen.

Datenbankindexierung und Festlegung von Suchbegriffen

Ein Index ist eine Serie von Hinweisen auf die Informationen in einer Datenbank. Um das World Wide Web oder eine spezialisierte molekularbiologische Datenbank zu durchsuchen, gibt man einen oder mehrere Suchbegriffe ein, nach denen ein Programm dann in der Liste seiner Indexeinträge sucht. Im Idealfall besteht die gesamte Datenbank aus **Einträgen** (*entries*) – abgegrenzten, zusammengehörigen Informationspaketen. Die Abfragesoftware erkennt Einträge, deren Inhalt im Zusammenhang mit der Eingabe des Benutzers steht. Im einfachsten Fall gibt man beispielsweise den Begriff „Pferd" ein, und das Programm liefert eine Liste der Einträge, in denen dieses Wort vorkommt.

Eine vollständige Suche im World Wide Web würde zu Informationen über viele verschiedene Aspekte von Pferden führen – Molekularbiologie, Zucht, Pferderennen, Gedichte über Pferde –, und für die meisten davon interessiert man sich vermutlich nicht. Damit eine Suche Erfolg hat, reicht es nicht aus, das Gesuchte zu benennen – man muss auch dafür sorgen, dass die gewünschte Antwort nicht in einer Masse uninteressanten Materials untergeht. (Natürlich ist dieses uninteressante Material für andere unter Umständen durchaus interessant.)

Um die Ergebnisse einzugrenzen, verarbeiten die Informationsabfragewerkzeuge auch die Eingabe mehrerer Begriffe oder Suchworte. Eine Suche nach „horse liver alcohol dehydrogenase" liefert Antworten, in denen es speziell um dieses Enzym geht. Die Suche führt zu Einträgen, die alle vier eingegebenen Suchworte enthalten: „horse" UND „liver" UND „alcohol" UND „dehydrogenase". Gedichte über Pferde kämen unter den ersten Treffern nicht vor (außer in dem unwahrscheinlichen Fall, dass ein Gedicht alle vier Suchworte enthält).

Man kann die Indexbegriffe in verschiedenen logischen Kombinationen abfragen. Spricht eine Suchmaschine beispielsweise nicht auf die Unterschiede zwischen britischer und amerikanischer Rechtschreibung an, sollte man in der Suche „hemoglobin OR haemoglobin" eingeben. (Vorsicht: Die Eingabe von „hemoglobin haemoglobin" wird höchstwahrscheinlich als „hemoglobin AND haemoglobin" interpretiert und führt dann nur zu Dokumenten, die von internationalen Kommissionen oder in ihrer Rechtschreibung verunsicherten Auswanderern verfasst wurden.)

Will man dagegen etwas über andere Dehydrogenasen wissen, kann man nach „dehydrogenase NOT alcohol" suchen. Damit erhält man Einträge, die den Begriff „dehydrogenase" enthalten, nicht aber das Wort „alcohol". Eine solche Suche führt beispielsweise zu Lactatdehydrogenase, Malatdehydrogenase und so weiter. Dabei fehlen aber Hinweise auf Übersichtsartikel, in denen Alkoholdehydrogenasen mit anderen Dehydrogenasen verglichen werden, oder das Alignment der Sequenzen vieler Dehydrogenasen, darunter auch die Alkoholdehydrogenase. Sie übersehen zu haben, bereut man später unter Umständen.

Viele Datenbanksuchmaschinen lassen auch komplexe logische Ausdrücke zu, beispielsweise „(haemoglobin OR hemoglobin) AND (dehydrogenase NOT alcohol)". Die Konstruktion solcher Ausdrücke ist eine Übung in Mengenlehre, und dabei ist es hilfreich, wenn man sich Venn-Diagramme aufzeichnet. Der logische Aufbau der Suche ist zwar unabhängig von der zur Datenbanksuche eingesetzten Software, aber die einzelnen Programme verlangen zur Formulierung der gleichen Bedigungen eine unterschiedliche Syntax. Die Suche nach „dehydrogenase NOT alcohol" muss man beispielsweise manchmal auch als DEHYDROGENASE–ALCOHOL oder DEHYDROGENASE!ALCOHOL eingeben.

Spezialisierte Datenbanken, zu denen auch die molekularbiologischen gehören, strukturieren die Informationen und teilen sie in verschiedene Kategorien ein. Das ist unverzichtbar. Es gibt derzeit in den Biowissenschaften aktive Wissenschaftler(innen) namens E(lisabetta) Coli, (John D.) Yeast, (Patrice) Rat, eine ganze Reihe von Rabbits sowie mehrere Personen mit den Namen Crystal und Blot. Will man Artikel finden, die von diesen Wissenschaftler(innen) veröffentlicht wurden, wäre es naiv, in einer molekularbiologischen Datenbank eine Suche ausschließlich mit dem Nachnamen durchzuführen. Viele Datenbanken bieten getrennte Indices und Suchmöglichkeiten für verschiedene Informationskategorien. Sie erlauben beispielsweise die Suche nach Artikeln mit E. Coli als AUTOR.

In manchen Kategorien, so zum Beispiel in der biologischen Systematik, gibt es eine genau festgelegte Nomenklatur. Diese wird dem Benutzer häufig als Pulldown-Menü angeboten. Um eine Suche nach „globin NOT mammal" durchzuführen und die relativ wenigen Einträge über Globine bei Organismen außerhalb der Säugetiere zu finden, nicht aber die vielen Informationen über Globine einschließlich des menschlichen Hämoglobins, in denen der Begriff *mammal* nicht ausdrücklich vorkommt, braucht man ein Abfragesystem, das die systematische Hierarchie „kennt".

Zu Schwierigkeiten führt häufig auch ein technisches Problem: Wie gibt man Begriffe ein, die Zeichen außerhalb des normalen Standards enthalten, beispielsweise Akzente, Umlaute, griechische Buchstaben oder die bereits erwähnten Unterschiede zwischen US-amerikanischer und britischer Rechtschreibung? Spezialisierte Datenbanken wie das System ENTREZ des NCBI handhaben die Unterschiede zwischen britischer und amerikanischer Rechtschreibung mit einem Synonymwörterbuch. Programme, die das gesamte Web durchsuchen, sind dazu in der Regel nicht in der Lage. Akzente kann man nur weglassen und dann sein Glück versuchen.

Nachgefragt

Bei einer Datenbanksuche findet man nur in seltenen Fällen schon beim ersten Versuch genau die gewünschte Information. In der Regel muss man die Abfrage anhand der beim ersten Mal gefundenen Ergebnisse abwandeln. Die meisten Abfrageprogramme erlauben aufeinander folgende, kumulative Suchschritte, bei denen jedes Mal die Suchbegriffe und/oder die logischen Verknüpfungen verändert werden. Hat man das Gesuchte gefunden, möchte man umgekehrt auch häufig die Suche erweitern und ähnliche Informationen finden. Ist man auf eine Gensequenz gestoßen, möchte man wissen, ob es bei anderen Lebewesen homologe Gene gibt oder ob die Raumstruktur des zugehörigen Proteins bekannt ist. Oder man interessiert sich dafür, welche Aufsätze bereits über diese Sequenz veröffentlicht wurden.

Solche ergänzenden Fragen erfordern Verknüpfungen zu anderen Einträgen in derselben oder einer anderen Datenbank. Dies ist ein Spezialfall der allgemeinen Frage, wie man elektronische Bibliotheken am besten durchsucht – ein schwieriges Problem, das derzeit einen aktuellen Forschungsgegenstand darstellt.

Um homologe Gene zu finden, benutzt man am besten Verknüpfungen zu anderen Einträgen in derselben Datenbank (in diesem Fall einer Datenbank mit Gensequenzen). Interessiert man sich dagegen im Zusammenhang mit einem Gen für Strukturen oder bibliografische Hinweise, braucht man Links zu anderen Datenbanken (von der Datenbank mit Gensequenzen zu jenen mit Raumstrukturen oder Literatureinträgen). Die interaktiven Möglichkeiten der molekularbiologischen Datenbanken werden immer leistungsfähiger, sodass auch solche Operationen mittlerweile recht einfach sind – früher musste man in einzelnen Datenbanken jeweils eine getrennte Suche durchführen. Letztlich handelt es sich hier um eine Erweiterung des ursprünglichen Konzepts, wonach eine Datenbank eine Sammlung eigenständiger Einträge ist, die man nur anhand ihres im Index aufgeführten Inhalts auswählen kann.

Analyse der gewonnenen Daten

Manchmal möchte man im Anschluss an eine Suche ein Programm starten, das die gewonnenen Daten als Input verwendet. Hat man beispielsweise eine interessante Proteinsequenz gefunden, ist der nächste Schritt vielleicht eine PSI-BLAST-Suche. Streng genommen handelt es sich hierbei nicht um eine Datenbanksuche. Früher hätte man dazu einen getrennten Arbeitsschritt durchführen müssen und die gewonnene Sequenz von Hand in das Anwendungsprogramm eingegeben. Heute bieten molekularbiologische Informationsdienste aber häufig nicht nur die Suche in mehreren Datenbanken, sondern auch Möglichkeiten, solche Analyseprozeduren in Gang zu setzen. Dies trägt erheblich dazu bei, die Arbeit am Computer reibungsloser zu gestalten.

Die Archive

Zwar sind unsere Kenntnisse über biologische Sequenzen und Strukturen nach wie vor alles andere als vollständig, aber sie haben bereits einen ansehnlichen Umfang, der außerdem äußerst schnell zunimmt. Viele Wissenschaftler sind damit beschäftigt, die Daten zu gewinnen oder im Rahmen ihrer Forschungsprojekte zu analysieren. Archivierung und Verbreitung werden von besonderen Datenbankinstitutionen übernommen. In manchen Fällen gibt es zwischen den Arbeitsgruppen personelle Überschneidungen.

Die Archivierung von Daten in der Bioinformatik wurde ursprünglich von einzelnen Forschergruppen vorgenommen, deren Motiv das Interesse an den damit verbundenen wissenschaftlichen Fragestellungen war. Aber die Anforderungen an Ausrüstung und Personal wuchsen, während gleichzeitig neue Qualifikationen mit einem viel größeren Schwergewicht auf der Informatik erforderlich wurden; deshalb wurden diese Aufgaben von besonderen nationalen und internationalen Institutionen übernommen, die mittlerweile einen großen Umfang erreicht haben. Wer sich einmal mit der Geschichte dieser Institutionen befasst hat, ist zwangsläufig beeindruckt von ihrem Wachstum: Sie entwickelten sich von kleinen, anspruchslosen, schlecht finanzierten Projekten, an denen wenige Personen begeistert arbeiteten, zu einer multinationalen, gewichtigen Branche, in der es politisch motivierte Firmenübernahmen und das wissenschaftliche Gegenstück zur Hebelwirkung der Finanzmärkte gibt.

Im Zusammenhang mit biologischen Makromolekülen gibt es folgende Sammlungen von Primärdaten:

- Nucleinsäuresequenzen einschließlich vollständiger Genome
- Aminosäuresequenzen von Proteinen
- Protein- und Nucleinsäurestrukturen
- Kristallstrukturen kleiner Moleküle
- Proteinfunktionen

- Genexpressionsmuster
- Veröffentlichungen

Datenbanken mit Nucleinsäuresequenzen

Das weltweite Archiv für Nucleinsäuresequenzen ist ein Gemeinschaftsunternehmen mit drei Partnern: The National Center for Biotechnology Information (USA), EMBL Data Library (European Bioinformatics Institute, Großbritannien) und DNA Data Bank of Japan (National Institutes of Genetics, Japan). Die Gruppen tauschen täglich Daten aus. Deshalb sind die Rohdaten genau gleich, im Format der Speicherung und bei der Annotation gibt es jedoch geringfügige Unterschiede. Die Datenbanken pflegen, archivieren und verbreiten DNA- und RNA-Sequenzen aus Genomprojekten, wissenschaftlichen Veröffentlichungen und Patentanträgen. Um zu gewährleisten, dass diese grundlegenden Daten frei zugänglich sind, machen Fachzeitschriften die Einbringung neuer Nucleotidsequenzen in die Datenbank zur Bedingung für die Veröffentlichung eines Artikels. Ähnliche Bedingungen gelten auch für Aminosäuresequenzen sowie für Nucleinsäure- und Proteinstrukturen.

Bei den Nucleinsäuresequenzdatenbanken in ihrer für den Benutzer zugänglichen Form handelt es sich um Sammlungen von Einträgen. Jeder Eintrag hat die Form einer Textdatei mit Daten und Annotation für eine einzige, zusammenhängende Sequenz. Viele Einträge setzen sich aus dem Inhalt mehrerer veröffentlichter Artikel zusammen, in denen jeweils über überlappende Fragmente einer vollständigen Sequenz berichtet wurde.

Ein solcher Eintrag in einer Datenbank hat eine Lebensgeschichte. Da ein Teil der Nutzer möglichst schnellen Zugang zu den Daten wünscht, werden neue Einträge zur Verfügung gestellt, bevor die Annotation vollständig ist und alle Prüfungen abgeschlossen wurden. Ein solcher Eintrag macht folgende Stadien durch:

ohne Annotation → vorläufig → ungeprüft → Standard

In seltenen Fällen „stirbt" ein Eintrag – einige Sequenzen wurden entfernt, nachdem sich herausgestellt hatte, dass sie fehlerhaft waren.

Als Beispiel sei hier ein Sequenzeintrag aus der EMBL-Sequenzdatenbank genannt, der neben der eigentlichen Sequenz auch Annotationen enthält: Er betrifft das Gen für den Trypsininhibitor aus Rinderpankreas (der Kasten zeigt nur einen Teil des Eintrags; die Sequenz selbst wurde zum größten Teil weggelassen).

┤ 3.1 ├

Der Eintrag für das Gen des Trypsininhibitors aus Rinderpankreas in der EMBL-Datenbank

```
ID    BTBPTIG      standard; DNA; MAM; 3998 BP.
XX
AC    X03365; K00966;
XX
DT    18-NOV-1986 (Rel. 10, Created)
DT    20-MAY-1992 (Rel. 31, Last updated, Version 3)
XX
DE    Bovine pancreatic trypsin inhibitor (BPTI) gene
XX
KW    Alu-like repetitive sequence; protease inhibitor;
KW    trypsin inhibitor.
XX
OS    Bos taurus (cattle)
```

3.1 *Fortsetzung*

```
OC   Eukaryota; Animalia; Metazoa; Chordata; Vertebrata; Mammalia;
OC   Theria; Eutheria; Artiodactyla; Ruminantia; Pecora; Bovidae.
XX
RN   [1]
RP   1-3998
RA   Kingston I.B., Anderson S.;
RT   "Sequences encoding two trypsin inhibitors occur in strikingly
RT   similar genomic environments";
RL   Biochem. J. 233:443-450(1986).
XX
RN   [2]
RA   Anderson S., Kingston I.B.;
RT   "Isolation of a genomic clone for bovine pancreatic trypsin
RT   inhibitor by using a unique-sequence synthetic dna probe";
RL   Proc. Natl. Acad. Sci. U.S.A. 80:6838-6842(1983).
XX
DR   SWISS-PROT; P00974; BPT1_BOVIN.
XX
CC   Data kindly reviewed (08-DEC-1987) by Kingston I.B.
XX
FH   Key             Location/Qualifiers
FH
FT   misc_feature    795..800
FT                   /note="pot. polyA signal"
FT   misc_feature    835..839
FT                   /note="pot. polyA signal"
FT   repeat_region   837..847
FT                   /note="direct repeat"
FT   misc_feature    930..945
FT                   /note="sequence homologous to Alu-like
FT                   consensus seq."
FT   repeat_region   1035..1045
FT                   /note="direct repeat"
FT   misc_feature    2456..2461
FT                   /note="pot. splice signal"
FT   CDS             2470..2736
FT                   /note="put. precursor"
FT   misc_feature    2488..2489
FT                   /note="pot. intron/exon splice junction"
FT   misc_feature    2506..2507
FT                   /note="pot. intron/exon splice junction"
FT   CDS             2512..2685
FT                   /note="trypsin inhibitor (aa 1-58)"
FT   misc_feature    2698..2699
FT                   /note="pot. exon/intron splice junction"
FT   misc_feature    3690..3695
FT                   /note="pot. polyA signal"
FT   misc_feature    3729..3733
FT                   /note="pot. polyA signal"
XX
SQ   Sequence 3998 BP; 1053 A; 902 C; 892 G; 1151 T; 0 other;
     aattctgata atgcagagaa ctggtaagga gttctgattg ttctgcttga ttaaatgggt
     tgtaacagga tagtgtcttg tcctgatcct agcattcata tggtgtgtgt tctggggcaa
     gtcatctgca gtttcttcac ctgaacaggg ggaccaggtt acatgagttt cttaaaagat
     taccagtcat gagtatgaag agtttacact ttcctgatca atgacgtcca tttcccatca

                     3720 Nucleotide weggelassen...

     gccaggtcaa actttggggt gtgttatttc cctgaatt
//
```

Zur Annotation eines Eintrages gehört eine Eigenschaftstabelle (*feature table*, Zeilen beginnen mit FT), in der die Eigenschaften einzelner Abschnitte aufgefüllt sind, beispielsweise codierende Sequenzen (CDS). Da diese Zeilen für Computerprogramme lesbar sein sollen – damit man beispielsweise eine codierende Region in einer Aminosäuresequenz übersetzen kann – haben sie ein genau festgelegtes Format und einen eingeschränkten Wortschatz. Die Entwicklung solcher eingeschränkten Nomenklaturen und ein genaues Verzeichnis der Wörter und Formulierungen, die als Stichworte in den *feature tables* vorkommen dürfen, ist ebenfalls eine wichtige Voraussetzung, wenn man Verknüpfungen zwischen verschiedenen Datenbanken herstellen will. Die Eigenschaftstabelle kann auf Abschnitte hinweisen, die

- bestimmte Funktionen ausführen oder beeinflussen
- mit anderen Molekülen in Wechselwirkung treten
- sich auf die Replikation auswirken
- an der Rekombination beteiligt sind
- Wiederholungseinheiten darstellen
- eine Sekundär- oder Tertiärstruktur besitzen
- überarbeitet oder korrigiert wurden

Genomdatenbanken

Die Sequenzen ganzer Genome sind als Einträge in den normalen Nucleinsäuresequenzarchiven enthalten, aber für viele biologische Arten gibt es auch besondere Datenbanken, in denen die Genomsequenz und ihre Annotation mit anderen diese Spezies betreffenden Daten zusammengeführt werden.

⊣ www ⊢

Web-Ressourcen: Links zu organismenspezifischen Datenbanken
```
http://www.unl.edu/stc-95/ResTools/biotools/biotools10.html
http://www-fp.mcs.anl.gov/~gaasterland/genomes.html
http://www.hgmp.mrc.ac.uk/GenomeWeb/genome-db.html
http://www.bioinformatik.de/cgi-bin/browse/Catalog/
   Databases/Genome_Projects/
```

Proteinsequenzdatenbanken

Die meisten Aminosäuresequenzen werden heute aus Nucleinsäuresequenzen abgeleitet. Das Schweizerische Institut für Bioinformatik stellt in Zusammenarbeit mit der EMBL Data Library eine annotierte Aminosäuresequenzdatenbank zur Verfügung, die den Namen SWISS-PROT trägt. Eine weitere Datenbank für Proteinsequenzen unterhält The PIR International, bestehend aus Arbeitsgruppen an der National Biomedical Research Foundation (Georgetown University, Washington, D.C., USA), dem Münchner Informationszentrum für Proteinsequenzen (MIPS) und der Japan International Protein Information Database (Tsukuba, Japan).

Der Kasten 3.2 zeigt, wie der Eintrag für das Protein Rinderpankreas-Trypsininhibitor in der PIR-Datenbank aussieht. (Der Vergleich mit dem entsprechenden Eintrag bei SWISS-PROT ist Gegenstand der Web-Aufgabe 3.1.)

| 3.2 |

Der Eintrag für die Aminosäuresequenz des Trypsininhibitors aus Rinderpankreas in der PIR-Datenbank

```
ENTRY              TIBO  #type complete
TITLE              basic proteinase inhibitor precursor - bovine
ALTERNATE_NAMES    aprotinin; basic pancreatic trypsin inhibitor; BPTI;
                   cationic kallikrein inhibitor; inhibitor IV
ORGANISM           #formal_name Bos primigenius taurus #common_name cattle
   #cross-references taxon:9913
DATE               24-Apr-1984 #sequence_revision 22-Jul-1994 #text_change
                   16-Jun-2000
ACCESSIONS         S00277; A30333; S10546; S02486; S28197; A90162; A92023;
                   A90736; A90927; A34658; A93977; S10062; A01205
REFERENCE          S00274
   #authors        Creighton, T.E.; Charles, I.G.
   #journal        J. Mol. Biol. (1987) 194:11-22
   #title          Sequences of the genes and polypeptide precursors for two
                   bovine protease inhibitors.
   #cross-references MUID:87283904
   #accession      S00277
      ##molecule_type DNA; mRNA
      ##residues 1-100 ##label CR2
      ##cross-references GB:M20934; GB:X05274; NID:g162767;
                   PIDN:AAD13685.1; PID:g162769
```

                    12 weitere Literaturangaben weggelassen ...

```
COMMENT            Basic proteinase inhibitor is an intracellular polypeptide
                   found in many tissues, probably located in granules of
                   connective tissue mast cells.
GENETICS
   #introns        34/1; 98/1
CLASSIFICATION     #superfamily basic proteinase inhibitor; animal
                   Kunitz-type proteinase inhibitor homology
KEYWORDS           serine proteinase inhibitor
FEATURE
   1-20                         #domain signal sequence #status predicted #label
                               SIG\
   21-35                        #domain propeptide #status predicted #label PRO\
   36-100                       #product basic proteinase inhibitor #status
                               experimental #label MAT\
   40-90                        #domain animal Kunitz-type proteinase inhibitor
                               homology #label BPI\
   40-90,49-73,65-86            #disulfide_bonds #status experimental\
   50                           #inhibitory_site Lys (trypsin, chymotrypsin,
                               kallikrein, plasmin) #status experimental
SUMMARY            #length 100 #molecular_weight 10903

SEQUENCE
                5         10        15        20        25        30
    1 M K M S R L C L S V A L L V L L G T L A A S T P G C D T S N
   31 Q A K A Q R P D F C L E P P Y T G P C K A R I I R Y F Y N A
   61 K A G L C Q T F V Y G G C R A K R N N F K S A E D C M R T C
   91 G G A I G P W E N L
```

```
PDB structures most related to TIBO:
     1CBWD (36-93) 100.0%; 1BZ5E (36-93) 100.0%; 9PTI (36-91) 100.0%
     1BZXI (36-93) 100.0%; 1B0CB (36-93) 100.0%; 1CBWI (36-93) 100.0%
```

                    17 Zeilen mit 51 weiteren PDB-Einträgen weggelassen ...

```
ALIGNMENTS containing TIBO:
     FA2061 basic proteinase inhibitor - 328.8 1.0
     SA0572 basic proteinase inhibitor superfamily 328.8
     M01603 basic proteinase inhibitor - 1561.0 1.0
Associated Alignments:
     DA1053 animal Kunitz-type proteinase inhibitor homology

Link to iProClass (Superfamily classification and Alignment):
     iProClass Report for TIBO at PIR.
```

Informationen über Liganden, Disulfidbrücken, die Zusammenlagerung von Untereinheiten, Modifikationen nach der Translation, Glykosylierung, Auswirkungen des mRNA-Editing und so weiter lassen sich nicht aus der Sequenz eines Gens ableiten. Aus den genetischen Informationen allein wüsste man beispielsweise nicht, dass das Insulin des Menschen ein durch Disulfidbrücken zusammengehaltenes Dimer ist. Proteinsequenzdatenbanken beziehen solche Informationen aus der Literatur und stellen entsprechende Anmerkungen bereit.

Mit SWISS-PROT verknüpfte Datenbanken

Zwei Datenbanken, die in enger Beziehung zu SWISS-PROT stehen, sind ENZYME DB und PROSITE, eine Sammlung von Sequenzmotiven. ENZYME DB speichert über Enzyme folgende Informationen:

- EC-Nummer: eine Kennnummer, die von der Enzyme Commission zugeteilt wird (das Gremium ist autorisiert von der International Union of Biochemistry and Molecular Biology; `http://www.chem.qmw.ac.uk/iubmb/enzyme/`)
- den empfohlenen Namen
- andere Namen, falls vorhanden
- Katalysatoraktivität
- Cofaktoren, falls vorhanden
- Hinweise auf SWISS-PROT und andere Datenbanken
- falls bekannt, Hinweise auf Krankheiten, die mit einem Mangel des betreffenden Enzyms zusammenhängen

Die ersten beiden Buchstaben in jeder Zeile geben an, welche Information diese Zeile enthält. Zum Beispiel: ID = Identification, DE = Description = Official name, AN = Alternate name(s), CA = Catalytic activity, CF = Cofactor(s), CC = Comments, DR = Database reference (zu SWISS-PROT).

PROSITE verzeichnet häufig vorkommende Aminosäureanordnungen in Proteingruppen. Ein solches Muster (auch Motiv, Signatur, Fingerabdruck oder *template* genannt) taucht in einer Familie ähnlicher Proteine immer wieder auf, meist weil die Anforderungen an die Bindungsstellen eine Einschränkung für die Evolution der Proteinfamilie bedeuten. Häufig sind sie ein Indiz für eine entfernte Verwandtschaft, die sich anderweitig durch den Sequenzvergleich nicht nachweisen lässt. Das Consensusmotiv für anorgani-

---

| 3.3 |

Ein typischer Eintrag in ENZYME DB

```
ID    1.14.17.3
DE    PEPTIDYLGLYCINE MONOOXYGENASE.
AN    PEPTIDYL ALPHA-AMIDATING ENZYME.
AN    PEPTIDYLGLYCINE 2-HYDROXYLASE.
CA    PEPTIDYLGLYCINE + ASCORBATE + O(2) = PEPTIDYL(2-HYDROXYGLYCINE) +
CA    DEHYDROASCORBATE + H(2)O.
CF    COPPER.
CC    -!- PEPTIDYLGLYCINES WITH A NEUTRAL AMINO ACID RESIDUE IN THE
CC    PENULTIMATE POSITION ARE THE BEST SUBSTRATES FOR THE ENZYME.
CC    -!- THE ENZYME ALSO CATALYZES THE DISMUTATION OF THE PRODUCT TO
CC    GLYOXYLATE AND THE CORRESPONDING DESGLYCINE PEPTIDE AMIDE.
DR    P10731, AMD_BOVIN;  P19021, AMD_HUMAN;  P14925, AMD_RAT;
DR    P08478, AMD1_XENLA;  P12890, AMD2_XENLA;
```

sche Pyrophosphatase lautet D-[SGN]-D-[PE]-[LIVM]-D-[LIVMGC]. Die drei konservierten Asparaginsäuren (D) binden zweiwertige Metallionen.

Die PIR und ihre Datenbanken

Die PIR ging aus der allerersten Sequenzdatenbank hervor, die Margaret O. Dayhoff, die Pionierin der Bioinformatik, bei der National Biomedical Research Foundation (NBRF) an der Georgetown University in den USA entwickelte. 1988 schloss sich die NBRF mit dem MIPS und der Japan International Protein Information Database (JIPID) zur PIR-International zusammen. Die PIR unterhält mehrere Proteindatenbanken:

- PIR-PSD: die Hauptdatenbank für Proteinsequenzen
- iProClass: Klassifikation von Proteinen anhand ihrer Struktur und Funktion
- ASDB: Datenbank mit Annotation und Ähnlichkeiten; jeder Eintrag ist mit einer Liste ähnlicher Sequenzen verknüpft
- P/R-NREF: eine umfassende, nichtredundante Sammlung von über 800 000 Proteinsequenzen aus allen verfügbaren Quellen
- NRL3D: eine Datenbank mit Sequenzen und Annotationen zu Proteinen mit bekannter Struktur, die in der Protein Data Bank gespeichert sind
- ALN: eine Datenbank mit Protein-Alignments, und
- RESID: eine Datenbank mit kovalenten Modifikationen von Proteinstrukturen (wie bereits erwähnt, lassen sich Disulfidbrücken und andere wichtige Strukturmerkmale von Proteinen nicht aus den Gensequenzen ableiten und tauchen deshalb in Proteinsequenzdatenbanken, die ausschließlich durch Ableitung aus Genomsequenzen gewonnen wurden, nicht auf)

Die PIR hat auch IESA (The Integrated Environment for Sequence Analysis) geschaffen, eine Site für den Abruf von Informationen und die Durchführung von Berechnungen.

Welch reichhaltiges Arsenal von Hilfsmitteln für den Informationsabruf zur Verfügung steht, zeigt der Webserver der PIR (http://pir.georgetown.edu):

- Abruf von Datenbankeinträgen nach Sequenzähnlichkeit, Textfeldern in Sequenz oder Annotation, Motiven, Profilen oder Hidden-Markov-Modellen (Kapitel 5), Struktur- und Funktionsklassifikation oder Vorkommen in einem bestimmten Genom
- statistische Analyse der Klassifikation von Einträgen
- Klassifikation nach Genfamilien, nützlich für die Annotation von Genomen
- Durchführung von Berechnungen, darunter paarweises oder multiples Sequenz-Alignment sowie Suche nach Sequenzähnlichkeiten
- umfangreiche Links zu anderen Datenbanken, darunter auch bibliografische Informationssammlungen

Strukturdatenbanken

Strukturdatenbanken archivieren Gruppen von Atomkoordinaten, versehen sie mit Annotationen und verbreiten sie. Die am besten eingeführte Datensammlung für biologische Makromoleküle ist die Protein Data Bank (PDB). Sie enthält die Strukturen von Proteinen, Nucleinsäuren und einigen Kohlenhydraten. Gegründet wurde die PDB 1971 von dem mittlerweile verstorbenen Walter Hamilton an den Brookhaven National Laboratories, Long Island, New York (USA); heute wird sie vom Research Collaboratory

| 3.4 |

Der Eintrag für Thioredoxin aus *E. coli* in der Protein Data Bank (2TRX)

```
HEADER      ELECTRON TRANSPORT                        19-MAR-90    2TRX
COMPND      THIOREDOXIN
SOURCE      (ESCHERICHIA $COLI)
AUTHOR      S.K.KATTI,D.M.LE*MASTER,H.EKLUND
REVDAT   2   15-JAN-93 2TRXA    1          HEADER COMPND
REVDAT   1   15-OCT-91 2TRX     0
JRNL        AUTH   S.K.KATTI,D.M.LE*MASTER,H.EKLUND
JRNL        TITL   CRYSTAL STRUCTURE OF THIOREDOXIN FROM ESCHERICHIA
JRNL        TITL 2 $COLI AT 1.68 ANGSTROMS RESOLUTION
JRNL        REF    J.MOL.BIOL.                  V. 212   167 1990
JRNL        REFN   ASTM JMOBAK  UK ISSN 0022-2836                  070
REMARK   1
REMARK   1 REFERENCE 1
REMARK   1  AUTH   A.HOLMGREN,B.-*O.SODERBERG,H.EKLUND,C.-*I.BRANDEN
REMARK   1  TITL   THREE-DIMENSIONAL STRUCTURE OF ESCHERICHIA COLI
REMARK   1  TITL 2 THIOREDOXIN-*S=2= TO 2.8 ANGSTROMS RESOLUTION
REMARK   1  REF    PROC.NAT.ACAD.SCI.USA        V.  72  2305 1975
REMARK   1  REFN   ASTM PNASA6  US ISSN 0027-8424                  040
REMARK   1 REFERENCE 2
REMARK   1  AUTH   B.-*O.SODERBERG,A.HOLMGREN,C.-*I.BRANDEN
REMARK   1  TITL   STRUCTURE OF OXIDIZED THIOREDOXIN TO 4.5 ANGSTROMS
REMARK   1  TITL 2 RESOLUTION
REMARK   1  REF    J.MOL.BIOL.                  V.  90   143 1974
REMARK   1  REFN   ASTM JMOBAK  UK ISSN 0022-2836                  070
REMARK   1 REFERENCE 3
REMARK   1  AUTH   A.HOLMGREN,B.-*O.SODERBERG
REMARK   1  TITL   CRYSTALLIZATION AND PRELIMINARY CRYSTALLOGRAPHIC
REMARK   1  TITL 2 DATA FOR THIOREDOXIN FROM ESCHERICHIA $COLI B
REMARK   1  REF    J.MOL.BIOL.                  V.  54   387 1970
REMARK   1  REFN   ASTM JMOBAK  UK ISSN 0022-2836                  070
REMARK   2
REMARK   2 RESOLUTION. 1.68 ANGSTROMS.
REMARK   3
REMARK   3 REFINEMENT. BY THE RESTRAINED LEAST-SQUARES PROCEDURE OF J.
REMARK   3  KONNERT AND W. HENDRICKSON AS MODIFIED BY B. FINZEL
REMARK   3  (PROGRAM *PROFFT*).  THE R VALUE IS 0.165 FOR 25969
REMARK   3  REFLECTIONS IN THE RESOLUTION RANGE 8.0 TO 1.68 ANGSTROMS
REMARK   3  WITH FOBS .GT. 3.0*SIGMA(FOBS)
REMARK   3
REMARK   3  RMS DEVIATIONS FROM IDEAL VALUES (THE VALUES OF
REMARK   3     SIGMA, IN PARENTHESES, ARE THE INPUT ESTIMATED
REMARK   3     STANDARD DEVIATIONS THAT DETERMINE THE RELATIVE
REMARK   3     WEIGHTS OF THE CORRESPONDING RESTRAINTS)
REMARK   3     DISTANCE RESTRAINTS (ANGSTROMS)
REMARK   3       BOND DISTANCE                        0.015(0.020)
REMARK   3       ANGLE DISTANCE                       0.035(0.030)
REMARK   3       PLANAR 1-4 DISTANCE                  0.055(0.050)
REMARK   3     PLANE RESTRAINT (ANGSTROMS)            0.021(0.020)
REMARK   3     CHIRAL-CENTER RESTRAINT (ANGSTROMS**3) 0.131(0.150)
REMARK   3     NON-BONDED CONTACT RESTRAINTS (ANGSTROMS)
REMARK   3       SINGLE TORSION CONTACT               0.165(0.500)
REMARK   3       MULTIPLE TORSION CONTACT             0.174(0.500)
REMARK   3       POSSIBLE HYDROGEN BOND               0.180(0.500)
REMARK   3     CONFORMATIONAL TORSION ANGLE RESTRAINT (DEGREES)
REMARK   3       PLANAR (OMEGA)                        4.0(3.0)
REMARK   3       STAGGERED                            16.3(15.0)
REMARK   3       ORTHONORMAL                          11.7(20.0)
REMARK   3     ISOTROPIC THERMAL FACTOR RESTRAINTS (ANGSTROMS**2)
REMARK   3       MAIN-CHAIN BOND                       1.38(1.000)
REMARK   3       MAIN-CHAIN ANGLE                      2.28(1.000)
```

3.4 *Fortsetzung*

```
REMARK   3      SIDE-CHAIN BOND                              1.97(1.000)
REMARK   3      SIDE-CHAIN ANGLE                             3.27(1.500)
REMARK   4
REMARK   4 THERE ARE TWO MOLECULES IN THE ASYMMETRIC UNIT.  THEY HAVE
REMARK   4 BEEN ASSIGNED CHAIN INDICATORS *A* AND *B*.  THEY HAVE BEEN
REMARK   4 REFINED INDEPENDENTLY WITHOUT IMPOSING NON-CRYSTALLOGRAPHIC
REMARK   4 SYMMETRY RESTRAINTS.
REMARK   5
REMARK   5 IN ADDITION TO THE METAL COORDINATION SPECIFIED ON CONECT
REMARK   5 RECORDS BELOW, THERE ARE BONDS TO OD1 AND OD2 OF ASP 10 IN
REMARK   5 A SYMMETRY-RELATED MOLECULE.  DUE TO SOME LIMITATIONS OF
REMARK   5 PROTEIN DATA BANK FORMAT, THESE BONDS CANNOT BE PRESENTED
REMARK   5 ON CONECT RECORDS.
REMARK   6
REMARK   6 CORRECTION. CORRECT CLASSIFICATION ON HEADER RECORD AND
REMARK   6 REMOVE E.C. CODE.   15-JAN-93.
SEQRES   1 A  108  SER ASP LYS ILE ILE HIS LEU THR ASP ASP SER PHE ASP
SEQRES   2 A  108  THR ASP VAL LEU LYS ALA ASP GLY ALA ILE LEU VAL ASP
SEQRES   3 A  108  PHE TRP ALA GLU TRP CYS GLY PRO CYS LYS MET ILE ALA
SEQRES   4 A  108  PRO ILE LEU ASP GLU ILE ALA ASP GLU TYR GLN GLY LYS
SEQRES   5 A  108  LEU THR VAL ALA LYS LEU ASN ILE ASP GLN ASN PRO GLY
SEQRES   6 A  108  THR ALA PRO LYS TYR GLY ILE ARG GLY ILE PRO THR LEU
SEQRES   7 A  108  LEU LEU PHE LYS ASN GLY GLU VAL ALA ALA THR LYS VAL
SEQRES   8 A  108  GLY ALA LEU SER LYS GLY GLN LEU LYS GLU PHE LEU ASP
SEQRES   9 A  108  ALA ASN LEU ALA
SEQRES   1 B  108  SER ASP LYS ILE ILE HIS LEU THR ASP ASP SER PHE ASP
SEQRES   2 B  108  THR ASP VAL LEU LYS ALA ASP GLY ALA ILE LEU VAL ASP
SEQRES   3 B  108  PHE TRP ALA GLU TRP CYS GLY PRO CYS LYS MET ILE ALA
SEQRES   4 B  108  PRO ILE LEU ASP GLU ILE ALA ASP GLU TYR GLN GLY LYS
SEQRES   5 B  108  LEU THR VAL ALA LYS LEU ASN ILE ASP GLN ASN PRO GLY
SEQRES   6 B  108  THR ALA PRO LYS TYR GLY ILE ARG GLY ILE PRO THR LEU
SEQRES   7 B  108  LEU LEU PHE LYS ASN GLY GLU VAL ALA ALA THR LYS VAL
SEQRES   8 B  108  GLY ALA LEU SER LYS GLY GLN LEU LYS GLU PHE LEU ASP
SEQRES   9 B  108  ALA ASN LEU ALA
FTNOTE   1
FTNOTE   1 RESIDUES PRO A 76 AND PRO B 76 ARE CIS PROLINES.
FTNOTE   2
FTNOTE   2 RESIDUES HIS A 6, LEU A 7, ILE A 23, ASP A 47, GLU A 48,
FTNOTE   2 LEU A 58, LEU A 80, HIS B 6, ASP B 47, LEU B 58, AND
FTNOTE   2 LEU B 80 HAVE BEEN MODELED AS TWO CONFORMERS.
FTNOTE   3
FTNOTE   3 RESIDUES 11 - 21 IN CHAIN B ARE DISORDERED.
HET      CU   109      1         COPPER ++ ION
HET      CU   109      1         COPPER ++ ION
HET      MPD  601      8         2-METHYL-2,4-PENTANEDIOL
HET      MPD  602      8         2-METHYL-2,4-PENTANEDIOL
HET      MPD  603      8         2-METHYL-2,4-PENTANEDIOL
HET      MPD  604      8         2-METHYL-2,4-PENTANEDIOL
HET      MPD  605      8         2-METHYL-2,4-PENTANEDIOL
HET      MPD  606      8         2-METHYL-2,4-PENTANEDIOL
HET      MPD  607      8         2-METHYL-2,4-PENTANEDIOL
HET      MPD  608      8         2-METHYL-2,4-PENTANEDIOL
FORMUL   3   CU    2(CU1 ++)
FORMUL   4   MPD   8(C6 H14 O2)
FORMUL   5   HOH   *140(H2 O1)
HELIX    1 A1A SER A   11  LEU A   17  1 DISORDERED IN MOLECULE B
HELIX    2 A2A CYS A   32  TYR A   49  1 BENT BY 30 DEGREES AT RES 39
HELIX    3 A3A ASN A   59  ASN A   63  1
HELIX    4 31A THR A   66  TYR A   70  5 DISTORTED H-BONDING C-TERMINS
HELIX    5 A4A SER A   95  LEU A  107  1
HELIX    6 A1B SER B   11  LEU B   17  1 DISORDERED IN MOLECULE B
HELIX    7 A2B CYS B   32  TYR B   49  1 BENT BY 30 DEGREES AT RES 39
HELIX    8 A3B ASN B   59  ASN B   63  1
```

3.4 *Fortsetzung*

```
HELIX     9 31B THR B   66   TYR B  70  5 DISTORTED H-BONDING C-TERMINS
HELIX    10 A4B SER B   95   LEU B 107  1
SHEET     1 B1A 5 LYS A   3   THR A   8  0
SHEET     2 B1A 5 LEU A  53   ASN A  59  1  O  VAL A  55   N  ILE A   5
SHEET     3 B1A 5 GLY A  21   TRP A  28  1  N  TRP A  28   O  LEU A  58
SHEET     4 B1A 5 PRO A  76   LYS A  82 -1  O  THR A  77   N  PHE A  27
SHEET     5 B1A 5 VAL A  86   GLY A  92 -1  N  GLY A  92   O  LYS A  82
SHEET     1 B1B 5 LYS B   3   THR B   8  0
SHEET     2 B1B 5 LEU B  53   ASN B  59  1  O  VAL B  55   N  ILE B   5
SHEET     3 B1B 5 GLY B  21   TRP B  28  1  N  TRP B  28   O  LEU B  58
SHEET     4 B1B 5 PRO B  76   LYS B  82 -1  O  THR B  77   N  PHE B  27
SHEET     5 B1B 5 VAL B  86   GLY B  92 -1  N  GLY B  92   O  LYS B  82
TURN      1 T1A THR A   8   SER A  11      III (TYPE I IN MOLECULE B)
TURN      2 T2A ALA A  29   CYS A  32      I
TURN      3 T3A TYR A  49   LYS A  52      II
TURN      4 T4A GLY A  74   THR A  77      VIB (INCLUDES CIS PRO 76)
TURN      5 T5A LYS A  82   GLU A  85      I'
TURN      6 T1B THR B   8   SER B  11      I (TYPE III IN MOLECULE A)
TURN      7 T2B ALA B  29   CYS B  32      I
TURN      8 T3B TYR B  49   LYS B  52      II
TURN      9 T4B GLY B  74   THR B  77      VIB (INCLUDES CIS PRO 76)
TURN     10 T5B LYS B  82   GLU B  85      I'
SSBOND    1 CYS A   32     CYS A   35
SSBOND    2 CYS B   32     CYS B   35
CRYST1    89.500    51.060    60.450  90.00 113.50  90.00 C 2          8
ORIGX1     1.000000  0.000000  0.000000        0.00000
ORIGX2     0.000000  1.000000  0.000000        0.00000
ORIGX3     0.000000  0.000000  1.000000        0.00000
SCALE1     0.011173  0.000000  0.004858        0.00000
SCALE2     0.000000  0.019585  0.000000        0.00000
SCALE3     0.000000  0.000000  0.018039        0.00000
ATOM      1  N   SER A   1      21.389  25.406  -4.628  1.00 23.22
ATOM      2  CA  SER A   1      21.628  26.691  -3.983  1.00 24.42
ATOM      3  C   SER A   1      20.937  26.944  -2.679  1.00 24.21
ATOM      4  O   SER A   1      21.072  28.079  -2.093  1.00 24.97
ATOM      5  CB  SER A   1      21.117  27.770  -5.002  1.00 28.27
ATOM      6  OG  SER A   1      22.276  27.925  -5.861  1.00 32.61
ATOM      7  N   ASP A   2      20.173  26.028  -2.163  1.00 21.39
ATOM      8  CA  ASP A   2      19.395  26.125  -0.949  1.00 21.57
ATOM      9  C   ASP A   2      20.264  26.214   0.297  1.00 20.89
ATOM     10  O   ASP A   2      19.760  26.575   1.371  1.00 21.49
ATOM     11  CB  ASP A   2      18.439  24.914  -0.856  1.00 22.14
ATOM     12  CG  ASP A   2      19.199  23.629  -0.576  1.00 23.23
ATOM     13  OD1 ASP A   2      20.107  23.371  -1.387  1.00 22.71
ATOM     14  OD2 ASP A   2      18.905  22.959   0.420  1.00 23.61
```

. . . Proteinatome weglassen

```
ATOM    844  N   ALA A 108      41.357  21.341   9.676  1.00 42.93
ATOM    845  CA  ALA A 108      42.151  20.619  10.674  1.00 46.31
ATOM    846  C   ALA A 108      42.632  19.312  10.013  1.00 48.21
ATOM    847  O   ALA A 108      41.703  18.483   9.767  1.00 49.54
ATOM    848  CB  ALA A 108      41.441  20.369  11.988  1.00 46.65
ATOM    849  OXT ALA A 108      43.857  19.249   9.766  1.00 49.19
TER     850      ALA A 108
```

. . . zweite Kette und Methan-Pentandiol-Moleküle weglassen

```
HETATM 1749  O   HOH   401      30.339  33.478  16.727  1.00 17.61
HETATM 1750  O   HOH   402      29.396  44.583   6.834  0.95 17.71
```

. . . 72 weitere Wassermoleküle weglassen

for Structural Bioinformatics verwaltet, einer dezentralen Organisation unter Beteiligung der Rutgers University in New Jersey, des San Diego Supercomputer Center in Kalifornien, und des National Institute of Standards and Technology (alle USA). Die Haupt-Website der PDB ist http://www.rcsb.org/pdb/

Offizielle Mirror-Sites gibt es in Europa, Japan, Singapur und Brasilien; andere sind über die ganze Welt verteilt.

Die Homepage der PDB bietet Links zu den Datenbeständen selbst, zu erläuternden und unterstützenden Informationen, darunter Kurznachrichten und dem PDB-Newsletter, zu Einrichtungen für das Einreichen neuer Einträge und zu spezialisierter Suchsoftware zum Abrufen von Einträgen.

Der Kasten 3.4 zeigt einen Teil des PDB-Eintrages für das Thioredoxin von *E. coli*. Er enthält unter anderem folgende Informationen:

- das Protein, das der Eintrag betrifft, und die Spezies, aus der es stammt
- die Autoren, die die Struktur aufgeklärt haben, und Hinweise auf Veröffentlichungen, die über die Strukturaufklärung berichten
- experimentelle Einzelheiten im Zusammenhang mit der Strukturaufklärung, darunter Informationen über die Qualität der Befunde, beispielsweise die Auflösung bei Röntgenstrukturanalysen und die stereochemische Statistik
- die Aminosäuresequenz
- weitere Moleküle, die in der Struktur vorkommen, wie Cofaktoren, Inhibitoren und Wassermoleküle
- Zuordnung von Sekundärstrukturen: Helix, Faltblatt
- Disulfidbrücken
- die Koordinaten der Atome

Inhaltlich gibt es Überschneidungen zwischen der PDB und einigen anderen Datenbanken. Das Cambridge Crystallographic Data Centre archiviert die Strukturen kleiner Moleküle; Oligonucleotide sind sowohl im CCDC als auch in der PDB verzeichnet. Diese Informationen sind äußerst nützlich, wenn man die Konformationen der Einzelbestandteile biologischer Makromoleküle untersuchen will, und auch für die Analyse der Wechselwirkungen zwischen Makromolekülen und Liganden. Eine Ergänzung zur PDB ist die Nucleic Acid Structure Databank (NDB) an der Rutgers University in New Brunswick, New Jersey (USA). Die BioMagResBank des Department of Biochemistry der University of Wisconsin in Madison, Wisconsin (USA), archiviert Proteinstrukturen, die durch Kernresonanzspektroskopie ermittelt wurden.

Die Archive sammeln nicht nur die Ergebnisse der Strukturaufklärung, sondern auch die Messungen, auf die sie sich stützen. Die PDB speichert neue Daten aus Röntgenstrukturanalysen, die BioMagResBank solche aus der Kernresonanzspektroskopie.

Die PDB weist jeder gespeicherten Struktur eine Kennung (*identifier* oder ID) aus vier Zeichen zu. Das erste Zeichen ist eine Zahl von 1 bis 9. Hier sollte man nicht damit rechnen, dass die Zahlen sich als Gedächtnisstütze eignen. In vielen Fällen betreffen mehrere Einträge ein und dasselbe Protein, das beispielsweise in unterschiedlichen Bindungszuständen oder verschiedenen Kristallformen untersucht wurde, oder aber es wurde neu analysiert, nachdem bessere Kristalle oder genauere Verfahren zur Gewinnung der Daten zur Verfügung standen. So gibt es mindestens vier Generationen von Kristallstrukturen für das Myoglobin des Pottwals.

Wenn man die Kennung bereits kennt, lässt sich eine Struktur sehr leicht abrufen. Man gibt auf der Homepage der RCSB die PDB-ID ein und wählt „EXPLORE". Daraufhin erhält man auf einer Seite eine Zusammenfassung des Eintrags. Abbildung 3.1 zeigt die zusammenfassende Seite für die Struktur des Thioredoxins (Kennung 2TRX). Von dieser Seite führen Links zu

 **PDB** PROTEIN DATA BANK

Structure Explorer - 2TRX

🔍 ? 🏠

Summary Information

Summary Information

View Structure

Download/Display File

Structural Neighbors

Geometry

Other Sources

Sequence Details

Crystallization Info

Title: **Crystal structure of thioredoxin from Escherichia coli at 1.68 A resolution.**

Compound: **Thioredoxin**

Authors: **S. K. Katti, D. M. LeMaster, H. Eklund**

Exp. Method: **X-ray Diffraction**

Classification: **Electron Transport**

Source: **Escherichia coli**

Primary Citation: **Katti, S. K., LeMaster, D. M., Eklund, H.: Crystal structure of thioredoxin from Escherichia coli at 1.68 A resolution.** *J Mol Biol* **212 pp. 167 (1990)** **[Medline]**

Deposition Date: **19-Mar-1990**   *Release Date:* **15-Oct-1991**

Resolution [Å]: **1.68**   *R-Value:* **0.165**

Space Group: **C 2**

SearchLite   SearchFields

Unit Cell: *dim [Å]:* a **89.50**   b **51.06**   c **60.45**

angles [°]: alpha **90.00** beta **113.50** gamma **90.00**

Polymer Chains: **A, B**   *Residues:* **216**

Atoms: **1842**

HET groups:

ID	Name	Formula
CU	COPPER (II) ION	CU_1
MPD	2-METHYL-2,4-PENTANEDIOL	$C_6H_{14}O_2$

© RCSB

3.1   Die Übersichtsseite (Summary Information) des PDB-Eintrags 2TRX (Thioredoxin aus *E. coli*).

- der Veröffentlichung, die den Eintrag beschreibt, auf dem Weg über die bibliografische Datenbank PubMed
- Bildern der Struktur (manche davon erfordern ein auf dem eigenen Computer installiertes Betrachtungsprogramm)
- der Datei, die den eigentlichen Eintrag enthält
- Listen ähnlicher Strukturen, eingeteilt nach mehreren verschiedenen Klassifikationen für Proteinstrukturen
- einer stereochemischen Analyse mit Bindungslängen, Bindungswinkeln und Konformationswinkeln
- Quellen für weitere Informationen über diesen Eintrag
- Sequenz und Zuordnung von Sekundärstrukturen
- Einzelheiten über die Kristallform und die Methoden, mit denen die Kristalle hergestellt wurden

Schön und gut, wenn man die Kennung bereits hat. Wie findet man sie, wenn das nicht der Fall ist? Ein einfaches Hilfsmittel ist SearchLite, das ebenfalls von der PDB-Homepage aus zugänglich ist und eine Stichwortsuche ermöglicht. Die Eingabe von `coli thioredoxin` liefert zwanzig Einträge, darunter 2TRX und andere Kristallstrukturen des gleichen Moleküls oder seiner mutierten Formen, außerdem aber auch mehrere Strukturen der *Staphylococcus*-Nuclease, weil die Einträge über dieses Enzym einen Literaturhinweis auf einen Artikel enthalten, in dessen Titel das Wort „thioredoxin" vorkommt. Mithilfe der so gewonnenen Informationen kann man je nachdem, für welchen besonderen Aspekt dieser Molekülfamilie man sich interessiert, sehr einfach Strukturen für die weitere Betrachtung oder Analyse auswählen.

Die PDB bietet auch kompliziertere Suchmöglichkeiten. Die Macromolecule Structure Database des European Bioinformatics Institute stellt eine nützliche Liste zur Verfügung, mit der man in der PDB suchen kann, und die auch ein Suchwerkzeug namens OCA enthält. OCA ist eine Suchdatenbank für Strukturen und Funktionen von Proteinen, in der Informationen aus zahlreichen Datenbanken zusammengeführt werden. Sie wurde ursprünglich von J. Prilusky entwickelt; heute wird sie vom EBI betrieben und ist dort sowie über zahlreiche Mirror-Sites zugänglich. (Der Name OCA ist nicht nur das spanische Wort für „Gans", sondern steht außerdem zur PDB in der gleichen Beziehung wie A. C. Clarkes Computer HAL in dem Film „2001" zu IBM.)

Eine weitere nützliche Informationsquelle, die am EBI zur Verfügung steht, ist die Datenbank für mutmaßliche Quartärstrukturen (Probable Quaternary Structures, PQS) der biologisch aktiven Form von Proteinen. Die asymmetrische Einheit der Kristallstruktur, die im PDB-Eintrag gespeichert ist, umfasst häufig nur einen Teil der aktiven Einheit oder auch mehrere Exemplare davon. In vielen Fällen ist nicht ohne weiteres zu erkennen, wie man von dem Eintrag zur aktiven Form gelangen soll.

Anhaltspunkte für die Qualität von Strukturen

Die Röntgenstrukturanalyse liefert Schätzungen für Position und effektive Größe der Atome in einem Molekül, auch **B-Faktoren** genannt. Die experimentell gewonnenen Daten (das heißt die absoluten Werte der Fourier-Koeffizienten für die Elektronendichte) haben die wichtige Eigenschaft, dass alle Atome zu allen Beobachtungen beitragen. Die Fehlerspanne für die Position einzelner Atome einzuschätzen, ist deshalb schwierig.

Die Aufklärung von Kristallstrukturen ist auf Gedeih und Verderb an das Ausmaß der Ordnung in verschiedenen Teilen des Moleküls gebunden. („Ordnung" besagt hier, inwieweit die einzelnen Elementarzellen eines Kristalls sich genau gleichen.)

Das Ausmaß der Ordnung bestimmt darüber, welche **Auflösung** bei den experimentellen Daten zu erreichen ist. Die Auflösung ist ein Anhaltspunkt für die potenzielle Qualität einer Röntgenstrukturanalyse: Sie besagt etwas über das Verhältnis zwischen der Zahl der zu ermittelnden Parameter und der Zahl der Beobachtungen. Geht es um die Struktur kleiner organischer Moleküle oder Mineralien, ist dieses Verhältnis meist üppig bemessen: Es liegt ungefähr bei 10. Bei einem typischen Proteinkristall sieht die Sache anders aus:

	Auflösung niedrig			...		hoch
Auflösung (nm)	0,4	0,35	0,3	0,25	0,2	0,15
Verhältnis Beobachtungen/Parameter	0,3	0,4	0,6	1,1	2,2	3,8

(Die Auflösung ist ein Maß für die noch unterscheidbaren Einzelheiten; je niedriger also die Zahl, desto höher die Auflösung.)

Unregelmäßigkeiten in der Kristallstruktur spiegeln nicht nur die tatsächliche Unordnung wider, sondern auch Fehler der Datenerhebung und Strukturaufklärung. Ein Vergleich von vier unabhängig durchgeführten Strukturaufklärungen für das Interleukin-1β erbrachte für die Positionen der Atome eine durchschnittliche Abweichung von 0,084 nm – mehr als man aufgrund der experimentellen Fehlerspanne erwarten würde.

Viele Röntgenstrukturanalytiker legen in den Datenbanken nicht nur die ermittelten Strukturen ab, sondern auch ihre experimentellen Daten, sodass man die Befunde genau überprüfen kann. Oftmals sind die experimentellen Daten aber nicht verfügbar. Wie schätzt man dann die Qualität einer Struktur ab? Einen wichtigen Anhaltspunkt liefern die B-Faktoren: Sind sie in einer ganzen Molekülregion sehr hoch, kann man davon ausgehen, dass die Struktur dieser Region nicht sonderlich genau ermittelt wurde. In der Regel spiegelt sich in solchen Ergebnissen die Unordnung im Kristall wider. Es gibt Programme, die stereochemische „Ausreißer" markieren – Ausnahmen von Regelmäßigkeiten, die in gut untersuchten Proteinstrukturen immer wieder vorkommen. Nähere Beschreibungen über diagnostische Analysen sowie über die Erkennung von Problemen und Ausreißern finden sich in den zu PDB-Einträgen gehörenden Daten unter `http://www.cmbi.kun.nl/gv/pdbreport`

Ausreißer sind zwar relativ leicht zu *finden*, aber es lässt sich nur schwer entscheiden, ob es sich um tatsächliche, ungewöhnliche Eigenschaften der Struktur handelt, ob man es mit Fehlern beim Aufbau des Modells zu tun hat oder ob sie eine unvermeidliche Folge der Unordnung im Kristall sind. Eine korrekte Einschätzung ist nur möglich, wenn man Zugang zu den experimentellen Daten hat; und die Korrektur echter Fehler kann durchaus die Mitwirkung eines erfahrenen Röntgenstrukturanalytikers erfordern. Daraus ergibt sich zwangsläufig die Erkenntnis, dass Strukturfaktoren ebenfalls archiviert und zugänglich gemacht werden sollten.

Kernresonanzspektroskopie (NMR)

Das zweite wichtige Verfahren zur Aufklärung von Makromolekülstrukturen ist die Kernresonanzspektroskopie (NMR; *nuclear magnetic resonance*). Die mit ihr ermittelten Strukturen sind topologisch in der Regel richtig, in ihrer Genauigkeit reicht sie aber nicht an die Röntgenstrukturanalyse heran, und deshalb ist sie für die Untersuchung kleiner Strukturdetails weniger nützlich. In der NMR-Spektroskopie berechnet man meist aus denselben experimentellen Daten eine Familie aus etwa 10 bis 20 ähnlichen Strukturen. Einen Anhaltspunkt für die Genauigkeit liefert dann der Vergleich innerhalb einer solchen Gruppe: Bereiche, in denen nur geringe Strukturunterschiede auftreten, sind durch die Daten gut definiert. Dies ist eine ungefähre Entsprechung zu den B-Faktoren der Röntgenstrukturanalyse.

Klassifikation von Proteinstrukturen

Mehrere Websites nehmen anhand der Proteinfaltungsmuster eine hierarchische Klassifikation der gesamten PDB vor:

- SCOP: Structural Classification of Proteins
- CATH: Class/Architecture/Topology/Homology
- DALI: Grundlage ist die Ermittlung ähnlicher Strukturen anhand von Abstandsmatrizen
- CE: Datenbank mit Struktur-Alignments

⊣ www ⊢

Web-Ressourcen: Protein- und Nucleinsäurestrukturen

Homepage der Protein Data Bank:
http://www.rcsb.org

Homepage der EBI-Datenbank für Makromolekülstrukturen:
http://www.ebi.ac.uk/msd/

Homepage der BioMagResBank:
http://www.bmrb.wisc.edu/

Durchsuchen der Protein Data Bank:
Homepage von SCOP (*Structural classification of proteins*):
http://scop.mrc-lmb.cam.ac.uk/scop/

Liste mit Browsern:
http://oca.ebi.ac.uk/oca-docs/links.html

OCA:
http://oca.ebi.ac.uk/oca-bin/ocamain

Datenbank mit Quartärstrukturen von Proteinen:
http://pqs.ebi.ac.uk/

Berichte über die Qualität von Strukturen:
http://www.cmbi.kun.nl/gv/pdbreport

Diese Sites sind gute Einstiegspunkte für die Suche nach Daten über Proteinstrukturen. SCOP bietet beispielsweise die Möglichkeit, mithilfe von Stichworten nach Strukturen zu suchen, sich in der Hierarchie aufwärts oder abwärts zu bewegen, Bilder zu erzeugen, die Annotation in den PDB-Einträgen einzusehen und über Links zu anderen Datenbanken zu gelangen.

Spezialisierte oder „Boutique"-Datenbanken

Viele Einzelpersonen und Arbeitsgruppen wählen Daten zu bestimmten Themen aus, annotieren sie, stellen sie neu zusammen und fügen Verknüpfungen hinzu, die einen möglichst reibungslosen Zugang zu dem jeweils gesuchten Gegenstand ermöglichen sollen.

Die Protein Kinase Resource (PKR) zum Beispiel ist eine spezialisierte Sammlung von Sequenzen, Strukturen, Erkenntnissen über Funktionen, Labormethoden, Listen einschlägig interessierter Wissenschaftler(innen), Analysehilfsmitteln, einem Bekanntmachungsforum und Links.

Die HIV Protease Database archiviert Strukturen der Proteinasen des menschlichen Immunschwächevirus 1 und 2 sowie des Affen-Immunschwächevirus und der Komplexe, die diese Proteine bilden; außerdem enthält sie Hilfsmittel für die Analyse der Strukturen und Links zu anderen Sites mit Informationen über AIDS. In dieser Datenbank finden sich auch einige Kristallstrukturen, die in der PDB nicht abgelegt sind.

VIPER (Virus Particle Explorer) befasst sich mit den Kristallstrukturen ikosaedrischer Viren.

Aus der Immunologie seien folgende Datenbanken genannt:

- IMGT, die internationale ImMunoGeneTics Database, ist eine leistungsfähige, integrierte Datenbank, die sich auf Immunglobuline (Ig), T-Zell-Rezeptoren (TcR) und Moleküle des Haupthistokompatibilitätskomplexes (MHC) aller Wirbeltierarten spezialisiert hat. Der IMGT-Server erlaubt den gemeinsamen Zugriff auf alle immungenetischen Daten. Derzeit enthält er zwei Datenbanken: IMGT/LIGM-DB, eine umfassende Datenbank der Gensequenzen für Immunglobuline und T-Zell-Rezeptoren des Menschen und anderer Wirbeltiere, bei vollständig annotierten Sequenzen mit der zugehörigen Proteinsequenz, und IMGT/HLA-DB, eine Datenbank der als HLA (*Human Leukocyte Antigen*) bezeichneten menschlichen MHC-Moleküle
- KABAT - Database of Sequences of Proteins of Immunological Interest – an der North-Western University (USA)
- MHCPEP - Major Histocompatibility Complex Binding Peptides Database – am Walter and Eliza Hall Institute in Melbourne (Australien)

⊣ www ⊢

Web-Ressourcen: Datenbanken über einzelne Proteinfamilien

Proteinkinasen
`http://pkr.sdsc.edu/html/index.shtml`

HIV-Proteasen
`http://mcl1.ncifcrf.gov/hivdb/`

Ikosaedrische Viren
`http://mmtsb.scripps.edu/viper/main.html`

Immunologie
IGMT: `http://imgt.cines.fr`
KABAT: `http://immuno.bme.nwu.edu/`
MHCPEP: `http://wehih.wehi.edu.au/mhcpep/`

Sammlungen von Links zu Datenbanken über einzelne Proteinfamilien
`http://www.expasy.ch/alinks.html#Proteins`

Datenbanken für Expression und Proteomik

Rufen wir uns noch einmal das zentrale Dogma ins Gedächtnis: DNA macht RNA macht Protein. Genomdatenbanken enthalten **DNA-Sequenzen**. Expressionsdatenbanken verzeichnen gemessene **mRNA-Konzentrationen**, in der Regel auf dem Weg über die ESTs (kurze Sequenzen an den Enden von cDNAs, die an einer mRNA synthetisiert wurden), in denen sich Transkriptionsmuster widerspiegeln. Proteomikdatenbanken archivieren Messungen von **Proteinen** und beschreiben demnach Muster der Translation.

Der Vergleich von Expressionsmustern liefert Anhaltspunkte für: 1) Funktion und Wirkmechanismus von Genprodukten; 2) die Koordination der Stoffwechselsteuerung unter verschiedenen Bedingungen – bei der Hefe zum Beispiel in aerobem oder anaerobem Milieu; 3) die unterschiedliche Genaktivierung in den Stadien des Zellzyklus oder während der Entwicklung eines Organismus; 4) Mechanismen der Antibiotikaresistenz bei Bakterien und davon ausgehend neue Ansatzpunkte für die Medikamentenentwicklung; 5) die Reaktionen auf Parasiten (Farbtafel V); und 6) die Reaktion auf unterschiedliche Medikamente und Medikamentendosierungen, aus der sich Richtlinien für eine wirksame Therapie ableiten lassen.

Es gibt viele Datenbanken mit ESTs. Die Einträge enthalten meist Felder mit Angaben über das Ursprungsgewebe und/oder die subzelluläre Lage des Proteins, den Entwicklungszustand des Organismus, seine Wachstumsbedingungen und die quantitativen Aspekte der Expression. Die dbEST-Sammlung der GenBank enthält derzeit fast neun Millionen Einträge über 348 biologische Arten. Die folgende Tabelle zeigt, welche Arten dabei die ersten Ränge besetzen:

Spezies	Zahl der Einträge in dbEST
Mensch	3 733 147
Maus	2 077 301
Ratte	316 344
Taufliege	181 552
Sojabohne	180 830
Rind	169 756
Fadenwurm	135 203
Tomate	126 562
Ackerschmalwand	113 330
Afrikanischer Krallenfrosch	103 291
Mais	102 551
Zebrafisch	100 075
Schwein	91 938

Manche EST-Sammlungen sind auf einzelne Gewebe (zum Beispiel Muskeln oder Zähne) oder biologische Arten spezialisiert. In vielen Fällen ist man bestrebt, Expressionsmuster mit anderen Kenntnissen über den jeweiligen Organismus in Verbindung zu bringen. So koordiniert beispielsweise das Jackson Lab Gene Expression Information Resource Project for Mouse Development die Daten über Genexpression und Anatomie der Entwicklung.

Viele Datenbanken stellen Verbindungen zwischen den ESTs verschiedener biologischer Arten her; sie verknüpfen zum Beispiel homologe Sequenzen von Mensch und Maus oder krankheitserzeugende Gene des Menschen und Proteine der Hefe. Andere EST-Archive befassen sich mit einem Proteintyp, beispielsweise mit Cytokinen. Besondere Anstrengungen werden im Zusammenhang mit Krebs unternommen: Man koordiniert Informationen über Mutationen, Chromosomenumordnungen und Veränderungen von Genexpressionsmustern, um genetische Vorgänge während der Tumorentstehung und -progression zu identifizieren.

Zwar besteht zwischen Transkriptions- und Translationsmustern natürlich ein enger Zusammenhang, aber die direkte Messung des Proteingehalts von Zellen und Geweben – die Proteomik – liefert dennoch wertvolle zusätzliche Aufschlüsse. Wegen der unterschiedlichen Translationsgeschwindigkeit verschiedener mRNAs liefert die direkte Erfassung der Proteine ein genaueres Bild der Genexpressionsmuster als Messungen der Transkription. Und Modifikationen, die sich nach der Translation ereignen, lassen sich *ausschließlich* durch Untersuchung der Proteine dingfest machen.

Zur Proteomanalyse gehört die Trennung, Identifizierung und quantitative Erfassung der Proteine, die im Probenmaterial vorhanden sind. Dazu trennt man die Proteine auf einem zweidimensionalen Elektrophoresegel, und dann werden die Einzelbestandteile massenspektrometrisch nachgewiesen. In Proteomdatenbanken sind Bilder solcher Gele und ihre Interpretation als Proteinverteilungsmuster gespeichert. Manche Datenbanken zeigen die Bilder an und erlauben die interaktive Auswahl einzelner Flecken. Wählt man einen Fleck, öffnet sich ein Fenster mit dem zugehörigen Eintrag, der in der Regel für jedes Protein folgende Angaben enthält (siehe Web-Aufgabe 3.21):

- Name des Proteins
- relative Menge
- Funktion
- Wirkmechanismus
- Expressionsmuster
- Lage innerhalb der Zelle
- verwandte Proteine
- Modifikationen nach der Translation
- Wechselwirkungen mit anderen Proteinen
- Links zu anderen Datenbanken

Die Bioinformatik wirkt an der Pflege solcher Datenbanken mit und entwickelt auch Algorithmen, um die in ihnen enthaltenen Expressionsmuster zu vergleichen und zu analysieren.

Datenbanken mit Stoffwechselwegen

Die Kyoto Encyclopedia of Genes and Genomes (KEGG) sammelt einzelne Genome, Genprodukte und ihre Funktionen, die besondere Stärke dieser Datenbank liegt aber darin, dass sie biochemische und genetische Erkenntnisse zusammenführt. Die KEGG, die unter der Leitung von M. Kanehisa entwickelt wurde, legt besonderes Gewicht auf Wechselwirkungen, das heißt auf Molekülanordnungen sowie Stoffwechsel- und Regulationssysteme. Die KEGG organisiert Daten aus fünf Kategorien in einem umfassenden System:

1. Kataloge der chemischen Verbindungen in lebenden Zellen
2. Genkataloge
3. Genomkarten
4. Karten biochemischer Reaktionswege
5. Tabellen orthologer Gene

Die Kataloge der chemischen Verbindungen und der Gene – Punkt 1 und 2 – enthalten Informationen über einzelne Moleküle oder Sequenzen. In der Kategorie 3, den Karten von Genomen, sind die Gene ihrerseits je nach ihrer Lage auf den Chromosomen aufgeführt. Wenn man weiß, dass ein Gen zu einem Operon gehört, kann man daraus in manchen Fällen Anhaltspunkte für seine Funktion gewinnen.

Die Kategorie 4, die Karten der Reaktionswege, besteht aus Informationen über potenzielle Systeme molekularer Aktivitäten, die sowohl den Stoffwechsel als auch die Regulation betreffen können. Ein in der KEGG verzeichneter Reaktionsweg ist eine Idealisierung, die einer großen Zahl möglicher Stoffwechselkaskaden entspricht. Man kann daraus einen tatsächlichen Stoffwechselweg eines bestimmten Lebewesens ableiten, indem man die Proteine dieses Lebewesens zu den Enzymen des idealen Reaktionsweges in Beziehung setzt.

Ein bestimmtes Enzym eines bestimmten Lebewesens würde in der KEGG in einer Tabelle mit orthologen Genen – Kategorie 5 – aufgeführt, die das Enzym mit ähnlichen Enzymen anderer Lebewesen in Zusammenhang bringt. Dies ermöglicht die Analyse der Verwandtschaftsbeziehungen zwischen den Stoffwechselwegen verschiedener biologischer Arten.

Die Leistungsfähigkeit der KEGG liegt in dem dichten Geflecht von Verknüpfungen zwischen den einzelnen Informationskategorien sowie in den zusätzlichen Links zu vielen anderen Datenbanken, zu denen das System den Zugang ermöglicht. An zwei Beispielen soll verdeutlicht werden, was für Fragen man mithilfe der KEGG bearbeiten kann:

- Es wurde die Vermutung geäußert, einfache Stoffwechselwege könnten sich in der Evolution durch Verdoppelung und anschließende Auseinanderentwicklung von Genen zu komplizierteren Reaktionsfolgen entwickeln. Sucht man im Katalog der Reaktionswege nach Gruppen von Enzymen, die sich nach dem gleichen Prinzip falten, stößt man auf Ansammlungen paraloger Enzyme.
- In der KEGG kann man von der Enzymausstattung eines Organismus ausgehen und überprüfen, ob diese Enzyme sich in bekannte Stoffwechselwege einordnen lassen. Eine Lücke in einem solchen Weg lässt dann auf ein fehlendes Enzym oder einen unerwarteten anderen Reaktionsweg schließen.

Bibliografische Datenbanken

Die an der US-amerikanischen National Library of Medicine angesiedelte Datenbank MEDLINE sammelt die medizinische Fachliteratur, darunter auch viele Artikel, die sich mit Molekularbiologie befassen und deren Inhalt nicht unmittelbar von klinischer Bedeutung ist. Sie ist ein Bestandteil von PubMed, einer bibliografischen Datenbank, die Zusammenfassungen wissenschaftlicher Aufsätze enthält und diese mit anderen Abfragewerkzeugen des National Center for Biotechnology Information der National Library of Medicine kombiniert. Die URL lautet: `http://www.ncbi.nlm.nih.gov/entrez/query.fcgi?db=PubMed`

Ein sehr leistungsfähiges Merkmal von PubMed ist die Möglichkeit, verwandte Artikel (*related articles*) zu finden. Auf diese Weise kann man sich sehr schnell in die Literatur über ein Thema „vertiefen". In Verbindung mit einer allgemeinen Suchmaschine für Websites, die keinen in Fachzeitschriften veröffentlichten Artikeln entsprechen, lassen sich über die meisten Themen recht umfassende Informationen gewinnen. Dazu ein Tipp: Wer sich zum ersten Mal mit einem unbekannten Thema befassen will, sollte bei der Suche in einer allgemeinen Suchmaschine auch das Stichwort *tutorial* und bei der Suche in PubMed das Stichwort *review* hinzufügen.

Fast alle wissenschaftlichen Fachzeitschriften veröffentlichen heute ihre Inhaltsverzeichnisse und in vielen Fällen sogar den Volltext auf Websites. Die National Institutes of Health der USA haben eine zentrale Web-Bibliothek für wissenschaftliche Artikel eingerichtet, die den Namen PubMed Central trägt (`http://www.pubmedcentral.nih.gov/`). In Zusammenarbeit mit den Fachzeitschriften organisiert das NCBI die elektronische Verbreitung des Volltextes veröffentlichter Aufsätze.

Überblick über molekularbiologische Datenbanken und Server

Mit kaum einem molekularbiologischen Thema kann man sich im Internet beschäftigen, ohne dass man auf eine solche Liste stößt. Es gibt sehr viele Listen über Websites, die sich mit Molekularbiologie befassen. Sie enthalten meist immer wieder die gleichen Informationen, unterscheiden sich aber stark in der Art, wie sie „aussehen und sich anfühlen". Das größte Problem dabei: Wenn sie nicht regelmäßig gepflegt werden, werden sie sehr schnell zu Listen mit toten Links. (Ein Entwurf für diesen Abschnitt des Buches enthielt den Hinweis auf eine Website, die einen vernünftigen Überblick bot. Bei einem Besuch zwei Monate später hatte sich der Name der Site geändert, und über die Hälfte der dort aufgeführten Links war verschwunden.)

Das vorliegende Buch enthält keine lange, mit Anmerkungen versehene Liste einschlägiger, empfehlenswerter Websites. Das hat zwei Gründe: Erstens brauchen Sie keine lange Liste, sondern eine kurze, und zweitens ist das World Wide Web so stark in Bewegung, dass eine derartige Liste nicht lange nützlich wäre. *Viel besser ist es, wenn man eine allgemeine Suchmaschine benutzt und mit ihrer Hilfe das Gesuchte in dem Augenblick findet, in dem man es braucht.*

Mein Ratschlag lautet deshalb: Nehmen Sie sich ein wenig Zeit zum Surfen; es wird nicht lange dauern, bis Sie auf eine Site stoßen, die einigermaßen stabil zu sein scheint und deren Aufmachung sich mit Ihrer Arbeitsweise verträgt. Als Alternative sei hier zumindest eine Site genannt, die umfassende Informationen bietet und das Bestreben erkennen lässt, sie immer auf dem neuesten Stand zu halten. Sie eignet sich als Ausgangspunkt beim Surfen: `http://www.expasy.ch/alinks.html`

Einstiegsseiten für Archive (Gateways)

Datenbanken mit Nucleinsäure- und Proteinsequenzen enthalten Hilfsmittel, mit denen man ein breites Spektrum von Abfrage- und Analyseoperationen ausführen kann. Unter anderem sind folgende Operationen möglich:

1. **Abruf von Sequenzen aus der Datenbank.** Der „Aufruf" der Sequenzen erfolgt aber entweder aufgrund bestimmter Merkmale in der Annotation oder anhand von Verteilungsmustern in den Sequenzen selbst.
2. **Sequenzvergleich.** Das ist nicht nur ein Hilfsmittel, sondern eine ganze Branche! Sie wurde bereits in Kapitel 1 vorgestellt und wird in Kapitel 4 ausführlich erörtert. Hierher gehört auch die sehr wichtige Suche nach verwandten Sequenzen.
3. **Übersetzung von DNA-Sequenzen in Proteinsequenzen.**
4. **Einfache Strukturanalysen und Strukturvoraussagen.** Dazu gehören beispielsweise statistische Verfahren, mit denen man allein aus der Sequenz eines Proteins die Sekundärstruktur einschließlich des Hydrophobizitätsprofils voraussagen kann, sodass Transmembranhelices in der Regel zu erkennen sind.
5. **Mustererkennung.** Man kann nach allen Sequenzen suchen, die ein Muster oder eine Kombination von Mustern enthalten, ausgedrückt als Wahrscheinlichkeit, dass man bestimmte Kombinationen von Aminosäuren beziehungsweise Nucleotiden in aufeinander folgenden Positionen findet. In DNA-Sequenzen kann es sich dabei um Erkennungsstellen für Enzyme handeln, beispielsweise jene, die für das Zusammenspleißen unterbrochener Gene verantwortlich sind. Bei Proteinen weisen kurze, räumlich begrenzte Muster manchmal auf Moleküle hin, die eine gemeinsame Funktion haben, obwohl insgesamt keine eindeutige Verwandtschaft zwischen ihren Sequenzen zu erkennen ist. Eine Sammlung solcher charakteristischer Muster in Proteinen ist PROSITE.
6. **Grafische Darstellung von Molekülen.** Eine verständliche Darstellung sehr komplizierter Systeme ist unverzichtbar. Für die grafische Darstellung von Molekülen gibt es unter anderem folgende typische Anwendungsgebiete:
   - Kartierung von Aminosäuren, die vermutlich mit der Funktion zu tun haben, im dreidimensionalen Gerüst eines Proteins. Auf diese Weise lässt sich ein aktives Zentrum als räumliche Häufung von Seitenketten eingrenzen.
   - Klassifikation und Vergleich der Faltungsmuster von Proteinen.
   - Analyse der Unterschiede zwischen sehr ähnlichen Strukturen oder zwischen zwei Konformationen eines einzigen Moleküls.

- Untersuchung der Wechselwirkungen zwischen einem kleinen Molekül und einem Protein mit dem Ziel, eine Funktion zuzuordnen oder ein Medikament zu entwickeln.
- Interaktives Zuschneiden eines Modells auf das schwankende, unscharfe Bild des Moleküls, das sich anfangs aus den röntgenstrukturanalytischen Messungen der Proteinstruktur ergibt.
- Planung und Entwurf neuer Strukturen.

Zugang zu molekularbiologischen Datenbanken

Internet-Kenntnisse erwerben

Fahrradfahren lernt man nicht, indem man ein Buch über die dazu notwendigen Bewegungen liest, und noch weniger, indem man sich mit der Theorie der Kreiselbewegung beschäftigt. Analog dazu kann der Platz, an dem man Internet-Kenntnisse erwirbt, nur der Computer mit einem geladenen Browser sein. Dennoch gibt es immer eine Anfangsphase mit Schwierigkeiten und Unsicherheiten. Der folgende Text dient dem Ziel, ein wenig Hilfestellung für die ersten Schritte zu geben. Danach sind sie selbst dran!

Dieser Abschnitt stellt die wichtigsten molekularbiologischen Datenbanken und Informationsabrufsysteme vor. Es werden jeweils relativ einfache Suchvorgänge und andere Anwendungen beschrieben. Wo es sich anbietet, werden wir auf besondere Eigenschaften der einzelnen Systeme hinweisen.

ENTREZ

Das amerikanische National Center for Biotechnology Information, eine Abteilung der United States National Library of Medicine, unterhält Datenbanken und die zugehörigen Zugangswege. ENTREZ bietet Zugang zu folgenden Unterdatenbanken:

- Proteine
- Peptide
- Nucleotide
- Strukturen
- Genome
- Popset (Informationen über Populationen)
- OMIM (Online Mendelian Inheritance in Man)

Eine Stärke des NCBI-Systems sind die Links zwischen verschiedenen Datenbanken. Der Einstiegspunkt für die Suche nach Sequenzen und Strukturen heißt Entrez: `http://www.ncbi.nlm.nih.gov/entrez/`

Zur Verdeutlichung greifen wir ein Molekül – die Elastase aus Neutrophilen des Menschen – heraus und suchen in den verschiedenen Untergliederungen von ENTREZ nach einschlägigen Einträgen.

Suche in der ENTREZ-Proteindatenbank

Gehen Sie zu `http://www.ncbi.nlm.nih.gov/entrez/`. Wählen Sie „Protein", geben Sie die Suchbegriffe HUMAN ELASTASE ein und klicken Sie auf „Go".

─┤ **3.5** ├─

Die ersten 15 ENTREZ-Antworten auf die Eingabe von *human elastase* in der Datenbank PROTEIN

1. elastase 1 precursor [Homo sapiens]
    gi—4731318—gb—AAD28441.1—AF120493_1[4731318

2. ALPHA-1-ANTITRYPSIN PRECURSOR
    (ALPHA-1 PROTEASE INHIBITOR) (ALPHA-1-ANTIPROTEINASE)
    gi—1703025—sp—P01009—A1AT_HUMAN[1703025]

3. elastase [Mus musculus]
    gi—7657060—ref—NP_056594.1—[7657060]

4. proteinase 3 [Mus musculus]
    gi—6755184—ref—NP_035308.1—[6755184]

5. ANTIMICROBIAL PEPTIDE ENAP-2
    gi—7674025—sp—P56928—ENA2_HORSE[7674025]

6. AMBP PROTEIN PRECURSOR [CONTAINS: ALPHA-1-MICROGLOBULIN (PROTEIN HC) (COMPLEX-FORMING GLYCOPROTEIN HETEROGENEOUS IN CHARGE); INTER-ALPHA-TRYPSIN INHIBITOR LIGHT CHAIN (ITI-LC) (BIKUNIN) (HI-30)]
    gi—122801—sp—P02760—AMBP_HUMAN[122801]

7. ELAFIN PRECURSOR (ELASTASE-SPECIFIC INHIBITOR) (ESI) (SKIN-DERIVED ANTILEUKOPROTEINASE) (SKALP)
    gi—119262—sp—P19957—ELAF_HUMAN[119262]

8. ANTILEUKOPROTEINASE
    gi—113637—sp—P22298—ALK1_PIG[113637]

9. ANTILEUKOPROTEINASE 1 PRECURSOR (ALP) (HUSI-1) (SEMINAL PROTEINASE INHIBITOR) (SECRETORY LEUKOCYTE PROTEASE INHIBITOR) (BLPI) (MUCUS PROTEINASE INHIBITOR) (MPI)
    gi—113636—sp—P03973—ALK1_HUMAN[113636]

10. ALPHA-2-MACROGLOBULIN PRECURSOR (ALPHA-2-M)
    gi—112911—sp—P01023—A2MG_HUMAN[112911]

11. tyrosyl-tRNA synthetase [Homo sapiens]
    gi—4507947—ref—NP_003671.1—[4507947]

12. pancreatic elastase IIB [Homo sapiens]
    gi—7705648—ref—NP_056933.1—[7705648]

13. protease inhibitor 3, skin-derived (SKALP) [Homo sapiens]
    gi—4505787—ref—NP_002629.1—[4505787]

14. pancreatic elastase I (allele HEL1-36) - human (fragment)
    gi—7513237—pir——S70441[7513237]

15. m guamerin - Korean leech

Das Programm lieferte zum Zeitpunkt der Erstellung des englischen Buches 390 Treffer, von denen die ersten 15 in Kasten 3.5 wiedergegeben sind. Die Liste beginnt mit dem Protein ELASTASE 1 PRECURSOR [HOMO SAPIENS]; weitere Ergebnisse betreffen Elastasen anderer biologischer Arten, Inhibitoren aus Menschen und Blutegeln sowie eine Tyrosyl-tRNA-Synthase. (Warum tauchen ein Protein aus Blutegeln und eine tRNA-Synthase als Ergebnisse einer Suche nach der menschlichen Elastase auf? Siehe Web-Aufgabe 3.9.) Wie man die Suche verfeinern kann, um solche fern liegenden Antworten auszuschließen, wird später noch genauer beschrieben.

Die Suchergebnisse werden in folgendem Format angezeigt: Die erste Zeile nennt jeweils den Namen und Synonyme für das Molekül sowie die Spezies, aus der es stammt. Dabei gilt es zu beachten, dass griechische Buchstaben ausgeschrieben werden. Die letzte Zeile nennt die Datenbanken, aus denen die Informationen stammen: gi =

GenInfo Identifier (siehe Kasten 1.4), gb = *accession number* bei GenBank, sp = Swiss-Prot, pir = Protein Information Resource, ref = Reference Sequence Project des NCBI. Unter den Treffern sind Elastasen des Menschen und anderer Arten, aber auch Elastaseinhibitoren.

Öffnet man im ersten Treffer den zugehörigen Eintrag, erhält man die in Kasten 3.6 wiedergegebenen Angaben. Die ersten Zeilen beziehen sich vor allem auf die Datenbankverwaltung: Kennnummern, Molekülname, Datum der Eintragung und so weiter. Es folgen nähere Beschreibungen wie Herkunft (in diesem Fall der Mensch) mit vollständiger taxonomischer Klassifikation, Namen der Wissenschaftler, die den Eintrag abgelegt haben, und Literaturangaben. Dann schließlich werden die speziellen wissenschaftlichen Informationen genannt: Lage des Gens, sein Produkt (CDS = codierende Sequenz), und die Sequenz selbst (siehe Übungsaufgabe 3.2).

⊣ 3.6 ⊢

Das erste Ergebnis der Suche nach *human elastase* in der ENTREZ-Proteindatenbank

```
LOCUS           AF120493_1     258 aa                      PRI        03-AUG-2000
DEFINITION      elastase 1 precursor [Homo sapiens].
ACCESSION       AAD28441
PID             g4731318
VERSION         AAD28441.1  GI:4731318
DBSOURCE        locus AF120493 accession AF120493.1
KEYWORDS        .
SOURCE          human.
  ORGANISM      Homo sapiens
                Eukaryota; Metazoa; Chordata; Craniata; Vertebrata; Euteleostomi;
                Mammalia; Eutheria; Primates; Catarrhini; Hominidae; Homo.
REFERENCE       1  (residues 1 to 258)
  AUTHORS       Talas,U., Dunlop,J., Khalaf,S., Leigh,I.M. and Kelsell,D.P.
  TITLE         Human elastase 1: evidence for expression in the skin and the
                identification of a frequent frameshift polymorphism
  JOURNAL       J. Invest. Dermatol. 114 (1), 165-170 (2000)
  MEDLINE       20087075
   PUBMED       10620133
REFERENCE       2  (residues 1 to 258)
  AUTHORS       Talas,U., Dunlop,J., Leigh,I.M. and Kelsell,D.P.
  TITLE         Direct Submission
  JOURNAL       Submitted (15-JAN-1999) Centre for Cutaneous Research, Queen Mary
                and Westfield College, 2 Newark Street, London E1 2AT, UK
COMMENT         Method: conceptual translation supplied by author.
FEATURES             Location/Qualifiers
     source          1..258
                     /organism="Homo sapiens"
                     /db_xref="taxon:9606"
                     /chromosome="12"
                     /map="12q13"
                     /cell_type="keratinocyte"
     Protein         1..258
                     /product="elastase 1 precursor"
     CDS             1..258
                     /gene="ELA1"
                     /coded_by="AF120493.1:42..818"
ORIGIN
        1 mlvlyghstq dlpetnarvv ggteagrnsw psqislqyrs ggsryhtcgg tlirqnwvmt
       61 aahcvdyqkt frvvagdhnl sqndgteqyv svqkivvhpy wnsdnvaagy diallrlaqs
      121 vtlnsyvqlg vlpqegaila nnspcyitgw gktktngqla qtlqqaylps vdyaicssss
      181 ywgstvkntm vcaggdgvrs gcqgdsggpl hclvngkysl hgvtsfvssr gcnvsrkptv
      241 ftqvsayisw innviasn
//
```

Suche in der ENTREZ-Nucleotiddatenbank

Als Nächstes suchen wir wieder nach HUMAN ELASTASE, dieses Mal aber in der Nucleotiddatenbank. Dabei wollen wir die Suche etwas verfeinern und Treffer, die sich auf Elastaseinhibitoren beziehen, ausschließen.

1. Wählen Sie auf der Entrez-Homepage den Link NUCLEOTIDE:
2. Klicken Sie auf PREVIEW/INDEX, wählen Sie aus dem Pulldown-Menü ALL FIELDS den Eintrag ORGANISM, schreiben Sie HOMO SAPIENS in das Eingabefeld, und klicken Sie auf AND.
3. Als Nächstes wählen Sie TEXT WORD aus dem Pulldown-Menü ALL FIELDS, geben ELASTASE in das Eingabefeld ein, und klicken wiederum auf AND.
4. Schließlich wählen Sie TEXT WORD aus dem Pulldown-Menü ALL FIELDS, geben INHIBITOR in das Eingabefeld ein und klicken auf NOT.

Im Eingabefeld steht jetzt:

HOMO SAPIENS[ORGANISM] AND ELASTASE[TEXT WORD] NOT INHIBITOR[TEXT WORD]

Diese Suche lieferte – zum Zeitpunkt der Erstellung des englischen Buches – 445 Treffer (mittlerweile sind es über 600) mit folgendem ersten Eintrag (Kasten 3.7): HOMO SAPIENS ELASTASE 1 PRECURSOR (ELA1) MRNA, complete cds. Der Begriff „complete cds" bedeutet „vollständige codierende Sequenz".

⊣ 3.7 ⊢

Das erste Ergebnis der Suche nach *human elastase* in der ENTREZ-Datenbank für Nucleotidsequenzen

```
LOCUS       AF120493       952 bp    mRNA           PRI       03-AUG-2000
DEFINITION  Homo sapiens elastase 1 precursor (ELA1) mRNA, complete cds.
ACCESSION   AF120493
VERSION     AF120493.1  GI:4731317
KEYWORDS    .
SOURCE      human.
  ORGANISM  Homo sapiens
            Eukaryota; Metazoa; Chordata; Craniata; Vertebrata; Euteleostomi;
            Mammalia; Eutheria; Primates; Catarrhini; Hominidae; Homo.
REFERENCE   1  (bases 1 to 952)
  AUTHORS   Talas,U., Dunlop,J., Khalaf,S., Leigh,I.M. and Kelsell,D.P.
  TITLE     Human elastase 1: evidence for expression in the skin and the
            identification of a frequent frameshift polymorphism
  JOURNAL   J. Invest. Dermatol. 114 (1), 165-170 (2000)
  MEDLINE   20087075
  PUBMED    10620133
REFERENCE   2  (bases 1 to 952)
  AUTHORS   Talas,U., Dunlop,J., Leigh,I.M. and Kelsell,D.P.
  TITLE     Direct Submission
  JOURNAL   Submitted (15-JAN-1999) Centre for Cutaneous Research, Queen Mary
            and Westfield College, 2 Newark Street, London E1 2AT, UK
FEATURES            Location/Qualifiers
     source         1..952
                    /organism="Homo sapiens"
                    /db_xref="taxon:9606"
                    /chromosome="12"
                    /map="12q13"
                    /cell_type="keratinocyte"
```

3.7 *Fortsetzung*

```
     gene            1..952
                     /gene="ELA1"
     CDS             42..818
                     /gene="ELA1"
                     /codon_start=1
                     /product="elastase 1 precursor"
                     /protein_id="AAD28441.1"
                     /db_xref="GI:4731318"
                     /translation="MLVLYGHSTQDLPETNARVVGGTEAGRNSWPSQISLQYRSGGSR
                     YHTCGGTLIRQNWVMTAAHCVDYQKTFRVVAGDHNLSQNDGTEQYVSVQKIVVHPYWN
                     SDNVAAGYDIALLRLAQSVTLNSYVQLGVLPQEGAILANNSPCYITGWGKTKTNGQLA
                     QTLQQAYLPSVDYAICSSSSYWGSTVKNTMVCAGGDGVRSGCQGDSGGPLHCLVNGKY
                     SLHGVTSFVSSRGCNVSRKPTVFTQVSAYISWINNVIASN"
     BASE COUNT       226 a     261 c     250 g     215 t
     ORIGIN
           1 ttggtccaag caagaaggca gtggtctact ccatcggcaa catgctggtc ctttatggac
          61 acagcaccca ggaccttccg gaaaccaatg cccgcgtagt cggagggact gaggccggga
         121 ggaattcctg gccctctcag atttccctcc agtaccggtc tggaggttcc cggtatcaca
         181 cctgtggagg gacccttatc agacagaact gggtgatgac agctgctcac tgcgtggatt
         241 accagaagac tttccgcgtg gtggctggag accataacct gagccagaat gatggcactg
         301 agcagtacgt gagtgtgcag aagatcgtgg tgcatccata ctggaacagc gataacgtgg
         361 ctgccggcta tgacatcgcc ctgctgcgcc tggcccagag cgttaccctc aatagctatg
         421 tccagctggg tgttctgccc caggagggag ccatcctggc taacaacagt ccctgctaca
         481 tcacaggctg gggcaagacc aagaccaatg ggcagctggc ccagaccctg cagcaggctt
         541 acctgccctc tgtggactat gccatctgct ccagctcctc ctactggggc tccactgtga
         601 agaacaccat ggtgtgtgct ggtggagatg gagttcgctc tggatgccag ggtgactctg
         661 ggggcccct ccattgcttg gtgaatggca agtattctct ccatggagtg accagctttg
         721 tgtccagccg gggctgtaat gtctccagga agcctacagt cttcacccag gtctctgctt
         781 acatctcctg gataaataat gtcatcgcct ccaactgaac attttcctga gtccaacgac
         841 cttccaaaaa tggttcttag atctgcaata ggacttgcga tcaaaaagta aaacacattc
         901 tgaaagacta ttgagccatt gatagaaaag caaataaaac tagatataca tt
     //
```

Vergleichen Sie diesen Eintrag nun mit dem Suchergebnis aus der Proteindatenbank (siehe Anwendungsaufgabe 3.2).

Suche in der ENTREZ-Genomdatenbank

Eine Suche nach HUMAN ELASTASE ergibt:

3.8

1. NC_000967 CAENORHABDITIS ELEGANS CHROMOSOME III[64] LCL–WORM_CHR_III
2. NC_001099 HOMO SAPIENS CHROMOSOME 19[19] REF–NC_001099–HSAP-19
3. NC_001065 HOMO SAPIENS CHROMOSOME 14[14] REF–NC_001065–HSAP-14
4. NC_001044 HOMO SAPIENS CHROMOSOME 11[11] REF–NC_001044–HSAP-11
5. NC_001008 HOMO SAPIENS CHROMOSOME 6[6] REF–NC_001008–HSAP-6

Warum taucht bei einer Suche nach der menschlichen Elastase ein Protein von *C. elegans* auf? Bei dem Eintrag NC_000967 handelt es sich um das gesamte Chromosom III des Fadenwurmes. Im Kommentar zu einem der nachgewiesenen Gene heißt es:

```
gene="T07A5.1" /note="weak similarity with elastase
            (PIR accession number A406659)"
```

Auch die Annotation zu vielen anderen Genen von *C. elegans* weist auf Ähnlichkeiten mit menschlichen Proteinen hin. Da aber *C. elegans* keine Elastase besitzt, erfolgt hier kein Hinweis auf die Ähnlichkeit zu dem menschlichen Protein, obwohl es sich um homologe Gene handelt.

Suche in der ENTREZ-Strukturdatenbank

Ist die Raumstruktur der menschlichen Elastase bekannt? Wählen Sie die Strukturdatenbank Structure und führen Sie noch einmal die verfeinerte Suche gemäß S. 143 durch. Das Programm liefert zwei Treffer:

3.9

1B0F   Crystal Structure Of Human Neutrophil Elastase With Mdl 101, 146
1QIX   Porcine Pancreatic Elastase Complexed With Human Beta-Casomorphin-7

Die Bezeichnungen 1B0F und 1QIX sind Kennungen aus der Protein Data Bank.

Hoppla! Es ist uns vielleicht nicht aufgefallen, aber wir haben viele nützliche Einträge übersehen. In vielen Fällen wurde die Struktur einer Elastase im Komplex mit einem Inhibitor aufgeklärt. Wenn wir „NOT inhibitor" entfernen und die Suche wiederholen, erhalten wir acht Strukturen:

3.10

1B0F   Crystal Structure Of Human Neutrophil Elastase With Mdl 101, 146
1QIX   Porcine Pancreatic Elastase Complexed With Human Beta-Casomorphin-7
2REL   Solution Structure Of R-Elafin, A Specific Inhibitor Of Elastase,
        Nmr, 11 Structures
1FLE   Crystal Structure Of Elafin Complexed With Porcine Pancreatic Elastase
1FUJ   Pr3 (Myeloblastin)
1PPG   Human Leukocyte Elastase (Hle) (E.C.3.4.21.37)
        Complex With Meo-Succinyl-Ala-Ala-Pro-Val Chloromethylacetone
1PPF   Human Leukocyte Elastase (Hle) (neutrophil Elastase (Hne)) (E.C.3.4.21.37)
        Complex With The Third Domain Of Turkey Ovomucoid Inhibitor (Omtky3)
1HNE   Human Neutrophil Elastase (HNE) (E.C.3.4.21.37)
        (Also Referred To As Human Leucocyte Elastase (HLE))
        Complex With Methoxysuccinyl-Ala-Ala-Pro-Ala Chloromethyl Ketone
        (MSACK)

Sucht man dagegen in der PDB nach Elastase, findet man (siehe Übungsaufgabe 3.2):

┤ 3.11 ├

```
0EPC    Elastase -(Thr-Pro-Nval-Nmeleu-Tyr-Thr) Co...
0ESC    Elastase with Two Molecules Of Acetyl-Ala-...
0ESZ    Elastase-N-Carbobenzoxy-L-Alanyl-P-Nitroph...
1B0E    Porcine Pancreatic Elastase With Mdl 101 146
1B0F    Human Neutrophil Elastase With Mdl 101 146
1BMA    Benzyl Methyl Aminimide Inhibitor Complexe...
1BRU    Porcine Pancreatic Elastase with The Elast...
1BTU    Porcine Pancreatic Elastase with (3s 4r)-1...
1C1M    Porcine Elastase Under Xe Pressure (8 Bar)
1DKG    The Nucleotide Exchange Factor Grpe Bound ...
1EAI    Complex Of Ascaris Chymotrpsin Elastase In...
1EAS    Elastase with 3- (Methylamino) Sulfonyl Am...
1EAT    Elastase with 2- 5-Methanesulfonylamino-2-...
1EAU    Elastase with 2- 5-Amino-6-Oxo-2-(2-Thieny...
1ELA    Elastase with Trifluoroacetyl-L-Lysyl-L-Pr...
1ELB    Elastase with Trifluoroacetyl-L- Lysyl-L-L...
1ELC    Elastase with Trifluoroacetyl-L-Phenylalan...
1ELD    Elastase with Trifluoroacetyl-L- Phenylala...
1ELE    Elastase with Trifluoroacetyl-L- Valyl-L-A...
1ELF    Elastase with N-(Tert- Butoxycarbonyl-Alan...
1ELG    Elastase with N-(Tert- Butoxycarbonyl-Alan...
1ELT    Native Pancreatic Elastase From North Atla...
1ESA    Elastase Low Temperature Form (-45 C)
1ESB    Elastase with N-Carbobenzoxy-L-Alanyl-P-Ni...
1EST    Tosyl-Elastase
1EZM    Elastase (Zn Metalloprotease)
1FLE    Elafin with Porcine Pancreatic Elastase
1HLE    Horse Leukocyte Elastase Inhibitor (Hlei)
1HNE    Human Neutrophil Elastase ( Hne) (Also Ref...
1INC    Porcine Pancreatic Elastase with Benzoxazi...
1JIM    Porcine Pancreatic Elastase with The Heter...
1LVY    Porcine Elastase
1NES    Structure: Product Complex Of Acetyl-Ala-P...
1PPF    Human Leukocyte Elastase (Hle) (Neutrophil...
1PPG    Human Leukocyte Elastase (Hle) with Meo-Su...
1QGF    Porcine Pancreatic Elastase with (3r 4s)N-...
1QIX    Porcine Pancreatic Elastase with Human Bet...
1QNJ    The Native Porcine Pancreatic Elastase At ...
1QR3    Porcine Pancreatic Elastase with Fr901277 ...
2EST    Elastase with Trifluoroacetyl -L-Lysyl-L-A...
2REL    Solution R-Elafin A Specific Inhibitor Of ...
3EST    Native Elastase
4EST    Porcine Pancreatic Elastase with Ace-Ala-P...
5EST    Porcine Pancreatic Elastase with Carbobenz...
6EST    Elastase Crystallized 10% Dmf
7EST    Elastase with Trifluoroacetyl -L-Leucyl-L-...
8EST    Porcine Pancreatic Elastase with Guanidini...
9EST    Porcine Pancreatic Elastase with Guanidini...
```

Suche in der bibliografischen Datenbank PubMed

Jetzt ist es vielleicht an der Zeit festzustellen, was andere über unser Molekül zu sagen haben. Natürlich gibt es über die Elastase eine Riesenmenge an Fachliteratur. Eine Suche nach HUMAN ELASTASE bei PubMed liefert 6 506 Einträge. Um diese Zahl zu vermindern, wollen wir nur diejenigen Artikel finden, in denen von der Rolle der Elastase bei Krankheiten die Rede ist. Eine Suche nach HUMAN ELASTASE DISEASE liefert 1 214 Treffer. Wie steht es mit bestimmten *Mutationen* des Elastasegens, die mit Erkrankungen des Menschen zu tun haben? Bei Eingabe von HUMAN ELASTASE DISEASE MUTATION erhält man 28 Artikel in umgekehrter chronologischer Reihenfolge. Die ersten zehn lauten:

| 3.12 |

1. Hermans MH, Touw IP. Significance of neutrophil elastase mutations versus G-CSF receptor mutations for leukemic progression of congenital neutropenia. Blood. 2001 Apr 1;97(7):2185–6. No abstract available.

2. Li FQ, Horwitz M. Characterization of mutant neutrophil elastase in severe congenital neutropenia. J Biol Chem. 2001 Apr 27;276(17):14230–41.

3. Ye S. Polymorphism in matrix metalloproteinase gene promoters: implication in regulation of gene expression and susceptibility of various diseases. Matrix Biol. 2000 Dec;19(7):623–9. Review.

4. Dale DC, Person RE, Bolyard AA, Aprikyan AG, Bos C, Bonilla MA, Boxer LA, Kannourakis G, Zeidler C, Welte K, Benson KF, Horwitz M. Mutations in the gene encoding neutrophil elastase in congenital and cyclic neutropenia. Blood. 2000 Oct 1;96(7):2317–22.

5. McGettrick AJ, Knott V, Willis A, Handford PA. Molecular effects of calcium binding mutations in Marfan syndrome depend on domain context. Hum Mol Genet. 2000 Aug 12;9(13):1987–94.

6. Rashid MH, Rumbaugh K, Free in PMC , Passador L, Davies DG, Hamood AN, Iglewski BH, Kornberg A. Polyphosphate kinase is essential for biofilm development, quorum sensing, and virulence of Pseudomonas aeruginosa. Proc Natl Acad Sci USA . 2000 Aug 15;97(17):9636–41.

7. Jormsjo S, Ye S, Moritz J, Walter DH, Dimmeler S, Zeiher AM, Henney A, Hamsten A, Eriksson P. Allele-specific regulation of matrix metalloproteinase-12 gene activity is associated with coronary artery luminal dimensions in diabetic patients with manifest coronary artery disease. Circ Res. 2000 May 12;86(9):998-1003.

8. Talas U, Dunlop J, Khalaf S, Leigh IM, Kelsell DP. Human elastase 1: evidence for expression in the skin and the identification of a frequent frameshift polymorphism. J Invest Dermatol. 2000 Jan;114(1):165–70.

9. Horwitz M, Benson KF, Person RE, Aprikyan AG, Dale DC. Mutations in ELA2, encoding neutrophil elastase, define a 21-day biological clock in cyclic haematopoiesis. Nat Genet. 1999 Dec;23(4):433–6.

10. Griffin MD, Torres VE, Grande JP, Kumar R. Vascular expression of polycystin. J Am Soc Nephrol. 1997 Apr;8(4):616–26.

Immer wieder stößt man auf einen Zusammenhang zwischen Mutationen in der Elastase der Neutrophilen und der Neutropenie – einer Krankheit, die durch eine zu geringe Zahl der als Neutrophile bezeichneten weißen Blutzellen gekennzeichnet ist. Wenn wir diese Spur weiterverfolgen wollen, können wir in der Datenbank für genetische Erkrankungen des Menschen nach der Elastase suchen:

Online Mendelian Inheritance in Man (OMIM™)

OMIM ist eine Datenbank für Gene und genetisch bedingte Erkrankungen des Menschen. Sie wurde ursprünglich von V. A. McKusick, M. Smith und Kollegen zusammengestellt und in Papierform veröffentlicht. Das National Center for Biotechnology Information (NCBI) der US-amerikanischen National Library of Medicine entwickelte sie zu einer Datenbank weiter, die über das World Wide Web zugänglich ist, und fügte Links zu anderen Archiven mit verwandten Informationen hinzu, so zu Sequenzdatenbanken und medizinischer Literatur. Heute ist OMIM gut in das ENTREZ-Informationssystem des NCBI integriert. Eine ähnliche Datenbank, die OMIM Morbid Map, befasst sich mit genetischen Erkrankungen und ihrer chromosomalen Lokalisierung.

Die im Folgenden wiedergegebenen Informationen sind ein Auszug aus den Antworten, die eine Suche nach ELASTASE in OMIM erbringt:

OMIM

Online Mendelian Inheritance in Man

Johns Hopkins University

PubMed   Nucleotide   Protein   Genome   Structure   PopSet   Taxonomy   OMIM

Search for

Limits   Preview/Index   History   Clipboard

---

*130130   Related Entries, PubMed, Protein, Nucleotide, Structure, Genome, LinkOut

ELASTASE 2; ELA2

Alternative titles; symbols

ELASTASE, NEUTROPHIL; NE
ELASTASE, LEUKOCYTE
MEDULLASIN
PROTEASE, SERINE, BONE MARROW

Gene map locus 19p13.3

TEXT

Aoki (1978) purified a 31,800-Da serine protease from human bone marrow cell mitochondria. Both granulocytes and erythroblasts were found to contain the protease medullasin, but it was not detected in lymphocytes or thrombocytes. It was shown to be located on the inner membrane of mitochondria. Nakamura et al. (1987) reported the complete genomic sequence and deduced the amino acid sequence of the medullasin precursor. It contains 267 amino acids, including a possible leader sequence of 29 amino acids.

■ ■ ■

Cyclic hematopoiesis (cyclic neutropenia; 162800) is an autosomal dominant disorder in which blood-cell production from the bone marrow oscillates with 21-day periodicity. Circulating neutrophils vary between almost normal numbers and zero. During intervals of neutropenia, affected individuals are at risk for opportunistic infection. Monocytes, platelets, lymphocytes, and reticulocytes also cycle with the same frequency. Horwitz et al. (1999) used a genomewide screen and positional cloning to map the locus to 19p13.3. They identified 7 different single-basepair substitutions in the ELA2 gene, each on a unique haplotype, in 13 of 13 families, as well as a new mutation in a sporadic case. Neutrophil elastase is a target for protease inhibition by alpha-1-antitrypsin (also called protease inhibitor-1; PI; 107400), and its unopposed release destroys tissue at sites of inflammation. Horwitz et al. (1999) hypothesized that a perturbed interaction between neutrophil elastase and serpins or other substrates may regulate mechanisms governing the clock-like timing of hematopoiesis.

■ ■ ■

Die Erkenntnisse über die Elastase, die wir bis hierher zusammengetragen haben, könnten nun die Grundlage für weitere Forschungen bilden. Man könnte beispielsweise die Lage von Mutationen auf dem Elastasemolekül einzeichnen und feststellen, ob sich daraus Anhaltspunkte für den Entstehungsmechanismus der zyklischen Neutropenie ableiten lassen.

Das Sequence Retrieval System (SRS)

Das SRS, das ursprünglich von T. Etzold entwickelt wurde, ist ein integriertes System zur Informationsabfrage aus vielen verschiedenen Sequenzdatenbanken, und zur Weiterverarbeitung der so gewonnenen Sequenzen mit Analysehilfsmitteln wie Sequenzvergleichs- und Alignment-Programmen.

| 3.13 |

Kategorien von Datenbanken, die über SRS durchsucht werden können

Sequenzen	Genome
InterPro-Verwandte	Kartierung
Seq-Verwandte	Mutationen
TransFac	SNP
nutzereigene Datenbanken	locusspezifische Mutationen
Ergebnisse von Anwendungen	Stoffwechselwege
Protein3DStruct	Patente auf Sequenzen

SRS kann insgesamt 141 Datenbanken mit Aminosäure- und Nucleotidsequenzen, Stoffwechselwegen, Raumstrukturen, Funktionen, Genomen und Informationen über Krankheiten und Phänotypen durchsuchen (Kasten 3.13), darunter viele kleine Datenbanken wie PROSITE und die BLOCKS-Datenbank für Proteinstrukturmotive sowie Datenbanken, die auf Transkriptionsfaktoren oder einzelne Krankheitserreger spezialisiert sind.

Im Zusammenhang mit Sequenzen hat SRS Zugang zu folgenden Datenbanken:

| 3.14 |

EMBL	Archivdatenbank mit Nucleotidsequenzen
EMBLNEW	Aktualisierungen seit der letzten Neuauflage von EMBL
ENSEMBL	annotierte Genomsequenzen
SWISSPROT	gepflegte und annotierte Archivdatenbank mit Proteinsequenzen
SPTREMBL	computerannotierte Datenbank mit Proteinsequenzen; Ergänzung zur Proteinsequenz-Datenbank SWISS-PROT
REMTREMBL	Translation codierender Sequenzen aus der EMBL-Datenbank für Nucleotidsequenzen; nicht für die endgültige Aufnahme in SWISS-PROT bestimmt
TREMBLNEW	Translation aller neuen und aktualisierten codierenden Sequenzen bei EMBL seit der letzten Neuausgabe von TrEMBL
SWALL	umfassende Proteinsequenz-Datenbank; kombiniert die vollständige Annotation von SWISS-PROT mit der vollständigen, wöchentlich aktualisierten Translation aller proteincodierenden Sequenzen aus der EMBL-Datenbank für Nucleotidsequenzen
IMGT	integrierte Datenbank, spezialisiert auf Immunglobuline, T-Zell-Rezeptoren und den Haupthistokompatibilitätskomplex (MHC) aller Wirbeltierarten
IMGTHLA	Proteinsequenzen aus dem menschlichen Haupthistokompatibilitätskomplex (HLA)
InterPro	(*Integrated Resource of Protein Domains and Functional Sites*) Dokumentation von Proteinfamilien, Domänen und funktionstragenden Stellen

SRS bietet aber nicht nur Zugang zu einer großen Zahl sehr unterschiedlicher Datenbanken, sondern auch Links zwischen ihnen und den reibungslosen Übergang zu den Anwendungsprogrammen. Die Suche in einer einzelnen Datenbank lässt sich auf das gesamte System ausweiten, das heißt, man kann Einträge, die sich auf ein bestimmtes Protein beziehen, aus allen Datenbanken sehr einfach abrufen. Die Suche nach Ähnlichkeiten und das Alignment lassen sich unmittelbar starten, ohne dass man die Suchergebnisse zuvor in einer eigenen Datei speichern müsste.

Eine SRS-Sitzung beginnt damit, dass man eine oder mehrere Datenbanken auswählt, in denen man suchen möchte. Die Datenbanken sind nach Kategorien zusammengefasst: Nucleotidsequenzen und Verwandtes, Proteinsequenzen und Verwandtes, und so weiter. Anschließend gibt man eine Reihe von Suchbegriffen ein. Wie bei ENTREZ kann man entweder in allen Feldern suchen oder die Begriffe verschiedenen Kategorien zuordnen. Im weiteren Verlauf kann man unter anderem folgende Abfragen vornehmen:

1. Nähere Betrachtung einer Sequenz, die aufgrund einer Verknüpfung mit dem gefundenen Eintrag identifiziert wurde
2. Auswahl einer oder mehrerer Sequenzen und Suche nach verwandten Einträgen in anderen Datenbanken
3. Start eines Anwendungsprogramms, beispielsweise zur Voraussage von Sekundärstrukturen oder für ein multiples Sequenz-Alignment

Andere Optionen auf der Seite mit den Suchergebnissen bieten die Möglichkeit, Berichte über die gefundenen Übereinstimmungen zu erstellen und herunterzuladen. Dabei kann es sich einfach um eine Liste der Sequenzen oder auch um die Ergebnisse komplizierterer, mit diesen Sequenzen durchgeführter Analysen handeln. Die Proteindatenbanken erlauben zum Beispiel die Erstellung eines Hydrophobizitätsdiagramms.

Die Haupt-URL des SRS lautet `http://srs.ebi.ac.uk`; eine Liste mit vielen Mirror-Sites ist unter `http://downloads.lionbio.co.uk/publicsrs.html` zu finden.

Suchen Sie nun einmal nach der menschlichen Elastase. Dazu eröffnen Sie eine SRS-Sitzung und wählen SWISSPROT. Geben Sie HUMAN ELASTASE als einfache Suche ein und klicken Sie auf QUICK SEARCH. Darauf liefert das Programm:

---| **3.15** |---

RootLibs	acc	des	sl
SWISSPROT:EL1_HUMAN	P11423	ELASTASE 1 (EC 3.4.21.36) (FRAGMENT).	68
SWISSPROT:EL2A_HUMAN	P08217	ELASTASE 2A PRECURSOR (EC 3.4.21.71).	269
SWISSPROT:EL2B_HUMAN	P08218	ELASTASE 2B PRECURSOR (EC 3.4.21.71).	269
SWISSPROT:EL3A_HUMAN	P09093	ELASTASE IIIA PRECURSOR (EC 3.4.21.70) (PROTEASE E).	270
SWISSPROT:EL3B_HUMAN	P08861	ELASTASE IIIB PRECURSOR (EC 3.4.21.70) (PROTEASE E).	270
SWISSPROT:ELNE_HUMAN	P08246	LEUKOCYTE ELASTASE PRECURSOR (EC 3.4.21.37) (NEUTROPHIL ELASTASE)	267
	P09649	(PMN ELASTASE) (BONE MARROW SERINE PROTEASE) (MEDULLASIN).	267
SWISSPROT:ILEU_HUMAN	P30740	LEUKOCYTE ELASTASE INHIBITOR (LEI)	379
		(MONOCYTE/NEUTROPHIL ELASTASE INHIBITOR) (M/NEI) (EI).	
SWISSPROT:ELAF_HUMAN	P19957	ELAFIN PRECURSOR (ELASTASE-SPECIFIC INHIBITOR) (ESI)	117
		(SKIN-DERIVED ANTILEUKOPROTEINASE) (SKALP).	117

Um zu verdeutlichen, wie das Starten von Anwendungsprogrammen funktioniert, wollen wir die Sequenzen der Säugetier-Elastasen abrufen und mit CLUSTAL-W ein multiples Sequenz-Alignment durchführen. Wählen Sie in der SRS-Sitzung die Datenbank SWISS-PROT und klicken Sie in der Box QUERY auf EXTENDED. Daraufhin erscheint eine neue Seite; hier geben Sie in der mit ORGANISM gekennzeichneten Box den Begriff MAMMALIA ein, und in die Box DESCRIPTION schreiben Sie ELASTASE!INHIBITOR!FRAGMENT (Das Ausrufezeichen bedeutet NOT. Mit der zuletzt genannten Eingabe finden Sie Einträge, deren Beschreibung das Wort ELASTASE enthält, nicht aber die Begriffe INHIBITOR und FRAGMENT. Wir wollen nur nach vollständigen Elastasemolekülen suchen, aber nicht nach Inhibitoren oder Molekülfragmenten.) Anschließend klicken Sie auf SUBMIT QUERY.

Das Programm liefert rund 20 Treffer. Suchen Sie unter LAUNCH das Pulldown-Menü, wählen Sie dort CLUSTAL-W und klicken Sie auf LAUNCH. Nun zeigt Ihnen das Programm, welche Eingabewerte es für Clustal-W generiert hat; Sie haben hier also die Gelegenheit, die Werte der Parameter gegenüber der Grundeinstellung zu verändern oder den Vorgang abzubrechen, wenn Sie aus irgendeinem Grund nicht zufrieden sind. Setzen Sie die Berechnung mit einem erneuten Klick auf LAUNCH in Gang, und warten Sie. Die Ergebnisse zeigt Farbtafel VI.

Die Protein Information Resource (PIR)

Die PIR ist eine leistungsfähige Kombination aus einer sorgfältig gepflegten Datenbank, Zugangs- und Abrufsoftware und einem Arbeitsbereich zur Sequenzanalyse. Darüber hinaus erzeugt die PIR das Integrated Environment for Sequence Analysis (IESA). Dieses kann man sich als Analysen-Softwarepaket vorstellen, das einem Abfragesystem aufgesetzt wurde. Zu seinen Funktionen gehören Durchmustern, Suche und Ähnlichkeitsanalyse sowie Links zu anderen Datenbanken. Der Benutzer hat folgende Möglichkeiten:

- Durchsuchen anhand von Annotationen;
- Durchsuchen ausgewählter Textfelder nach Annotationen wie Superfamilie, Familie, Titel, Spezies, systematische Gruppe, Stichworte und Domänen
- Sequenzanalyse mit BLAST- und FASTA-Suche, Musterübereinstimmung und multiples Alignment;
- globale, auf Domänen beschränkte oder nach Anmerkungen geordnete Suche
- Anzeige von Statistiken für Superfamilie, Familie, Titel, Spezies, systematische Gruppe, Stichworte, Domänen, Eigenschaften
- Anzeige von Links zu anderen Datenbanken wie PDB, COG, KEGG, WIT und BRENDA
- Auswahl einzelner Sequenzgruppen, beispielsweise aus den Genomen von Mensch, Maus, Hefe und *E. coli*

Die URLs für eine PIR-Suche nach Textbegriffen lauten:

In den USA:
`http://www-nbrf.georgetown.edu/pirwww/search/textpsd.html`

In Europa:
`http://mips.gsf.de`

Eine Suche in der PIR nach HUMAN ELASTASE erbrachte 15 Einträge (allmählich bekommt man ein Gespür für „die üblichen Verdächtigen"):

---| 3.16 |---

Ergebnisse der PIR-Suche nach der menschlichen Elastase

ELHUL	leukocyte elastase (EC 3.4.21.37) precursor – human
TIHUSP	antileukoproteinase 1 precursor – human
ITHU	alpha-1-antitrypsin precursor – human
S70439	pancreatic elastase I (allele HEL1-16) probable splice form I – human
S68826	pancreatic elastase (EC 3.4.21.36) isoform 2 precursor – human
S68825	pancreatic elastase (EC 3.4.21.36) isoform 1 precursor – human
A29934	pancreatic elastase (EC 3.4.21.36) IIIA precursor – human
B26823	pancreatic elastase II (EC 3.4.21.71) A precursor – human
C26823	pancreatic elastase II (EC 3.4.21.71) B precursor – human
B29934	pancreatic elastase (EC 3.4.21.36) IIIB precursor – human
A49499	metalloelastase HME (EC 3.4.24.-) – human
S27383	elastase inhibitor – human
JH0614	elafin precursor – human
S70441	pancreatic elastase I (allele HEL1-36) – human (fragment)
A56615	probable pancreatic elastase (EC 3.4.21.36) pseudogene – human

Der Eintrag für den ersten Treffer lautet in ausführlicher Form:

---| 3.17 |---

```
ENTRY            ELHUL  #type complete
TITLE            leukocyte elastase (EC 3.4.21.37) precursor [validated] -
                 human
ALTERNATE_NAMES  inflammatory serine proteinase; medullasin; neutrophil
                 elastase
ORGANISM         #formal_name Homo sapiens #common_name man
   #cross-references taxon:9606
DATE             30-Jun-1990 #sequence_revision 30-Jun-1990 #text_change
                 08-Dec-2000
ACCESSIONS       A31976; S04954; S06241; A27064; S00631; A28370; A34570;
                 A05293; A25907; S14736
REFERENCE        A31976
   #authors      Takahashi, H.; Nukiwa, T.; Yoshimura, K.; Quick, C.D.;
                 States, D.J.; Holmes, M.D.; Whang-Peng, J.; Knutsen, T.;
                 Crystal, R.G.
   #journal      J. Biol. Chem. (1988) 263:14739-14747
   #title        Structure of the human neutrophil elastase gene.
   #cross-references MUID:89008342
   #accession    A31976
      ##molecule_type DNA
      ##residues 1-267 ##label TAK
      ##cross-references GB:M20203; GB:J04032; NID:g189147;
            PIDN:AAA36359.1; PID:g386981


            weitere Literaturangaben weggelassen . . .


COMMENT          This is a lysosomal proteinase found in the azurophil
                 granules of neutrophils.
COMMENT          This elastase cleaves preferentially bonds after Ala and
                 Val. It is believed to be one of the major agents
                 responsible for tissue destruction in emphysema and
                 rheumatoid arthritis.
GENETICS
   #gene         GDB:ELA2
      ##cross-references GDB:118792; OMIM:130130
   #map_position 19p13.3-19p13.3
   #introns      23/1; 75/2; 122/3; 199/3
CLASSIFICATION   #superfamily trypsin; trypsin homology
KEYWORDS         emphysema; glycoprotein; hydrolase; leukocyte; lysosome;
                 rheumatoid arthritis; serine proteinase
```

3.17 *Fortsetzung*

```
FEATURE
   1-27                 #domain signal sequence #status predicted #label
                        SIG\
   28-29                #domain propeptide #status predicted #label PRO+\
   30-247               #product leukocyte elastase #status experimental
                        #label MAT\
   30-242               #domain trypsin homology #label TRY\
   248-267              #domain carboxyl-terminal propeptide #status
                        predicted #label CTP\
   55-71,151-208,
   181-187,198-223      #disulfide_bonds #status experimental\
   70,117,202           #active_site His, Asp, Ser #status predicted\
   88                   #binding_site carbohydrate (Asn) (covalent)
                        #status predicted\
   124,173              #binding_site carbohydrate (Asn) (covalent)
                        #status experimental
SUMMARY          #length 267 #molecular_weight 28518

SEQUENCE
                5         10        15        20        25        30
     1 M T L G R R L A C L F L A C V L P A L L L G G T A L A S E I
    31 V G G R R A R P H A W P F M V S L Q L R G G H F C G A T L I
    61 A P N F V M S A A H C V A N V N V R A V R V V L G A H N L S
    91 R R E P T R Q V F A V Q R I F E N G Y D P V N L L N D I V I
   121 L Q L N G S A T I N A N V Q V A Q L P A Q G R R L G N G V Q
   151 C L A M G W G L L G R N R G I A S V L Q E L N V T V V T S L
   181 C R R S N V C T L V R G R Q A G V C F G D S G S P L V C N G
   211 L I H G I A S F V R G G C A S G L Y P D A F A P V A Q F V N
   241 W I D S I I Q R S E D N P C P H P R D P D P A S R T H

-----------------------------------------------------------------------------

PDB structures most related to ELHUL:
    1PPFE (30-247) 100.0%; 1PPGE (30-247) 100.0%; 1HNEE (30-247) 99.5%
    1B0F (30-247) 99.1%

Enzyme Links for ELHUL:
    EC-IUBMB: EC 3.4.21.37
    KEGG: EC 3.4.21.37
    BRENDA: EC 3.4.21.37
    WIT: EC 3.4.21.37
    MetaCyc: EC 3.4.21.37

ALIGNMENTS containing ELHUL:
    FA2856 trypsin - 230.4 19.0
    M01074 trypsin - 1093.0 16.0
Associated Alignments:
    DA1082 trypsin homology
    SA2887 trypsin superfamily 230.4

Link to iProClass (Superfamily classification and Alignment):
    iProClass Report for ELHUL at PIR.

-----------------------------------------------------------------------------
```

Das System PIR International erlaubt unter anderem auch die gezielte Suche nach einem Peptid. Bei der Betrachtung des Alignment für menschliche Elastasen in Farbtafel VI fällt an den Positionen 220–228 ein konserviertes Motiv auf: Die meisten Sequenzen enthalten die Aminosäurefolge CNGDSGGPLN. In der PIR kann man PATTERN/PEPTIDE MATCH auswählen und nach genauer Übereinstimmung mit dem Sequenzabschnitt CNGDSGGPLN suchen. Dann erhält man:

| 3.18 |

```
1    ELRT2  pancreatic elastase II (EC 3.4.21.71)
     214 - 223        GVTSSCNGDSGGPLNCQASN
2    CPBOA3  procarboxypeptidase A complex compon
     183 - 192        DTRSGCNGDSGGPLNCPAAD
3    S68826  pancreatic elastase (EC 3.4.21.36) i
     212 - 221        GVISACNGDSGGPLNCQLEN
4    S68825  pancreatic elastase (EC 3.4.21.36) i
     212 - 221        GVISACNGDSGGPLNCQLEN
5    A29934  pancreatic elastase (EC 3.4.21.36) I
     213 - 222        YIRSGCNGDSGGPLNCPTED
6    B26823  pancreatic elastase II (EC 3.4.21.71
     212 - 221        GVISSCNGDSGGPLNCQASD
7    C26823  pancreatic elastase II (EC 3.4.21.71
     212 - 221        GVICTCNGDSGGPLNCQASD
8    A26823  pancreatic elastase II (EC 3.4.21.71
     212 - 221        GIISSCNGDSGGPLNCQGAN
9    A25528  pancreatic elastase II (EC 3.4.21.71
     214 - 223        GVTSSCNGDSGGPLNCRASN
10   JQ1473  pancreatic elastase (EC 3.4.21.36) I
     212 - 221        GVISACNGDSGGPLNCQAED
11   B29934  pancreatic elastase (EC 3.4.21.36) I
     213 - 222        DIRSGCNGDSGGPLNCPTED
12   S29239  chymotrypsin (EC 3.4.21.1) 1 precurs
     219 - 228        GGKSTCNGDSGGPLNLNGMT
13   T10495  chymotrypsin (EC 3.4.21.1) BII - pen
     214 - 223        GGKGTCNGDSGGPLNLNGMT
```

Dabei gilt es zu beachten, dass die Namen der Moleküle verkürzt wiedergegeben sind. Das führt manchmal zu Missverständnissen, insbesondere wenn man die Ergebnisse mit einem Computerprogramm analysieren will, denn dann ist das Naheliegende oft nicht ohne weiteres zu erkennen. So kann es beispielsweise den Anschein haben, als ob genau der gleiche Sequenzabschnitt aus zehn Aminosäuren auch in der Carboxypeptidase vorkommt, einem Molekül, das mit der Elastase überhaupt nicht verwandt ist. In Wirklichkeit handelt es sich aber bei CPBOA3, dem zweiten Treffer, um den Bestandteil III des Rinder-Carboxypeptidase-A-Komplexes (*bovine carboxypeptidase A complex component III*), der zur Elastase homolog ist.

Kehren wir noch einmal zur Alignment-Tabelle (Farbtafel VI) zurück. In manchen Molekülen findet man Abweichungen des Musters. Mit der allgemeineren Suchvorgabe C[RNQF]GDSG[GS]PL[HNV], in der [XYZ] eine Position kennzeichnet, in der entweder X oder Y oder Z steht, erhält man alle in das Alignment einbezogenen Säugetier-Elastasen sowie insgesamt 82 weitere Sequenzen. Auch das sind noch nicht alle zur Elastase homologen Moleküle in der Datenbank, die man mit einer PSI-BLAST-Suche nach einer der Sequenzen oder, wenn man innerhalb der PIR bleibt, durch Aufrufen der Elastase in der Datenbank PROT-FAM finden kann. Zu dem Muster passen 20 Familien, und bei allen handelt es sich um Serinproteasen.

Der Weg bis zu einer vollständigen Liste der homologen Sequenzen ist nicht mehr weit.

ExPASy: das Expert Protein Analysis System

ExPASy ist das Informationsabfrage- und Analysesystem des Schweizerischen Instituts für Bioinformatik, das (in Zusammenarbeit mit dem Europäischen Institut für Bioinformatik) auch die Proteinsequenzdatenbanken SWISS-PROT und TrEMBL betreibt.

TrEMBL enthält translatierte Entsprechungen zu Nucleotidsequenzen der EMBL Data Library, die noch nicht vollständig in SWISS-PROT integriert sind.

Wenn man die Web-Hauptseite von ExPASy (http://www.expasy.ch) öffnet und dann SWISS-PROT und TrEMBL wählt, erhält man Zugang zu einer ganzen Reihe von Hilfsmitteln für den Informationsabruf, darunter auch ein Link zum SRS. Außerdem besteht die Möglichkeit, unmittelbar in SWISS-PROT zu suchen. Wählt man FULL TEXT SEARCH, um dann SWISS-PROT mit dem einzelnen Suchbegriff ELASTASE zu durchsuchen, erhält man ELNE_HUMAN, das eigentliche Ziel der Suche, und 108 weitere Treffer, darunter viele Inhibitoren. Ein zur Elastase homologes Protein, CERC_SCHMA, stammt aus dem Blutegel. Beide Sequenzen sind Vorläufer; in dem folgenden Alignment der beiden Sequenzen kennzeichnen Großbuchstaben das ausgereifte Enzym:

3.19

```
CERC_SCHMA   --msnrwrfvvvvtlftycltfervstwlIRSGEPVQHPAEFPFIAFLTTER-TMCTGSL  57

ELNE_HUMAN   mtlgrrlaclflacvlpalllggtalaseIVGGR-RARPHAWPFMVSLQLRGGHFCGATL  59

             :..*    :.:. ::.  *   . : *.*.  :* :**:. *  . :* .:*


CERC_SCHMA   VSTRAVLTAGHCVCSPLPVIRVSFLTLRNGDQQGIHHQPSGVKVAPGYMPSCMSARQRRP  117

ELNE_HUMAN   IAPNFVMSAAHCVAN----VNVRAVRVVLGAHNLSRREP----TRQVFAVQRIFENGYDP  111

             ::.. *::*.***..     :.*  : :  * ::  :::*   .  :   .   *


CERC_SCHMA   IAQTLSGFDIAIVMLAQMVNLQSGIRVISLPQPSDIPPPGTGVFIVGYGRDDNDRDPSRK  177

ELNE_HUMAN   VNLLN---DIVILQLNGSATINANVQVAQLPAQGRRLGNGVQCLAMGWGLLGRNRG----  164

             :      **.*: *  ..:::.::* .**  .   *.  : :*:*  ..:*.


CERC_SCHMA   NGGILKKGRATIMECRHATNGNPICVKAGQNFGQLPAPGDSGGPLLPS-LQGPVLGVVSH  236

ELNE_HUMAN   IASVLQELNVTVVTS-LCRRSNVCTLVRGRQAG--VCFGDSGSPLVCNGLIHGIASFVRG  221

             ..:*::..*::. . ...*  :  *::  *   . ****.**:. *   : ..*


CERC_SCHMA   GVTLPNLPDIIVEYASVARMLDFVRSNI-----------------  264

ELNE_HUMAN   GCASGLYPDAFAPVAQFVNWIDSIIQRSEDNPCPHPRDPDPASRTH  267

             * :    ** :. *....:* : ..
```

Die Struktur der Elastase aus menschlichen Neutrophilen ist aus Röntgenstrukturanalysen bekannt, die der Blutegel-Elastase jedoch nicht.

Eine einzigartige Eigenschaft des ExPASy-Servers ist der Link zu SWISS-MODEL, einem automatischen Webserver für den Aufbau von Homologiemodellen. Wenn man SWISS-MODEL öffnet und FIRST APPROACH MODE (die einfachste Option) wählt, braucht man nur den SWISS-PROT-Code CERC_SCHMA einzugeben und die Anwendung zu starten. Der Modellbau ist keine einfache Aufgabe; er wird deshalb offline ausgeführt, und das Ergebnis erhält man per E-Mail.

Mit SWISS-MODEL werden wir uns in Kapitel 5 noch genauer befassen.

Ensembl

Ensembl (http://www.ensembl.org) soll eine allgemeine Quelle für Informationen über das menschliche Genom sein. Sie verfolgt das Ziel, alle verfügbaren Informationen über DNA-Sequenzen des Menschen zusammenzutragen, zur Sequenz des „Master-

Genoms" in Beziehung zu setzen und den vielen Wissenschaftlern zugänglich zu machen, die sich der Daten mit sehr unterschiedlichen Voraussetzungen und Anforderungen bedienen. Deshalb wird die Information nicht nur gesammelt und strukturiert, sondern man ist auch sehr ernsthaft bestrebt, eine Infrastruktur für Berechnungen zu entwickeln. So wurden geeignete Konventionen für die Nomenklatur geschaffen: Ein Schema zur Aufrechterhaltung stabiler Kennzeichnungen zu entwickeln, obwohl die Daten sich nicht nur ständig vermehren, sondern auch überarbeitet werden, ist keine

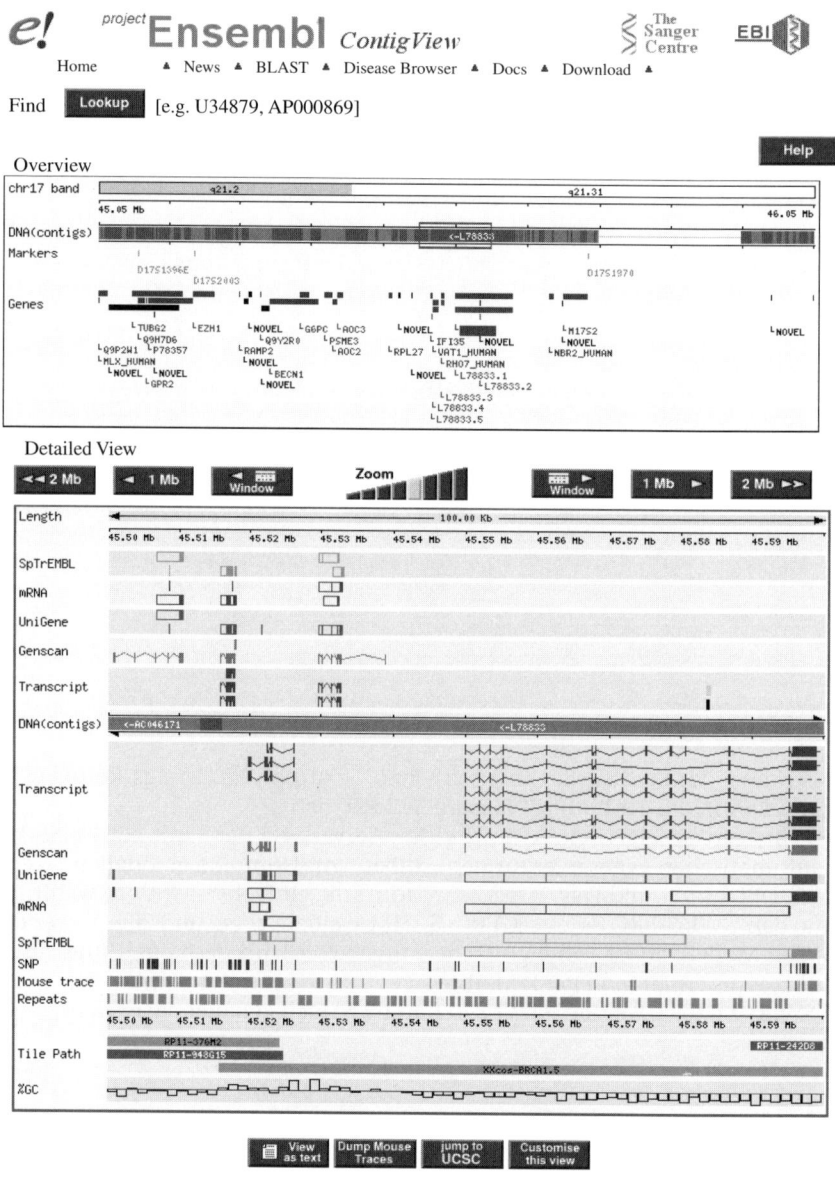

einfache Aufgabe. Das auffälligste Ergebnis dieser Bemühungen ist die Website, die vielfältige Möglichkeiten zum Durchsuchen und zur Beschäftigung mit Einzelheiten bietet.

Ensembl ist ein Gemeinschaftsprojekt des Europäischen Instituts für Bioinformatik und des Sanger Centre; beteiligt sind unter anderem E. Birney, M. Clamp, T. Cox und T. J. P. Hubbard. Aber Ensembl ist als offenes Projekt konzipiert und nimmt Beiträge von anderen gern entgegen. Wer nicht völlig naiv ist, erkennt sofort, welche großen Anforderungen dies an die Qualitätssicherung stellt.

Zu den Daten, die Ensembl sammelt, gehören Gene, SNPs, Wiederholungssequenzen und Homologien. Die Gene sind entweder aus Experimenten bekannt oder wurden aus der Sequenz abgeleitet. Da es für Annotationen zum menschlichen Genom höchst unterschiedlich gute experimentelle Belege gibt, liefert Ensembl zur Identifizierung jedes Gens die entsprechenden Befunde mit. Ergänzt werden die Informationen durch umfangreiche Links zu anderen Datenbanken mit ähnlichem Inhalt, so zum Beispiel zu Online Mendelian Inheritance in Man (OMIM) sowie zu Expressionsdatenbanken.

Die Struktur von Ensembl orientiert sich an der Sequenz des menschlichen Genoms. Einzelne Bereiche sind für den Benutzer durch mehrere Formen des Nachschlagens und der Suche zugänglich:

- BLAST-Suche nach einer Sequenz oder einem Fragment
- Durchsuchen – man beginnt mit einem ganzen Chromosom und engt den Bereich immer weiter ein
- Name des Gens
- Zusammenhang mit Krankheiten (über OMIM)
- ENSEMBL ID, falls der Benutzer sie kennt
- Volltextsuche

Eine Textsuche nach BRCA1 in Ensembl lieferte die links wiedergegebene Seite mit dem Abschnitt um den BRCA1-Locus. Der obere Frame zeigt eine Region von einer Megabase, die in den Banden q21.2 und q21.31 des Chromosoms 17 kartiert wurde. Eingetragen sind Marker und zugeordnete Gene. Im unteren Frame sieht man eine detailliertere Ansicht. Die Steuerungselemente zwischen den Frames ermöglichen die Navigation und einen „Zoomeffekt". Im unteren Frame ist eine Region von 0,1 Megabasen wiedergegeben; hier sieht man wesentlich mehr Einzelheiten, so unter anderem die genaue Struktur des Gens BRCA1 und die beobachteten SNPs.

Und wie geht es weiter?

Wir haben hier nur einige der vielen molekularbiologischen Datenbanken vorgestellt, die über das World Wide Web zugänglich sind. Der Leser wird über kurz oder lang diese und andere Sites selbst erkunden und sich nicht nur mit dem Inhalt des Web vertraut machen, sondern auch mit seiner Dynamik – mit dem Auftauchen und Verschwinden von Sites und Links. Es gibt verschiedene biologische Metaphern für das Internet – als ein Ökosystem, das eine Evolution durchläuft, kontinuierlich wächst und dabei durch tote Sites und Links zu toten Sites verunreinigt wird. Leider gibt es aber hier, anders als in der organischen Welt, keinen wirksamen Mechanismus für Verwesung und Wiederverwertung!

Die Datenbankbetreiber entwickeln immer leistungsfähigere Wege der wechselseitigen Kommunikation bis hin zu dem Punkt, an dem die immer dichteren Links zur Verschmelzung zu führen scheinen. Es wird nicht mehr lange dauern, dann gibt es eine einzige molekularbiologische Datenbank mit vielen Zugangswegen. Jeder Wissenschaftler wird sich den Zugang zu seinen gewünschten Informationsbausteinen konfigurieren und so „virtuelle Datenbanken" schaffen, die auf seine eigenen Bedürfnisse zugeschnitten sind.

Empfohlene Literatur

Die Zeitschrift *Nucleic Acids Research* bringt jedes Jahr im Januar eine Ausgabe mit vielen Artikeln über molekularbiologische Datenbanken heraus. Diese Ausgabe sollte man zum schnellen Nachschlagen stets griffbereit haben.

Bishop MJ (1999) Genetics databases. Academic Press, London. [Ein Kompendium der Datenbanken, Zugangswege und Analysemöglichkeiten.]

Übungsaufgaben, Anwendungsaufgaben und Web-Aufgaben

Übungsaufgabe 3.1 Eine Datenbank mit Fahrzeugen enthält folgende Einträge: Fahrrad, Dreirad, Motorrad, Auto. Bei jedem Eintrag sind folgende Informationen gespeichert: 1) Zahl der Räder, und 2) Antrieb (Mensch oder Motor). Entwickeln Sie für jedes mögliche Paar von Fahrzeugen eine logische Kombination aus Suchbegriffen, die sich genau auf die Zahl oder den Zahlenbereich und auf den Antrieb bezieht, sodass nur diese beiden Fahrzeuge und keine anderen gefunden werden.

Übungsaufgabe 3.2 Im Kasten 3.7 ist der NCBI-Eintrag für den Elastase-1-Vorläufer des Menschen wiedergegeben. Markieren Sie auf einer Fotokopie dieses Kastens folgende Kategorien: a) rein interne Datenbankinformationen; b) periphere Daten, zum Beispiel Literaturangaben; c) Ergebnisse experimenteller Messungen; d) Informationen, die aus experimentellen Messungen abgeleitet wurden.

Übungsaufgabe 3.3 Warum liefert die Suche in der ENTREZ-Strukturdatenbank acht Strukturen für Elastase, die Suche in der PDB dagegen viel mehr (Kästen 3.10 und 3.11)?

Anwendungsaufgabe 3.1 Schreiben Sie ein Perl-Skript, mit dem Sie aus einem Eintrag der PIR-Proteinsequenzdatenbank (Kasten 3.2) die Aminosäuresequenz extrahieren und in das FASTA-Format konvertieren können.

Anwendungsaufgabe 3.2 Vergleichen Sie die Ergebnisse, die Sie bei der Suche nach menschlicher Elastase in NCBI unter Protein (Kasten 3.6) und unter Nucleotide (Kasten 3.7) erhalten. Kennzeichnen Sie auf Fotokopien der beiden Kästen mit einem Textmarker alle gemeinsamen Elemente.

Web-Aufgabe 3.1 Rufen Sie bei SWISS-PROT den Eintrag über den Trypsininhibitor aus Rinderpankreas (*bovine pancreatic trypsin inhibitor*, aber nicht *pancreatic secretory trypsin inhibitor*) und den vollständigen PIR-Eintrag für dieses Protein ab. Welche Informationen enthält jeweils der eine Eintrag, der andere aber nicht?

Web-Aufgabe 3.2 Suchen Sie eine Liste der offiziellen und inoffiziellen Mirror-Sites der Protein Data Bank. Welche liegt am nächsten zu Ihnen?

Web-Aufgabe 3.3 Finden Sie in der Protein Data Bank alle Einträge für das Myoglobin des Pottwals (*sperm whale myoglobin*); zeichnen Sie ein Histogramm der Daten, an denen sie eingetragen wurden.

Web-Aufgabe 3.4 Finden Sie Proteinstrukturen, die von Peter Hudson allein oder mit Kollegen aufgeklärt wurden.

Web-Aufgabe 3.5 Entwerfen Sie für das Werkzeug SearchLite der Protein Data Bank einen Suchstring, der Strukturen des Thioredoxins von *E. coli* liefert, aber nicht Strukturen der Staphylokokken-Nuclease.

Web-Aufgabe 3.6 Für welchen Anteil der Strukturen in der Protein Data Bank, die durch Röntgenstrukturanalyse aufgeklärt wurden, sind dort auch Dateien mit Strukturfaktoren abgelegt?

Web-Aufgabe 3.7 Der Eintrag 8XIA der Protein Data Bank enthält die Struktur eines Monomers der D-Xyloseisomerase aus *Streptomyces rubiginosus*. Wie sieht die mutmaßliche Quartärstruktur aus? Wie wurden die geometrischen Verhältnisse der Anordnung, die der mutmaßlichen Quartärstruktur entspricht, aus den Koordinaten in dem Eintrag abgeleitet?

Web-Aufgabe 3.8 Rufen Sie in der Protein Data Bank den Eintrag 2TRX (Thioredoxin von *E. coli*) und finden Sie Strukturen, die nach SCOP, CATH, FSSP und CE Nachbarn zu ihr darstellen. Gibt es Strukturen, die nach allen diesen Klassifikationen Nachbarn von 2TRX sind? Welche Strukturen werden in einigen Klassifikationen als Nachbarn angesehen, in anderen aber nicht?

Web-Aufgabe 3.9 Warum liefert eine ENTREZ-Suche nach HUMAN ELASTASE in der Kategorie „Proteine" eine tRNA-Synthetase?

Web-Aufgabe 3.10 Der Kasten 3.6 zeigt die Aminosäuresequenz des menschlichen Elastase-1-Vorläufers. Welche Sequenzunterschiede bestehen zwischen diesem und dem reifen Protein?

Web-Aufgabe 3.11 Welcher Zusammenhang besteht zwischen den Elastase-Sequenzen, die bei einer Suche in NCBI und PIR gefunden werden?

Web-Aufgabe 3.12 Rufen Sie unmittelbar aus SWISS-PROT oder über SRS den SWISS-PROT-Eintrag für die Elastase des Menschen ab. Welche Informationen enthält das Ergebnis, die nicht in a) dem entsprechenden Eintrag bei ENTREZ (Protein) und b) bei PIR enthalten sind?

Web-Aufgabe 3.13 Welche homologen Sequenzen zur Elastase aus menschlichen Neutrophilen kann man mit PSI-BLAST identifizieren?

Web-Aufgabe 3.14 Finden Sie in der Elastase des Menschen mindestens sechs Mutationen, die mit der zyklischen Neutropenie im Zusammenhang stehen, und markieren Sie sie in dem Sequenz-Alignment (Farbtafel VI). Ist die jeweils betroffene Position in mehr als der Hälfte der natürlichen Sequenzen konserviert?

Web-Aufgabe 3.15 Welches Gen von *C. elegans* codiert ein Protein, das in seiner Sequenz der Elastase des Menschen ähnelt?

Web-Aufgabe 3.16 Wo liegt das Gen für die Glucose-6-phosphat-dehydrogenase auf den Chromosomen des Menschen?

Web-Aufgabe 3.17 Die Pseudogene der Eukaryoten kann man in zwei Gruppen einteilen: die einen sind durch Genduplikation und Auseinanderentwicklung entstanden, die anderen, die auch als **weiterverarbeitete Pseudogene** (*processed pseudogenes*) bezeichnet werden, wurden auf dem Weg über die mRNA durch ein Retrovirus wieder ins Genom eingebaut. Weiterverarbeitete Pseudogene erkennt man daran, dass sie keine Introns enthalten. Gibt es in den Gruppen der menschlichen Globingene weiterverarbeitete Pseudogene, und wenn ja, um welche Gene handelt es sich dabei?

Web-Aufgabe 3.18 Als man das mit der Cystischen Fibrose assoziierte Gen isolieren wollte und zu diesem Zweck eine vorläufige genetische Analyse vornahm, konnte man es zwischen dem Onkogen MET und dem RFLP D7S8 lokalisieren. Die Länge des fraglichen Abschnitts wurde auf 1–2 Millionen Bp geschätzt, das heißt, er konnte 100–200 Gene enthalten. a) Wie viele Basenpaare umfasst dieser Bereich tatsächlich? b) Wie viele exprimierte Gene enthält er nach heutiger Kenntnis?

Web-Aufgabe 3.19 Das Gen für das Berardinelli-Seip-Syndrom wurde ursprünglich in der Chromosomenbande 11q13 zwischen den Markern D11S4191 und D11S987 lokalisiert. Wie viele Basenpaare liegen zwischen diesen beiden Markern?

Web-Aufgabe 3.20 Gibt es im Web eine Datenbank, die gezielt Informationen über Strukturen und thermodynamische Vorgänge bei Protein/Nucleinsäure-Wechselwirkungen sammelt?

Web-Aufgabe 3.21 Die Datenbank über das Hefe-Proteom enthält einen Eintrag für cdc6, das Protein, das die Initiation der DNA-Replikation steuert. a) Auf welchem Hefechromosom liegt das Gen für cdc6? b) Welche Modifikationen macht das Protein nach der Translation durch, bis es seinen ausgereiften, aktiven Zustand erreicht hat? c) Welches sind nach heutiger Kenntnis die am engsten mit cdc6 verwandten Proteine bei anderen biologischen Arten? d) Mit welchen anderen Proteinen tritt cdc6 nach heutiger Kenntnis in Wechselwirkung? e) Wie wirkt sich Distamycin A auf die Aktivität des Hefeproteins cdc6 aus? f) Wie wirkt sich Actinomycin A auf die Aktivität des Hefeproteins cdc6 aus?

KAPITEL 4

ALIGNMENTS UND PHYLOGENETISCHE STAMMBÄUME

Sequenz-Alignment: eine Einführung

Wenn man zwei oder mehr Sequenzen vorliegen hat, möchte man in der Regel zunächst einmal

- ihre Ähnlichkeit quantitativ erfassen
- Entsprechungen zwischen einzelnen Bausteinen beider Sequenzen feststellen
- Gesetzmäßigkeiten der Konservierung und Variabilität beobachten
- Rückschlüsse auf entwicklungsgeschichtliche Verwandtschaftsverhältnisse ziehen

Ist dies gelungen, bestehen gute Aussichten, in Datenbanken weitere, ähnliche Sequenzen zu finden. Ein wichtiges Anwendungsgebiet ist die Annotation von Genomen, unter anderem mit dem Ziel, möglichst vielen Genen eine Struktur und Funktion zuzuordnen.

Wie kann man ein quantitatives Maß für Sequenzähnlichkeit definieren? Um Nucleotide oder Aminosäuren zu vergleichen, die in mehreren Sequenzen an einander entsprechenden Positionen vorkommen, müssen wir zunächst solche Entsprechungen zuordnen. *Sequenz-Alignment ist der Nachweis solcher Entsprechungen zwischen Sequenzbausteinen* und damit *das* grundlegende Werkzeug der Bioinformatik.

Jede Zuordnung von Entsprechungen, bei der die *Reihenfolge* der Bausteine in den Sequenzen erhalten bleibt, ist ein Alignment. Lücken sind dabei erlaubt. Angenommen, wir haben zwei Buchstabenfolgen:

Folge 1 = a b c d e   Folge 2 = a c d e f

Ein vernünftiges Alignment wäre dann
```
a b c d e -
a - c d e f
```

Nun müssen wir Kriterien definieren, nach denen ein Algorithmus das *beste* Alignment ermitteln kann. Als Beispiel sollen die Sequenzen gctgaacg und ctataatc dienen.

Ein Alignment, das keine Aufschlüsse liefert:
```
- - - - - - g c t g a a c g
c t a t a a t c - - - - - -
```

Ein Alignment ohne Lücken:
```
g c t g a a c g
c t a t a a t c
```

Ein Alignment mit Lücken:
```
g c t g a - a - - c g
- - c t - a t a a t c
```

Und ein weiteres:
```
g c t g - a a - c g
- c t a t a a t c -
```

Fast jeder würde wohl das letzte dieser Alignments für das beste halten. Um zu entscheiden, ob es die beste *aller* Möglichkeiten ist, brauchen wir ein Verfahren, um alle möglichen Alignments systematisch zu untersuchen. Anschließend müssen wir einen Wert berechnen, der die Qualität jedes möglichen Alignment widerspiegelt, um dann das Alignment mit dem besten Wert herauszusuchen. Schon geringfügige Abwandlungen des Einstufungsschemas können dabei zu einer Änderung der Rangfolge führen, sodass ein anderes Alignment als das beste erscheint.

Der Dotplot

Der **Dotplot** („Punkteschema") ist ein einfaches Diagramm, das einen Überblick über die Ähnlichkeiten zwischen zwei Sequenzen gibt. Der enge Zusammenhang mit den Alignments liegt dagegen nicht ohne weiteres auf der Hand.

Der Dotplot ist eine Tabelle oder Matrix. Die Zeilen entsprechen den Einzelbausteinen der einen Sequenz, die Spalten den Bausteinen der anderen. In der einfachsten Form des Dotplot bleiben die Felder leer, wenn die Bausteine in beiden Sequenzen unterschiedlich sind, und wenn sie übereinstimmen, werden sie gefüllt. Abschnitte mit ähnlichen Bausteinen werden so als Diagonalen in der Richtung von links oben nach rechts unten (von Nordwest nach Südost) sichtbar.

Beispiel 4.1

Der folgende Dotplot macht am Beispiel des Namens einer berühmten englischen Proteinkristallografin die Übereinstimmungen zwischen der kurzen Version (DOROTHYHODGKIN) und der vollständigen Form (DOROTHYCROWFOOTHODGKIN) deutlich.

	D	O	R	O	T	H	Y	C	R	O	W	F	O	O	T	H	O	D	G	K	I	N
D	**D**																	D				
O		**O**		O						O			O	O			O					
R			**R**						R													
O		O		**O**						O			O	O			O					
T					**T**										T							
H						**H**										H						
Y							**Y**															
H						H										**H**						
O		O		O						O			O	O			**O**					
D	D																	**D**				
G																			**G**			
K																				**K**		
I																					**I**	
N																						**N**

Buchstaben, die *einzeln stehenden* Übereinstimmungen entsprechen, sind mager gedruckt. Die längsten, durch Fettdruck hervorgehobenen Folgen von Übereinstimmungen sind der Vorname DOROTHY und der Nachname HODGKIN. Kürzere passende Abschnitte, beispielsweise das OTH von dorOTHy und crowfoOTHodgkin, sind unspezifischer Hintergrund.

— **Beispiel 4.2** —

Dotplot der Übereinstimung einer repetitiven Sequenz (ABRACADABRACADABRA) mit sich selbst. Die Wiederholungseinheiten werden in Form mehrerer weiterer Diagonalen neben der Hauptdiagonalen erkennbar.

	A	B	R	A	C	A	D	A	B	R	A	C	A	D	A	B	R	A
A	A			A		A		A			A		A		A			A
B		B							B							B		
R			R							R							R	
A	A			A		A		A			A		A		A			A
C					C							C						
A	A			A		A		A			A		A		A			A
D							D							D				
A	A			A		A		A			A		A		A			A
B		B							B							B		
R			R							R							R	
A	A			A		A		A			A		A		A			A
C					C							C						
A	A			A		A		A			A		A		A			A
D							D							D				
A	A			A		A		A			A		A		A			A
B		B							B							B		
R			R							R							R	
A	A			A		A		A			A		A		A			A

— **Beispiel 4.3** —

Dotplot für die Übereinstimmungen in der palindromischen Sequenz MAX I STAY AWAY AT SIX AM. Das Palindrom zeigt sich als Kette von Übereinstimmungen *im rechten Winkel* zur Hauptdiagonalen.

	M	A	X	I	S	T	A	Y	A	W	A	Y	A	T	S	I	X	A	M
M	M																		M
A		A					A		A		A		A					A	
X			X														X		
I				I												I			
S					S										S				
T						T								T					
A		A					A		A		A		A					A	
Y								Y				Y							
A		A					A		A		A		A					A	
W										W									
A		A					A		A		A		A					A	
Y								Y				Y							
A		A					A		A		A		A					A	
T						T								T					
S					S										S				
I				I												I			
X			X														X		
A		A					A		A		A		A					A	
M	M																		M

— **Beispiel 4.3** *Fortsetzung*

Es handelt sich hier keineswegs nur um Wortspiele: So haben DNA-Abschnitte, die von Transkriptionsregulatoren oder Restriktionsenzymen erkannt werden, häufig palindromartige Sequenzen, die von einem Strang zum anderen übergehen. Ein Beispiel ist die Erkennungsstelle des Restriktionsenzyms *Eco*RI:

```
GAATTC
CTTAAG
```

In jedem Strang folgt auf einen Abschnitt seine komplementäre Umkehrung (siehe Übungsaufgabe 4.8 und Anwendungsaufgabe 4.8). Längere DNA- oder RNA-Regionen mit solchen invertierten Sequenzwiederholungen (*inverted repeats*) können so genannte Stamm-Schleife-Strukturen (*stem-loop-structures*) ausbilden. Außerdem enthalten manche transponierbaren Elemente von Pflanzen echte (nahezu exakte) Palindromsequenzen – invertierte Wiederholungen nichtkomplementärer Sequenzen – auf demselben Strang; ein Beispiel ist die folgende Sequenz aus dem Genom des Wheat-Dwarf-Virus (Weizenverzwergungsvirus): ttttcgtgagtgcgcggaggcttt.

Der Dotplot liefert eine schnelle bildliche Darstellung der Verwandtschaft zwischen zwei Sequenzen; offenkundige Ähnlichkeiten fallen unmittelbar ins Auge. Ein Beispiel ist der Dotplot für die Gensequenzen der mitochondrialen ATPase-6 aus dem Meerneunauge (*Petromyzon marinus*) und dem Katzenhai (*Scyliorhinus canicula*): Er zeigt, dass die Ähnlichkeit zwischen den beiden Sequenzen im ersten Abschnitt am geringsten ist. Das Gen codiert eine Untereinheit des ATPase-Komplexes. Mutationen in diesem Gen verursachen beim Menschen das Leigh-Syndrom, eine neurologische Erkrankung im Säuglingsalter, die durch den gestörten Oxidationsstoffwechsel und seine Auswirkungen auf die Gehirnentwicklung ausgelöst wird.

ATPase von Meerneunauge / Katzenhai

Dotplots haben allerdings den Nachteil, dass sie nicht sehr weit in die Spähre entfernt ähnlicher Sequenzen „hineinreichen". Bei einer Sequenzanalyse sollte man sich immer den Dotplot ansehen, damit man nichts Offenkundiges übersieht, aber man muss damit rechnen, dass man noch raffiniertere Hilfsmittel braucht.

Häufig sind ähnliche Abschnitte verschoben, sodass sie als parallele, aber nicht in einer Linie liegende Diagonalen erscheinen. Dies weist darauf hin, dass in den Abschnitten zwischen den ähnlichen Bereichen Insertionen oder Deletionen stattgefunden haben. Ein Dotplot, in dem das Protein PAX-6 der Maus und das eyeless-Protein von *Drosophila melanogaster* in Beziehung gesetzt werden, zeigt drei ausgedehnte ähnliche Abschnitte mit unterschiedlich langen Sequenzen dazwischen; zwei liegen nahe am Anfang der Sequenz, die dritte fast in der Mitte. Zwischen der zweiten und dritten liegt bei der Maus ein längerer Zwischenabschnitt als bei *Drosophila*.

PAX-6 (Maus) / eyeless (*Drosophila*)

Den unspezifischen Hintergrund in einem Dotplot kann man durch **Filtern** verringern. Im Vergleich der beiden Sequenzen für die ATPase wurden Punkte nur dann eingetragen, wenn sie in der Mitte eines Abschnitts aus 15 Bausteinen liegen, von denen mindestens sechs übereinstimmen. In dem Perl-Programm für Dotplots (Kasten 4.1) kann man Werte für *window* (Länge des Abschnitts mit aufeinander folgenden Bausteinen) und *threshold* (Zahl der innerhalb des *window* geforderten Übereinstimmungen) eingeben.

| 4.1 |

Ein Perl-Programm zum Zeichnen von Dotplots

Das im Folgenden wiedergegebene Programm verarbeitet als Input:

1. Einen allgemeinen Titel für den Vorgang, der in der obersten Zeile der ausgegebenen Zeichnung erscheint (erste Zeile des Inputs).
2. Werte für die Filterparameter *window* und *threshold* (zweite Zeile des Inputs). In dem Dotplot erscheint ein Punkt, wenn er sich in der Mitte eines Sequenzabschnitts der Länge *window* befindet, in dem die Zahl der Übereinstimmungen ≥ *threshold* ist.
3. Die Sequenzen, die jeweils mit einer Titelzeile beginnen und mit einem * enden.

Das Programm zeichnet einen Dotplot ähnlich den im Text dargestellten. Der Output erfolgt in der Seitenbeschreibungssprache PostScript®.

| www |

```perl
#!/usr/bin/perl
#dotplot.pl -- reads two sequences and prints dotplot

# read input

$/ = "";
$_ = <DATA>; $_ =~ s/#(.*)\n/\n/g;
$_ =~ /^(.*)\n\s*(\d+)\s+(\d+)\s*\n(.*)\n([A-Z\n]*)\*\s*\n(.*)\n([A-Z\n]*)\*/;
$title = $1; $nwind = $2; $thresh = $3;
$seqt1 = $4; $seq1 = $5; $seqt2 = $6; $seq2 = $7;
$seq1 =~ s/\n//g; $seq2 =~ s/\n//g; $n = length($seq1); $m = length($seq2);

# postscript header

print «EOF;
%!PS-Adobe-
/s /stroke load def /l /lineto load def /m /moveto load def /r /rlineto load def
/n /newpath load def /c /closepath load def /f /fill load def
1.75 setlinewidth 30 30 translate /Helvetica findfont 20 scalefont setfont
EOF

#print matrix

$dx = 500.0/$n;  $mdx = -$dx; $dy = 500.0/$m;
if ($dy < $dx) {$dx = $dy;} $dy = $dx; $xmx = $n*$dx; $ymx = $m*$dx;
print "0 510 m ($title NWIND = $nwind) show\n";
printf "0 0 m 0 %9.2f l %9.2f %9.2f l %9.2f 0 l c s\n", $ymx,$xmx,$ymx,$xmx;

for ($k = $nwind - $m + 1; $k < $n - $nwind; $k++) {
    $i = $k; $j = 1; if ($k < 1) {$i = 1; $j = 2 - $k;}
    while ($i <= $n - $nwind && $j <= $m - $nwind) {
        $_ = (substr($seq1,$i -1,$nwind) ^ substr($seq2,$j -1,$nwind));
        $mismatch = ($_ =~ s/[^\x0]//g);
        if ($mismatch < $thresh) {
            $xl = ($i - 1)*$dx; $yb = ($m - $j)*$dy;
            printf "n %9.2f %9.2f m %9.2f 0 r 0 %9.2f r %9.2f 0 r c f\n",
                    $xl,$yb,$dx,$dy,$mdx;
        }
        $i++; $j++;
    }
}
print "showpage\n";

__END__
```

┤ *Fortsetzung*

```
ATPases lamprey / dogfish                  #TITLE
15 6                                       #WINDOW, THRESHOLD
Petromyzon marinus mitochondrion           #SEQUENCE 1
ATGACACTAGATATCTTTGACCAATTTACCTCCCCAACA
ATATTTGGGCTTCCACTAGCCTGATTAGCTATACTAGCCCCTAGCTTA
ATATTAGTTTCACAAACACCAAAATTTATCAAATCTCGTTATCACACACTA
CTTACACCCATCTTAACATCTATTGCCAAACAACTCTTTCTTCCAATAAAC
CAACAAGGGCATAAATGAGCCTTAATTTGTATAGCCTCTATAATATTTATC
TTAATAATTAATCTTTTAGGATTATTACCATATACTTATACACCAACTACC
CAATTATCAATAAACATAGGATTAGCAGTGCCACTATGACTAGCTACTGTC
CTCATTGGGTTACAAAAAAAACCAACAGAAGCCCTAGCCCACTTATTACCA
GAAGGTACCCCAGCAGCACTCATTCCCATATTAATTATCATTGAAACTATT
AGTCTTTTTATCCGACCTATCGCCCTAGGAGTCCGACTAACCGCTAATTTA
ACAGCTGGTCACTTACTTATACAACTAGTTTCTATAACAACCTTTGTAATA
ATTCCTGTCATTTCAATTTCAATTATTACCTCACTACTTCTTCTATTA
CTAACAATTCTGGAGTTAGCTGTTGCTGTAATCCAGGCATATGTATTTATT
CTACTTTTAACTCTTTATCTGCAAGAAAACGTTT*
Scyliorhinus canicula mitochondrion       #SEQUENCE 2
ATGATTATAAGCTTTTTTGATCAATTCCTAAGTCCCTCCTTTCTAGGA
ATCCCACTAATTGCCCTAGCTATTTCAATTCCATGATTAATATTTCCAACACCAACC
AATCGTTGACTTAATAATCGATTATTAACTCTTCAAGCATGATTTATTAACCGATTTATT
TATCAACTAATACAACCCATAAATTTAGGAGGACATAAATGAGCTATCTTATTTACAGCC
CTAATATTATTTTTAATTACCATCAATCTTCTAGGTCTCCTTCCATATACTTTTACGCCT
ACAACTCAACTTTCTCTTAATATAGCCTTTGCCCTGCCCTTATGGCTTACAACTGTATTA
ATTGGTATATTTAATCAACCAACCATTGCCCTAGGGCACTTATTACCTGAAGGTACCCCA
ACCCCTTTAGTACCAGTACTAATCATTATCGAAACCATCAGTTTATTTATTCGACCATTA
GCCTTAGGAGTCCGATTAACAGCCAACTTAACAGCTGGACATCTCCTTATACAATTAATC
GCAACTGCGGCCTTTGTCCTTTTAACTATAATACCAACCGTGGCCTTACTAACCTCCCTA
GTCCTGTTCCTATTGACTATTTTAGAAGTGGCTGTAGCTATAATTCAAGCATACGTATTT
GTCCTTCTTTTAAGCTTATATCTACAAGAAAACGTATAA*
```

┤ **www** ├────────────────────────────────────

Web-Ressourcen: Dotplots

Das Programm Dotter von E. L. Sonnhammer berechnet Dotplots und stellt sie dar. Der Benutzer kann die Berechnungen verfolgen und die Darstellung durch interaktive Anpassung der Parameter abwandeln.

`http://www.cgr.ki.se/cgr/groups/sonnhammer/Dotter.html`

Um alle Features von Dotter nutzen zu können, muss man es lokal installieren.
Eine Website für die interaktive Erstellung von Dotplots ist:

`http://www.isrec.isb-sib.ch/java/dotlet/exonintron.html`

Dotplots und Sequenz-Alignments

Der Dotplot hält in einem einzigen Bild nicht nur die gesamte Ähnlichkeit zweier Sequenzen fest, sondern auch die vollständige Menge und relative Qualität möglicher Alignments. Jeder Weg von links oben nach rechts unten durch den Dotplot, der an jedem Punkt nur nach „Süden", „Osten" oder „Südosten" führt, entspricht einem möglichen Alignment. Sind die beiden Sequenzen sehr eng verwandt, kann man das Alignment unmittelbar aus dem Dotplot ablesen.

Abbildung 4.1 zeigt ein Beispiel anhand des Dorothy-Hodgkin-Dotplot. Verläuft der „Zug" von einer Zelle zur nächsten diagonal, stehen sich in dem Alignment jeweils zwei aufeinander folgende Bausteine ohne Unterbrechung gegenüber. Bei einem horizontalen Zug wird in der durch die Zeilen wiedergegebenen Sequenz eine Lücke (*gap*) eingeführt, bei einem vertikalen Zug in der Sequenz, die den Spalten entspricht. Züge nach oben oder nach links sind nicht möglich, denn das würde bedeuten, dass man mehrere Bausteine einer Sequenz mit nur einem Element der anderen zur Deckung bringen wollte. Der durch die Pfeile angegebene Weg entspricht dem nahe liegenden Alignment

```
DOROTHY--------HODGKIN
DOROTHYCROWFOOTHODGKIN
```

Man kann sich den Weg durch einen Dotplot auch als **Edit-Script** vorstellen, das heißt als Vorschrift für eine Reihe von Operationen, mit denen man die „horizontale" Sequenz, welche die Indices der Spalten bildet, in die „vertikale" Sequenz der Zeilen überführt. Jeder Zug besagt, dass wir eine Operation ausführen sollen – eine Substitution, Insertion oder Deletion. Dies hat im Endeffekt zur Folge, dass am Ende des Weges die eine Sequenz in die andere umgewandelt wurde. Im Allgemeinen kann man eine Zeichenkette mit mehreren Folgen von Editieroperationen, die jeweils die gleiche Anzahl von Schritten umfassen, in die andere umwandeln; möglicherweise hat man es aber dabei mit mehreren verschiedenen Alignments zu tun.

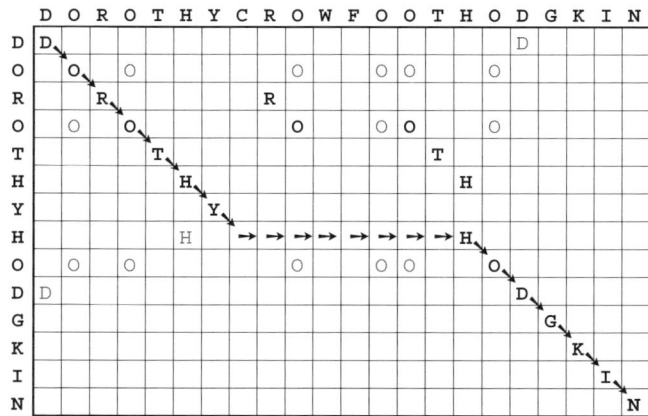

4.1 Jeder Pfad von links oben nach rechts unten durch den Dotplot läuft durch eine Abfolge von Zellen, und jede dieser Zellen repräsentiert zwei Positionen – eine aus der Zeile, die andere aus der Spalte –, die einander im Alignment entsprechen, oder aber sie stellt eine Lücke in einer der Sequenzen dar. Der Pfad muss nicht nur durch „besetzte" Zellen verlaufen, aber je mehr besetzte Zellen ein diagonaler Abschnitt des Pfades enthält, desto mehr Bausteine stimmen in dem Alignment überein.

Man sollte betonen, dass eine Folge von Editieroperationen, die sich von einem optimalen Alignment ableiten, zwar einem tatsächlichen Evolutionsweg entsprechen *kann*, dass sich dies aber unmöglich *beweisen* lässt. Je größer der Abstand zwischen den beiden Sequenzen ist, desto größer ist auch die Zahl der plausiblen Evolutionswege, die von der einen zur anderen führen könnten.

—— **Beispiel 4.4** ——————————————————————————————————————

Dotplots und Alignments. Vergleichen wir einmal das Aussehen von Dotplots für Proteine mit immer engerer Verwandtschaft. Abbildung 4.2a-d zeigt die Dotplots der Sulfhydrylproteinase Papain aus der Papaya mit vier homologen Proteinen. Als engster Verwandter erweist sich das Actinidin aus der Kiwifrucht, dann folgen die weitläufigeren Verwandten menschliches Procathepsin L, menschliches Cathepsin B und Staphopain aus *Staphylococcus aureus*. Das zugehörige Sequenz-Alignment ist ebenfalls wiedergegeben. Je stärker die Abweichungen zwischen den Sequenzen sind, desto schwieriger wird es, im Dotplot das richtige Alignment zu erkennen. Die Alignments selbst wurden aus dem Strukturvergleich abgeleitet.

PAPA_CARPA / ACTN_ACTCH

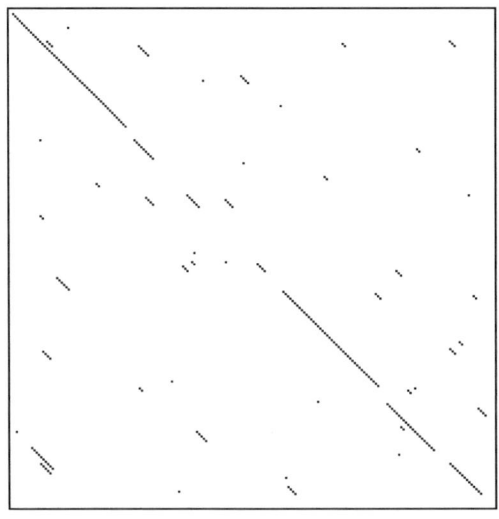

4.2a Alignment des Papains aus der Papaya und des Actinidins aus der Kiwifrucht mit dem zugehörigen Dotplot.

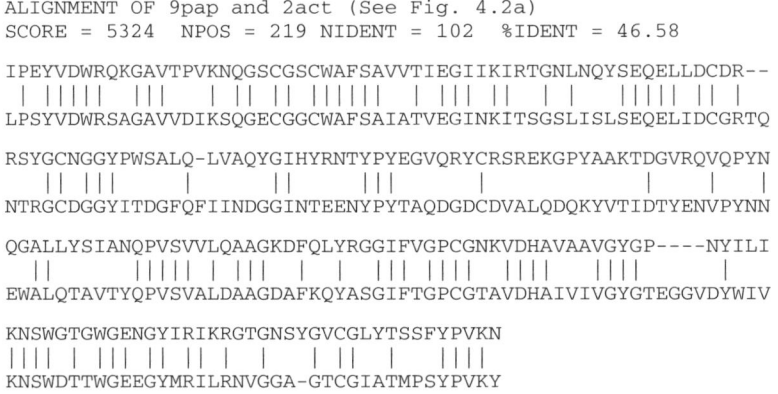

```
ALIGNMENT OF 9pap and 2act (See Fig. 4.2a)
SCORE = 5324  NPOS = 219 NIDENT = 102  %IDENT = 46.58

IPEYVDWRQKGAVTPVKNQGSCGSCWAFSAVVTIEGIIKIRTGNLNQYSEQELLDCDR--
 |  ||||||  |||   |  || ||  |||||| |  | |||  | | |  ||||| || |
LPSYVDWRSAGAVVDIKSQGECGGCWAFSAIATVEGINKITSGSLISLSEQELIDCGRTQ

RSYGCNGGYPWSALQ-LVAQYGIHYRNTYPYEGVQRYCRSREKGPYAAKTDGVRQVQPYN
  ||  |||      |        ||      |||       |         |     |   |   |
NTRGCDGGYITDGFQFIINDGGINTEENYPYTAQDGDCDVALQDQKYVTIDTYENVPYNN

QGALLYSIANQPVSVVLQAAGKDFQLYRGGIFVGPCGNKVDHAVAAVGYGP----NYILI
 ||       |||||  | |||   ||  ||||  ||||  ||||      |
EWALQTAVTYQPVSVALDAAGDAFKQYASGIFTGPCGTAVDHAIVIVGYGTEGGVDYWIV

KNSWGTGWGENGYIRIKRGTGNSYGVCGLYTSSFYPVKN
 ||||  ||| ||  ||  ||  |  |    |    |    ||||
KNSWDTTWGEEGYMRILRNVGGA-GTCGIATMPSYPVKY
```

— **Beispiel 4.4** *Fortsetzung*

PAPA_CARPA / CATL_HUMAN

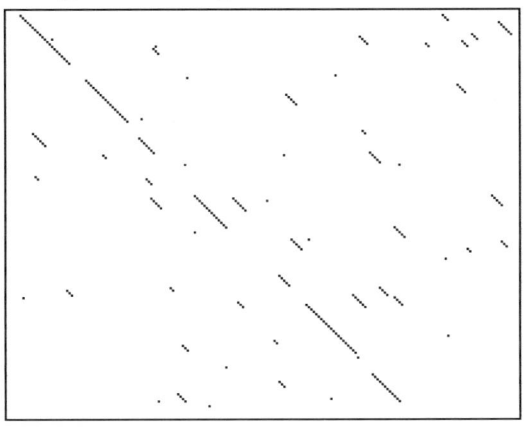

4.2b Alignment des Papaya-Papains und des menschlichen Procathepsin L mit dem zugehörigen Dotplot. Wie man an dem Dotplot erkennt, gibt es mehrere ähnliche Abschnitte, aber ein vollständiges Sequenz-Alignment könnte man anhand des Schemas nur schwer erstellen.

```
ALIGNMENT OF 9pap and 1cjl (See Fig. 4.2b)
SCORE = 3214 NPOS = 220 NIDENT  = 81  %IDENT = 36.82

IPEYVDWRQKGAVTPVKNQGSCGSCWAFSAVVTIEGIIKIRTGNLNQYSEQELLDCD--R
    |||  ||  |||||||||  |||  |||||   ||      ||  |   ||| ||
V----DWREKGYVTPVKNQGQCGSSWAFSATGALEGQMFRKTGRLISLSEQNLVDCSGPE

RSYGCNGGYPWSALQLVAQY-GIHYRNTYPYEGVQRYCRSREKGPYAAKTDGVRQVQPYN
   |||||    |  |  |     |   |    |                      |
GNEGCNGGLMDYAFQYVQDNGGLDSEESYPYEATEESCKYNPKYS-VANDAGFVDIPKQE

QGALLYSIANQPVSVVLQAAGKDFQLYRGGIFVGP--CGNKVDHAVAAVGYG---PNYIL
   | ||   |      |  | |   ||   |       ||  |  ||||       | |
KALMKAVATVGPISVAIDAGHESFLFYKEGIYFEPDCSSEDMDHGVLVVGYGFESNKYWL

IKNSWGTGWGENGYIRIKRGTGNSYGVCGLYTSSFYPVKN
 |||||   ||   ||       |    ||          ||
VKNSWGEEWGMGGYVKMAKDRRN-H--CGIASAASYPTV-
```

```
ALIGNMENT OF 9pap and 1huc (See Fig. 4.2c)
SCORE   = 2073  NPOS = 251  NIDENT  = 66   %IDENT = 26.29

IPEYVD-WRQKGAVTPVKNQGSCGSCWAFSAVVTIEGIIKIRTGNLNQYSEQELLD-C-D
     | |        |||||||||  || |  |    |
--DAREQWPQCPTIKEIRDQGSCGSCWAFGAVEAISDRICIHTNVSVEVSAEDLLTCCGS

RRSYGCNGGYP------WSALQLVAQYGI--HYRN-TY-----P--YEGVQRYCRSREKG
  |||||||        |    ||        |        |
MCGDGCNGGYPAEAWNFWTRKGLVSGGLYESHVGCRPYSIPPCEHHVNGSRPPCTGEGDT

PYAAK------TDGVRQVQPYNQGALLYSIANQPVSV-V-----LQ---AAGKDFQLYRG
|   |       |     |       |                        || ||
PKCSKICEPGYSPTYKQDKHYGYNSYSVSNSEKDIMAEIYKNGPVEGAFSVYSDFLLYKS

GIFVGPCGNKV-DHAVAAV--GY--GPNYILIKNSWGTGWGENGYIRIKRGTGNSYGVCG
|        ||    |   |    |   | ||| | || ||  | ||       | ||    |
GVYQHVTGEMMGGHAIRILGWGVENGTPYWLVANSWNTDWGDNGFFKILRGQ-DHCGIES

LYTSSFYPVKN
       |
EVVAGI-PRTD
```

— **Beispiel 4.4** *Fortsetzung*

PAPA_CARPA / CATB_HUMAN

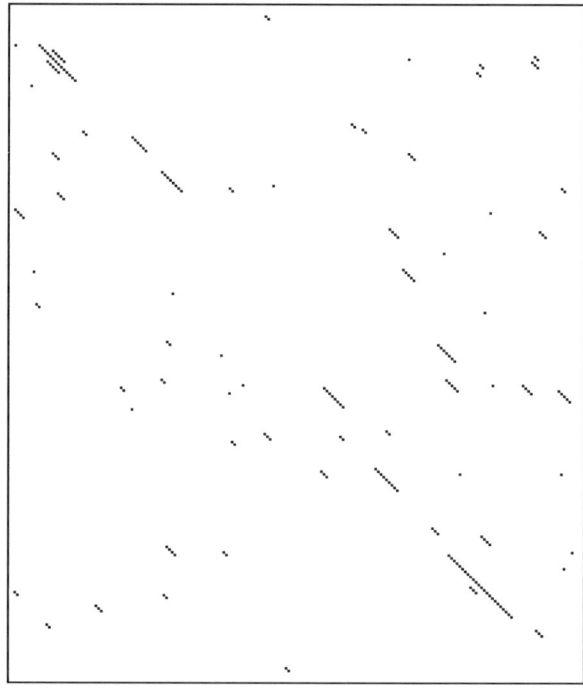

4.2c Alignment des Papaya-Papains und des menschlichen Leberproteins Cathepsin B (S. 171) mit dem zugehörigen Dotplot. Hier fällt auf, dass die größte Ähnlichkeit sowohl im Sequenz-Alignment als auch im Dotplot am Anfang und am Ende der Sequenzen besteht, während sie im mittleren Abschnitt deutlich geringer ist.

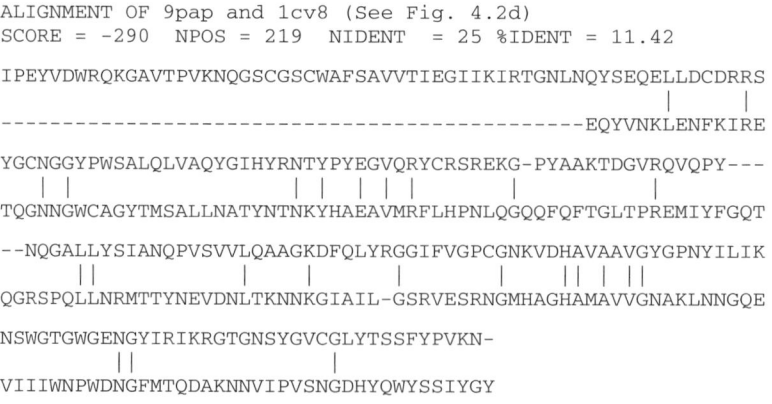

```
ALIGNMENT OF 9pap and 1cv8 (See Fig. 4.2d)
SCORE = -290  NPOS = 219  NIDENT  = 25 %IDENT = 11.42

IPEYVDWRQKGAVTPVKNQGSCGSCWAFSAVVTIEGIIKIRTGNLNQYSEQELLDCDRRS
                                                        |      |
---------------------------------------------EQYVNKLENFKIRE

YGCNGGYPWSALQLVAQYGIHYRNTYPYEGVQRYCRSREKG-PYAAKTDGVRQVQPY---
    | |                   | | | | |       |           |
TQGNNGWCAGYTMSALLNATYNTNKYHAEAVMRFLHPNLQGQQFQFTGLTPREMIYFGQT

--NQGALLYSIANQPVSVVLQAAGKDFQLYRGGIFVGPCGNKVDHAVAAVGYGPNYILIK
    ||         |       |        |        |   || | ||
QGRSPQLLNRMTTYNEVDNLTKNNKGIAIL-GSRVESRNGMHAGHAMAVVGNAKLNNGQE

NSWGTGWGENGYIRIKRGTGNSYGVCGLYTSSFYPVKN-
      ||          |
VIIIWNPWDNGFMTQDAKNNVIPVSNGDHYQWYSSIYGY
```

—— **Beispiel 4.4** *Fortsetzung*

PAPA_CARPA / STPA_STAAU

4.2d Alignment des Papaya-Papains und des Staphopains aus *S. aureus* (S. 172) mit dem zugehörigen Dotplot. Aus diesem Diagramm lässt sich kein Alignment ableiten.

Maße für Sequenzähnlichkeit

Wenn wir über Dotplots und „Alignment nach Augenmaß" hinausgehen wollen, müssen wir quantitative Maße für die Ähnlichkeiten und Unterschiede von Sequenzen definieren.

Für den Ähnlichkeitsabstand zwischen zwei Zeichenketten sind unter anderem folgende Maße möglich:

1. Der so genannte **Hamming-Abstand** (*Hamming distance*) zwischen zwei *per definitionem* gleich langen Sequenzen ist die Zahl der Positionen mit unterschiedlichen Zeichen.
2. Der **Levenshtein-Abstand** (*Levenshtein distance*) oder **Editierabstand** (*edit distance*) zwischen zwei Zeichenketten, die nicht notwendigerweise die gleiche Länge haben müssen, ist die Mindestzahl von „Editieroperationen", die erforderlich sind, um eine Kette in die andere umzuwandeln; eine Editieroperation ist dabei eine Deletion, Insertion oder Veränderung eines einzigen Zeichens in einer der beiden Sequenzen. Eine bestimmte Abfolge von Editieroperationen führt zu einem einzigen Alignment, aber umgekehrt gilt dieser Zusammenhang nicht.

Ein Beispiel:
```
agtc
cgta        Hamming-Abstand = 2

ag-tcc
cgctca      Levenshtein-Abstand = 3
```

Wendet man diese Maße in der Molekularbiologie an, muss man daran denken, dass bestimmte Abweichungen in der Natur mit größerer Wahrscheinlichkeit vorkommen als andere. Aminosäureaustausche sind beispielsweise häufig konservativ: Dass eine Aminosäure durch eine andere mit ähnlicher Größe oder ähnlichen physikalisch-chemischen Eigenschaften ersetzt wurde, ist wahrscheinlicher als ihr Austausch gegen eine Aminosäure mit stärker abweichenden Eigenschaften. Auch die Deletion einer ununterbrochenen Folge von Basen oder Aminosäuren ist wahrscheinlicher als das Verschwinden der gleichen Anzahl von Bausteinen an nicht zusammenhängenden Positionen in der Sequenz. Deshalb sollten verschiedenen Editieroperationen unterschiedliche Gewichtungen zugeordnet werden. Dann kann ein Computerprogramm nicht nur den Mindest-Editierabstand ermitteln, sondern auch das optimale Alignment. Es kann die Gewichtungen der Einzelschritte addieren und so einen Gesamt-Score für den ganzen Ablauf feststellen. Bei Substitutionen addiert es den Wert für die Mutation, abhängig von dem jeweils betroffenen Bausteinpaar. Bei horizontalen und vertikalen Zügen zählt es eine geeignete „Lückenstrafe" (*gap penalty*) hinzu.

Scoring-Schemata

Ein solches Bewertungssystem (*scoring scheme*) muss Substitutionen, Insertionen und Deletionen von Sequenzbausteinen berücksichtigen. (Was aus Sicht der einen Sequenz eine Insertion ist, ist aus Sicht der anderen eine Deletion!) Die Gewichtung von Deletionen – Lücken in einer Sequenz – hängt von ihrer Länge ab.

Hamming- und Levenshtein-Abstand sind Maße für die *Unähnlichkeit* zweier Sequenzen: Ähnliche Sequenzen haben einen geringen Abstand, unähnliche einen großen. In der Molekularbiologie definiert man Scores aber häufig als Maß für die Sequenz*ähnlichkeit*: Ähnlichen Sequenzen ordnet man einen hohen Wert zu, unähnlichen einen niedrigen. Die Formulierungen bedeuten aber das Gleiche. Algorithmen für ein optimales Alignment können entweder nach einem möglichst geringen Wert für die Unähnlichkeit oder nach einem möglichst hohen Score für die Ähnlichkeit suchen.

Bei Nucleinsäuresequenzen verwendet man für Substitutionen häufig ein einfaches Schema: +1 bedeutet Übereinstimmung, –1 steht für Fehlpaarung. Kompliziertere Schemata berücksichtigen die Tatsache, dass Transitionen häufiger vorkommen als Transversionen.

--- **Beispiel 4.5** ---

Transitionsmutationen (Purin $\leftrightarrow$ Purin und Pyrimidin $\leftrightarrow$ Pyrimidin, zum Beispiel a $\leftrightarrow$ g und t $\leftrightarrow$ c) sind häufiger als **Transversionen** (Purin $\leftrightarrow$ Pyrimidin, zum Beispiel (a, g) $\leftrightarrow$ (t, c)). Schlagen Sie eine Substitutionsmatrix vor, in der sich diese Beobachtung widerspiegelt.

Eine Möglichkeit lautet:

	a	t	g	c
a	20	5	10	5
t	5	20	5	10
g	10	5	20	5
c	5	10	5	20

Für Proteine wurden verschiedene Bewertungssysteme vorgeschlagen. Man kann die Aminosäuren beispielsweise in Klassen mit ähnlichen physikalisch-chemischen Eigenschaften einteilen und für eine Übereinstimmung innerhalb einer Klasse den Wert +1, für Aminosäuren aus verschiedenen Klassen den Wert –1 vergeben. Eine genauere Bewertung von Substitutionen kann man aus Eigenschaftskombinationen der Aminosäuren ableiten. Man kann aber auch versuchen, ein geeignetes Bewertungsschema von den Proteinen selbst zu lernen. Dies versuchte M. O. Dayhoff als Erste, indem sie statistische Angaben über die Austauschhäufigkeiten in den damals bekannten Sequenzen sammelte. Ihre Ergebnisse dienten jahrelang zum Scoring von Alignments. Heute sind andere Matrizen an ihre Stelle getreten, die sich auf die viel größere Zahl der mittlerweile verfügbaren Sequenzen stützen.

Ableitung von Substitutionsmatrizen

Wenn Sequenzen sich auseinander entwickeln, sammeln sich Mutationen an. Um die relative Wahrscheinlichkeit einer bestimmten Substitution wie beispielsweise Serin → Threonin zu messen, kann man die Zahl entsprechender Austausche in homologen Sequenzen nach dem Alignment feststellen. Anhand der relativen Häufigkeit solcher Veränderungen kann man eine Scoring-Matrix für Substitutionen aufstellen. Ein wahrscheinlicher Aminosäureaustausch bekommt dann einen höheren Wert als ein seltener. Aber wie sieht die Sache aus, wenn sich an bestimmten Stellen mehrere Substitutionen abgespielt haben? Dies führt zu einer Verzerrung der Statistik. Das Problem lässt sich umgehen, wenn man die Stichprobe auf recht ähnliche Sequenzen beschränkt, sodass man davon ausgehen kann, dass an keiner Position mehr als einmal eine Veränderung stattgefunden hat.

Ein Maß für Sequenzunterschiede ist der PAM-Wert: 1 PAM = 1 *Percent Accepted Mutation* (Prozent akzeptierte Mutation). Zwei Sequenzen, die einen Abstand von 1 PAM haben, sind also zu 99 Prozent identisch. Bei Sequenzpaaren, die sich innerhalb des Divergenzbereiches von 1 PAM befinden, kann man mit großer Wahrscheinlichkeit davon ausgehen, dass an jeder Position höchstens eine Veränderung stattgefunden hat. Wenn man statistische Angaben über derart eng verwandte Sequenzpaare sammelt und bestimmt, besonders häufig vorkommende Aminosäuren durch geeignete Korrekturen berücksichtigt, erhält man die **1-PAM-Substitutionsmatrix**. Will man eine Matrix erzeugen, die sich für stärker divergierende Sequenzen eignet, kann man Potenzen dieser Matrix verwenden. Die geringste Sequenzähnlichkeit, bei der man noch allein durch Sequenzanalyse mit einem richtigen Alignment rechnen kann, ist die Ebene PAM250, die einer Sequenzübereinstimmung von etwa 20 Prozent entspricht. Sie ist deshalb auch die Ebene, die man für die praktische Arbeit sinnvollerweise wählt (Kasten 4.2). (Von mehreren Autoren wurden Substitutionsmatrizen abgeleitet, die sich für unterschiedliche Grade der Gesamtähnlichkeit von Sequenzen eignen.)

Wenn Sequenzen sich immer weiter auseinander entwickeln, führen Rückmutationen – direkt oder über mehrere Veränderungen – zu einer scheinbaren Verminderung der Mutationsrate. Zwischen PAM-Wert und Sequenzübereinstimmung in Prozent besteht folgender Zusammenhang:

PAM	0	30	80	110	200	250
Übereinstimmung (%)	100	75	50	60	25	20

Die PAM250-Matrix von M. O. Dayhoff ist in Kasten 4.2 wiedergegeben. Sie drückt die Scores als *log-odds*-Wert aus:

Score der Mutation $i \leftrightarrow j$

$$= \log \frac{\text{beobachtete Mutationsrate } i \leftrightarrow j}{\text{aufgrund der Aminosäurefrequenz erwartete Mutationsrate}}$$

Die Zahlen multipliziert man mit 10, einfach um Dezimalkommata zu vermeiden. Die Einträge in der Matrix geben jeweils die Wahrscheinlichkeit eines Mutationsereignisses wieder. Ein Wert von +2 (zum Beispiel C $\leftrightarrow$ S) besagt, dass man mit der Mutation in verwandten Sequenzen 1,6-mal häufiger rechnet, als es dem Zufall entsprechen würde. Dies berechnet sich folgendermaßen: Der Matrixeintrag 2 entspricht wegen der Skalierung einem tatsächlichen Wert von 0,2. Der Wert 0,2 ist der $\log_{10}$ des relativen Erwartungswertes für diese Mutation. Dieser Erwartungswert ist demnach $10^{0,2} = 1,6$.

Die Wahrscheinlichkeit für zwei unabhängige Mutationsereignisse ist das Produkt der Einzelwahrscheinlichkeiten. Durch Verwendung der Logarithmen erhält man Werte, die man nicht multiplizieren, sondern nur addieren muss, was für die Berechnung bequemer ist.

Die BLOSUM-Matrizen

Für das Scoring von Substitutionen beim Vergleich von Aminosäuresequenzen entwickelten S. Henikoff und J. G. Henikoff die Familie der BLOSUM-Matrizen. Sie verfolgten damit das Ziel, für die Dayhoff-Matrix einen Ersatz zu finden, der beim Nachweis entfernter Ähnlichkeiten bessere Leistungen erbringt; Grundlage waren dabei die weitaus größeren Datenmengen, die seit Dayhoffs Arbeiten verfügbar geworden waren.

Die BLOSUM-Matrizen stützen sich auf die BLOCKS-Datenbank für Proteinsequenz-Alignments (BLOSUM = *BLOCKS substitution matrix*). Aus Abschnitten sehr ähnlicher Proteine, bei denen ein Alignment ohne Lücken möglich ist, berechneten Henikoff und Henikoff das Verhältnis zwischen der Zahl beobachteter Aminosäurepaare an jeder einzelnen Position und der Zahl solcher Paare, die man aufgrund der Gesamthäufigkeit der Aminosäuren erwartet. Die Ergebnisse werden wie in der Dayhoff-Matrix logarithmisch wiedergegeben. Um eine Übergewichtung eng verwandter Sequenzen zu vermeiden, ersetzten die Henikoffs jene Proteingruppen, deren Sequenzübereinstimmung über einem Schwellenwert lag, entweder durch einen einzigen Vertreter oder durch einen gewichteten Mittelwert. Mit einem Schwellenwert von 62 Prozent erhält man die häufig verwendete BLOSUM62-Substitutionsmatrix (Kasten 4.2). Diese wird von allen Programmen als Option angeboten und ist in der Mehrzahl der Fälle die Voreinstellung. Für die meisten Zwecke haben BLOSUM-Matrizen heute die Dayhoff-Matrix verdrängt.

Bewertung von Insertionen/Deletionen („Lückengewichtung")

Um ein vollständiges Bewertungsschema für Alignments aufzustellen, brauchen wir neben der Substitutionsmatrix auch eine Methode zur Bewertung von Lücken. Welche Bedeutung haben Insertionen und Deletionen im Verhältnis zu Substitutionen? Zu unterscheiden ist die Einführung von Lücken

```
aaagaaa
aaa-aaa
```

von der Erweiterung von Lücken

```
aaaggggaaa
aaa----aaa
```

| 4.2 |

Substitutionsmatrizen zur Bewertung der Ähnlichkeit von Aminosäuresequenzen. Die Aminosäuren sind in alphabetischer Reihenfolge ihrer *dreibuchstabigen* Abkürzungen eingetragen. Dargestellt ist jeweils nur das untere Dreieck der Matrix, weil die Substitutionswahrscheinlichkeiten als symmetrisch angesehen werden. (Das heißt nicht, dass wir die Austauschraten mit Sicherheit in beiden Richtungen für genau gleich groß halten; wir können vielmehr den Unterschied zwischen den beiden Raten nicht ermitteln.)

Die Dayhoff-PAM250-Matrix

```
Ala (A)   2
Arg (R)  -2   6
Asn (N)   0   0   2
Asp (D)   0  -1   2   4
Cys (C)  -2  -4  -4  -5  12
Gln (Q)   0   1   1   2  -5   4
Glu (E)   0  -1   1   3  -5   2   4
Gly (G)   1  -3   0   1  -3  -1   0   5
His (H)  -1   2   2   1  -3   3   1  -2   6
Ile (I)  -1  -2  -2  -2  -2  -2  -2  -3  -2  -5
Leu (L)  -2  -3  -3  -4  -6  -2  -3  -4  -2   2   6
Lys (K)  -1   3   1   0  -5   1   0  -2   0  -2  -3   5
Met (M)  -1   0  -2  -3  -5  -1  -2  -3  -2   2   4   0   6
Phe (F)  -3  -4  -3  -6  -4  -5  -5  -5  -2   1   2  -5   0   9
Pro (P)   1   0   0  -1  -3   0  -1   0   0  -2  -3  -1  -2  -5   6
Ser (S)   1   0   1   0   0  -1   0   1  -1  -1  -3   0  -2  -3   1   2
Thr (T)   1  -2   0   0  -2  -1   0   0  -1   0  -2   0  -1  -3   0   1   3
Trp (W)  -6   2  -4  -7  -8  -5  -7  -7  -3  -5  -2  -3  -4   0  -6  -2  -5  17
Tyr (Y)  -3  -4  -2  -4   0  -4  -4  -5   0  -1  -1  -4  -2   7  -5  -3  -3   0  10
Val (V)   0  -2  -2  -2  -2  -2  -2  -1  -2   4   2  -2   2  -1  -1  -1   0  -6  -2   4

          A   R   N   D   C   Q   E   G   H   I   L   K   M   F   P   S   T   W   Y   V
```

Die BLOSUM62-Matrix

```
Ala (A)   4
Arg (R)  -1   5
Asn (N)  -2   0   6
Asp (D)  -2  -2   1   6
Cys (C)   0  -3  -3  -3   9
Gln (Q)  -1   1   0   0  -3   5
Glu (E)  -1   0   0   2  -4   2   5
Gly (G)   0  -2   0  -1  -3  -2  -2   6
His (H)  -2   0   1  -1  -3   0   0  -2   8
Ile (I)  -1  -3  -3  -3  -1  -3  -3  -4  -3   4
Leu (L)  -1  -2  -3  -4  -1  -2  -3  -4  -3   2   4
Lys (K)  -1   2   0  -1  -3   1   1  -2  -1  -3  -2   5
Met (M)  -1  -1  -2  -3  -1   0  -2  -3  -2   1   2  -1   5
Phe (F)  -2  -3  -3  -3  -2  -3  -3  -3  -1   0   0  -3   0   6
Pro (P)  -1  -2  -2  -1  -3  -1  -1  -2  -2  -3  -3  -1  -2  -4   7
Ser (S)   1  -1   1   0  -1   0   0   0  -1  -2  -2   0  -1  -2  -1   4
Thr (T)   0  -1   0  -1  -1  -1  -1  -2  -2  -1  -1  -1  -1  -2  -1   1   5
Trp (W)  -3  -3  -4  -4  -2  -2  -3  -2  -2  -3  -2  -3  -1   1  -4  -3  -2  11
Tyr (Y)  -2  -2  -2  -3  -2  -1  -2  -3   2  -1  -1  -2  -1   3  -3  -2  -2   2   7
Val (V)   0  -3  -3  -3  -1  -2  -2  -3  -3   3   1  -2   1  -1  -2  -2   0  -3  -1   4

          A   R   N   D   C   Q   E   G   H   I   L   K   M   F   P   S   T   W   Y   V
```

Für das Alignment von DNA-Sequenzen empfiehlt CLUSTAL-W, man solle für Substitutionen die Übereinstimmungsmatrix (+1 für eine Übereinstimmung, 0 für einen Unterschied) verwenden und eine „Strafe" von 10 für neu eingeführte Lücken sowie von 0,1 für die Lückenerweiterung um einen Baustein vergeben. Für das Alignment von Proteinsequenzen lautet die Empfehlung: Verwendung der BLOSUM62-Matrix für Substitutionen, Lückenstrafen von 11 für die Einführung von Lücken und von 1 für die Lückenerweiterung um eine Aminosäure.

Berechnung des Alignment für zwei Sequenzen

Nachdem wir nun über ein Scoring-Schema verfügen, können wir es anwenden und nach dem optimalen Alignment suchen, das heißt nach jenem, das einen möglichst hohen Score erzielt. Ein berühmter Algorithmus, mit dem man das optimale Gesamt-Alignment zweier Sequenzen ermitteln kann, bedient sich eines als *dynamic programming* (dynamische Programmierung) bezeichneten mathemathischen Verfahrens. (Einzelheiten werden am Ende dieses Abschnitts erläutert.) Dieser Algorithmus hat sich in der Molekularbiologie als äußerst wichtig erwiesen. Er hat unter anderem zwei besonders erwähnenswerte Merkmale:

- Die gute Nachricht: Das Verfahren führt garantiert zu einem *globalen* Optimum. Es findet das Alignment mit dem besten Score für die jeweils gewählten Parameter – Substitutionsmatrix und Lückenstrafe – und nicht nur einen Näherungswert.
- Die schlechte Nachricht: Häufig haben viele Alignments den gleichen Optimalwert, ohne dass irgendeines davon biologisch richtig sein muss. Als W. Fitch und T. Smith beispielsweise die α- und die β-Kette des Hühnerhämoglobins verglichen, fanden sie 17 Alignments, die alle auf den gleichen optimalen Score kamen und von denen nur ein einziges richtig ist (ermittelt – letzte Rettung – anhand der Struktur). Mit Abweichungen bis zu 5 Prozent vom Optimum sind 1 317 Alignments möglich.

Eine weitere schlechte Nachricht ist technischer Natur: Die Zeit, welche man für das Alignment zweier Sequenzen mit den Längen n und m braucht, ist proportional zu $n \times m$, denn das ist die Größe der Editierungsmatrix, die gefüllt werden muss. Demnach eignet sich die Methode der dynamischen Programmierung nicht dazu, in einer ganzen Sequenzdatenbank nach Übereinstimmungen mit einer vorhandenen Sequenz zu suchen, und noch weniger kann man damit ein Alignment „jeder gegen jeden" durchführen. Für die Suche in Datenbanken stellt sich letztlich das Problem, dass Übereinstimmungen zwischen der untersuchten Sequenz und Abschnitten einer sehr langen Sequenz – nämlich dem Inhalt der gesamten Datenbank – gefunden werden sollen.

Abwandlungen und Verallgemeinerungen

In Abwandlungen lässt sich dieses Verfahren auf drei miteinander zusammenhängende Formen des Alignment anwenden: vollständige Sequenz gegen vollständige Sequenz, Abschnitt einer Sequenz gegen eine vollständige Sequenz oder Abschnitt einer Sequenz gegen einen Abschnitt der anderen (siehe Kasten 1.5). Der Algorithmus für das Alignment vollständiger Sequenzen wurde von S. B. Needleman und C. D. Wunsch zum ersten Mal auf biologische Sequenzen angewandt. T. Smith und M. Waterman wandelten ihn so ab, dass er sich auch zur Erkennung begrenzter übereinstimmender Bereiche eignet.

Näherungsverfahren zum schnellen Durchsuchen von Datenbanken

Mit den Genen aus einem neu analysierten Genom die Datenbanken zu durchsuchen und Ähnlichkeiten mit bekannten Sequenzen aufzuspüren, ist heute Routine. Mit Näherungsverfahren kann man zuverlässig und schnell enge Verwandtschaften finden, aber wenn es um entfernte Ähnlichkeiten geht, sind sie den exakten Methoden unterlegen. Zufrieden stellende Ergebnisse liefern sie in der Praxis in den vielen Fällen, in denen die untersuchte Sequenz einer oder mehreren Sequenzen in der Datenbank recht ähnlich ist, und es lohnt sich immer, zuerst mit ihnen einen Versuch zu unternehmen.

In einem typischen Näherungsverfahren nimmt man eine kleine ganze Zahl k und sucht für jeden Abschnitt aus k-Bausteinen in der untersuchten Sequenz nach allen Vorkommen dieses Abschnitts in den Sequenzen der Datenbank. Interessant wird eine Sequenz aus der Datenbank, wenn sie zahlreiche passende k-Abschnitte enthält, die auch in ihren Abständen mit der untersuchten Sequenz übereinstimmen. Für eine ausgewählte Gruppe solcher interessanter Sequenzen führt man dann Berechnungen zum annähernd optimalen Alignment durch, wobei man die zeit- und platzsparende Einschränkung vornimmt, dass Wege durch die Matrix sich auf Streifen rund um die Diagonalen mit den vielen übereinstimmenden k-Abschnitten beschränken müssen. Dieses Verfahren wird in mehreren Varianten angewandt.

Der Algorithmus des *dynamic programming* zum optimalen Alignment von Sequenzpaaren*

Ein Diagramm, das implizit alle möglichen Alignments enthält, lässt sich ebenfalls als Matrix konstruieren, die der bei der Dotplot-Erstellung ähnelt. Die Bausteine der einen Sequenz bilden die Zeilen, die der anderen die Spalten. Jeder Weg durch die Matrix von links oben nach rechts unten entspricht einem Alignment (Abb. 4.1). Die Aufgabe besteht darin, den am wenigsten aufwendigen Weg zu finden, und dabei stellt sich das Problem, dass man eine sehr große Zahl von Wegen untersuchen muss.

Zur Verdeutlichung stellen wir uns vor, wir wollten vom südschwedischen Malmö nach Tromsø in Nordnorwegen reisen (Abb. 4.3). Die Route besteht aus mehreren Etappen mit einer Reihe von Städten als Zwischenstationen. Den Gesamtweg kann man aus zahlreichen verschiedenen Kombinationen solcher Etappen zusammensetzen.

Das Verfahren zur Berechnung des optimalen Weges beginnt damit, dass den einzelnen Etappen ein Zahlenwert für die „Kosten" der Reise zugeordnet wird. Bei diesen „Kosten" handelt es sich nicht nur um den finanziellen Aufwand, sondern um eine allgemeinere Schätzung der relativen Vorliebe für einzelne Etappen. Ein wichtiger Bestandteil der Kosten ist sicher die zurückgelegte Strecke, aber auch andere Faktoren wie die Qualität der Straßen und die Möglichkeit zur Besichtigung von Sehenswürdigkeiten spielen eine Rolle. Die Gesamtkosten für jede Route errechnen sich als Summe der Kosten aller Einzeletappen. Natürlich ist es nicht effizient, wenn man eine Etappe zwei Mal zurücklegt oder eine Stadt zwei Mal besucht; man wird also festlegen, dass jede Station weiter nördlich als die vorherige liegen muss. Diese Formulierung drückt man nicht als Maximierung einer Bewertung, sondern als Minimierung des Aufwands aus; beide Verfahren sind in unserem Zusammenhang gleichbedeutend. Ein Algorithmus

---

* Dieser Abschnitt kann übersprungen werden. Wer im Zweifel ist, sei auf die Anmerkungen in Lesk AM (1988) TATA for now … *Trends Biochem. Sci.* 13, 410 verwiesen.

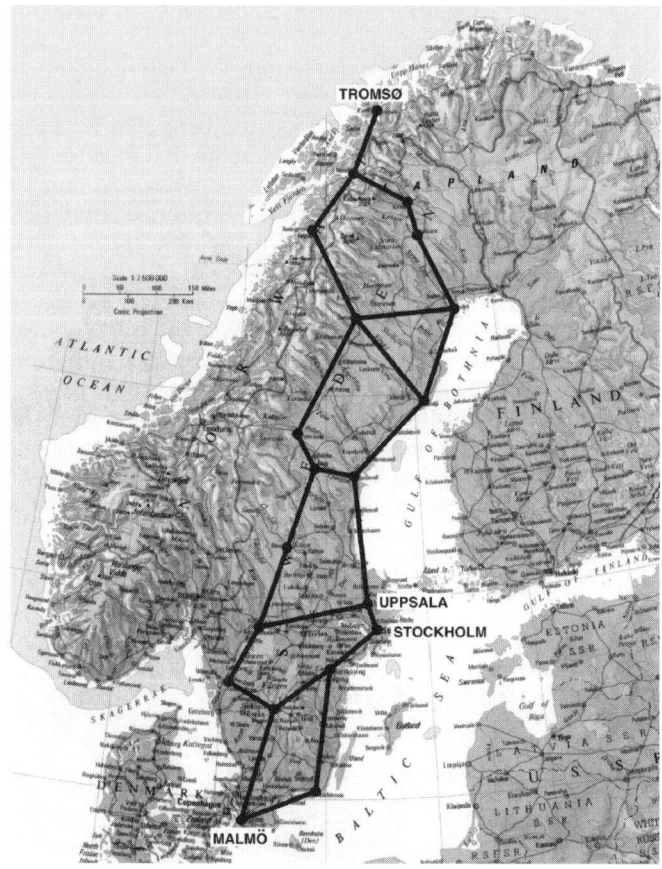

4.3 Mögliche Wege von Malmö nach Tromsø. Wie findet man die optimale Route? (© Collins, Abdruck mit freundlicher Genehmigung von HarperCollins Publishers.)

kann die möglichen Kombinationen untersuchen und die optimale Gesamtroute ermitteln.

Betrachten wir die Aufgabe einmal in abstrakter Form:

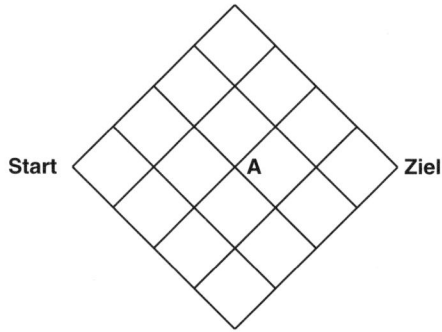

Um den Kerngedanken der dynamischen Programmierung (*dynamic programming*) zu verstehen, stellen wir als Erstes die Frage: Wie viele Wege vom Start zum Ziel verlaufen über A? Vom Start nach A sind sechs Wege möglich (zeichnen Sie sie auf!). Aus Gründen der Symmetrie muss es also auch sechs Wege von A zum Ziel geben, und insgesamt verlaufen 36 Wege (warum?) vom Start zum Ziel über A. Angenommen, wir haben den Einzeletappen jeweils Kosten zugeordnet: Müssen wir dann alle 36 Wege untersuchen, um die Route mit den geringsten Kosten zu ermitteln? Nein, denn die entscheidende Erkenntnis lautet: *Die Auswahl des besten Weges von A zum Ziel ist nicht davon abhängig, welchen Weg vom Start nach A wir gewählt haben.* Wenn wir festgestellt haben, welcher der sechs Wege vom Start nach A der beste ist und welcher der sechs Wege von A zum Ziel der beste ist, dann ist der beste Weg vom Start über A zum Ziel: der beste Weg vom Start nach A *und dann* der beste Weg von A zum Ziel. Wir brauchen nur zwölf der über A führenden Wege in Erwägung zu ziehen.

Noch stärker lässt sich die Aufgabe vereinfachen, wenn man sie systematisch weiter unterteilt. Dieser Gedanke ist die Grundlage für das Verfahren des *dynamic programming*, mit dem man den optimalen Weg durch eine Matrix finden kann.

Über das Problem des optimalen Alignment und seine Lösung durch *dynamic programming* kann man folgende Behauptung aufstellen: Gegeben sind zwei Zeichenketten, die unterschiedlich lang sein können: $A = a_1 a_2 ... a_n$ und $B = b_1 b_1 ... b_m$, wobei a_i und b_i Elemente einer Alphabetmenge $\mathcal{A}$ sind; wir betrachten Abfolgen von Editieroperationen, mit denen A und B in eine gemeinsame Sequenz umgewandelt werden. Als einzelne Editieroperationen sind möglich:

Substitution von a_i durch b_j – dargestellt als (a_i, b_j)

Deletion von a_i aus der Sequenz A – dargestellt als (a_i, ϕ)

Deletion von b_j aus der Sequenz B – dargestellt als (b_j, ϕ)

Erweitern wir die Alphabetmenge so, dass sie auch das Nullzeichen ϕ enthält: $\mathcal{A}^+ = \mathcal{A} \cup \{\phi\}$, so ist eine Abfolge von Editieroperationen eine Menge geordneter Paare (x, y), wobei $x, y \in \mathcal{A}^+$.

Eine **Kostenfunktion** d ist durch die Editieroperationen definiert: $d(a_i, b_j)$ = Kosten einer Mutation in einem Alignment, in dem die Position i der Sequenz A der Position j in der Sequenz B entspricht und die Mutation zur Substitution $a_i \leftrightarrow b_j$ führt. $d(a_i, \phi)$ oder $d(\phi, b_j)$ = Kosten einer Deletion oder Insertion. Die minimale, gewichtete Distanz zwischen den Sequenzen A und B ist definiert als

$$D(A, B) = \min_{A \to B} \sum d(x, y)$$

wobei $x, y \in \mathcal{A}^+$; das Minimum wird für alle Folgen von Editieroperationen ermittelt, durch die A und B in eine gemeinsame Sequenz umgewandelt werden.

Die Aufgabe besteht darin, $D(A, B)$ und mindestens ein entsprechendes Alignment zu finden.

Ein Algorithmus, der diese Aufgabe in der Zeit $\mathcal{O}(mn)$ löst, erzeugt eine Matrix $\mathcal{D}(i, j)$, $i = 0, ... n$; $j = 0, ... m$, wobei $\mathcal{D}(i, j)$ der minimale Abstand zwischen den Zeichenketten ist, die aus den ersten i Zeichen von A und den ersten j Zeichen von B bestehen. Dann ist $\mathcal{D}(n, m)$ die erforderliche kleinste Distanz $D(A, B)$.

Der Algorithmus berechnet $\mathcal{D}(i, j)$ durch Rekursion. Der Wert von $\mathcal{D}(i, j)$ entspricht der Umwandlung der ursprünglichen Sequenzabschnitte $A_i = a_1 a_2 ... a_i$ und $B_j = b_1 b_2 ... b_j$ in eine gemeinsame Sequenz durch L Editieroperationen S_k, $k = 1, ..., L$ wobei man davon ausgehen kann, dass diese in aufsteigender Folge der Positionen in der Kette angewandt werden. Stellen wir uns nun einmal vor, wir würden die letzte Editieroperation *rückgängig* machen. Die sich daraus ergebende, verkürzte Folge von Editieroperationen S_k, $k = 1, ..., L-1$ wandelt einen Unterabschnitt von A_i und einen Unterabschnitt von B_j in ein gemeinsames Produkt um. Aber das ist noch nicht alles: Es muss sich um eine *optimale* Abfolge von Editieroperationen für diese Unterabschnitte handeln, denn wenn es eine andere, weniger aufwendige Folge S'_k gäbe, wäre S'_k, gefolgt von S_L eine weniger aufwendige Folge von Operationen für die Umwandlung von A_i in B_j als S_k. Demnach sollte es also ein rekursives Verfahren für die Berechnung von $\mathcal{D}(i,j)$ geben.

Man sollte sich merken, welcher Zusammenhang zwischen den einzelnen Editieroperationen und den Schritten zwischen benachbarten Kästchen der Matrix besteht (Abb. 4.1):

$(i–1,j–1) \to (i,j)$ entspricht der Substitution $a_i \to b_j$.

$(i–1,j) \to (i,j)$ entspricht der Deletion von a_i aus A.

$(i,j–1) \to (i,j)$ entspricht der Insertion von b_j in A an der Position i.

Folgen von Editieroperationen entsprechen einem schrittweisen Weg durch die Matrix

$$(i_0,j_0) = (0,0) \to (i_1,j_1) \to \dots (n,m)$$

Dabei ist $0 \le i_{k+1}–i_k \le 1$ (für $0 \le k \le n–1$), $0 \le j_{k+1}–j_k \le 1$ (für $0 \le k \le m–1$). Betrachtet man die möglichen Folgen von Editieroperationen und die zugehörigen Wege durch die Matrix, muss es sich bei dem Vorläufer einer optimalen Folge von Editieroperationen, die von $(0,0)$ zu (i,j) führt, wobei $i,j > 0$, um eine optimale Folge von Editieroperationen handeln, die zu einer der Zellen $(i–1,j)$, $(i–1,j–1)$ oder $(i,j–1)$ führt; entsprechend muss $\mathcal{D}(i,j)$ ausschließlich von den Werten für $\mathcal{D}(i–1,j)$, $\mathcal{D}(i–1,j–1)$ und $\mathcal{D}(i,j–1)$ abhängen (natürlich in Verbindung mit den Parametern, die durch die Kostenfunktion d festgelegt wurden).

Der Algorithmus lautet dann folgendermaßen:
Berechne die Matrix $\mathcal{D}$ $(m+1) \times (n+1)$ und wende dazu an

1. die Anfangsbedingungen der obersten Zeile und der linken Spalte

$$\mathcal{D}(i,0) = \sum_{k=0}^{i} d(a_k, \phi)$$

$$\mathcal{D}(0,j) = \sum_{k=0}^{i} d(\phi, b_k)$$

(diese Werte legen die Strafe für ungepaarte Bausteine am Anfang beider Sequenzen fest) und dann

2. die Rekursionsformeln

$$\mathcal{D}(i,j) = \min\{\mathcal{D}(i–1,j) + d(a_i, \phi), \mathcal{D}(i–1,j–1) + d(a_i, b_i), \mathcal{D}(i,j–1) + d(\phi, b_i)\}$$

für $i = 1,\dots,n$; $j = 1,\dots,m$. Das heißt, berücksichtige alle drei möglichen Schritte zu $\mathcal{D}(i,j)$:

Operation	Gesamtaufwand
Einfügen einer Lücke in Sequenz A	$\mathcal{D}(i–1,j) + d(a_i,\phi)$
Substitution $a_i \leftrightarrow b_j$	$\mathcal{D}(i–1,j–1) + d(a_i,b_j)$
Einfügen einer Lücke in Sequenz B	$\mathcal{D}(i,j–1) + d(\phi,b_j)$

Wähle daraus den Minimalwert. Halte für jede Zelle nicht nur den Wert $\mathcal{D}(i,j)$ fest, sondern auch einen Zeiger zu den Zellen (einer oder mehreren) $(i–1,j)$, $(i–1,j–1)$ oder (*i,j*–1), die durch die Minimierungsoperation ausgewählt wurden. Dabei gilt es zu beachten, dass mehrere Vorläufer den gleichen Wert ergeben können.

Nach Abschluss der Berechnungen ist $\mathcal{D}(n,m)$ der optimale Abstand $D(A,B)$. Zu einem Alignment, das der von den Zeigern wiedergegebenen Folge von Editieroperationen entspricht, gelangt man dann dadurch, dass man den Weg durch die Matrix von (n,m) nach $(0,0)$ zurückverfolgt (*traceback*). Dieses Alignment, das dem Mindestabstand $D(A,B) = \mathcal{D}(n,m)$ entspricht, muss durchaus nicht einzigartig sein.

— **Beispiel 4.6** —————————————————————————————————————

Führen Sie ein Alignment für die Zeichenketten A = ggaatgg und B = atg durch; verwenden Sie dazu das einfache Scoring-Schema: Übereinstimmung = 0, Fehlpaarung = 20, Insertion oder Deletion = 25.

Nachdem die oberste Zeile und die linke Spalte initialisiert wurden (*kursiv*) und in der zweiten Zeile und zweiten Spalte das Element 20 (fett) eingetragen wurde, ergibt sich folgendes Bild:

	ϕ	a	t	g
ϕ	*0*	*25*	*50*	*75*
g	*25*	**20**		
g	*50*			
a	*75*			
a	*100*			
t	*125*			
g	*150*			
g	*175*			

Der Wert **20** wurde als Minimalwert aus 25 + 25 (vertikaler Zug oder Einführen einer Lücke in die Kette atg), 0 + 20 (Substitution a ↔ g) und 25 + 25 (horizontaler Zug oder Einführen einer Lücke in die Kette ggaatgg) ausgewählt. Da die Substitution (der diagonale Zug) den kleinsten Wert geliefert hat, ist die Zelle mit der 0 in der linken oberen Ecke der Matrix der Vorgänger der Zelle, in der wir gerade die 20 eingetragen haben. (Wenn zwei oder drei mögliche Züge den gleichen Wert liefern, hat die entsprechende Zelle mehrere Vorgänger.)

Nach Abschluss der Berechnung sieht die Matrix so aus:

	ϕ		a		t		g
ϕ	0	←	25	←	50	←	75
	↑ ↖		↖		↖		
g	25		20	←	45		50
	↑ ↖		↑ ↖				↖
g	50		45		40		45
	↑ ↖				↖ ↑		↖
a	75		50		65		60
	↑ ↖				↖		↖ ↑
a	100		75		70		85
	↑		↑ ↖				↖
t	125		100		75		90
	↑		↑		↑ ↖		
g	150		125		100		75
	↑		↑		↑ ↖		↑
g	175		150		125		100

— **Beispiel 4.6** *Fortsetzung*

Die zum Rückverfolgen (*traceback*) notwendige Information ist darin in Form von Pfeilen enthalten, die jeweils von einer Zelle zu ihren Vorgängern weisen. Für manche Zwecke brauchen wir kein Alignment, sondern nur den Wert von $D(A, B)$; in solchen Fällen braucht man die Zeiger nicht zu speichern. Fett gedruckte Pfeile geben die Wege eines optimalen Alignment an. Sie zeigen die Spur rückwärts von rechts unten nach links oben. In einigen Fällen hat eine Zelle zwei Vorgänger, die dann verschiedenen Alignments mit dem gleichen Score entsprechen.

In zwei Zellen verzweigt sich die rückwärts führende Spur. Damit erhält man insgesamt vier optimale Alignments mit gleichem Score:

```
ggaatgg    ggaatgg    ggaatgg    ggaatgg
---atg-    ---at-g    --a-tg-    --a-t-g
```

Mit einem System zur Gewichtung der Lücken, das der Erweiterung einer Lücke eine geringere „Strafe" zuordnet als dem Einführen neuer Lücken, erhalten die beiden ersten einen besseren Score. Kompliziertere Schemata zur Gewichtung der Lücken erfordern aber auch kompliziertere Rekursionsformeln zum Ausfüllen der Matrix.

Dieser Algorithmus ermittelt das optimale *globale* Alignment zweier Sequenzen. Er eignet sich nicht dazu, in zwei Sequenzen begrenzte Abschnitte mit hoher Ähnlichkeit nachzuweisen oder eine lange Sequenz mit einem kurzen Fragment abzusuchen, denn er vergibt Lückenstrafen auch *außerhalb* der ähnlichen Regionen. Dieses Problem löst die Methode von T. Smith und M. Waterman. Ihre Abwandlung des grundlegenden Algorithmus zur dynamischen Programmierung findet optimale lokale Alignments, das heißt, sie wählt aus beiden Sequenzen die Abschnitte aus, die einander am ähnlichsten sind. Die Veränderungen beeinflussen

1. *Die Initialisierung der Matrix*, das heißt die Festsetzung der Werte in der obersten Zeile und der linken Spalte. In der Smith-Waterman-Methode werden beide auf 0 gesetzt. Deshalb kann jede Sequenz vor Beginn des Alignment an der anderen entlang gleiten, ohne wegen der Bausteine, die sie hinter sich gelassen hat, eine Lückenstrafe zu kassieren.
2. *Das Ausfüllen der Matrix.* In dem Beispiel mit dem globalen Alignment wird bei jedem Schritt die Entscheidung zwischen Übereinstimmung, Insertion oder Deletion erzwungen, selbst wenn keine dieser Möglichkeiten sich anbietet und wenn eine Abfolge unattraktiver Entscheidungen den Score entlang eines Weges verdirbt, der auch einen gut übereinstimmenden Abschnitt enthält. Die Smith-Waterman-Methode nimmt die vierte Option hinzu: die Beendigung des Abschnitts, für den das Alignment durchgeführt wird.
3. *Scoring und Zurückverfolgen.* Der Score eines globalen Alignment ist die Zahl des Elements rechts unten in der Matrix. Beim Smith-Waterman-Verfahren trifft man auf den optimalen Wert, ganz gleich, wo in der Matrix er auftaucht. Im globalen Alignment beginnt das Zurückverfolgen zur Ermittlung des tatsächlichen Alignment an der untersten rechten Zelle. In der Smith-Waterman-Methode an der Zelle, die den Optimalwert enthält, und dann setzt es sich rückwärts nur so lange fort, wie der bereich der lokalen Ähnlichkeit reicht.

In unserem Beispiel würde die Smith-Waterman-Methode ein einziges lokales Optimum liefern:

```
ggaatgg
   atg
```

— **Beispiel 4.6** *Fortsetzung*

Man beachte, dass außerhalb der übereinstimmenden Region keine Lücken auftauchen.

(Beispiel verändert nach Tyler EC, Horton MR, Krause PR (1991) A review of algo-
rithms for molecular sequence comparison. *Comp. Biomed. Res.* 24, 72–96.)

Die Bedeutung von Alignments

Angenommen, in einem Alignment zeigt sich eine auffällige Ähnlichkeit zwischen zwei
Sequenzen. Hat diese Ähnlichkeit eine tiefere Bedeutung, oder könnte sie durch Zufall
entstanden sein? (Diese Frage wurde schon in Kapitel 1 aufgeworfen.) Bei manchen einfachen Phänomenen, beispielsweise einem Münzwurf oder beim Würfeln, kann man
die voraussichtliche Verteilung der Ergebnisse und die Wahrscheinlichkeit eines
bestimmten Ergebnisses genau berechnen. Wenn es jedoch um Sequenzen geht, kann
man nicht ohne weiteres definieren, aus welcher Population das Alignment ausgewählt
wurde. Verwendet man als Kontrolle beispielsweise Zufallsketten aus Nucleotiden oder
Aminosäuren, lässt man die Verschiebungen außer Acht, die sich durch eine nichtzufäl-
lige Verteilung der Bausteine ergeben.

In der Praxis kann man das Problem folgendermaßen angehen: Ist die Gewichtung
des tatsächlich beobachteten Alignment nicht größer als man es nach *zufälliger Umstel-
lung* der Sequenz erwartet, hat man es wahrscheinlich mit einem Zufallsergebnis zu tun.
Man kann eine der Sequenzen viele Male nach dem Zufallsprinzip verändern, jedes Mal
mit einer immer gleichen zweiten Sequenz ein Alignment durchführen und die Scores
sammeln, die sich daraus jeweils ergeben. Ein typisches Ergebnis zeigt Abbildung 4.4.

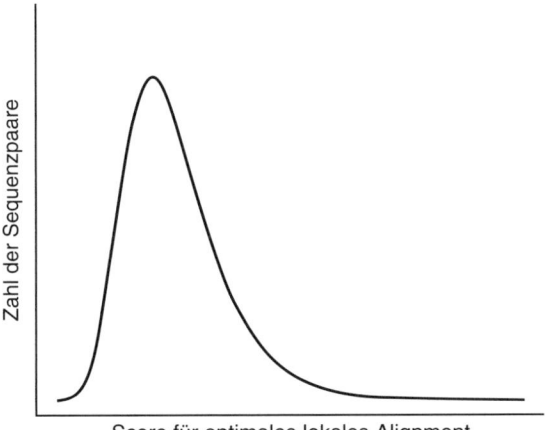

Zahl der Sequenzpaare

Score für optimales lokales Alignment

4.4 Die Scores für das optimale lokale Alignment von Paaren gleich langer Aminosäure-Zufalls-
sequenzen zeigen eine Extremwertverteilung. Für jeden Score x ist die Wahrscheinlichkeit, dass
man einen Score $\geq x$ beobachtet: $P(\text{score} \geq x) = 1 - \exp(-Ke^{-\lambda x})$. Dabei sind K und λ Parameter, die
mit der Lage des Maximalwertes und mit der Breite der Verteilung zusammenhängen. Bemerkens-
wert ist der lange „Schwanz" auf der rechten Seite der Kurve. Er bedeutet, dass ein Score, der mehrere Standardabweichungen über dem Mittelwert liegt, durch Zufall mit einer höheren Wahrscheinlichkeit auftritt (und demnach *weniger* signifikant ist) als wenn die Scores eine Normalverteilung aufweisen würden.

Durchsucht man eine Datenbank, kann man die dabei erhaltenen Ergebnisse als Population verwenden, an der sich die Statistik orientiert.

Wenn Zufallssequenzen die gleichen Scores wie die ursprüngliche Sequenz zeigen, ist ein Alignment natürlich aller Wahrscheinlichkeit nach nicht aussagekräftig. Man kann für die Gewichtung des Alignment von Zufallssequenzen den Mittelwert und die Standardabweichung messen und dann fragen, ob die ursprüngliche Sequenz einen außergewöhnlich hohen Score aufweist. Inwieweit das ursprüngliche Ergebnis in der Population etwas Außergewöhnliches darstellt, zeigt sich am Z-Wert (Z-Score):

$$\text{Z-Wert} = \frac{\text{Score} - \text{Mittelwert}}{\text{Standardabweichung}}$$

Ein Z-Wert von 0 bedeutet, dass die beobachtete Ähnlichkeit nicht größer ist als beim Durchschnitt zufälliger Umstellungen in der Sequenz, das heißt, sie kann ohne weiteres durch Zufall entstanden sein. Andere Werte, die als Maß für die Signifikanz dienen, sind P = die Wahrscheinlichkeit, dass die beobachtete Übereinstimmung durch Zufall entstanden ist, und – für die Suche in Datenbanken – E = die Zahl von Übereinstimmungen, die so gut sind wie die beobachtete und die man allein aufgrund des Zufalls in einer Datenbank des durchsuchten Umfanges erwarten würde (Kasten 4.3).

Viele „Faustregeln" lassen sich als Prozentsatz gleicher Bausteine in dem optimalen Alignment ausdrücken. Stimmen in zwei Proteinen bei optimalem Alignment mindestens 45 Prozent der Aminosäuren überein, haben die Proteine eine sehr ähnliche Struktur, und sehr wahrscheinlich sind auch ihre Funktionen gleich oder zumindest ähnlich. Bei über 25 Prozent gleichen Aminosäuren kann man mit einem ähnlichen allgemeinen Faltungsmuster rechnen. Andererseits schließt aber die Tatsache, dass man eine geringere Sequenzähnlichkeit beobachtet, eine Homologie nicht aus. R. F. Doolittle definierte den Bereich von 18 bis 25 Prozent Sequenzidentität als „Grauzone" (twilight zone), in der die Annahme, es handele sich um Homologie, zwar verlockend, aber auch gefährlich ist. Unterhalb der Grauzone hat ein Alignment von zwei Sequenzen nur geringe Aussagekraft. Das Fehlen einer signifikanten Sequenzähnlichkeit schließt aber ähnliche Strukturen nicht aus.

Die Grauzone ist zwar trügerisch, aber wir sind auch dort nicht völlig hilflos. Wenn man entscheiden will, ob es sich um eine echte Verwandtschaft handelt, ist die „Konsistenz" des Alignment von entscheidender Bedeutung: Liegen die ähnlichen Bausteine isoliert und über die ganze Sequenz verteilt, oder gibt es „Eisberge", lokal begrenzte Abschnitte mit starker Ähnlichkeit, die einem gemeinsamen aktiven Zentrum entsprechen könnten? Hier muss man unter Umständen auch andere Kenntnisse über gemeinsame Liganden oder Funktionen heranziehen. Kennt man die Struktur, wird man sie natürlich unmittelbar untersuchen.

Zur Verdeutlichung mögen einige Beispiele dienen:

- Das Myoglobin des Pottwals und das Leghämoglobin von Lupinen haben bei optimalem Alignment 15 Prozent übereinstimmende Aminosäuren. Damit liegen sie nach Doolittles Definition noch unterhalb der Grauzone. Wir wissen aber auch, dass beide Moleküle eine ähnliche Raumstruktur besitzen, dass beide eine Hämgruppe enthalten und dass beide Sauerstoff binden. Es handelt sich tatsächlich um entfernt verwandte, homologe Proteine.
- Die Sequenzen der N- und C-terminalen Hälfte der Thiosulfat-Schwefel-Transferase (Rhodanase) stimmen bei optimalem Alignment in 11 Prozent der Aminosäuren überein. Würden diese Übereinstimmungen in verschiedenen Proteinen auftreten, könnte man aus den Sequenzen allein nicht auf eine Verwandtschaft schließen. Da

| 4.3 |

Partner oder falsche Freunde?

Beim paarweisen Alignment und bei der Datenbanksuche stößt man häufig auf schwache, aber verführerische Sequenzähnlichkeiten. Wie kann man entscheiden, ob es sich dabei um eine echte Verwandtschaft handelt? Mit Statistik lassen sich biologische Fragen nicht unmittelbar beantworten, aber sie sagt etwas darüber aus, mit welcher Wahrscheinlichkeit eine Ähnlichkeit, die so groß ist wie die beobachtete, zwischen nicht verwandten Sequenzen rein zufällig auftritt. Zu diesem Zweck sollte man die eigenen Ergebnisse mit den Alignments zwischen den fraglichen und einer großen Zahl anderer Sequenzen vergleichen. Diese „Kontrollpopulation" sollte in ihren allgemeinen Eigenschaften den beiden Sequenzen ähneln, mit denen man das Alignment vollzogen hat, sie sollte aber möglichst wenig Sequenzübereinstimmungen mit diesen aufweisen. Nur wenn die beobachtete Übereinstimmung aus der Gesamtmenge heraussticht, kann man sie als signifikant betrachten.

Mit welcher Sequenzpopulation soll man das Alignment vergleichen? Für ein paarweises Alignment kann man eine der beiden Sequenzen nehmen, mit einem Zufallszahlengenerator durcheinander gewürfelte Kopien davon herstellen und jede der so veränderten Sequenzen mit der zweiten untersuchten Sequenz vergleichen. Durchsucht man eine Datenbank, stellt deren gesamter Inhalt eine Vergleichspopulation dar.

Durch das Alignment der untersuchten Sequenz mit jedem Mitglied der Kontrollpopulation erhält man eine Riesenzahl von Scores. Wie sieht im Vergleich dazu der Score des ursprünglichen Alignments aus? Seine Signifikanz kann man mit mehreren statistischen Parametern beurteilen.

- Der Z-Score ist ein Maß dafür, wie ungewöhnlich oder originell eine Übereinstimmung ist, gemessen am Mittelwert und der Standardabweichung für die Scores der gesamten Population. Wenn das ursprüngliche Alignment den Score S hat, ist

$$\text{Z-Score von S} = \frac{S - \text{Mittelwert}}{\text{Standardabweichung}}$$

Ein Z-Score von 0 bedeutet, dass die beobachtete Ähnlichkeit nicht größer ist als im Durchschnitt der Kontrollpopulation und demnach durchaus durch Zufall entstanden sein kann. Je höher der Z-Score, desto größer ist die Wahrscheinlichkeit, dass das beobachtete Alignment nicht nur ein Zufallsprodukt ist. Erfahrungsgemäß sind Z-Scores ≥ 5 signifikant.

- Viele Programme geben P aus, die Wahrscheinlichkeit, dass das Alignment nicht besser als ein Zufallsprodukt ist. Die Beziehung zwischen Z und P hängt von der Verteilung der Scores in der Kontrollpopulation ab, und die entspricht *nicht* der Normalverteilung. Ein grober Leitfaden für die Interpretation von P-Werten sieht so aus:

$P \leq 10^{-100}$	genaue Übereinstimmung
P zwischen 10^{-100} und 10^{-50}	nahezu identische Sequenzen, zum Beispiel Allele oder SNPs
P zwischen 10^{-50} und 10^{-10}	eng verwandte Sequenzen, Homologie gesichert
P zwischen 10^{-10} und 10^{-1}	in der Regel entfernte Verwandte
$P > 10^{-1}$	Ähnlichkeit vermutlich nicht signifikant

- Bei der Datenbanksuche geben manche Programme (zum Beispiel PSI-BLAST) E-Werte aus. Der E-Wert eines Alignment gibt die voraussichtliche Zahl der Sequenzen an, die

---

4.3 *Fortsetzung*

den gleichen oder einen besseren Z-Wert liefern, wenn man die Datenbank mit einer Zufallssequenz durchsucht. E berechnet sich als Produkt aus dem Wert von P und der Größe der durchsuchten Datenbank. E hängt also vom Umfang der Datenbank ab, P aber nicht. Die Werte von P liegen zwischen 0 und 1, die für E zwischen 0 und der Gesamtzahl der Sequenzen in der Datenbank.

Für die Interpretation von E-Werten gilt folgender grober Leitfaden:

$E \leq 0{,}02$	Sequenzen vermutlich homolog
E zwischen 0,02 und 1	Homologie ist nicht auszuschließen
$E > 1$	man muss damit rechnen, dass diese gute Übereinstimmung reiner Zufall ist

Die Statistik liefert nützliche Anhaltspunkte, ist aber kein Ersatz für vernünftiges Nachdenken über die Ergebnisse und für die weitere Analyse derer, die viel versprechend aussehen!

---

sie aber in demselben Protein vorkommen, liegt die Vermutung nahe, dass sie durch Genduplikation und Auseinanderentwicklung entstanden sind. Bestätigt wird die Verwandtschaft durch die verblüffende Ähnlichkeit ihrer Strukturen.

- Als Mahnung zur Vorsicht kann der Vergleich der Proteinasen Chymotrypsin und Subtilisin dienen. Sie haben bei optimalem Alignment 12 Prozent übereinstimmende Aminosäuren. Diese Enzyme haben die gleiche Funktion und die gleiche katalytische Gruppe von drei Bausteinen. Ihre Faltungsmuster sind aber völlig verschieden, und sie sind nicht verwandt. Die Gemeinsamkeiten von Funktion und Reaktionsmechanismus sind ein Beispiel für konvergente Evolution. Man sollte also gewarnt sein und nicht aufgrund der Ähnlichkeit von Funktion und Mechanismus auf eine Verwandtschaft zwischen Proteinen mit sehr unähnlichen Sequenzen schließen!

Alignment mehrerer Sequenzen (multiples Sequenz-Alignment)

„Eine Aminosäuresequenz spielt die Schüchterne; zwei homologe Sequenzen flüstern; viele übereinstimmende Sequenzen schreien laut." In der Natur enthält schon eine einzige Sequenz alle Informationen, die das Faltungsmuster des Proteins festlegen. Warum macht das Alignment mehrerer Sequenzen die Information für uns besser verständlich? Alignment-Tabellen lassen Gesetzmäßigkeiten für die entwicklungsgeschichtliche Konservierung von Aminosäuren erkennen, aus denen man entfernte Verwandtschaften zuverlässiger ablesen kann. Auch die Hilfsmittel zur Strukturvorhersage liefern glaubwürdigere Ergebnisse, wenn sie sich nicht auf einzelne Sequenzen stützen, sondern auf ein multiples Alignment.

Die visuelle Überprüfung von Tabellen mit dem Alignment mehrerer Sequenzen ist häufig eine der lohnendsten Tätigkeiten, die ein Molekularbiologe abseits des Labortisches ausführen kann. Man sollte nicht einmal auf die Idee kommen, auf die verschiedenfarbige Markierung von Aminosäuren mit unterschiedlichen physikalisch-chemischen Eigenschaften zu verzichten. Ein vernünftiges (aber durchaus nicht das einzige) Farbschema sieht so aus:

Farbe	Aminosäuretyp	Aminosäuren
gelb	klein, unpolar	Gly, Ala, Ser, Thr
grün	hydrophob	Cys, Val, Ile, Leu, Pro, Phe, Tyr, Met, Trp
violett	polar	Asn, Gln, His
rot	negativ geladen	Asp, Glu
blau	positiv geladen	Lys, Arg

Damit ein Mehrfach-Alignment aufschlussreich ist, sollte es ein Spektrum enger und weitläufiger verwandter Sequenzen enthalten. Sind alle Sequenzen sehr ähnlich, enthalten sie im Wesentlichen redundante Informationen, und man kann daraus nur wenig Rückschlüsse ziehen. Sind dagegen alle Sequenzen sehr weitläufig verwandt, lässt sich nur schwer ein genaues Alignment konstruieren (es sei denn, man kennt alle Strukturen), und in solchen Fällen sind sowohl die Ergebnisse als auch die Schlüsse, die sie vielleicht nahe legen, sehr fragwürdig. Im Idealfall steht ein vollständiges Spektrum von Ähnlichkeiten zur Verfügung, darunter Exemplare mit sehr geringer Ähnlichkeit, die durch eine Folge engerer Verwandtschaftsbeziehungen verbunden sind.

Erkenntnisse über die Struktur, abgeleitet aus dem multiplen Alignment mehrerer Sequenzen

Enzyme aus der Gruppe der Thioredoxine kommen in allen Zellen vor. Sie sind an einem breiten Spektrum biologischer Vorgänge beteiligt, so an Zellvermehrung, Blutgerinnung, Samenkeimung, Insulinabbau, Reparatur oxidativer Schäden und Enzymregulation. Der gemeinsame Mechanismus aller dieser Tätigkeiten ist die Reduktion von Disulfidbrücken in Proteinen.

Farbtafel VII zeigt das multiple Alignment der Sequenzen von 16 Thioredoxinen. Die Struktur des Enzyms aus *E. coli* enthält ein aus fünf Strängen bestehendes β-Faltblatt, das auf beiden Seiten von α-Helices flankiert ist; diese Helices und Stränge sind durch die Symbole α und β gekennzeichnet. Man sollte damit rechnen, dass andere Thioredoxine teilweise, aber nicht vollständig die gleiche Sekundärstruktur haben wie das Enzym von *E. coli*. Die Farbtafel zeigt auch eine zusammengefasste Form des Alignment als **Sequenzlogo**, in dem unterschiedlich große Buchstaben auf unterschiedliche Anteile von Aminosäuren hinweisen. (Gestaltet wurden die Sequenzlogos von T. Schneider und M. Stephens; das hier wiedergegebene Beispiel wurde auf dem Webserver von S. E. Brenner erzeugt: http://www.bio.cam.ac.uk/cgi-bin/seqlogo/logo.cgi)

Unter anderem können wir damit rechnen, dass wir durch das multiple Alignment der Thioredoxinsequenzen folgende Struktur- und Funktionseigenschaften identifizieren können (siehe Abb. 4.5 und Farbtafel VII):

- *Die am stärksten konservierten Abschnitte entsprechen wahrscheinlich dem aktiven Zentrum.* Die Disulfidbrücke zwischen den Bausteinen 32 und 35 im Thioredoxin von *E. coli* gehört zu einem Motiv des Typs WCGPC[K oder R], das in dieser Familie konserviert ist. Andere konservierte Sequenzabschnitte, darunter die Bausteine PT an den Positionen 76–77 und GA an den Positionen 92–93 sind an der Substratbindung beteiligt.

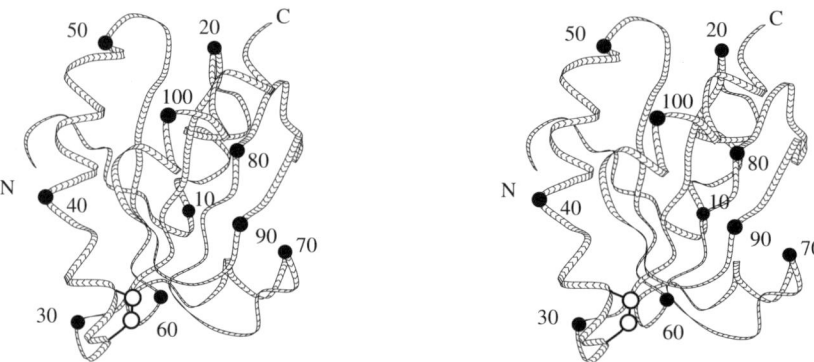

4.5 Die Struktur des Thioredoxins von *E. coli* [2TRX] (siehe auch Farbtafel VII). Die Nummerierung der Aminosäuren stimmt mit der in der Tabelle für multiples Alignment überein. N- und C-Ende sind ebenfalls markiert. Das Cα-Atom jeder zehnten Aminosäure ist durch einen schwarzen Kreis gekennzeichnet. Zwischen den Positionen 30 und 60 erkennt man die Disulfidbrücke zwischen Cys32 und Cys35.

- *Abschnitte mit vielen Insertionen und Deletionen entsprechen vermutlich Schleifen an der Oberfläche. Eine Position mit einem konservierten Gly oder Pro lässt auf eine Wendung der Kette (turn) schließen.* Schleifen, die mit Insertionen und Deletionen verbunden sind, findet man an den Positionen 9, 20, 60 und 95. Das konservierte Glycin in der Position 92 des Thioredoxins von *E. coli* gehört tatsächlich zu einem *turn*. Die Hauptkette hat hier eine ungewöhnliche Konformation, die nur für Glycin ohne weiteres zugänglich ist (siehe Kapitel 5). Auch das konservierte Prolin in der Position 76 des *E. coli*-Enzyms gehört zu einem *turn*. Die Konformation der Hauptkette ist auch hier ungewöhnlich und erlaubt nur Prolin.
- *Ein konserviertes Muster hydrophober Bausteine mit dem Abstand 2 (das heißt, an jeder zweiten Position), bei dem die dazwischenliegenden Bausteine vielfältiger sind und auch hydrophil sein können, lässt auf ein β-Faltblatt an der Moleküloberfläche schließen.* Eine solche Verteilung beobachtet man in dem β-Strang zwischen den Positionen 50 und 60.
- *Ein konserviertes Muster hydrophober Aminosäurereste mit dem Abstand von ungefähr 4 lässt auf eine Helix schließen.* Dieses Muster beobachtet man in dem Helixabschnitt zwischen den Positionen 40 und 49.

Die Thioredoxine sind Teil einer Superfamilie, zu der auch viele weiter entfernte, homologe Proteine gehören, so unter anderem das Glutaredoxin (ein Wasserstoffdonor für die Reduktion von Ribonucleotiden bei der DNA-Synthese), die Protein-Disulfidisomerase (die bei der Proteinfaltung den Austausch falsch gepaarter Disulfidbrücken katalysiert), das Phosducin (ein Regulator in G-Protein-abhängigen Signalübertragungswegen), und die Glutathion-*S*-Transferasen (Proteine, die der chemischen Abwehr dienen). Die Tabelle mit dem multiplen Alignment der Thioredoxinsequenzen enthält implizit auch Muster, die man voraussichtlich zur Identifizierung dieser entfernteren Verwandten nutzen kann.

Anwendung des multiplen Sequenz-Alignment bei der Suche in Datenbanken

Das Durchsuchen von Datenbanken nach homologen Sequenzen zu bekannten Proteinen ist eine zentrale Aufgabe der Bioinformatik, die wegen ihrer großen Bedeutung bereits in Kapitel 1 im Zusammenhang mit PSI-BLAST vorgestellt wurde. Wir werden uns jetzt noch einmal mit der Suche in Datenbanken befassen, und dabei sollte deutlich werden, wie man die vorhandenen Informationen am besten zur Entwicklung leistungsfähiger Vorgehensweisen nutzen kann. Die Ziele sind einerseits hohe **Sensitivität** (Empfindlichkeit) – man will auch sehr entfernte Verwandtschaftsverhältnisse aufspüren – und andererseits hohe **Selektivität** – es sollen nur möglichst wenige Sequenzen gefunden werden, die in Wirklichkeit nicht homolog sind. Wir werden zunächst erörtern, wie man das multiple Alignment zu diesem Zweck einsetzt. In Kapitel 5 wird dann davon die Rede sein, wie man zusätzlich auch auf Erkenntnisse über die Struktur zurückgreifen kann.

Wenn wir ein Gesicht wiedererkennen, reagieren wir nicht auf seine einzelnen Merkmale, sondern auf die gesamte äußere Erscheinung. Ganz ähnlich verhält es sich mit dem Alignment mehrerer Sequenzen: Hier zeigen sich ebenfalls raffinierte, für ganze Proteinfamilien charakteristische Muster.

Während der letzten zehn Jahren gab es große Fortschritte bei der Entwicklung von Verfahren, mit denen man das multiple Alignment bekannter Proteine anwenden kann, um ähnliche Sequenzen in Datenbanken zu identifizieren. Die Ergebnisse sind ein zentraler Bestandteil in der heutigen Anwendung der Bioinformatik, unter anderem auch bei der Interpretation von Genomen. Drei wichtige Methoden sind Profile, PSI-BLAST und Hidden-Markov-Modelle (HMMs).

Profile

Profile drücken aus, welche Muster in einem multiplen Alignment einer Gruppe homologer Sequenzen verborgen sind. Man kann sie zu mehreren Zwecken anwenden:

- Sie erlauben eine größere Genauigkeit beim Alignment entfernt verwandter Sequenzen.
- Stark konservierte Gruppen von Aminosäuren gehören wahrscheinlich zum aktiven Zentrum und liefern deshalb Anhaltspunkte für die Funktion.
- Das Muster der konservierten Aminosäuren erleichtert die Identifizierung anderer homologer Sequenzen.
- Wiederkehrende Sequenzmuster sind nützlich, wenn man homologe Sequenzen in Unterfamilien einteilen will.
- Abschnitte, deren Aminosäuren kaum konserviert sind, und die außerdem Insertionen und Deletionen beinhalten, liegen wahrscheinlich als Schleifen an der Moleküloberfläche. Diese Erkenntnis war von Nutzen für die Entwicklung von Impfstoffen, denn solche Abschnitte stimulieren meist die Bildung von Antikörpern, die gut mit der nativen Struktur reagieren.
- Die meisten Verfahren zur Strukturvoraussage sind dann am zuverlässigsten, wenn sie sich nicht auf eine einzelne Sequenz, sondern auf ein multiples Sequenz-Alignment stützen. Bei der Homologiemodellierung (*homology modelling*) zum Beispiel ist man entscheidend auf das richtige Alignment der Sequenzen angewiesen.

Wenn man mit Profilmustern homologe Sequenzen identifizieren will, geht man grundsätzlich so vor, dass man die aus der Datenbank abgefragten Sequenzen mit denen in der Alignment-Tabelle zur Übereinstimmung bringt, wobei man konservierten Positionen eine höhere Gewichtung zuordnet als solchen, in denen es Abweichungen gibt. Vollständig konservierte Abschnitte wie das WGCPC-Motiv der Thioredoxine sollte man mit diesem Verfahren praktisch immer finden. Geht man allerdings zu streng vor, besteht die Gefahr, dass man interessante, entfernt verwandte Sequenzen übersieht; man sollte deshalb einen gewissen Spielraum lassen.

Darüber hinaus braucht man ein quantitatives Maß für die Konservierung. Dazu erstellt man für jede Position der nebeneinander angeordneten Sequenzen ein Inventar der Aminosäureverteilung. Für die Positionen 25–30 des Thioredoxin-Alignment lautet es zum Beispiel:

Nummer der Aminosäure	Anzahl der einzelnen Aminosäuren																			
	A	C	D	E	F	G	H	I	K	L	M	N	P	Q	R	S	T	V	W	Y
25	1									2								13		
26			16																	
27					16															
28																7	1		5	3
29	16																			
30			1	4									2			1	7	1		

Hat man eine Sequenz, die möglicherweise zu der eines Thioredoxins homolog ist, kann man ihre Ähnlichkeit mit bekannten Sequenzen einschätzen, indem man Übereinstimmungen an vollständig konservierten Positionen – beispielsweise Nummer 26, 27 und 29 – einen sehr hohen Score zuordnet, während eine Abweichung an diesen Positionen einen sehr niedrigen Wert bekommt. Bei mäßig konservierten Positionen wie Nummer 28 rechnen wir dem Gesamtwert einen mäßig positiven Beitrag hinzu, wenn die untersuchte Sequenz an dieser Position ein S oder W enthält, und einen kleineren Beitrag, wenn dort ein T oder Y steht. Dahinter steht allgemein der Gedanke, dass der Score jedes Bausteins in der untersuchten Sequenz sich nach der Aminosäureverteilung bemisst, die man an dieser Position in der Tabelle mit dem multiplen Sequenz-Alignment findet.

Es liegt nahe, die Aminosäureverteilung unmittelbar als Score zu verwenden, aber dieses Verfahren wäre zu einfach. Enthält beispielsweise der Abschnitt einer untersuchten Sequenz, der den Positionen 25–30 im Thioredoxin entspricht, die Sequenz VDFSAE, hätte dieses Fragment den Wert 13+16+16+6+16+4=71. Dies wäre fast die höchste Gewichtung, die überhaupt möglich ist. Die Alternativsequenz ACGVAP hätte dagegen mit 1+0+0+5+16+2=24 einen viel niedrigeren Score. Natürlich müssen wir die untersuchte Sequenz mit allen möglichen Alignments der Tabelle vergleichen und den höchsten Gesamtwert wählen. Sequenzen mit dem höchsten Score stimmen am besten mit den Mustern überein, die sich aus der Tabelle ergeben.

Dieses einfache Verfahren würde funktionieren, wenn die Tabelle eine große, repräsentative Stichprobe der Thioredoxin-Sequenzen enthielte. Nur in diesem Fall vermittelt das einfache Verzeichnis ein zutreffendes Bild von der *möglichen* Verteilung der Aminosäuren an den Einzelpositionen. Bei einer kleinen Stichprobe jedoch spiegelt das so abgeleitete Muster höchstwahrscheinlich nicht das vollständige Repertoire wider. Und wenn die Stichprobe eine große Zahl ähnlicher Sequenzen umfasst, sind diese in dem Inventar überrepräsentiert. Wie man beispielsweise in Farbtafel VII erkennt, bilden die Thioredoxine der Wirbeltiere eine sehr eng verwandte Gruppe. Würde man in dem

Alignment 20 weitere Wirbeltier-Thioredoxine hinzunehmen, würde das Profil letztlich nur Proteine aus dieser Tiergruppe zuverlässig erkennen.

Wie man ein solches Inventar *fuzzy* („unscharf") und damit allgemeiner gültig machen kann, erkennt man an den Substitutionsmatrizen.

Die beobachtete Aminosäureverteilung in jeder einzelnen Position ist eine Anordnung aus 20 Elementen $(a_1, a_2, ..., a_{20})$, wobei a_i die Zahl der Aminosäuren des Typs i ist, die an dieser Position gefunden werden. (Für die Position 25 der Thioredoxine ist $a_1=1$, weil 1 Alanin vorkommt, und $a_{18}=13$, was die Valinbausteine widerspiegelt.) Nach dem einfachsten Schema hat das Alanin in Position 25 also schlicht den Wert 1, Valin hat den Wert 13, und allgemein hat eine Aminosäure des Typs i den Wert a_i. Nach diesem Schema bilden die Zeilen des Verzeichnisses selbst die Matrizen a, die für das Scoring der einzelnen Positionen erforderlich sind.

In einem besseren Schema würde man jede Aminosäure nach der Wahrscheinlichkeit bewerten, dass sie durch eine der beobachteten Aminosäuren ersetzt wird. Ist $D(i,j)$ die Aminosäure-Substitutionsmatrix – beispielsweise PAM250 oder BLOSUM62 –, erhält die Aminosäure i den Wert $a_1 D(i,1) + a_2 D(i,2) ... a_{20} D(i,20)$. In diesem Verfahren verteilt man den Score unter den beobachteten Aminosäuren, die je nach ihrer Substitutionswahrscheinlichkeit gewichtet werden. Eine Aminosäure in der untersuchten Sequenz kann dann eine hohe Bewertung erhalten, *entweder* weil sie im Inventar häufig an dieser Position vorkommt *oder* weil eine große Wahrscheinlichkeit besteht, dass sie durch Mutation aus Bausteinen entsteht, die an dieser Position häufig vorkommen. Mit diesem Verfahren lassen sich entfernte Ähnlichkeiten in einer begrenzten Menge von Sequenzen besser nachweisen. Der Scoring-Vektor für eine Aminosäure ist dabei das Produkt der Substitutionsmatrix und der Zeilen in dem Verzeichnisschema. Noch besser ist es, wenn man eine Kombination aus dem beobachteten Repertoire und allgemeinen Kenntnissen über die Aminosäurezusammensetzung als Aminosäureverteilung zugrunde legt.

Das Ergebnis ist eine Gruppe von Wahrscheinlichkeitswerten für die Aminosäuren (oder Lücken) an den einzelnen Positionen des Alignment, auch **positionsspezifische Scoring-Matrix** genannt. Ein anderes Verfahren, mit dem man aufgrund dreidimensionaler Strukturen ebenfalls zu einer positionsspezifischen Scoring-Matrix gelangt, wird in Kapitel 5 beschrieben.

Hat man eine zu untersuchende Sequenz und die aus einem Profil abgeleiteten positionsspezifischen Scoring-Matrizen, sind die Berechnungen, mit denen man die optimale Bewertung über alle Alignments der untersuchten Sequenz hinweg findet, eine Erweiterung des Verfahrens der dynamischen Programmierung, mit dem man das Alignment von zwei Sequenzen vornimmt.

Ein Schwachpunkt einfacher Profile ist die Tatsache, dass bereits ein multiples Sequenz-Alignment vorliegen muss und als feststehend angesehen wird. PSI-BLAST und Hidden-Markov-Modelle beziehen ihre Leistungsfähigkeit daraus, dass sie den Schritt des Alignment mit dem Sammeln statistischer Daten verbinden.

PSI-BLAST

Das Programm PSI-BLAST durchsucht eine Datenbank nach Sequenzen, die einer vorgegebenen Sequenz ähneln. Es stellt eine Weiterentwicklung des früheren Programms BLAST (*Basic Local Sequence Alignment Tool*) dar. Das BLAST-Programm und seine Abwandlungen (Kasten 4.4) prüfen jeden Datenbankeintrag *einzeln* im Vergleich zur vorgegebenen Sequenz. PSI-BLAST führt zunächst ebenfalls eine solche Stück-für-Stück-Suche durch, leitet aber dann aus einem multiplen Sequenz-Alignment der ersten Treffer eine Gesetzmäßigkeit ab, anhand derer es die Datenbank ein zweites Mal durch-

---

| 4.4 |

BLAST-Programme für jeden Geschmack

Programm	Typ der zu untersuchenden Sequenz	Suche in Datenbanken mit
BLASTP	Aminosäuresequenz	Proteinsequenzen
BLASTX	translatierte Nucleotidsequenz	Proteinsequenzen
TBLASTN	Aminosäuresequenz	translatierte Nucleotidsequenzen
TBLASTX	translatierte Nucleotidsequenz	translatierte Nucleotidsequenzen
PSI-BLAST	Aminosäuresequenz	Proteinsequenzen

Diese Programme vergleichen verschiedene Aminosäuresequenzen mithilfe der BLOSUM62-Matrix. Kommen Nucleotidsequenzen als zu untersuchende Sequenz oder in den Datenbanken vor, werden sie im Zuge der Suche in allen sechs möglichen Leserastern in Aminosäuresequenzen übersetzt. BLASTN, ein weiteres Programm aus der gleichen Familie, vergleicht die zu untersuchende Nucleotidsequenz unmittelbar mit Nucleinsäuredatenbanken.

---

sucht. Anschließend wiederholt sich der Vorgang, wobei das gefundene Muster in jedem Zyklus weiter verfeinert wird.

Ursprünglich wurde BLAST entwickelt, weil Verfahren, die ausschließlich mit dynamischer Programmierung arbeiten, beim Durchsuchen großer Datenbanken relativ langsam sind. Häufig sind manche Datenbankeinträge der untersuchten Sequenz sehr ähnlich. Solche starken Übereinstimmungen werden von schnelleren, aber weniger empfindlichen Programmen meist gefunden, und wenn man nicht mehr will, reichen sie aus. Sucht man beispielsweise im menschlichen Genom homologe Sequenzen zu einem Gen der Maus, ist die Ähnlichkeit meist so groß, dass man sie mit einem Näherungsverfahren findet. Sucht man nach solchen zum Menschen homologen Proteinen aber bei *C. elegans* oder Hefe, ist die Verwandtschaft oftmals eher zweifelhaft, sodass genauere, aber auch langsamere Verfahren notwendig werden. (Es mag verwunderlich erscheinen, aber man muss auch heute noch den Rechenzeitbedarf in Betracht ziehen. Computerleistung wird zwar immer billiger, aber gleichzeitig wachsen weltweit sowohl die Größe der Datenbanken als auch die Zahl der Anfragen. Unter dem Strich führt dies dazu, dass die Anforderungen an die Computerressourcen zunehmen.)

Das Verfahren von BLAST geht in gewisser Hinsicht auf die Methode der Dotplots zurück, bei der man nach begrenzten Bereichen mit guter Übereinstimmung sucht. BLAST prüft bei jedem Datenbankeintrag kurze, zusammenhängende Abschnitte, die mit kurzen, zusammenhängenden Abschnitten der untersuchten Sequenz übereinstimmen, und dazu bedient es sich einer Substitutions-Scoring-Matrix, ohne Lücken zuzulassen. Eine Vorgehensweise, bei der anfangs infrage kommende Abschnitt mit *festgelegter Länge* identifiziert werden, lässt sich durch die Verwendung solcher Tabellen sehr schnell umsetzen.

Sobald BLAST einen Abschnitt mit guter Übereinstimmung gefunden hat, versucht es diesen zu verlängern. In manchen Versionen sind Lücken dabei erlaubt. Als Ergebnis liefert BLAST eine Reihe von Übereinstimmungen begrenzter Abschnitte. Nehmen wir noch einmal das Beispiel aus Kapitel 1:

```
My.care.is.loss.of.care,.by.old.care.done,
   |||||||||      |||||||||||||||     |||||| ||
Your.care.is.gain.of.care,.by.new.care.won
```

Hier findet schon ein sehr einfacher Algorithmus alle übereinstimmenden Abschnitte aus jeweils fünf Bausteinen, die dann zusammengefügt und verlängert werden.

⊣ 4.5 ⊢

Ein Flussdiagramm für PSI-BLAST

1. Untersuche jede Sequenz in der ausgewählten Datenbank unabhängig auf lokale Abschnitte mit Ähnlichkeiten; verwende dazu eine Suche nach Art von BLAST, wobei aber Lücken erlaubt sind.
2. Sammle signifikante Treffer. Baue daraus für die zu untersuchende Sequenz und die signifikanten lokalen Übereinstimmungen eine multiple Alignment-Tabelle auf.
3. Konstruiere aus dem multiplen Sequenz-Alignment ein Profil.
4. Durchsuche mit dem Profil noch einmal die Datenbank, wobei du wiederum nur nach lokalen Übereinstimmungen suchst.
5. Entscheide, welche Treffer statistisch signifikant sind, und halte nur diese fest.
6. Gehe zurück zu Schritt 2, bis sich bei einem Durchgang keine Änderungen mehr ergeben. Dies ist die Erklärung für das Wort *iterated* im Namen des Programms.

PSI-Blast ist mit seiner iterativen Mustersuche (Kasten 4.5) weitaus leistungsfähiger als der einfache paarweise BLAST-Vergleich und findet auch entfernte Ähnlichkeiten. PSI-BLAST kann im Bereich unterhalb von 30 Prozent Sequenzübereinstimmung drei Mal so viele homologe Abschnitte richtig identifizieren wie BLAST. Deshalb ist es ein sehr nützliches Hilfsmittel zur Analyse ganzer Genome. PSI-BLAST fand Treffer mit Proteindomänen bekannter Struktur zu 39 Prozent der Gene von *M. genitalium*, 24 Prozent der Hefegene und 21 Prozent der Gene von *C. elegans*.

Die einzigen Verfahren, die sich ausschließlich auf die Sequenz stützen und noch besser abschneiden als PSI-BLAST sind die im nächsten Abschnitt beschriebenen Hidden-Markov-Modelle. Um die Leistung darüber hinaus nennenswert zu verbessern, muss man auch Informationen über Strukturen heranziehen. Von diesem Thema wird im nächsten Kapitel die Rede sein.

Hidden-Markov-Modelle (HMMs)

Ein Hidden-Markov-Modell ist eine Berechnungsstruktur zur Beschreibung der komplizierten Muster, die Familien homologer Sequenzen definieren. HMMs sind ein leistungsfähiges Hilfsmittel zum Aufspüren entfernt verwandter Sequenzen und zur Vorhersage von Proteinfaltungsmustern. Sie sind das einzige Verfahren, das sich ausschließlich auf Sequenzen stützt – das heißt, ohne unmittelbar Informationen über die Struktur heranzuziehen – und beim Nachweis entfernt verwandter Sequenzen mit PSI-BLAST konkurrieren kann. Außerdem erbringen sie auch bei der Erkennung von Faltungen gute Leistungen, was in den CASP-Programmen beurteilt wird.

Ein HMM umfasst auch ein multiples Sequenz-Alignment. In der Regel werden HMMs aber als *Verfahren zur Erzeugung von Sequenzen* dargestellt. Eine konventionelle Tabelle mit einem multiplen Sequenz-Alignment kann auch zur Erzeugung von Sequenzen dienen: Dazu wählt man an aufeinander folgenden Positionen die jeweilige Aminosäure nach der spezifischen Wahrscheinlichkeitsverteilung aus, die man aus dem Profil abgeleitet hat. Aber HMMs sind allgemeiner anwendbar als Profile.

1. Sie bieten die Möglichkeit, auch Lücken in die Sequenz einzufügen, wobei die *gap penalty* von der Position abhängt.
2. Die Anwendung von Profilen setzt voraus, dass das multiple Sequenz-Alignment von vornherein feststeht, sodass man daraus die Statistik des Musters ableiten kann. Bei HMMs werden das Alignment und die Zuordnung von Wahrscheinlichkeiten gemeinsam ausgeführt.

Die innere Struktur eines HMM macht deutlich, nach welchem Mechanismus die Sequenzen erzeugt werden (Abb. 4.6). Man beginnt bei „Start" und verfolgt dann eine Kette von Pfeilen bis zum „Ende". Jeder Pfeil führt zu einem Zustand des Systems. In jedem Zustand wird erstens eine Tätigkeit ausgeführt – vielleicht das Einfügen eines Bausteins –, und zweitens wird ein neuer Pfeil ausgewählt, der zum nächsten Zustand führt. Über die Tätigkeit und die Auswahl des folgenden Zustands entscheiden Wahrscheinlichkeiten. Im Zusammenhang mit dem einzelnen Zustand, der zur Auswahl eines Bausteins führt, sind das einerseits die Wahrscheinlichkeitsverteilung für die 20 Aminosäuren, und andererseits eine zweite Wahrscheinlichkeitsverteilung für die Wahl des nächsten Zustands. Beide Wahrscheinlichkeitsverteilungen werden so kalibriert, dass sie Informationen über eine bestimmte Sequenzfamilie enthalten. Auf diese Weise kann man den gleichen allgemeinen mathematischen Rahmen speziell an viele verschiedene Sequenzfamilien anpassen.

Die Dynamik des Systems ist so gestaltet, dass nur der gegenwärtige Zustand über die Auswahl seines Nachfolgers bestimmt – das System hat keine „Erinnerung" an seine Vergangenheit. Dies ist die charakteristische Eigenschaft der Prozesse, mit denen der russische Mathematiker A. A. Markov sich im 19. Jahrhundert befasste. Zu unterscheiden ist zwischen der Aufeinanderfolge von Zuständen und der Aufeinanderfolge von Aminosäuren, die ausgegeben werden und am Ende die Sequenz bilden. Mehrere Wege durch das System können zu derselben Sequenz führen. Sichtbar werden nur die aufeinander folgenden, ausgegebenen Zeichen; die Abfolge von Zuständen, die diese Zeichen erzeugt haben, bleibt im inneren des Systems verborgen (*hidden*). Durch die Wahrscheinlichkeitsverteilungen in Verbindung mit den einzelnen Zuständen „modelliert" das System die Muster, die in einer Sequenzfamilie enthalten sind. Dies erklärt den Namen „Hidden-Markov-Modell".

Software, mit der man die HMMs auf die Analyse biologischer Sequenzen anwenden kann, erbringt folgende Leistungen:

1. *Training.* Das Programm führt das Alignment einer Reihe noch nicht ausgerichteter, homologer Sequenzen durch und stimmt dann die Wahrscheinlichkeiten für Zustandsübergänge und ausgegebene Bausteine so ab, dass ein HMM definiert wird, welches die in den Ausgangssequenzen enthaltenen Muster wiederspiegelt.
2. *Nachweis entfernt homologer Sequenzen.* Hat man ein HMM und eine zu untersuchende Sequenz, berechnet das Programm die Wahrscheinlichkeit, dass dieses HMM die zu untersuchende Sequenz erzeugen würde. Würde ein HMM, das auf eine bekannte Sequenzfamilie trainiert ist, die zu untersuchende Sequenz mit relativ hoher Wahrscheinlichkeit hervorbringen, gehört diese Sequenz wahrscheinlich zu der Familie.
3. *Alignment weiterer Sequenzen.* Aus den Einzelwahrscheinlichkeiten für den Übergang von einem Zustand zum nächsten lässt sich die Gesamtwahrscheinlichkeit für jede beliebige Abfolge von Zuständen berechnen. Das Programm findet die wahrscheinlichste Abfolge von Zuständen, mit der das HMM eine oder mehrere zu untersuchende Sequenzen erzeugen würde, und zeigt so ihr optimales Alignment mit der Familie.

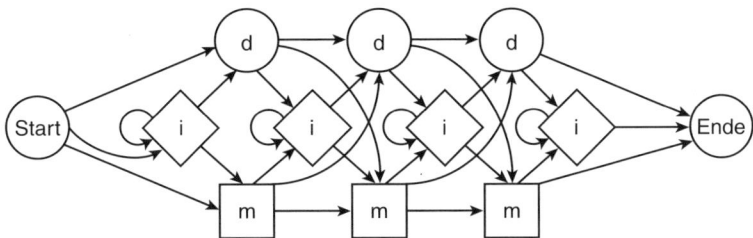

4.6 Struktur eines Hidden-Markov-Modells (HMM). Zu jeder Aminosäureposition eines multiplen Sequenz-Alignment enthält das HMM einen zugehörigen Übereinstimmungszustand (*match state*, m) und einen Deletionszustand (*delete state*, d). Insertionszustände (*insert states*, i) findet man zwischen den Aminosäurepositionen sowie an Anfang und Ende.

- Übereinstimmungszustände geben eine Aminosäure aus. „Übereinstimmung" bedeutet hier nur, dass sowohl in dem Modell, das dem HMM zugrunde liegt, als auch in der ausgegebenen Sequenz *überhaupt* eine Aminosäure vorhanden ist, aber dabei muss es sich nicht unbedingt um *dieselbe* Aminosäure handeln. Die Wahrscheinlichkeit, mit der jede der 20 Aminosäuren in den einzelnen Übereinstimmungszuständen ausgegeben wird, ist eine Eigenschaft des Modells. Wie bei den Profilen sind die Wahrscheinlichkeiten von der Position abhängig.
- Deletionszustände überspringen eine Spalte des multiplen Sequenz-Alignment. Gelangt man von einem Übereinstimmungs- oder Insertionszustand zu einem Deletionszustand, entspricht dies dem Öffnen einer Lücke, und in der Wahrscheinlichkeit solcher Übergänge spiegelt sich eine positionsspezifische Strafe für das Öffnen der Lücke wider. Der Übergang von einem Deletions- zu einem weiteren Deletionszustand entspricht der Erweiterung einer Lücke.
- Insertionszustände tauchen zwischen zwei aufeinander folgenden Positionen des Alignment auf. Tritt das System in einen Insertionszustand ein, taucht in der ausgegebenen Sequenz eine neue Aminosäure auf, die keiner Position in der Alignment-Tabelle entspricht. Es können auch mehrere Insertionszustände aufeinander folgen, sodass mehrere Aminosäuren eingefügt werden. Die Abfolge der Aminosäuren, die von Übereinstimmungs- und Insertionszuständen ausgegeben werden, stellt die Output-Sequenz dar.

Nachdem die Aktion stattgefunden hat, die dem jeweiligen Zustand (m, d oder i) entspricht, bestimmt eine andere Wahrscheinlichkeitsverteilung über die Auswahl des nächsten Zustands. In jeder möglichen Abfolge von Zuständen muss jede Spalte des zugrunde liegenden Alignment aufgesucht und auf Übereinstimmung oder Deletion überprüft werden – es gibt keinen Weg durch das Netz, der nicht an jeder Position entweder über einen m- oder einen d-Zustand führt.

┤ www ├──────────────────────────────────

Web-Ressourcen: Hidden-Markov-Modelle

Zwei Arbeitsgruppen, die sich auf Hidden-Markov-Modelle spezialisiert haben, betreiben Webserver und verbreiten ihre Programme:

R. Hughey, K. Karplus und D. Haussler (University of California in Santa Cruz):

`http://www.cse.ucsc.edu/research/compbio/sam.html`

`http://www.cse.ucsc.edu/research/compbio/HMM-apps/`
  `HMM-applications.html`

S. R. Eddy (Washington University, St. Louis, MO, USA):

`http://hmmer.wustl.edu/`

Ebenso stehen die Ergebnisse der Analyse bekannter Sequenzen und Strukturen im Web zur Verfügung:

Pfam, eine Datenbank für multiple Sequenz-Alignments und HMMs vieler Proteindomänen und -familien entwickelt von A. Bateman, E. Birney, R. Durbin, S. R. Eddy, K. L. Howe und E. L. Sonnhammer:

`http://www.sanger.ac.uk/Software/Pfam`

J. Gough, K. Karplus, R. Hughey und C. Chothia erzeugten HMMs für alle Superfamilien in PDB:

`http://stash.mrc-lmb.cam.ac.uk/SUPERFAMILY/`

Phylogenie

Es war bereits von mehreren Beispielen für die Evolution von Proteinen und Genomen die Rede. In ihnen spiegelt sich die Erweiterung von Überlegungen, mit denen die Biologen sich seit Darwin und sogar davor befassen, auf die molekulare Ebene wider. Das Grundprinzip lautet: *Ähnlichkeit hat ihre Ursache in gemeinsamer Abstammung.* Aufgrund der Konvergenz in der Evolution gibt es zwar viele Ausnahmen, aber die Bedeutung dieses Prinzips sowohl zur Erklärung heutiger Beobachtungen als auch zum Verständnis der Geschichte des Lebendigen kann man nicht hoch genug einschätzen.

Die phylogenetische Forschung verfolgt das Ziel, die Verwandtschaftsbeziehungen zwischen biologischen Arten, Populationen, Individuen oder Genen aufzuklären.* „Verwandtschaft" bedeutet hier tatsächlich gemeinsame Abstammung, das heißt die Zuordnung zu den Nachkommen eines einzigen gemeinsamen Vorfahren (Kasten 4.6). Die Ergebnisse werden gewöhnlich in Form eines Evolutionsstammbaumes dargestellt. Ein typisches Beispiel ist die Taxonomie der Ratiten, großer, flugunfähiger Vögel (Abb. 4.7a). Der gemeinsame Urahn der Ratiten war vermutlich ein Vogel, der fliegen konnte und wahrscheinlich mit den heutigen Steißhühnern verwandt war.

---

* Der Oberbegriff für die systematische Klassifikation lautet „Taxa". Die *beobachtbaren* Taxa, beispielsweise die heute lebenden Arten, deren Abstammungsverhältnisse wir in Erfahrung bringen möchten, werden auch als „operierende taxonomische Einheiten" (*operational taxonomic units*, OTUs) bezeichnet.

| 4.6 |

Begriffe im Zusammenhang mit biologischer Klassifikation und Phylogenie

Homologie Im engeren Sinne die Abstammung von einem gemeinsamen Vorfahren.

Ähnlichkeit Ein Maß für Übereinstimmungen und Unterschiede unabhängig von ihrer Ursache. Ähnlichkeit lässt sich *heute* an Datensammlungen beobachten und schließt keine Hypothesen über die Vergangenheit ein. Dagegen erfordert die Behauptung, es bestehe Homologie, Rückschlüsse auf nahezu nie unmittelbar zu beobachtende historische Ereignisse.

Clustering, Clusterbildung Zusammenstellung ähnlicher Gebilde zur Unterscheidung verschiedener Klassen von Objekten, die sich untereinander stärker ähneln als den Objekten außerhalb der Klassen. Was das Ausmaß der Ähnlichkeit angeht, sind verschiedene Personen meist einer Meinung, aber das Clustering ist subjektiver. Der eine bevorzugt umfangreichere Klassen mit größerer Variationsbreite, der andere hat lieber kleine, engere Klassen. Diese Denkschulen werden auch als *grouper* und *splitter* bezeichnet.

Hierarchisches Clustering Die Bildung von Klassen von Klassen von Klassen ...

Phylogenie (Stammesgeschichte) Die Beschreibung biologischer Verwandtschaftsbeziehungen, meist in Baumform. Die Behauptung, Objekte seien phylogenetisch verwandt, *unterstellt* Homologie und *ist abhängig* von der Klassifikation. Phylogenie besagt etwas über die Topologie der Verwandtschaftsbeziehungen; sie stützt sich auf die Klassifikation, die man aufgrund eines oder mehrerer ähnlicher Merkmale vorgenommen hat, oder auf ein Modell der Evolutionsvorgänge. Aussagen über die Phylogenie, die aufgrund unterschiedlicher Merkmale getroffen wurden, stimmen in vielen Fällen überein und unterstützen sich gegenseitig. Lassen verschiedene Merkmale dagegen auf unterschiedliche phylogenetische Verwandtschaftsverhältnisse schließen, sind diese zweifelhaft. Umgekehrt gilt es aber zu beachten, dass die gleichen Ähnlichkeiten auch mit verschiedenen topologischen Verhältnissen oder Stammbäumen vereinbar sein können.

Ein solcher Stammbaum, der alle Nachkommen einer einzigen Vorläuferart aufführt, besitzt einen Ursprung oder eine *Wurzel* und wird daher als *rooted tree* bezeichnet. (Diese Wurzel platziert man in der Regel oben oder seitlich; wer sich mit Botanik befasst, hat sich wahrscheinlich schon daran gewöhnt.) Alternativ kann man auch eine Aussage über Verwandtschaftsbeziehungen machen, ohne sie aber historisch einzuordnen. Die Beziehungen zwischen den von Darwin untersuchten Galapagos-Finken und einer ähnlichen Art von der nicht weit davon entfernten Kokosinsel bilden einen *Baum ohne Wurzel* (*unrooted tree*, Abb. 4.7b). Nehmen wir die Befunde von Arten auf dem südamerikanischen Festland hinzu, die Vorfahren der Finken auf den Inseln darstellen, können wir den *Baum mit einer Wurzel versehen*.

Die Feststellung, dass es einen Stammbaum gibt, sagt unter Umständen nur etwas über die Verbindungen oder die Topologie des Baumes aus; in einem solchen Fall liefert die Länge der Zweige keine weiteren Aufschlüsse. Ehrgeiziger ist das Ziel, die Abstände zwischen den Taxa quantitativ darzustellen und beispielsweise die Zweige mit Angaben über die Zeit zu versehen, die seit der Abspaltung von einem gemeinsamen Vorfahren vergangen ist.

Angenommen, man verfügt über Daten, die für verschiedene Gruppen von Lebewesen charakteristisch sind – beispielsweise über DNA- oder Proteinsequenzen, Proteinstrukturen oder die Form der Zähne bei verschiedenen Tierarten: Wie kann man daraus Informationen über die Verwandtschaftsbeziehungen zwischen diesen Lebewesen ablei-

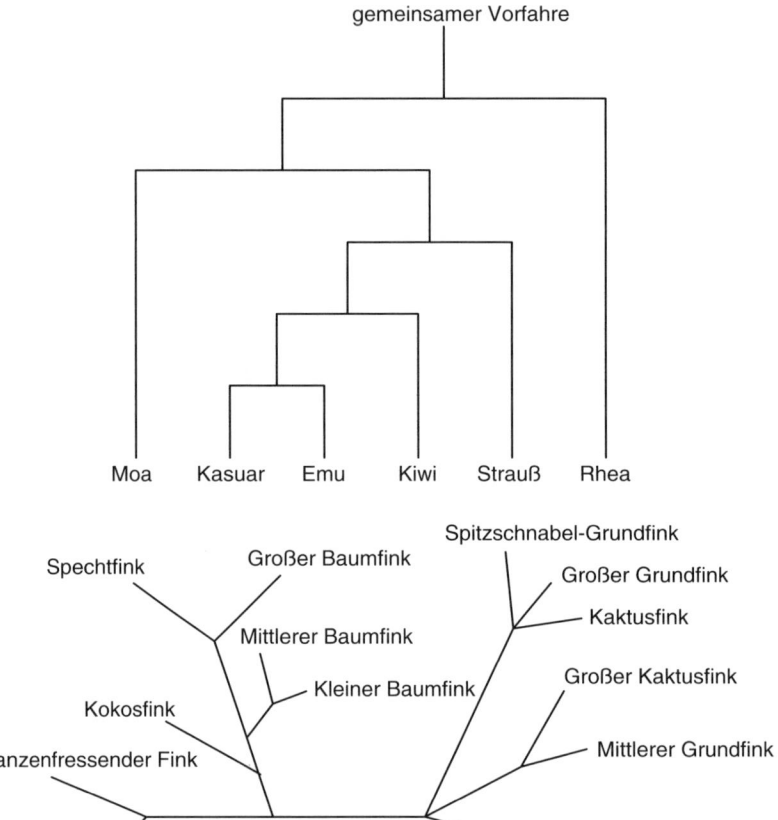

4.7 a) Phylogenetischer Stammbaum der Ratiten (großer, flugunfähiger Vögel), abgeleitet aus den Sequenzen der Mitochondrien-DNA. Der gemeinsame Vorfahre steht an der *Wurzel* des Baumes. Aus den DNA-Sequenzen ergibt sich unter anderem die überraschende Erkenntnis, dass Moa und Kiwi nicht die engsten Verwandten sind; demnach müssen die Ratiten und ihre Vorfahren Neuseeland zwei Mal besiedelt haben. b) Ein Stammbaum *ohne Wurzel* für die Finken des Galapagos-Archipels und der Kokosinsel. Darwin stellte 1835 bei seinen Untersuchungen an den Galapagos-Finken fest, dass diese unterschiedlich geformte Schnäbel besitzen und dass die Schnabelform mit der Ernährungsweise zusammenhängt. Finken, die Früchte fressen, haben einen ähnlichen Schnabel wie Papageien, ernähren sie sich dagegen von Insekten, ist der Schnabel schmal und zum Stochern geeignet. Diese Beobachtungen waren für Darwins gedankliche Entwicklungen von entscheidender Bedeutung. Schon 1835 schrieb er in *The Voyage of the Beagle*: »Sieht man diese Abstufungen und vielfältigen Strukturen bei einer kleinen, eng verwandten Gruppe von Vögeln, so kann man sich wirklich ausmalen, wie aus der anfangs geringen Zahl von Vögeln auf dieser Inselgruppe eine Spezies genommen und zu verschiedenen Zwecken abgewandelt wurde.«

ten? Nur in seltenen Fällen lassen sich die Verwandtschaft zwischen Arten und die Abstammungsverhältnisse unmittelbar beobachten. Evolutionsstammbäume, die aufgrund genetischer Daten ermittelt wurden, stützen sich häufig auf Rückschlüsse aus den Prinzipien der Ähnlichkeit, denn diese sind das einzige, was man bei den heute lebenden Arten beobachten kann. Im Allgemeinen geht man davon aus, dass eine größere Ähnlichkeit der Merkmale auf eine engere Verwandtschaft der betreffenden Arten hinweist, aber das ist eine gefährliche Unterstellung. Dennoch wollen wir aus der Verwandtschaft der Merkmale auf Prinzipien der Abstammung schließen, das heißt, wir wollen die *Topologie* der phylogenetischen Verwandtschaftsbeziehungen (oder umgangssprachlich den „Stammbaum") ermitteln.

Inwieweit hängt die Topologie der Verwandtschaftsbeziehungen davon ab, welche Merkmale man auswählt? Und vor allem: Gibt es *systematische* Diskrepanzen zwischen den Erkenntnissen, die man durch molekularbiologische und paläontologische Analysen gewinnt?

Molekulare Verfahren der phylogenetischen Forschung, die vor dem Hintergrund der traditionellen Taxonomie entwickelt wurden, stützten sich auf verschiedene morphologische Merkmale, Embryologie und – bei Fossilien – auf Informationen über den geologischen Zusammenhang (Stratigraphie). Die klassischen Verfahren haben eine Reihe von Vorteilen. In der traditionellen Taxonomie hat man über die Fossilien weitaus mehr Zugang zu ausgestorbenen Lebewesen. Man kann das Auftauchen und Aussterben einzelner Arten mit geologischen Methoden *datieren*. In der Molekularbiologie dagegen ist die Untersuchung ausgestorbener Arten nur in sehr begrenztem Umfang möglich. Manche Überreste von Arten, die erst während der letzten ein bis zwei Jahrhunderte ausgestorben sind und keine Fossilien gebildet haben, enthalten noch lesbare DNA; dies gilt beispielsweise für das Quagga (einen Verwandten der Zebras), den Tasmanischen Beutelwolf und einige Vogelarten aus Neuseeland, darunter die Moas. Von einem anderen Beispiel, einer Sequenz des Mammuts, war bereits die Rede. Sogar einige DNA-Sequenzen eines Neandertalers, der vor ungefähr 30 000 Jahren starb, hat man gefunden. Dennoch bleibt der *Jurassic Park* ein Fantasiegebilde!

Einen entscheidenden Durchbruch für die Akzeptanz der molekularbiologischen Methoden brachte das Jahr 1967: Damals datierten V. M. Sarich und A. C. Wilson die Aufspaltung zwischen Menschen und Schimpansen aufgrund immunologischer Befunde auf die Zeit vor 5 Millionen Jahren. Die Paläontologen hatten dieses Datum bis dahin auf die Zeit vor 15 Millionen Jahren verlegt und nahmen die molekularbiologischen Befunde nur widerwillig zur Kenntnis. Eine neue Deutung der Fossilfunde führte dann dazu, dass die Vorstellung von der späteren Aufspaltung sich durchsetzte; damit war der Bann gebrochen, und die molekularbiologische Vorgehensweise wurde allgemein anerkannt.

In Wirklichkeit wurden viele molekulare Eigenschaften für phylogenetische Untersuchungen herangezogen, manche davon schon vor erstaunlich langer Zeit. Schon seit Beginn des 20. Jahrhunderts bediente man sich serologischer Kreuzreaktionen, und dieses Verfahren wurde erst durch die unmittelbare Verwendung von Sequenzen verdrängt. Eine wissenschaftliche Untersuchung, die ihrer Zeit so weit voraus war wie meines Wissens kaum eine andere, veröffentlichten E. T. Reichert und A. P. Brown schon vor fast 100 Jahren (nämlich 1909): eine phylogenetische Untersuchung der Fische, die sich auf Hämoglobinkristalle stützte. In ihrer Arbeit griffen sie auf Stenös Gesetz von 1669 zurück: Danach können verschiedene Kristalle derselben Substanz zwar unterschiedliche Ausmaße haben – manche sind groß, andere klein –, die Winkel zwischen ihren Flächen sind aber immer die gleichen, ein Ausdruck der ähnlichen mikroskopischen Anordnung und Verpackung der Atom- oder Moleküleinheiten innerhalb der Kristalle. Reichert und Brown wiesen nach, dass die Winkel zwischen den Kristallflächen des Hämoglobins, das sie aus verschiedenen biologischen Arten isoliert hatten, in Ähnlichkeit und Unterschieden eine Verteilung zeigten, die den taxonomischen Verwandtschaftsverhältnissen zwischen diesen Arten entsprach.

Aus den Arbeiten von Reichert und Brown ergibt sich eine Fülle bedeutsamer Folgerungen. Sie wiesen nach, dass Proteinmoleküle eine eindeutige, festgelegte Form haben, ein Gedanke, der zu jener Zeit keineswegs Allgemeingut war. Außerdem lassen die Befunde darauf schließen, dass nicht nur biologische Arten sich allmählich auseinander entwickeln, sondern dass auch die Struktur der Hämoglobine diese Auseinanderentwicklung mitvollzieht. Im Jahr 1909 hatte man keine Ahnung von Protein- oder Nucleinsäuresequenzen. Im Prinzip ist also die Erkenntnis, dass Proteine eine Evolution durchmachen, um mehrere Jahrzehnte älter als die Vorstellung von der Evolution der Sequenzen.

Heute sind DNA-Sequenzen in phylogenetischen Analysen das beste Maß für die Ähnlichkeit verschiedener Arten. Es sind digitale Daten. Man kann sogar selektive und nichtselektive genetische Veränderungen unterscheiden, wenn man die dritte Codonposition, nicht translatierte Abschnitte wie die Pseudogene oder das Verhältnis von synonymen und nichtsynonymen Codonsubstitutionen untersucht. Für solche Vergleiche stehen viele Gene zur Verfügung. Das ist ein großer Vorteil, denn für jede Artengruppe, die man analysieren möchte, muss man diejenigen Gene finden, die sich mit geeigneter Geschwindigkeit verändern. Gene, die bei allen untersuchten Arten fast unveränderlich sind, erlauben keine Unterscheidung zwischen verschiedenen Graden der Ähnlichkeit. Und bei Genen, die sich zu stark verändern, ist kein Alignment möglich. Es ist eine ganz ähnliche Situation wie bei der radioaktiven Datierung: Auch dort muss man ein Isotop wählen, dessen Halbwertszeit in der gleichen Größenordnung liegt wie der Zeitraum, um den es in der Untersuchung geht.

Glücklicherweise verändern sich Gene sehr unterschiedlich schnell. Das Mitochondriengenom der Säugetiere, ein ringförmiges, doppelsträngiges DNA-Molekül von etwa 16 000 Bp, stellt eine nützliche, schnell veränderliche Ansammlung von Sequenzen dar, an der man die Evolution eng verwandter Arten analysieren kann. Dagegen benutzte C. Woese die Sequenzen für die ribosomale RNA, um die drei großen Gruppen der Lebewesen – Archaea, Bacteria und Eukarya – zu unterscheiden.

Andererseits kann die unterschiedlich schnelle Veränderung der Sequenzen verschiedener Gene in phylogenetischen Untersuchungen auch zu unterschiedlichen, manchmal sogar widersprüchlichen Befunden führen. Das gilt insbesondere dann, wenn man nicht nur die Topologie der Verwandtschaftsbeziehungen festklopfen will, sondern auch die Länge der einzelnen Äste. Außerdem gibt es neben der Abstammung auch horizontalen Gentransfer und konvergente Evolution, zwei Phänomene, die bei der Ableitung phylogenetischer Verwandtschaftsbeziehungen Schwierigkeiten bereiten.

Phylogenetische Stammbäume

Phylogenetische Beziehungen beschreiben wir als Stammbäume. In der Informatik ist ein Baum eine bestimmte Form eines Diagramms, einer Struktur mit Knoten (abstrakten Punkten), die durch Kanten (Linien zwischen den Punkten) verbunden sind (Kasten 4.7). Ein *Pfad* von einem Punkt zu einem anderen ist eine Reihe aufeinander folgender Kanten, die an einem Punkt beginnt und an einem anderen endet wie unsere Reise von Malmö nach Tromsø. Als *zusammenhängenden Graph* (*connected graph*) bezeichnet man einen Graph, in dem es zwischen zwei beliebigen Knoten stets mindestens einen Pfad gibt. Auf dieser Grundlage können wir den *Baum* definieren: Das ist ein zusammenhängender Graph, in dem es zwischen zwei beliebigen Punkten stets *genau* einen Pfad gibt.

| 4.7 |

Begriffe im Zusammenhang mit Graphendarstellungen

Graph   Eine abstrakte Struktur mit *Knoten* (*nodes*, Punkten) und *Kanten* (*edges*, Linien, welche die Knoten verbinden).

Pfad (*path*)   Eine Reihe aufeinander folgender Kanten.

Zusammenhängender Graph (*connected graph*)   Ein Graph, in dem es zwischen zwei beliebigen Knoten jeweils mindestens einen Pfad gibt.

Baum (*tree*)   Ein zusammenhängender Graph mit jeweils genau einem Pfad zwischen zwei Punkten.

Kantenlänge   Eine Zahl, die jeweils einer Kante zugeordnet wird und in einem gewissen Sinn die Entfernung zwischen den von ihr verbundenen Knoten angibt.

Pfadlänge   Die Summe der Länge aller Kanten, aus denen ein Pfad besteht.

Man kann einen bestimmten Knoten als *Wurzel* auswählen; aber das ist nicht unbedingt nötig: Abstrakte Bäume können Wurzeln haben oder auch nicht (Abb. 4.7). Bäume ohne Wurzeln zeigen die Topologie der Verwandtschaftsbeziehungen, aber nicht das Muster der Abstammung. Einen Baum mit einer Wurzel, in dem in jedem Knoten zwei Äste entspringen, bezeichnet man als *binären Baum* (siehe das Perl-Programm auf Seite 204).

Eine weitere Sonderform ist der *gerichtete Graph* (*directed graph*), in dem jede Kante eine Einbahnstraße ist, wie zum Beispiel in dem Diagramm eines Hidden-Markov-Modells in Abbildung 4.6 oder in den neuronalen Netzen, von denen in Kapitel 5 die Rede sein wird. Phylogenetische Stammbäume, die eine Wurzel haben, sind von ihrem Wesen her gerichtete Graphen, in denen die Richtung der Kanten durch die Beziehung zwischen Vorfahren und Nachkommen festgelegt wird.

Vielfach kann man den Kanten eines Graphen Zahlenwerte zuordnen, die in einem gewissen Sinn einen „Abstand" der durch die Kanten verbundenen Knoten bezeichnen. Dann kann man den Graph maßstabsgetreu zeichnen, sodass die Kanten in der ihnen zugeordneten Länge erscheinen. Die Länge eines Pfades durch den Graph ist dann die Summe der Länge aller seiner Kanten.

In phylogenetischen Stammbäumen stellt die Länge der Kanten entweder ein Maß für die Unterschiedlichkeit zweier Arten dar, oder sie symbolisiert die Zeit, die seit ihrer Trennung verstrichen ist. Die Annahme, dass sich in den Unterschieden zwischen den Eigenschaften lebender Arten der Zeitraum seit ihrer Auseinanderentwicklung widerspiegelt, trifft nur dann zu, wenn die Auseinanderentwicklung sich in allen Zweigen des Baumes mit der gleichen Geschwindigkeit vollzieht. Man kennt aber viele Ausnahmen von dieser Regel; unter den Säugetieren zum Beispiel sind es insbesondere die Nagetiere, bei denen viele Proteine eine relativ schnelle Evolution erkennen lassen (siehe Web-Aufgabe 4.8).

Allgemein gesprochen, lassen sich phylogenetische Stammbäume mit zwei Verfahren konstruieren. Eines davon greift nirgendwo auf ein historisches Modell der Verwandtschaftsbeziehungen zurück. Man misst einfach die Abstände zwischen den Arten und konstruiert daraus den Baum durch hierarchische Clusterbildung; diesen Ansatz bezeichnet man als *phänetisch*. Die Alternative ist das *kladistische* Verfahren: Man zieht mögliche Evolutionswege in Betracht, schließt an jedem Knoten auf die Eigenschaften des Vorfahren und wählt nach irgend einem Modell für den entwicklungsgeschichtlichen Wandel einen optimalen Stammbaum aus. Die Phänetik stützt sich auf Ähnlichkeiten, die Kladistik auf Abstammungsverhältnisse.

Methoden der Clusterbildung

Phänetische Verfahren, die phylogenetische Verwandtschaftsbeziehungen durch Clusterbildung (*clustering*) aufklären wollen, sind ausdrücklich nicht historisch. Tatsächlich kann man durch hierarchische Clusterbildung auch ohne Kenntnis entwicklungsgeschichtlicher Zusammenhänge ohne weiteres einen Stammbaum konstruieren. In

---

⊢ www ⊢

```
#!/usr/bin/perl
#drawtree.prl -- draws binary trees (root at top)
#usage:  echo '(A((BC)D)(EF))' | drawtree.prl > output.ps

print «EOF;
%!PS-Adobe-\n%%BoundingBox: atend
/n /newpath load def /m /moveto load def /l /lineto load def
/rm /rmoveto load def /rl /rlineto load def /s /stroke load def
1.0 setlinewidth 50 100 translate 2 2 scale
/Helvetica findfont 10 scalefont setfont
EOF

$tree = <>; chop($tree); $_ = reverse($tree); s/[()]//g;

$x = 0; $y = 0;
while ($nd = chop()) {
    print "$x $y m ($nd) stringwidth pop -0.5 mul 0 rm ($nd) show\n";
    $xx{$nd} = $x; $x+=20; $yy{$nd} = 10;
}

while ($tree =~ s/\(?([A-Z])([A-Z])\/)?\/1/) {
    print "n $xx{$1} $yy{$1} m\n";
    ($yy{$1} > $yy{$2}) || {$yy{$1} = $yy{$2}}; $yy{$1} += 20;
    print "$xx{$1} $yy{$1} l $xx{$2} $yy{$1} l $xx{$2} $yy{$2} l s\n";
    $xx{$1} = 0.5*($xx{$1} + $xx{$2});
}
print "n $xx{$tree} $yy{$tree} m 0 20 rl s showpage\n";

$rx = 2*$x + 30; $yt = 2*$yy{$tree} + 146;
print "%%BoundingBox: 40 95 $rx $yt\n";
```

Ein Perl-Programm zum Zeichnen binärer Bäume. Der Input (A((BC)D)(EF)) führt zu dem folgenden Output in Form einer Postscript-Datei, die auf den meisten Druckern und Terminals ausgedruckt beziehungsweise angezeigt werden kann:

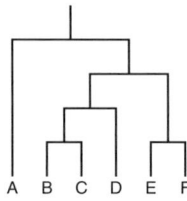

einem Kaufhaus sind die Waren nach Produktgruppen („Clustern") – beispielsweise Kleidung oder Möbel – auf die einzelnen Abteilungen verteilt, und dort findet man in Unterabteilungen enger verwandte Untergruppen wie Damen- oder Herrenschuhe. Damen- und Herrenschuhe haben einen gemeinsamen Vorläufer, aber wenn es um Schuhe und Möbel geht, legt nichts einen solchen Schluss nahe.

Ein einfaches Verfahren der Clusterbildung funktioniert so: Man hat eine Reihe biologischer Arten und stellt für alle Artenpaare quantitativ die Ähnlichkeiten oder Unterschiede fest. Dazu kann man körperliche Merkmale wie den Unterschied der durchschnittlichen Körpergröße bei Angehörigen der beiden Arten heranziehen, aber auch die Zahl der unterschiedlichen Basen in einem Alignment der Mitochondrien-DNA. Um aus sämtlichen Unterschieden einen Stammbaum zu konstruieren, wählt man zuerst die beiden ähnlichsten Arten aus und fügt einen Knoten ein, der ihren gemeinsamen Vorfahren repräsentiert. Anschließend ersetzt man die beiden Arten durch eine Gruppe, die beide umfasst, und an die Stelle des Abstands zwischen diesem Paar und den anderen setzt man den durchschnittlichen Abstand zwischen den beiden ausgewählten Arten und der anderen. Jetzt haben wir eine Gruppe paarweiser Unterschiede, und zwar nicht zwischen einzelnen Arten, sondern zwischen Artengruppen. (Alle übrigen Arten betrachtet man dabei als Gruppen, die jeweils ein Element enthalten.) Anschließend wiederholt man das Ganze wie in folgendem Beispiel:

— **Beispiel 4.7** ——————————————————————————

Wir betrachten vier biologische Arten, die durch die homologen Sequenzen ATCC, ATGC, TTCG und TCGG charakterisiert sind. Wenn wir die Zahl der Unterschiede als Maß für die Unähnlichkeit zwischen jeweils zwei Arten betrachten, können wir mit einem einfachen Clustering-Verfahren einen phylogenetischen Stammbaum ableiten.

Die Abstandsmatrix lautet

	ATCC	ATGC	TTCG	TCGG
ATCC	0	**1**	2	4
ATGC		0	3	3
TTCG			0	2
TCGG				0

Da die Matrix symmetrisch ist, brauchen wir nur die obere Hälfte auszufüllen. Der kleinste Abstand ist **1** (fett gedruckt) zwischen ATCC und ATGC. Der erste Cluster lautet also {ATCC, ATGC}. Damit enthält der Baum den Teilbereich

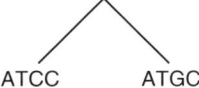

ATCC   ATGC

Die reduzierte Abstandsmatrix lautet

	{ATCC, ATGC}	TTCG	TCGG
{ATCC, ATGC}	0	½(2+3) = 2,5	½(4+3) = 3,5
TTCG		0	**2**
TCGG			0

Der nächste Cluster ist {TTCG, TTGG} mit dem Abstand **2**. Verbindet man schließlich die Cluster {ATCC, ATGC} und {TTCG, TTGG}, erhält man den Baum

— **Beispiel 4.7** *Fortsetzung*

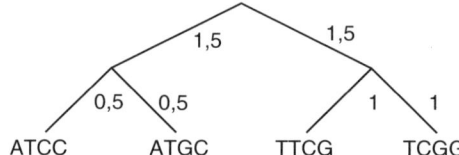

Den Ästen wurde ihre Länge nach folgendem Schema zugeordnet: Astlänge der Kante zwischen den Knoten *X* und *Y* = Abstand zwischen *X* und *Y*.

Ob die Astlängen wirklich zur Zeit seit der Trennung der Taxa proportional sind, muss durch andere Befunde geklärt werden.

Dieses Verfahren zur Konstruktion von Stammbäumen bezeichnet man als UPGMA-Methode (*Unweighted Pair Group Method with Arithmetic mean*). Eine von N. Saitou und M. Nei entwickelte Abwandlung, die als *Neighbor Joining* bezeichnet wird, dient zur Korrektur unterschiedlicher Evolutionsgeschwindigkeiten in den einzelnen Ästen des Baumes.

Kladistische Verfahren

Die kladistischen Verfahren befassen sich ausdrücklich mit den Abstammungsverhältnissen, die von den möglichen, eine Gruppe von Taxa verbindenden Stammbäumen nahe gelegt werden. Sie verfolgen das Ziel, mit einem Modell des tatsächlichen Evolutionsablaufes den richtigen Stammbaum zu finden. Die beiden beliebtesten Verfahren der molekularen Phylogenetik sind die *Maximum-Parsimony-* und die *Maximum-Likelihood*-Methode. Sie sind auf Sequenzdaten spezialisiert und gehen von einem multiplen Sequenz-Alignment aus. Auf anatomische Merkmale wie die durchschnittliche Körpergröße eines ausgewachsenen Exemplars lassen sich beide nicht anwenden.

Die von W. Fitch entwickelte Maximum-Parsimony-Methode („Methode der größten Sparsamkeit oder Geizigkeit") definiert den Stammbaum, der die wenigsten Mutationen postuliert, als optimal. Hat man beispielsweise vier Arten, die durch die homologen Sequenzen ATCG, ATGG, TCCA und TTCA charakterisiert sind, postuliert der Baum

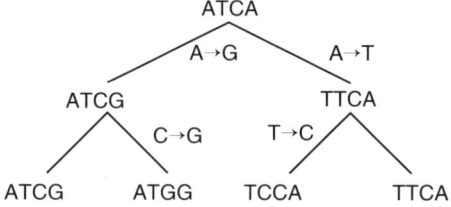

vier Mutationen. Ein anderer Baum

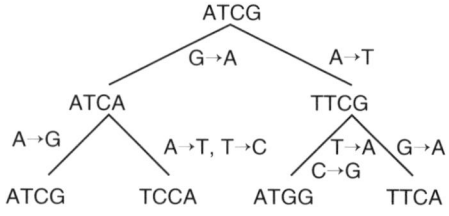

würde sieben Mutationen erfordern. Der zweite Baum setzt voraus, dass die Mutation G → A an der vierten Position sich zwei Mal unabhängig ereignet hat. Nach der Maximum-Parsimony-Methode ist der erste Baum optimal, weil kein anderer mit weniger Mutationen auskommt. Häufig postulieren mehrere Bäume die gleiche kleinstmögliche Zahl von Mutationen. In solchen Fällen liefert das Maximum-Parsimony-Verfahren keine eindeutige Antwort.

Das Maximum-Likelihood-Verfahren („Verfahren der größten Wahrscheinlichkeit") zählt die Mutationsereignisse nicht nur, sondern es ordnet ihnen quantitative Wahrscheinlichkeitswerte zu. Wie beim Maximum-Parsimony-Verfahren, so werden auch hier die Vorfahren an allen Knoten des untersuchten Stammbaumes rekonstruiert; darüber hinaus wird den Zweigen aber bei der Maximum-Likelihood-Methode auch eine Länge zugeschrieben, die der Wahrscheinlichkeit des postulierten Mutationsereignisses entspricht. Die unterstellten Austauschraten werden für jede mögliche Topologie des Baumes so lange variiert, bis man die Parameter gefunden hat, die mit der größten Wahrscheinlichkeit zur Entstehung der beobachteten Sequenzen führen. Optimal ist derjenige Baum, der mit der größten Wahrscheinlichkeit die beobachteten Daten erzeugt.

Sowohl die Maximum-Parsimony- als auch die Maximum-Likelihood-Methode sind den Clustering-Verfahren überlegen. Dies wurde einerseits an Fällen nachgewiesen, in denen unabhängige Befunde – beispielsweise solche aus der klassischen Paläontologie – richtige Antworten liefern, andererseits aber auch mit simulierten Daten, das heißt mit Computersimulationen der Sequenzevolution.

Das Problem der unterschiedlichen Evolutionsraten

Angenommen, vier Arten A, B, C und D haben den phylogenetischen Stammbaum

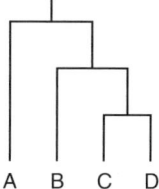

A   B   C   D

Dieser Baum steht in Übereinstimmung mit der Unähnlichkeitsmatrix

	A	B	C	D
A	0	3	3	3
B		0	2	2
C			0	1
D				0

Nehmen wir nun an, dass die Art D sich sehr schnell wandelt, während die phylogenetischen Verhältnisse unverändert bleiben. Dann kann man unter Umständen folgende Unähnlichkeitsmatrix beobachten:

	A	B	C	D
A	0	3	3	20
B		0	2	20
C			0	20
D				0

Daraus würde man einen falschen phylogenetischen Stammbaum ableiten:

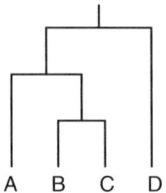

Solche Fehler können mit allen hier erörterten Methoden vorkommen, wenn der entwicklungsgeschichtliche Wandel in den einzelnen Ästen des Baumes mit sehr unterschiedlicher Geschwindigkeit abläuft. Um dies zu überprüfen, kann man die untersuchten Arten mit einer außen stehenden Gruppe (*outgroup*) vergleichen, einer Art, deren Verwandtschaft zu allen betrachteten Arten geringer ist als alle Verwandtschaftsverhältnisse zwischen ihnen. Befasst man sich beispielsweise mit Primatengruppen, eignet sich ein anderes Säugetier, wie die Kuh, als außen stehende Gruppe. Verläuft die Evolution der einzelnen Primatenarten mit gleicher Geschwindigkeit, würde man zwischen allen diesen Arten im Verhältnis zur Kuh ungefähr das gleiche Ausmaß an Unähnlichkeit erwarten. Beobachtet man etwas anderes, liegt die Vermutung nahe, dass die Evolutionsgeschwindigkeit bei den Primaten unterschiedlich ist und dass das betrachtete Merkmal demnach nicht die Konstruktion des richtigen Stammbaumes erlaubt.

Fragen der Berechnung

Kladistische Verfahren – Maximum-Parsimony und Maximum-Likelihood – liefern genauere Ergebnisse als einfache Clustering-Methoden wie UPGMA, aber wenn es um eine größere Zahl von Arten geht, erfordern sie sehr viel Rechenzeit. Die Gesamtzahl möglicher Stammbäume, die kladistische Verfahren möglichst berücksichtigen sollen, nimmt mit der Zahl der Arten sehr schnell zu. Deshalb gelangt man mit diesen Methoden in vielen interessanten Fällen nur zu annähernden Antworten, selbst im Hinblick auf die ihnen zugrunde liegenden Annahmen.

Da es sich bei berechneten phylogenetischen Stammbäumen häufig um Näherungsbefunde handelt, ist es wichtig, dass man sie überprüft. Dies kann man mit folgenden Methoden tun:

1. Vergleich der Stammbäume, die man anhand verschiedener Merkmale derselben Taxa erstellt hat. Stimmen sie überein? Haben Stammbäume, die aufgrund unterschiedlicher Merkmale konstruiert wurden, einen Teil gemeinsam, wurde vielleicht nur dieser Teil der phylogenetischen Verwandtschaftsverhältnisse korrekt aufgeklärt, andere Abschnitte aber nicht.
2. Analyse einzelner Untergruppen von Taxa; dabei sollte man im Hinblick auf die Untergruppe zu den gleichen Ergebnissen gelangen wie bei der Analyse des gesamten Stammbaumes.
3. Formal-statistische Tests, in deren Rahmen Teilmengen der ursprünglichen Daten noch einmal berechnet werden; diese Verfahren sind als *Jackknifing* und *Bootstrapping* bekannt.
   – *Jackknifing* ist ein Berechnungsverfahren, bei dem Zufallsstichproben aus den ursprünglichen Daten ausgewählt werden. Für phylogenetische Berechnungen anhand eines multiplen Sequenz-Alignment wählt man verschiedene Untergruppen der Positionen in dem Alignment und lässt die Berechnung mit ihnen noch einmal ablaufen. Stellt man dabei fest, dass man mit allen Untergruppen den gleichen

Stammbaum erhält, wird dieser glaubwürdiger. Führt jede Untergruppe zu einem anderen Baum, ist keiner davon vertrauenswürdig.

– Das *Bootstrapping* ähnelt dem Jackknifing, nur können sich hier unter den zufällig ausgewählten Positionen auch mehrere Exemplare der gleichen Position befinden, sodass man eine ebenso große Datenmenge erhält wie am Anfang. Auf diese Weise bleiben die statistischen Eigenschaften der Stichprobe erhalten.

4. Bei sehr langen Kanten sollte man ernsthaft die Möglichkeit in Betracht ziehen, dass Unterschiede der Evolutionsrate zu einer Verfälschung der Berechnung geführt haben. Dies sollte man mit Hilfe einer außen stehenden Gruppe (*outgroup*) überprüfen.

┤ www ├

Web-Ressourcen: Phylogenetische Stammbäume

In der Taxonomie hat man große Anstrengungen auf die Entwicklung guter Software verwendet. Das Paket PHYLIP (*PHYLogeny Inference Package*) von J. Felsenstein vereinigt in sich viele verschiedene Methoden. Die Programme laufen auf verschiedenen Computertypen und sind sehr einfach kostenlos zu beschaffen. Zusammenfassende Darstellungen phylogenetischer Hilfsmittel mit nützlichen Listen von Websites und einschlägiger Software finden sich bei:

```
http://evolution.genetics.washington.edu/phylip/
  software.html
```

und

Whelan S, Liò P, Goldman N (2001) Molecular phylogenetics: State-of-the-art methods for looking into the past. *Trends in Genetics* 17, 262–272.

Manche Pakete für multiple Sequenz-Alignments, beispielsweise CLUSTAL-W, bieten die Möglichkeit, aufgrund der von ihnen erzeugten Alignments einen phylogenetischen Stammbaum zu berechnen.

Empfohlene Literatur

Altschul SF, Koonin EV (1998) Iterated profile searches with PSI-BLAST – a tool for discovery in protein databases. *Trends in Biochemical Sciences* 23, 444–447. [Beschreibung eines der wichtigsten Hilfsmittel für die Suche nach Sequenzähnlichkeiten in Datenbanken.]

Altschul SF, Boguski MS, Gish W, Wootton JC (1994) Issues in searching molecular sequence databases. *Nature Genetics* 6, 119–129. [Allgemeine Hintergrundinformationen über die Schwierigkeiten bei der Entwicklung von Verfahren zum Informationsabruf und bei der Interpretation der Ergebnisse.]

Eddy S (1996) Hidden Markov models. *Current Opinion in Structural Biology* 6, 361–365. [Gut verständliche Einführung in ein wichtiges mathematisches Verfahren, das leistungsfähige Hilfsmittel zum Nachweis entfernt verwandter Sequenzen und für die Erkennung von Faltungsmustern bereitstellt.]

Efron B, Gong G (1983) A leisurely look at the boostrap, the jackknife, and cross-validation. *The American Statistician* 37, 36–48. [Klassischer Aufsatz über statistische Verfahren zur Eichung der Methoden zur Mustererkennung.]

Li W-H (1997) Molecular Evolution. Sinauer, Sunderland, MA. [Eine eingehende Erörterung der Evolution und phylogenetischer Analysen.]

Penny D, Hendy MD, Zimmer EA, Hamby RK (1990) Trees from sequences: Panacea or Pandora's box? *Australian Systematic Botany* 3, 21–38. [Mahnung zur Vorsicht bei der Konstruktion phylogenetischer Stammbäume.]

Übungsaufgaben, Anwendungsaufgaben und Web-Aufgaben

Übungsaufgabe 4.1 Wie groß ist der Hamming-Abstand zwischen den Wörtern DECLENSION und RECREATION?

Übungsaufgabe 4.2 Wie groß ist der Levenshtein-Abstand zwischen den Wörtern BIOINFORMATICS und CONFORMATION?

Übungsaufgabe 4.3 „I wasted time and now doth time waste me." a) Skizzieren Sie, wie ein Dotplot dieser Zeichenkette, aufgetragen gegen sich selbst, voraussichtlich aussehen würde. b) Anschließend berechnen Sie den Dotplot genau, wobei Sie nur übereinstimmende Buchstaben als Punkte in die Matrix eintragen; vergleichen Sie das Ergebnis mit a).

Übungsaufgabe 4.4 Welche Werte würden Sie in dem Programm auf Seite 167 für *window* und *threshold* verwenden, um in dem DOROTHYHODGKIN-Dotplot die „Einzelgänger" zu beseitigen, die übrigen gezeigten Übereinstimmungen aber beizubehalten?

Übungsaufgabe 4.5 Welche Substitution ist für die Matrizen a) PAM250 und b) BLOSUM62 wahrscheinlicher: W ↔ F oder H ↔ R?

Übungsaufgabe 4.6 Welchem Alignment entspricht der Pfad durch den im Folgenden dargestellten Dotplot?

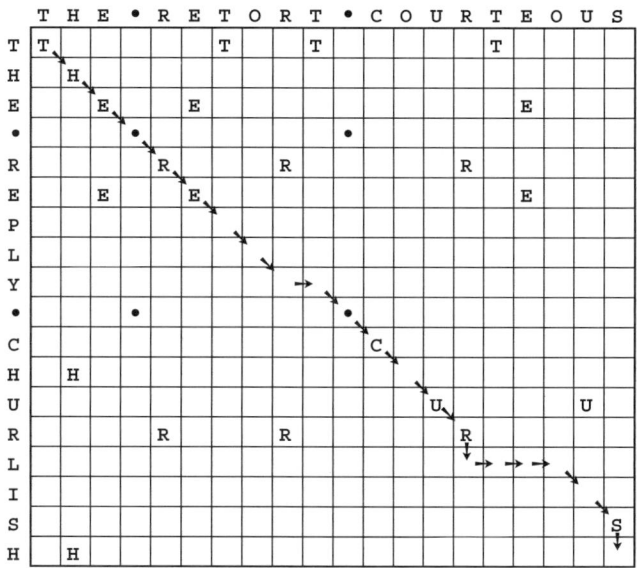

Übungsaufgabe 4.7 Angenommen, Sie wollten für Ihre Reise von Malmö nach Tromsø (siehe Seite 180) aus persönlichen Gründen auch einen Besuch in Uppsala einplanen. Wie können Sie den Aufwand für die einzelnen Etappen so anpassen, dass die kostengünstigste Route über Uppsala verläuft?

Übungsaufgabe 4.8 Wie können Sie mit Hilfe eines Dotplot DNA-Palindromsequenzen finden, die jeweils zum Teil auf dem einen und dem anderen Strang liegen, wie zum Beispiel die Erkennungsstellen für Restriktionsendonucleasen?

Übungsaufgabe 4.9 Wandeln Sie das auf Seite 167 wiedergegebene Perl-Programm zum Zeichnen von Dotplots so ab, dass es Sequenzen im FASTA-Format akzeptiert.

Übungsaufgabe 4.10 Welchem Wert von P würde ein Z-Score von 1 in einer Normalverteilung entsprechen?

Übungsaufgabe 4.11 Geben Sie für die einzelnen Alignments in Abbildung 4.2 an, ob sie in der Grauzone (*twilight zone*) oder im Ähnlichkeitsbereich oberhalb oder unterhalb der Grauzone liegen.

Übungsaufgabe 4.12 Abbildung 4.2a zeigt das Sequenz-Alignment für das Papain aus der Papaya und das Actinidin aus der Kiwifrucht sowie den zugehörigen Dotplot. An zwei Stellen in dem Alignment sind in der Papainsequenz ein oder mehrere Bausteine deletiert, an einer Stelle fehlt in der Actinidinsequenz ein Baustein. Markieren Sie auf einer Fotokopie der Abbildung 4.2a im Dotplot die Positionen, an denen sich diese Deletionen/Insertionen befinden.

Übungsaufgabe 4.13 Angenommen, es würde behauptet, Zufallssequenzen seien keine geeignete Kontrollpopulation für die Untersuchung der statistischen Signifikanz eines paarweisen Sequenz-Alignment, weil die Häufigkeitsverteilung der Di- oder Tripeptide in natürlichen Sequenzen nicht dem Zufallsprinzip entspricht. Welchen besseren Weg zur Herstellung einer Kontrollpopulation würden Sie vorschlagen?

Übungsaufgabe 4.14 Beim Vergleich der DNA-Sequenzen aus homologen Chromosomen verschiedener Menschen stellt sich heraus, dass sich in der nichtcodierenden DNA durchschnittlich eines von 700 Basenpaaren unterscheidet. Der Anteil der nichtcodierenden DNA im menschlichen Genom beträgt 95 Prozent. Schätzen Sie die Zahl der Polymorphismen im menschlichen Genom ab und verschaffen Sie sich so einen Eindruck von der Zahl potenzieller DNA-Marker.

Übungsaufgabe 4.15 Zeigen Sie die Berechnungen, die in Beispiel 4.6 zu dem Eintrag mit dem Wert 65 geführt haben. Welche Bedeutung hat die Tatsache, dass zwei Pfeile von ihm ausgehen?

Übungsaufgabe 4.16 Im Thioredoxin von *E. coli* ist die α-Helix, die von den Aminosäuren 32–49 gebildet wird, unterbrochen. Tragen Sie in einer Fotokopie der Abbildung 4.5 ein, wo sich diese Unterbrechung befindet. An welcher Aminosäure tritt ein solcher Knick vermutlich auf?

Übungsaufgabe 4.17 An welchen Bausteinen des Thioredoxins von *E. coli* befinden sich *turns* (Wendungen) in der Kette, *ohne* dass in den entsprechenden Abschnitten im multiplen Sequenz-Alignment oder in deren Nähe Deletionen vorhanden sind?

Übungsaufgabe 4.18 a) Stellen Sie durch einfaches Auszählen eines „Inventars" fest, welches Hexapeptid in der Scoring-Tabelle für Thioredoxin (Seite 192) für eine Übereinstimmung mit den Bausteinen 25–30 den größten Wert ergibt. b) Vergleichen Sie mit Hilfe eines Scoring-Schemas, das nach der BLOSUM62-Matrix auf alle 20 Aminosäuren verteilt ist, den Score dieses Hexapeptids mit dem des Hexapeptids VDFSAE.

Übungsaufgabe 4.19 a) Erstellen Sie ein Inventar für den Abschnitt mit den Bausteinen 90–95 des Thioredoxins, ähnlich der Tabelle auf Seite 192 Welchen Beitrag würden die folgenden Sequenzen nach dem Alignment zu einem einfachen Score-Profil leisten, wenn man das Inventar zur Gewichtung benutzt? b) ISSAVK. c) FVGAKE.

Übungsaufgabe 4.20 a) Sind die beiden folgenden Bäume topologisch identisch?

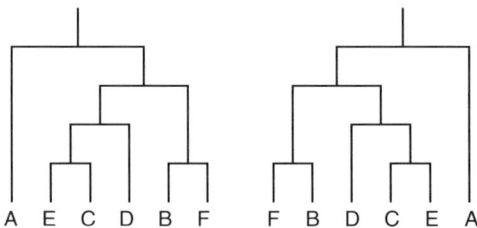

A E C D B F   F B D C E A

b) Sind die beiden folgenden Bäume topologisch identisch?

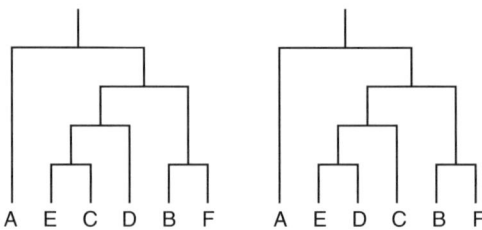

A E C D B F   A E D C B F

Übungsaufgabe 4.21 Zeichnen Sie für die Verwandtschaft zwischen drei Taxa alle möglichen Bäume, die eine Wurzel haben. Wie viele sind es?

Übungsaufgabe 4.22 Betrachten Sie das letzte Schema in Beispiel 4.7. Wie gelangt man für die Knoten, welche die Cluster {ATCC, ATGC} und {TTCG, TCGG} verbinden, zu der Länge von 1,5?

Übungsaufgabe 4.23 Betrachten Sie in Beispiel 4.7 die anfängliche Abstandsmatrix und den Baum am Ende. Vergleichen Sie für jede Kombination von zwei Arten den ursprünglichen Abstand und die Gesamtlänge der Pfade, durch die sie in dem Baum verbunden sind.

Übungsaufgabe 4.24 Zeichnen Sie einen vollständig verbundenen Graph (*connected graph*), der keine Baumstruktur hat.

Übungsaufgabe 4.25 Die Sequenzen der Mitochondrien-DNA europäischer, afrikanischer und asiatischer Rinder lassen darauf schließen, dass die Rassen aus Europa und Afrika untereinander enger verwandt sind als mit den Rassen aus Indien. Welche Spezies könnte man vernünftigerweise als *outgroup* heranziehen, wenn man ausschließen will, dass es sich hier um ein verfälschtes Ergebnis aufgrund unterschiedlich schneller Evolution in den beiden Abstammungslinien handelt?

Übungsaufgabe 4.26 Zeichnen Sie den Baum am Ende von Beispiel 4.7 maßstabsgerecht, sodass die Linien die den jeweiligen Ästen zugeordnete Länge haben.

Übungsaufgabe 4.27 Wie wir festgestellt haben, wächst der *Zeit*bedarf für die Ausführung einer dynamischen Programmierung (*dynamic programming*) beim Alignment zweier Sequenzen der Länge n mit n^2. Wie würde bei einer naiven Umsetzung des Algorithmus der Bedarf an Speicher*platz* mit n wachsen, a) wenn man ein optimales Alignment erreichen will, sodass Informationen für das Zurückverfolgen gespeichert werden müssen, und b) wenn das Ziel kein Alignment, sondern nur ein Score ist, sodass die Speicherung von Informationen zum Zurückverfolgen (*traceback*) nicht erforderlich ist? [Anmerkung: Raffiniertere Umsetzungen des Algorithmus können den Speicherplatzbedarf gegenüber der naiven Umsetzung stark vermindern.]

Anwendungsaufgabe 4.1 Zeichnen Sie einen Dotplot für folgende Sequenz aus dem Genom des Wheat-Dwarf-Virus: `ttttcgtgagtgcgcggaggctttt`. Inwiefern ist sie kein vollständiges Palindrom?

Anwendungsaufgabe 4.2 a) Wie würden Sie den Algorithmus aus dem Abschnitt über die dynamische Programmierung (S. 180) verändern, um in einer langen Sequenz $B = b_1b_2...b_m$ optimale Übereinstimmungen mit einem relativ kurzen Muster $A = a_1a_2...a_n$ zu finden, wenn $n << m$. (Keine Lückenstrafe in den Abschnitten von B, die vor und hinter der mit A übereinstimmenden Region liegen.) Dies entspricht der in Kapitel 1 beschriebenen Suche nach Übereinstimmungen mit Motiven. b) Führen Sie noch einmal die Berechnung aus Beispiel 4.6 durch, wobei Sie das Alignment der Sequenzen `ggaatgg` und B = `atg` als Suche nach Motivübereinstimmungen behandeln; verwenden Sie dazu das folgende Scoring-Schema: Übereinstimmung = 0, Fehlpaarung = 20, Einführung einer *internen* Lücke = 25, Erweiterung einer Lücke = 22. c) Wie unterscheiden sich die so gewonnenen Ergebnisse von denen in dem Beispiel?

Anwendungsaufgabe 4.3 Stellen Sie anhand des Thioredoxin-Alignment eine Tabelle der Bausteine 25–30 auf, analog zu der auf Seite 192, aber mit Aminosäureklassen, wie sie auf Seite 189 definiert wurden. a) Welchen Score kann ein Hexapeptid in einem einfachen „Inventar"-Scoring höchstens erreichen? b) Wie viele verschiedene Hexapeptide erreichen diesen Maximalscore? c) Wie lautet der Score für die Bausteine 25–30 aller Sequenzen in dem Alignment auf Farbtafel VII?

Anwendungsaufgabe 4.4 Wie könnte man die Profilmethode so abwandeln, dass man damit auch dann noch Thioredoxine von Nicht-Säugetieren findet, wenn die Tabelle viele weitere eng verwandte Sequenzen von Säugetieren enthält? Denken Sie dabei a) an Methoden, die bestimmte Sequenzen außer Acht lassen, um Redundanzen zu beseitigen, und b) an Methoden, die alle Sequenzen einbeziehen, zum Ausgleich der Überrepräsentation eng verwandter Sequenzen jedoch ein Gewichtungsschema einführen.

Anwendungsaufgabe 4.5 Schreiben Sie ein Perl-Programm, mit dem Sie aus einem multiplen Sequenz-Alignment Profilinventare erstellen können und das dann die Übereinstimmung untersuchter Sequenzen mit BLOSUM62 bewertet. Gehen Sie davon aus, dass mit der zu untersuchenden Sequenz bereits ein Alignment durchgeführt wurde, bevor sie dem Programm angeboten wird.

Anwendungsaufgabe 4.6 a) Schreiben Sie ein Perl-Programm, das zwei Zeichenketten einliest und alle übereinstimmenden, ununterbrochenen Abschnitte von fünf Zeichen ausgibt. Testen Sie es mit den Zeichenketten

```
My.care.is.loss.of.care,.by.old.care.done und
Your.care.is.gain.of.care,.by.new.care.won
```

    b) Entwickeln Sie dieses Programm so weiter, dass es Übereinstimmungen mit den längsten Regionen, die genau passende 5-Zeichen-Abschnitte enthalten, erweitert und kombiniert, wobei keine Lücken erlaubt sind und der Anteil der Fehlpaarungen insgesamt 25 Prozent nicht übersteigt.

Anwendungsaufgabe 4.7 Arbeiten Sie das Ergebnis der vorigen Aufgabe weiter aus: Machen Sie mit einem selbst geschriebenen Perl-Programm in Form von Dotplots deutlich, wie ein BLAST-artiger Algorithmus abläuft, wenn er a) alle übereinstimmenden Unterabschnitte der Länge 5 findet, b) sie auf die längstmögliche Übereinstimmung erweitert, und c) sie zu einem übereinstimmenden Abschnitt mit höchstens k Fehlpaarungen zusammensetzt. Sie können sich dazu des Perl-Programms für Dotplots aus diesem Buch bedienen.

Anwendungsaufgabe 4.8 Einzelsträngige RNA-Moleküle, beispielsweise tRNAs, enthalten in ihrer Konformation häufig Stamm-Schleife-Strukturen: Ein Abschnitt der Kette faltet sich so zusammen, dass sich ein Stück Doppelhelix mit antiparallelen Strängen ausbildet. Wie könnte man ein Programm, das Palindrome erkennt, bei der RNA-Analyse zum Nachweis von Abschnitten verwenden, die perfekte Stamm-Schleife-Strukturen (das heißt solche ohne fehlgepaarte Basen) ausbilden?

Anwendungsaufgabe 4.9 Schreiben Sie ein Programm, mit dem Sie den in Anwendungsaufgabe 4.7 beschriebenen Ablauf des BLAST-artigen Algorithmus *animieren* können. Um sich damit vertraut zu machen, suchen Sie im Web nach Beispielen für animierte Zeichensuche-Algorithmen. (Diese Aufgabe erfordert relativ viel Kenntnisse im Umgang mit Computern.)

Anwendungsaufgabe 4.10 Angenommen, Sie haben zwei Würfel, einen roten und einen grünen. Definieren Sie einen *Zustand* der Würfel als Zahlenpaar: die Zahl, die beim roten Würfel oben liegt, gefolgt von der oben liegenden Zahl des grünen Würfels. Nun würfeln Sie aber nicht, sondern Sie gelangen von einem Zustand zum anderen, indem Sie den Würfel mit gleicher Wahrscheinlichkeit in einer beliebigen Richtung um 90 Grad drehen. Auf den Zustand, in dem die 6 oben liegt, können also mit gleicher Wahrscheinlichkeit die Zustände 2, 3, 4 oder 5 folgen. (Würfel sind so aufgebaut, dass die Summe der Zahlen auf gegenüber liegenden Seiten immer 7 ist. Die Wahrscheinlichkeit, dass auf die 6 eine 1 folgt, ist also 0, weil dies eine Drehung um 180 Grad erfordern würde.) Die Wahrscheinlichkeit der Abfolge 6, 2, 6, 4 ist $(1/4)^4 = 1/256$. Die Wahrscheinlichkeit, dass die Folge 6, 2, 5, 4 lautet, ist dagegen ebenfalls 0, weil der Übergang von 2 nach 5 nicht erlaubt ist, und die Wahrscheinlichkeit der Folge 6, 6, 2, 3, 4 ist 0, weil das System seinen Zustand jedes Mal ändern muss, sodass auf eine 6 nicht noch einmal eine 6 folgen kann.

Dieses Verfahren definiert einen Markov-Prozess erster Ordnung.

Schreiben Sie ein Programm, mit dem Sie die folgenden Fragen beantworten können: Angenommen, im Anfangszustand liegt beim roten Würfel die 4 und beim grünen die 3 oben. a) Mit welcher Wahrscheinlichkeit tritt innerhalb von fünf Spielzügen wieder ein Zustand ein, bei dem die beiden oben liegenden Zahlen sich zu 7 addieren? b) Wenn die Summe im Anfangszustand 8 ist, wie groß ist dann die Wahrscheinlichkeit, dass sich wieder eine 8 ergibt, bevor eine 7 auftaucht?

Anwendungsaufgabe 4.11 Zeigen Sie, dass jeder (ungerichtete) Graph, der eine der beiden folgenden Eigenschaften besitzt, auch die andere haben muss: 1) Es gibt zwischen zwei beliebigen Knoten jeweils einen einzigen Pfad. 2) Der Graph enthält keine Kreisbahnen.

Anwendungsaufgabe 4.12 Wie viele Pfade gibt es in Abbildung 4.8 insgesamt vom Start zum Ziel? Ermitteln Sie die Zahl mit allen folgenden Verfahren:

a) Mit „brutaler Gewalt" – indem Sie alle Möglichkeiten aufschreiben. Diese Aufgabe ist weniger stumpfsinnig, als es zunächst scheinen mag: Sie zeigt, dass es entgegen dem ersten Anschein nicht sonderlich schwierig ist, und man kann dabei auch sinnvolle Gesetzmäßigkeiten erkennen.

b) Ermitteln Sie in Abbildung 4.8: 1) Die Zahl der Pfade vom Start nach A und von A zum Ziel. Multiplizieren Sie diese Zahlen miteinander, um zu der Gesamtzahl der Pfade vom Start über A zum Ziel zu gelangen. 2) Anschließend zählen Sie die Pfade vom Start nach B und von B zum Ziel. Welche Beziehung besteht zwischen diesen Zahlen? Nun berechnen Sie wiederum durch Multiplikation die Zahl der Pfade vom Start über B zum Ziel. 3) Jetzt berechnen Sie die Gesamtzahl der Pfade vom Start zum Ziel als Summe der Pfade vom Start zum Ziel, die über A, B, C und D verlaufen.

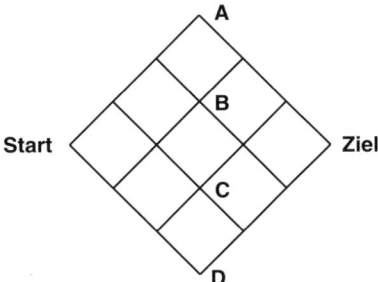

4.8 Die Zahl der Pfade in einem begrenzten Gitter.

c) Machen Sie sich klar, dass der Weg vom Start zum Ziel sechs Schritte umfasst, von denen genau drei eine Wendung nach rechts und drei eine Wendung nach links erfordern (in allen anderen Fällen kommen Sie nicht an der richtigen Stelle heraus). Die unterschiedliche Reihenfolge der Rechts- und Linkswendungen entspricht den verschiedenen Pfaden. Machen Sie sich nun folgendes klar: Um die Zahl der Pfade zu ermitteln, müssen sie nur feststellen, auf wie viele unterschiedliche Arten Sie sich für die drei Wendungen nach links entscheiden können (denn dann müssen Sie sich bei den drei übrigen Schritten nach rechts wenden). Um sechs Schritten drei Linkswendungen zuzuordnen, können wir einen der sechs Schritte für eine Linkswendung auswählen, dann einem der verbleibenden fünf Schritte die nächste Linkswendung zuordnen, und dann einen der vier verbleibenden Schritte für die letzte Linkswendung festlegen. Das Produkt dieser Zahlen ist aber größer als die Zahl der möglichen Pfade, denn es umfasst auch die gleichen Kombinationen von Schritten in unterschiedlicher Reihenfolge. Jede Dreiergruppe kann auf sechs verschiedene Arten zustande kommen, sodass man eine entsprechende Korrektur anbringen muss. Das Ergebnis ist der Binominalkoeffizient $\binom{6}{3} = 6!/(3!3!)$. Erstellen Sie eine formale Ableitung für dieses Ergebnis.

Anwendungsaufgabe 4.13 Leiten Sie für den letzten Baum in Beispiel 4.7 mögliche Vorfahren an Knoten ab, die nach einem Maximum-Parsimony-Kriterium ausgewählt wurden. Gibt es Zweideutigkeiten?

Anwendungsaufgabe 4.14 Eine bequeme Darstellungsweise für Bäume bedient sich verschachtelter Klammern, mit denen die Cluster zusammengefasst werden. a) Stellen Sie (A(BC)D) ausführlich als Baum mit Wurzel dar. b) Schreiben Sie die Bäume aus Übungsaufgabe 4.20 in der Klammerschreibweise. (Siehe den Kasten auf Seite 204.)

Anwendungsaufgabe 4.15 Ergänzen Sie das Perl-Programm zum Zeichnen von Bäumen um ausreichende Anmerkungen.

Anwendungsaufgabe 4.16 Schreiben Sie ein Perl-Programm für das UPGMA-Verfahren zur Ableitung eines phylogenetischen Stammbaumes aus einer Abstandsmatrix. Ein solches Programm können Sie zur Herstellung grafischer Darstellungen verwenden.

Web-Aufgabe 4.1 Rufen Sie die Gensequenz für die Untereinheit 6 der Mitochondrien-ATPase des Atlantischen Ingers (*Myxine glutinosa*) ab. Zeichnen Sie einen Dotplot gegen das homologe Gen des Meerneunauges (*Petromyzon marinus*). Kommentieren Sie die beobachteten Ähnlichkeiten und stellen Sie einen Vergleich mit der Ähnlichkeit zwischen Meerneunauge und Katzenhai (Seite 165) an.

Web-Aufgabe 4.2 Geben Sie die Aminosäuresequenz des Papaya-Papains in eine BLAST- und eine PSI-BLAST-Suche ein. Welche der in Abbildung 4.2 wiedergegebenen Homologien werden von BLAST gefunden? Und welche von PSI-BLAST?

Web-Aufgabe 4.3 Geben Sie die Aminosäuresequenz des Papaya-Papains in eine PSI-BLAST-Suche ein (siehe vorhergehende Web-Aufgabe). Nehmen Sie die Ergebnisse für die Übereinstimmungen mit dem menschlichen Procathepsin L, und tragen Sie in eine Fotokopie des Dotplots (Abb. 4.2b) die gefundenen Bereiche mit begrenzten Übereinstimmungen ein.

Web-Aufgabe 4.4 Finden Sie in der Alignment-Tabelle in Farbtafel VII die Strukturen der Thioredoxine aus anderen Arten als *E. coli*. Tragen Sie auf einer Fotokopie der Tabelle die Helix- und Faltblattregionen ein, die dem Molekül in der Protein Data Bank zugeordnet wurden, und vergleichen Sie sie mit Helices und Faltblättern im Thioredoxin von *E. coli*.

Web-Aufgabe 4.5 Führen Sie für die Aminosäuresequenzen des Papaya-Papains und der in Abbildung 4.2 gezeigten homologen Sequenzen mit CLUSTAL-W oder T-Coffee ein Alignment durch. Vergleichen Sie das Ergebnis mit der Alignment-Tabelle in Pfam, die sich auf Hidden-Markov-Modelle stützt, und mit dem Struktur-Alignment in Abbildung 4.2.

Web-Aufgabe 4.6 Kann man mit PSI-BLAST die Homologie zwischen Immunglobulin-domänen und den Domänen der Endogluconase C aus *Cellulomonas fimi* sowie dem IgA-Rezeptor aus *Streptococcus agalactae* identifizieren?

Web-Aufgabe 4.7 a) Kann man mit PSI-BLAST die Verwandtschaft zwischen der Urease aus *Klebsiella aerogenes*, der Phosphotriesterase aus *Pseudomonas diminuta* und der Adenosindesaminase der Maus nachweisen? b) Vergleichen Sie die Alignments dieser drei Sequenzen, wie sie von DALI und von CLUSTAL-W oder T-Coffee erstellt werden.

Web-Aufgabe 4.8 Die Wachstumshormone der meisten Säugetierarten haben sehr ähnliche Aminosäuresequenzen. (Die Wachstumshormone von Alpaka, Hund, Katze, Pferd, Kaninchen und Elefant unterscheiden sich von dem des Schweins in nicht mehr als drei von 191 Aminosäuren.) Das menschliche Wachstumshormon ist jedoch ganz anders: Es weicht an 62 Positionen ab. Die Evolution des Wachstumshormons erfuhr in der Abstammungslinie, die zum Menschen führte, eine drastische Beschleunigung. Ermitteln Sie durch Abruf und Alignment der Wachstumshormon-Sequenzen aus Arten, die mit dem Menschen und seinen Vorfahren sehr eng verwandt sind, den Ort im Evolutionsstammbaum, an dem auf dem Weg zum Menschen diese Beschleunigung eingesetzt hat.

Die folgenden Web-Aufgaben sollen dazu dienen, die Spezies Mensch in ihren biologischen Zusammenhang einzuordnen; dazu werden Sequenzen naher und entfernterer Verwandter analysiert, und es sollen einige der vielfältigen genetischen Erkenntnisse vorgestellt werden, die zur Aufklärung phylogenetischer Verwandtschaftsverhältnisse herangezogen werden.

Web-Aufgabe 4.9 Unter den heute lebenden Arten sind Menschen- und Kleinaffen am engsten mit dem Menschen verwandt. Als Marker für die einzelnen Spezies eignen sich die Alu-Elemente, ein Typ der SINES (*short interspersed elements*). Die Alu-Elemente gehören zwar zum repetitiven, nichtcodierenden Teil des Genoms, manche von ihnen wirken aber an der Genregulation mit. Leiten Sie einen phylogenetischen Stammbaum für Mensch, Schimpanse, Gorilla, Orang-Utan, Pavian, Rhesusaffe und Makaken her; verwenden Sie dazu die Alu-Elemente, welche die Gene für das Parathormon, den hämatopoietischen zellspezifischen FcεRI-γ-Rezeptor, den ZNS-spezifischen nikotinischen Acetylcholinrezeptor α3 und den T-Zell-spezifischen CD8α-Rezeptor regulieren.

Web-Aufgabe 4.10 Menschen gehören zu den Primaten, einer Tierordnung, die neben den Menschen- und Kleinaffen auch die Lemuren und Koboldmakis umfasst. Konstruieren Sie anhand der β-Globin-Gengruppe des Menschen, eines Schimpansen, eines Alt- und eines Neuweltaffen, eines Lemurs und eines Makis einen phylogenetischen Stammbaum für diese Gruppen.

Web-Aufgabe 4.11 Die Primaten gehören zu den Säugetieren, einer Tierklasse, die auch Beuteltiere und Kloakentiere (Monotremata) umfasst. Beuteltiere leben heute vor allem in Australien, mit Ausnahme des Opossums, das auch in Nord- und Südamerika zu Hause ist. Die Monotremata sind heute nur noch durch zwei in Australien beheimatete Tiere vertreten: das Schnabeltier und den Ameisenigel. Gehen Sie von den vollständigen Mitochondriengenomen des Menschen, des Pferdes (*Equus caballus*), des Bergkängurus (*Macropus robustus*), des Amerikanischen Opossums (*Didelphis virginiana*) und des Schnabeltieres (*Ornithorhynchus anatinus*) aus und zeichnen Sie einen Evolutionsstammbaum mit der richtigen Länge der einzelnen Zweige. Sind die Kloakentiere mit den Plazentatieren oder den Beuteltieren näher verwandt?

Web-Aufgabe 4.12 Die Säugetiere gehören zu den Wirbeltieren, einem Unterstamm des Tierreiches, der auch Fische, Haie, Vögel, Reptilien, Amphibien und einfache, kieferlose Fische wie das Neunauge umfasst. Konstruieren Sie anhand der Sequenzen für Cytochrom *c* und Pankreas-Ribonuclease einen Evolutionsstammbaum für folgende Arten: Quastenflosser (*Latimeria chalumnae*), Weißhai (*Carcharodon carcharias*), Echter Bonito (*Katsuwonus pelamis*), Meerneunauge (*Petromyzon marinus*), Frosch (*Rana pipiens*) und Nilkrokodil (*Crocodylus niloticus*).

Web-Aufgabe 4.13 Die Wirbeltiere gehören zu den Chordatieren, einem Stamm des Tierreiches, der etwa auch die Lanzettfischchen (kleine, fischähnliche Meeresbewohner wie *Amphioxus*) umfasst. Bei den Wirbeltieren wie bei anderen zweiseitig-symmetrisch aufgebauten Tieren (zum Beispiel den Insekten), codieren die HOX-Gene eine Familie DNA-bindender Proteine. Diese Gene werden entlang der Kopf-Schwanz-Achse unterschiedlich exprimiert und steuern auf diese Weise die Anlage des Körperbauplanes. Es besteht sogar eine verblüffende Parallelität zwischen der Reihenfolge der Gene auf dem Chromosom, der Reihenfolge ihrer Aktivität entlang der Körperachse und den Zeitpunkten, zu denen sie während der Entwicklung aktiviert werden.

Während der Evolution der Wirbeltiere kam es in großem Umfang zu Verdoppelungen von Genomabschnitten, verbunden wahrscheinlich mit dem immer komplizierteren Körperbau, wie S. Ohno, seiner Zeit weit voraus, es schon 1970 vermutete. In den Genomen von Insekten und *Amphioxus* gibt es jeweils eine einzige HOX-Gengruppe. Zebrafische besitzen sieben solche Gruppen, die sich als Reihe von Verdoppelungen deuten lassen: $1 \rightarrow 2 \rightarrow 4 \rightarrow 8$, gefolgt vom Verlust einer Gruppe ($8 \rightarrow 7$).

Ermitteln Sie die Zahl der HOX-Gengruppen bei Mensch und Neunauge, stellen Sie mithilfe eines multiplen Sequenz-Alignment Entsprechungen zwischen den einzelnen Genen fest und leiten Sie aus den Ergebnissen einen phylogenetischen Stammbaum für *Amphioxus*, Neunaugen, Fische und Säugetiere ab.

Web-Aufgabe 4.14 Chordatiere sind Deuterostomier (siehe Abbildung 1.3); zu dieser Gruppe gehören auch die marinen Manteltiere oder Tunicaten (Urochordata; etwa die Seescheiden) sowie die Hemichordata (etwa die Eichelwürmer) und die Stachelhäuter (zum Beispiel die Seesterne). Zwischen diesen Gruppen bestehen systematische Unterschiede im genetischen Code der Mitochondrien. Stellen Sie für beispielhaft ausgewählte Arten aus den genannten Gruppen fest, welche Aminosäuren den Codons ATA und AGA entsprechen. Leiten Sie aus den Ergebnissen einen phylogenetischen Stammbaum für die vier genannten Gruppen der Deuterostomier ab.

KAPITEL 5

PROTEINSTRUKTUR UND MEDIKAMENTENENTWICKLUNG

Einleitung

Proteinmoleküle haben bei aller Vielfalt von Raumstruktur und Funktion eine Reihe gemeinsamer Merkmale. Chemisch betrachtet, ähnelt ein Protein einer Kette von Weihnachtsbaumlichtern: An eine lineare (das heißt nicht verzweigte) Polymerhauptkette sind in regelmäßigen Abständen unterschiedliche Aminosäureseitenketten angefügt (Abb. 1.6). Der „Draht", der die einzelnen Lichter verbindet, ist das Molekülrückgrat mit seiner sich wiederholenden Struktur, und die Abfolge unterschiedlicher Lichterfarben entspricht den einzelnen Bausteinen in der Sequenz der Seitenketten.

Die Aminosäuresequenz eines Proteins wird durch die Nucleotidsequenz eines Gens festgelegt. An der dreidimensionalen Struktur der Proteinmoleküle dagegen sind die Nucleinsäuren nicht mehr beteiligt: Über sie bestimmt allein die eindimensionale Abfolge der Aminosäuren. Proteine falten sich spontan zu ihrer nativen Konformation zusammen.

Wie kann die Aminosäuresequenz eine dreidimensionale Struktur codieren? Bei jeder denkbaren Faltung der Hauptkette kommen andere Aminosäuren miteinander in Kontakt. Die relative Stabilität unterschiedlicher Konformationen ist abhängig von den Wechselwirkungen der Seitenketten und der Hauptkette miteinander und mit dem Lösungsmittel sowie von den Einschränkungen für die Beweglichkeit der Seitenketten. Dies ergibt sich aus dem Zweiten Hauptsatz der Thermodynamik, wonach ein System bei konstanter Temperatur und konstantem Druck einen Gleichgewichtszustand findet, der einen Kompromiss zwischen Annehmlichkeit (niedrige Enthalpie H) und Freiheit (hohe Entropie S) darstellt; das Ergebnis ist die geringstmögliche Gibbssche freie Energie $G = H - TS$, wobei T die absolute Temperatur ist. (Im Bereich der zwischenmenschlichen Beziehungen ist die Ehe ein ganz ähnlicher Kompromiss.)

Proteine haben sich in der Evolution so entwickelt, dass ein bestimmtes Faltungsmuster der Hauptkette thermodynamisch signifikant günstiger ist als andere Konformationen. Dieses Muster ist der native Zustand. Könnte man Energie und Entropie verschiedener Konformationen hinreichend genau berechnen und mit solchen Berechnungen eine so große Zahl möglicher Konformationen überprüfen, dass die richtige mit Sicherheit dabei ist, wäre man in der Lage, in allen Fällen aus der Aminosäuresequenz aufgrund vorgegebener physikalisch-chemischer Prinzipien (*a priori*) die Proteinstruktur vorherzusagen. Auf dem Weg zu diesem Ziel hat man zwar Fortschritte erzielt, aber erreicht wurde es bisher nicht.

Die Hauptkette jedes Proteins beschreibt in ihrem nativen Zustand eine Kurve im Raum. Wir kennen heute die Struktur von rund 15 000 Proteinen (darunter viele, die identisch sind oder sich nur durch Mutationen an einer einzigen Stelle unterscheiden) und finden unter ihnen höchst vielfältige räumliche Muster. Das erste Problem bei der Analyse solcher Strukturen betrifft die Darstellung. Abbildung 5.1 zeigt am Beispiel des kleinen Proteins Acylphosphatase, wie schwierig eine detaillierte, wirklichkeitsgetreue Darstellung zu interpretieren ist und welche Art von vereinfachten Bildern Computerprogramme erzeugen, um das Material visuell aufzubereiten. Die Herstellung der verschiedensten vereinfachten Darstellungen ist das Arbeitsgebiet einer ganzen Branche. Ein geschickter Molekülzeichner kann sie kombinieren und so verschiedene Aspekte einer Struktur mit einem genau abgestuften Grad der Detailtreue wiedergeben.

Die mittlere Reihe der Abbildung 5.1 zeigt, wie die Hauptkette der Acylphosphatase im Raum verläuft. Zwei Abschnitte vorn im Bild sind Helices – sie sehen aus wie klassische Grenzpfosten, und ihre Achsen verlaufen in der hier dargestellten Orientierung fast senkrecht. Darüber hinaus enthält die Acylphosphatase auch vier Stränge in Faltblattkonformation, die ebenfalls fast senkrecht orientiert sind. Die vier Stränge treten untereinander seitlich in Wechselwirkung, sodass die ganze Anordnung in Form eines

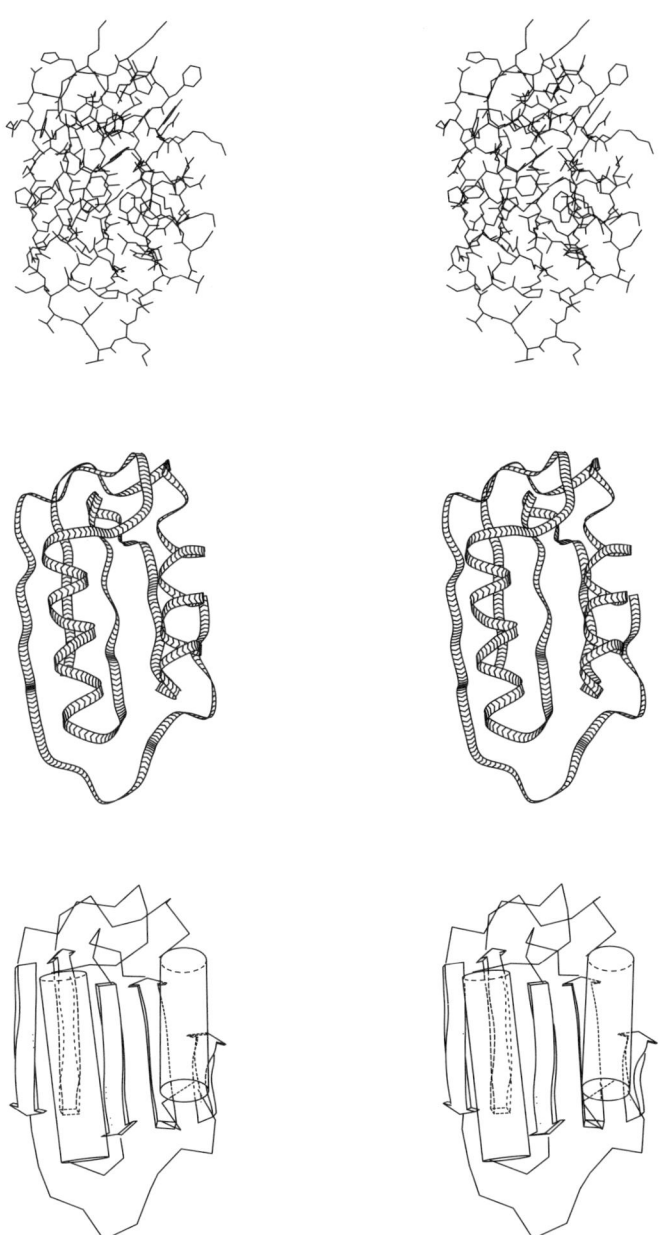

5.1 Proteine haben eine so komplizierte Struktur, dass man zu ihrer Darstellung besondere Hilfsmittel entwickeln musste. Diese Grafiken zeigen die Acylphosphatase, ein relativ kleines Protein, in drei Vereinfachungsstufen. Oben: das vollständige Skelettmodell. Mitte: der Verlauf der Molekülkette in Form eines durchgehenden Bandes; die Winkel auf dem Band kennzeichnen die Laufrichtung der Kette. Unten: schematische Darstellung mit Helices (als Zylinder dargestellt) und Faltblattsträngen (breite Pfeile). Kompakte Teile sind „durchsichtig" dargestellt, indem Linien, die hinter ihnen verlaufen, gestrichelt wiedergegeben werden. Die verschiedenen Darstellungen kann man visuell überlagern, indem man die Seite um 90 Grad dreht und die Abbildungen wie Stereobilder betrachtet (aber nicht zu lange!).

β-Faltblatts stabilisiert wird. Der untere Teil der Abbildung zeigt Helices und Stränge als „Icons": Helices werden durch Zylinder symbolisiert, Faltblattstränge durch große Pfeile. Die oberste Reihe der Abbildung, in der die Struktur mit Haupt- und Seitenketten am detailliertesten wiedergegeben ist, macht sehr eindringlich deutlich, wie wichtig Vereinfachungen schon bei einem kleinen Protein sind, wenn man sich ein Bild von seiner Struktur machen will.

Stabilität und Faltung von Proteinen

Zwar ist es bisher nicht möglich, Proteinstrukturen allein anhand physikalischer Grundprinzipien vorherzusagen, aber das allgemeine Wesen der Wechselwirkungen, die über die Struktur eines Proteins bestimmen, verstehen wir.

Damit das Protein seine native Struktur annehmen kann, müssen die Wechselwirkungen innerhalb seiner Bausteine und zwischen ihnen optimiert werden – mit Rücksicht auf die durch den räumlichen Verlauf der Hauptkette vorgegebenen Beschränkungen. Durch die bevorzugten Konformationen der Hauptkette folgt die Faltung in der Mehrzahl der Fälle immer wieder den gleichen Strukturprinzipien: Es bilden sich Helices, ausgedehnte Abschnitte, die durch Wechselwirkungen untereinander zu Faltblättern (*sheets*) zusammentreten, sowie mehrere Standardtypen von Schleifen oder Kehren (*turns*).

Das Sasisekharan-Ramakrishnan-Ramachandran-Diagramm beschreibt die erlaubten Konformationen der Hauptkette

Die Konformation der Hauptkette an allen Aminosäuren, bei denen es sich nicht um Glycin handelt, lässt sich in guter Näherung mit zwei unterscheidbaren Zuständen beschreiben.

Ein Abschnitt der linearen Polypeptidkette, der in allen Proteinstrukturen vorkommt, ist in Abbildung 5.2 wiedergegeben. Rotation ist um die N-Cα- und Cα-C-Einfachbindungen aller Aminosäuren mit Ausnahme des Prolins möglich. Die Winkel ϕ

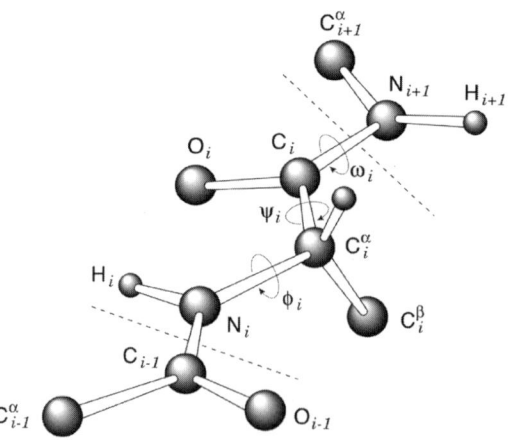

5.2 Definition der Konformationswinkel im Polypeptidrückgrat.

und ψ an diesen Bindungen sowie der Rotationswinkel ω um die Peptidbindung definieren die Konformation eines Aminosäurebausteins. Die Peptidbindung selbst ist in der Regel eben, wobei zwei Zustände erlaubt sind: *trans* mit $\omega \approx 180°$ (bevorzugte Ausrichtung) und *cis* mit $\omega \approx 0°$ (selten, in den meisten Fällen an einem Prolinrest). Die Abfolge der Winkel ϕ, ψ und ω aller Aminosäuren in einem Protein definiert die Konformation des Molekülrückgrats.

Eine Einschränkung für die Werte möglicher Konformationswinkel ergibt sich durch das Prinzip, dass zwei Atome nicht den gleichen Raum einnehmen können. Die erlaubten Bereiche für ϕ und ψ bei $\omega = 180°$ liegen in genau abgegrenzten Regionen eines Diagramms, das als Sasisekharan-Ramakrishnan-Ramachandran-Diagramm oder kurz Ramachandran-Diagramm bezeichnet wird (Abb. 5.3). Darin kennzeichnen durchgezogene Linien die energetisch bevorzugten Bereiche für ϕ und ψ; gestrichelte Linien bilden die Grenzen zu sterisch verbotenen Regionen. Die Konformationen der meisten Aminosäuren liegen in den Abschnitten α_R und β. Bei Glycin sind weitere Konformationen möglich; insbesondere kann es eine linksgängige Helix (α_L) bilden. Abbildung 5.3 zeigt die typische Konformationsverteilung für die Aminosäuren in einer gut untersuchten Proteinstruktur. Die meisten Aminosäuren befinden sich in den erlaubten Regionen oder in ihrer Nähe, einige allerdings werden durch die Faltung auch in energetisch ungünstige Zustände gedrängt.

Die erlaubten Regionen führen zu Standardkonformationen. Eine Reihe aufeinander folgender Aminosäuren in der α-Konformation (im typischen Fall sechs bis 20 Bausteine im nativen Zustand globulärer Proteine) bildet eine α-Helix. Wiederholt sich die β-Konformationen mehrmals, entsteht ein längerer β-Strang. Mehrere β-Stränge können seitlich in Wechselwirkung treten und ein β-Faltblatt bilden, wie es am Beispiel der Acylphosphatase (Abb. 5.1) gezeigt wurde. Helices und Faltblätter sind „standardisierte" oder „vorfabrizierte" Strukturelemente, die in den Konformationen der meisten Proteine vorkommen. Stabilisiert werden sie durch **Wasserstoffbrücken**, relativ schwache Wechselwirkungen zwischen Atomen der Hauptkette (Abb. 1.7). In manchen Faserproteinen gehören alle Aminosäuren zu einer dieser beiden Strukturen: Wolle enthält

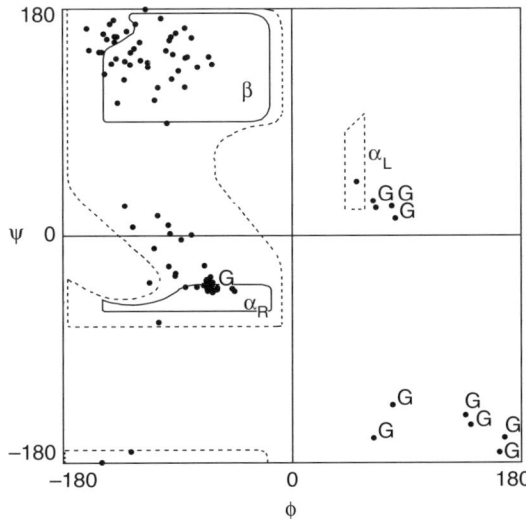

5.3 Das Sasisekharan-Ramakrishnan-Ramachandran-Diagramm der Acylphosphatase (PDB-Code 2ACY). Auffällig ist die Häufung der Aminosäuren in den Regionen α und β; die meisten Ausnahmen betreffen Glycinreste (G).

α-Helices, Seide β-Faltblätter. Auch die Amyloidfibrillen, die viele Proteine bei pathologischen Zuständen bilden, enthalten große β-Faltblatt-Abschnitte.

Globuläre Proteine enthalten im typischen Fall mehrere Helix- und/oder Faltblattregionen, die durch *turns* (Kehren) verbunden sind. Die Enden der Helices oder β-Stränge befinden sich in der Regel an der Oberfläche einer Strukturdomäne des Proteins. Sie können durch *turns* verbunden sein, aber auch durch Schleifen (*loops*), Abschnitte, in denen die Hauptkette ihre Richtung ändert und wieder ins Innere der Struktur verläuft. Bei vielen (aber nicht allen) *turns* handelt es sich um kurze, an der Oberfläche frei liegende Abschnitte, die häufig geladene oder polare Aminosäuren enthalten.

Wie „entscheidet" sich die Hauptkette für eine der möglichen, erlaubten Konformationen? Das einzigartige Merkmal jeder Proteinkette ist die Abfolge ihrer Seitenketten. Wechselwirkungen zwischen diesen Seitenketten müssen also über die Konformation der Hauptkette bestimmen.

Die Seitenketten

Die Seitenketten bieten die physikalisch-chemische Vielseitigkeit, die zur Erzeugung der verschiedenen Faltungsmuster notwendig ist. Die Seitenketten der 20 Aminosäuren unterscheiden sich in folgenden Eigenschaften:

- **Größe.** Bei der kleinsten Aminosäure, dem Glycin, besteht die Seitenkette nur aus einem Wasserstoffatom; eine der größten, das Phenylalanin, enthält einen ganzen Benzolring.
- **Elektrische Ladung.** Manche Seitenketten tragen bei normalem pH eine positive oder negative Nettoladung. Asp und Glu sind negativ geladen, Lys und Arg positiv. (Entgegengesetzt geladene Aminosäuren können sich paarweise anziehen und **Salzbrücken** ausbilden.)
- **Polarität.** Manche Seitenketten sind polar; sie können Wasserstoffbrücken mit anderen polaren Seitenketten, mit der Hauptkette oder mit dem Wasser ausbilden. Andere Seitenketten sind elektrisch neutral, und manche von ihnen tragen chemische Gruppen, die mit einfachen Kohlenwasserstoffen wie Methan oder Benzol verwandt sind. Da die Wechselwirkungen zwischen Kohlenwasserstoffen und Wasser thermodynamisch ungünstig sind, bezeichnet man solche Aminosäuren als **hydrophob**. Die Zusammenlagerung hydrophober Aminosäuren im Inneren der Proteine, die von W. J. Kauzmann bereits vorhergesagt wurde, bevor man die ersten Proteinstrukturen aufklärte, leistet zur Stabilität der Proteine einen wichtigen Beitrag. Es ist ein analoger Effekt wie bei der Bildung von Öltröpfchen in der Salatsoße (hydrophober Effekt; Kasten 5.1).
- **Form und Steifigkeit.** Die Gesamtform einer Seitenkette hängt davon ab, wie sie chemisch aufgebaut ist und welche Freiheit für die Konformationen in ihrem Inneren besteht.

---| 5.1 |---

Der hydrophobe Effekt

Einer der wichtigsten Aspekte für die Proteinstruktur ist die unterschiedliche Vorliebe der Aminosäureseitenketten für wässrige oder ölartige Umgebungen.

Was versteht man unter „hydrophobem Effekt"? Ein bekanntes Beispiel ist die Phasentrennung in einem Wasser-Öl-Gemisch, beispielsweise einem Salatdressing. Ein anderes ist die Tatsache, dass Gase (im Gegensatz zu den meisten Feststoffen) sich in Wasser mit steigender Temperatur immer schlechter lösen. Wer schon einmal Teewasser in einem Flötenkessel aufgesetzt hat, kennt das leise Pfeifen, bevor das Wasser wirklich kocht – es entsteht durch die gelöste Luft, die beim Erhitzen aus dem Wasser entweicht.

Was ist die Ursache des hydrophoben Effekts? Kaltes Wasser hat eine hoch geordnete Struktur. Es enthält viele Wasserstoffbrücken, die seine hohe Verdampfungswärme und die geringe Dichte bewirken. Aber um gelöste Moleküle herum ist das Wasser noch stärker geordnet als in reiner Form. In Wasser gelöstes Methan – es ist nur schwach löslich, aber immerhin ausreichend stark, dass man es untersuchen kann – ist von einem „Käfig" aus Wassermolekülen umgeben, den man als Clathratkomplex bezeichnet. Deshalb ist Wasser, in dem Methan gelöst ist, noch stärker geordnet, und die Entropie nimmt ab. Das natürliche Bestreben, einen Zustand höherer Entropie anzunehmen, wirkt der Lösung von Methan in Wasser entgegen. Das ist der Grund, warum Methan und andere Kohlenwasserstoffe sich nur sehr schlecht in Wasser lösen. Die Löslichkeit unpolarer Gase sinkt beim Erwärmen noch unter den geringen Wert für kaltes Wasser, weil die mit der Temperatur zunehmende Entropie sich noch stärker auf den Gleichgewichtszustand auswirkt.

Der hydrophobe Effekt in wässrigen Lösungen einfacher, unpolarer Substanzen war in der physikalischen Chemie bereits wohlbekannt, als W. J. Kauzmann 1959 erkannte, wie wichtig er für die Proteinstruktur ist.

Die unpolaren Seitenketten der Proteine ähneln ölartigen gelösten Substanzen. Ihre Wechselwirkungen mit Wasser sind energetisch ungünstig. Kauzmann sagte voraus, sie würden im Inneren der Proteinmoleküle vom Lösungsmittel abgeschirmt werden. Das **Öltropfenmodell des Proteininneren** wurde durch die Röntgenstrukturanalyse globulärer Proteine bestätigt. Wie man heute außerdem weiß, ist auch die große Packungsdichte im Inneren der Proteine sehr wichtig; dieses Innere gefalteter Proteinmoleküle betrachtet man besser nicht als organische Flüssigkeit, sondern als Kristall. Die Bedeutung des hydrophoben Effekts wird dadurch aber nicht geschmälert.

Durch den hydrophoben Effekt werden geladene Aminosäuren aus dem Molekülinneren fast völlig verdrängt; nur in seltenen Fällen bilden sie interne Salzbrücken. Das Molekülrückgrat muss natürlich auch durch das Innere des Moleküls verlaufen und trägt dabei die polaren Stickstoff- und Sauerstoffatome, die mit anderen polaren Atomen der Hauptkette sowie mit polaren Seitenketten wie Threonin oder Asparagin in Wechselwirkung treten können. Das Molekülinnere ist also nicht völlig ölartig, und umgekehrt ist auch die Moleküloberfläche nicht ausschließlich geladen oder polar. Etwa die Hälfte aller Aminosäuren an der Oberfläche eines Proteins sind unpolar.

Stabilität und Denaturierung von Proteinen

Welche chemischen Kräfte stabilisieren die native Proteinstruktur? Wie sieht der Vorgang aus, durch den ein Protein sich aus einer Vielzahl denaturierter Konformationen zu einem einzigen nativen Zustand zusammenfaltet?

Um diese Fragen zu beantworten, untersuchten Biochemiker die Denaturierung von Proteinen bei Einwirkung von Hitze oder bei zunehmenden Konzentrationen häufig benutzter denaturierender Wirkstoffe wie Harnstoff oder Guanidiniumhydrochlorid. Manchmal handelte es sich dabei um **statische** Messungen, das heißt, man ermittelte den Anteil des nativen und denaturierten Zustands unter verschiedenen Gleichgewichtsbedingungen, oder es wurde gemessen, welche Wärmemenge an den einzelnen Punkten während des Übergangs freigesetzt wurde. Andere waren **kinetisch**: Hier wurde gemessen, mit welcher Geschwindigkeit das Protein sich faltete oder entfaltete, oder man identifizierte Strukturen, die im Laufe des Vorgangs vorübergehend auftauchen.

Aus solchen Untersuchungen gewann man unter anderem die wichtige Erkenntnis, dass Proteine nur eine geringfügige Stabilität besitzen. Der native Zustand globulärer Proteine ist in der Regel nur um 20 bis 60 kJ mol^{-1} (5 bis 15 kcal mol^{-1}) stabiler als die denaturierte Form. Das entspricht nur dem Energiebeitrag einer oder zweier Wasserstoffbrücken.

Warum Proteine nur so geringfügig stabil sind, ist nicht im einzelnen geklärt. Nach Ansicht mancher Fachleute erleichtert es ihren Umsatz in der Zelle. Andere vermuten, Proteine seien schlicht so stabil, wie sie sein müssen, und es „kümmere sie nicht" (oder weniger umgangssprachlich: es verschaffe ihnen keinen Selektionsvorteil), die stabilisierenden Wechselwirkungen weiter zu optimieren. Allerdings wissen wir, dass die Wechselwirkungen, die native Proteine stabilisieren, auch Proteinstrukturen mit wesentlich höherer Stabilität erzeugen können.

Angenommen, wir haben ein globuläres Protein in wässriger Lösung vorliegen und wollten einen stabilen nativen Zustand erzeugen. Dabei besteht vor allem eine Schwierigkeit: Auf dem Weg zu einer einzigartigen Konformation geht im Verhältnis zu der Menge der denaturierten Zustände ein großes Maß an Freiheit der Konformation verloren. Dies führt zu einem starken Rückgang der Entropie, und das ist thermodynamisch ungünstig. Zum Ausgleich kann man einen kompakten, globulären Zustand herbeiführen, bei dem viele Aminosäuren im Inneren des Moleküls liegen und dem Kontakt mit dem Wasser entzogen sind. Wenn Wasser von den Wechselwirkungen mit unpolaren Atomen des Proteins befreit wird, ergibt sich durch den **hydrophoben Effekt** (Kasten 5.1) eine ausgleichende *Zunahme* der Entropie.

Schön und gut, aber nun stellen wir fest, dass wir bei der Herstellung des kompakten Zustands viele polare Atome im Inneren versteckt haben, darunter (aber nicht ausschließlich) Stickstoffatome der Hauptkette und den Sauerstoff von Carbonylgruppen. Diese Atome bilden im denaturierten Zustand Wasserstoffbrücken mit dem Wasser aus. Sind sie im Inneren des Moleküls versteckt, muss ihrem Potenzial, Wasserstoffbrücken herzustellen, in irgendeiner Form Rechnung getragen werden. (Wohlgemerkt: eine oder zwei Wasserstoffbrücken ohne Ausgleich, und alles fällt auseinander; der native Zustand wäre instabil.) Eine recht allgemein anwendbare Lösung, die das Potenzial der Hauptkette zur Bildung von Wasserstoffbrücken ausschöpft, ist die Bildung von Helices oder Faltblättern.

Dies hat noch einen weiteren Nutzen: Durch die Ausbildung von Helices und Faltblättern ist auch gewährleistet, dass die Hauptkette entsprechend den Beschränkungen durch das Sasisekharan-Ramakrishnan-Ramachandran-Diagramm eine stereochemisch erlaubte Konformation annimmt. In α-Helices befinden sich alle Aminosäuren in der α-Konformation; in den Strängen von β-Faltblättern liegen sie alle in der β-Konformation vor.

Woran erkennt man, welche Abschnitte Helices oder β-Stränge bilden? Was die Enthalpie angeht, sind sich beide Strukturen bei den meisten Aminosäuren recht ähnlich. Betrachtet man aber die Entropie, sind manche Seitenketten in Helices hinderlicher als in β-Strängen, sodass man sie eher in den Strängen antrifft. Solche Effekte schaffen bei der Bildung von Sekundärstrukturen eine Vorauswahl. Spezifische Sequenzen, die Wasserstoffbrücken zwischen Seitenketten und Hauptkette möglich machen, bilden Helix-„Kappen" (*helix caps*); diese bestimmen darüber, wo eine α-Helix beginnt und endet.

Wie kompakt muss der globuläre Zustand sein? Der Ausschluss des Wassers aus dem Molekülinneren ist schon bei relativ lockerer Verpackung zu erreichen, vorausgesetzt, kein Kanal hat einen Radius von mehr als 0,14 nm (der Größe eines Wassermoleküls). Je näher aber die Atome zusammenrücken, desto größeren Nutzen bringen die van-der-Waals-Kräfte, Anziehungskräfte zwischen Atomen, die für den allgemeinen Zusammenhalt der Materie sorgen. Im Inneren von Proteinmolekülen geht es eng zu: Die Seitenketten greifen ineinander wie die Teile eines Puzzlespiels. Aber diese Puzzlesteine (die Aminosäuren) lassen sich verformen, und deshalb ist die Faltung ein komplizierter Vorgang als das Zusammenfügen der starren Teile in einem normalen Puzzle.

Insgesamt muss man für die Kette eine Konformation finden, die eine Lösung für folgende Probleme darstellt:

1. Alle Aminosäuren müssen eine stereochemisch erlaubte Konformation besitzen. Dies gilt sowohl für die Hauptkette also auch für die Seitenketten. Sterische Kollisionen würden zu einem höheren Energiegehalt der Konformation führen und sie damit instabil machen.
2. Im Inneren liegende, polare Atome müssen über Wasserstoffbrücken mit anderen, gleichermaßen abgeschirmten polaren Atomen verknüpft sein. Fehlen auch nur wenige Wasserstoffbrücken, kehrt das Protein lieber in den denaturierten Zustand zurück, damit diese polaren Atome Wasserstoffbrücken mit dem Lösungsmittel ausbilden können.
3. Im Inneren müssen ausreichend große hydrophobe Oberflächen liegen, und das Innere muss so dicht gepackt sein, dass die Anordnung thermodynamisch stabil ist.

Bei den meisten Proteinen gibt es für alle diese Probleme nur eine einzige Gesamtlösung, und die definiert den nativen Zustand. Manche Proteine ändern ihre Konformation, wenn sie Liganden binden, oder machen im Rahmen ihres Wirkmechanismus metastabile Zustände durch.

Die Tatsache, dass eine Konformation eines Proteins – sein nativer Zustand – bedeutend stabiler ist als andere, ist kompliziert zu erklären, aber nichts Geheimnisvolles. Es geht darum, die möglichen Wechselwirkungen zu optimieren und Sequenzen auszuwählen, bei denen dieses Optimum einzigartig ist und einen deutlich niedrigeren Energiegehalt hat als andere Zustände. Wäre also der native Zustand nichts Einzigartiges, müsste es mehrere Möglichkeiten geben, eine gegebene Anzahl von Teilen zusammenzusetzen. Angesichts der Beschränkungen, denen Proteinketten unterliegen, kann die Evolution dies ohne weiteres vermeiden.

Proteinfaltung

Stellen wir uns noch einmal ein denaturiertes Protein vor. Nachdem wir nun wissen, wie der native Zustand stabilisiert wird, stellt sich die Frage: Wie wird er gefunden? Das Protein kann ganz sicher nicht alle Konformationen „ausprobieren" – wie C. Levinthal schon vor vielen Jahren berechnete, würde eine einfache Suche nach Konformationen, bei der man vernünftige Zahlen für die Rotationsgeschwindigkeit an den Bindungen im Molekül unterstellt, viel zu lange dauern. Zwei Umstände sorgen gemeinsam dafür, dass der *Ablauf*, durch den Proteine sich in ihren nativen Zustand falten, so rätselhaft erscheint.

Der erste liegt in der Tatsache, dass Proteine nur eine geringe Stabilität besitzen. Daraus folgt, dass jede quasi-stabile Zwischenstufe während des Faltungsvorgangs noch weniger stabil sein muss, denn sonst würde der Ablauf bei diesen Zwischenstufen hängen bleiben. Tatsächlich lassen Messungen, bei denen man den Anteil der Moleküle im nativen und denaturierten Zustand in Abhängigkeit von Temperatur oder Konzentration eines denaturierenden Wirkstoffes ermittelte, für viele Proteine auf ein einfaches Gleichgewicht zwischen den beiden Zuständen schließen, wobei nur eine nicht nachweisbare, sehr geringe Zahl von Molekülen sich in einem Zustand befindet, der keiner dieser beiden Kategorien zuzuordnen ist. Dies bestätigt, dass alle mutmaßlichen Zwischenformen nur eine sehr geringe Stabilität besitzen, gleichzeitig wird es dadurch aber auch sehr schwierig, den Strukturübergang bei der Faltung zu verfolgen.

Der zweite Faktor, der die Proteinfaltung so rätselhaft macht, ist die heterogene Zusammensetzung des denaturierten Zustands: Ohne stabile Zwischenformen ist es nicht ohne weiteres möglich, sich den gesamten Ablauf plausibel vorzustellen.

Vergleichen wir die Faltung von Proteinen einmal mit zwei anderen Vorgängen, bei denen Strukturen aufgebaut werden:

1. Wenn man Selbstbaumöbel zusammensetzt, durchlaufen diese eine Abfolge gut definierter Zwischenzustände. Zuerst wird A in einer Konformation, die dem nativen Zustand entspricht, an B geschraubt. Die Struktur des Teilstücks aus A und B ist festgelegt und wird ausschließlich durch die Wechselwirkungen zwischen A und B stabilisiert. Gäbe es nicht die Schwerkraft, könnte sich die stabile Zwischenform A-B ausbilden. Proteine dagegen müssen auf den Luxus, stabile Zwischenformen zu bilden, verzichten.
2. Beim Bau eines Gewölbes aus seinen Gewölbesteinen ist die Gesamtstruktur erst dann stabil, wenn der Schlussstein eingefügt wird. Nur das vollständige Gewölbe besitzt eine eigene Stabilität; stabile Zwischenformen gibt es nicht, und das Bauwerk lässt sich nur dadurch zusammensetzen, dass man zunächst ein Gerüst aufbaut, das später entfernt wird. Auch der Luxus eines äußeren Gerüsts steht den Proteinen nicht zur Verfügung.

Proteine müssen vielmehr mit instabilen Zwischenformen zurechtkommen – wie beim Aufbau von Selbstbaumöbeln unter Einwirkung der Schwerkraft – und diesen Vorgang beenden, bevor die Zwischenformen sich wieder auflösen; gelingt das nicht, müssen sie die Zwischenformen erneut bilden und es noch einmal versuchen.

Übergangsformen, die bei der Proteinfaltung entstehen, lassen sich im Experiment durch die Messung von Isotopen-Austauschvorgängen identifizieren. Man stellt eine Probe eines denaturierten Proteins her, in der alle Wasserstoffatome (H) durch Deuterium (D) ersetzt wurden. (In NMR-Experimenten kann man die Signale von H und D unterscheiden.) Während sich das Protein wieder zusammenfaltet, setzt man es in getrennten Experimenten zu verschiedenen Zeitpunkten einem Protonenpuls aus. Nachdem sich der native Zustand eingestellt hat, untersucht man, wann und wo in der Struktur ein Austausch von D und H stattgefunden hat. Solche Untersuchungen sprechen für ein Modell, wonach viele Proteine im Laufe ihrer Faltung zunächst ein „geschmolzenes Kügelchen" (*molten globule*) bilden, das bereits einen Teil der nativen Sekundärstrukturen enthält, in dem sich aber noch nicht die Wechselwirkungen der Tertiärstruktur ausgebildet haben, die das Molekül in seiner endgültigen Konformation festhalten. Anschließend folgt dann eine hierarchische Kondensation zu Supersekundärstrukturen und so weiter, bis das Molekül schließlich den nativen Zustand angenommen hat. Bei den meisten Proteinen spricht nichts dafür, dass sich im Verlauf der Faltung andere, vom nativen Zustand abweichende Strukturen als Zwischenformen einstellen; allerdings können solche Strukturen – beispielsweise falsch ausgerichtete Prolin-Isomere – die Faltung in eine falsche Richtung lenken und damit verlangsamen.

Die Erkenntnis lautet also: Die Struktur einzelner Molekülabschnitte wird vorwiegend durch lokale Wechselwirkungen festgelegt, und obwohl diese Wechselwirkungen vermutlich die lokal begrenzten Regionen nicht so stark stabilisieren, dass man sie isolieren könnte, reichen sie doch aus, um einen energiearmen Weg für den Aufbau der Struktur zu schaffen.

Anwendungen der Hydrophobizität

Mithilfe einer **Hydrophobizitätsskala**, die jeder Aminosäure einen bestimmten Wert zuweist, kann man die schwankende Hydrophobizität entlang einer Proteinsequenz darstellen. Ein solches Diagramm bezeichnet man als **Hydrophobizitätsprofil**. Durch die Analyse von Hydrophobizitätsprofilen konnte man die Lage von *turns* zwischen den Elementen der Sekundärstruktur, frei liegende und abgeschirmte Aminosäuren, membrandurchspannende Abschnitte und antigene Abschnitte voraussagen.

—— **Beispiel 5.1** ————————————————————————————————————

Vorhersage der Lage von *turns* zwischen Helices und Faltblattsträngen mithilfe des Hydrophobizitätsprofils.

Abbildung 5.4a zeigt das Hydrophobizitätsprofil für das Lysozym aus Hühnereiklar. Man erkennt deutliche Minima an den Aminosäurepositionen 17, 44, 70, 93 und

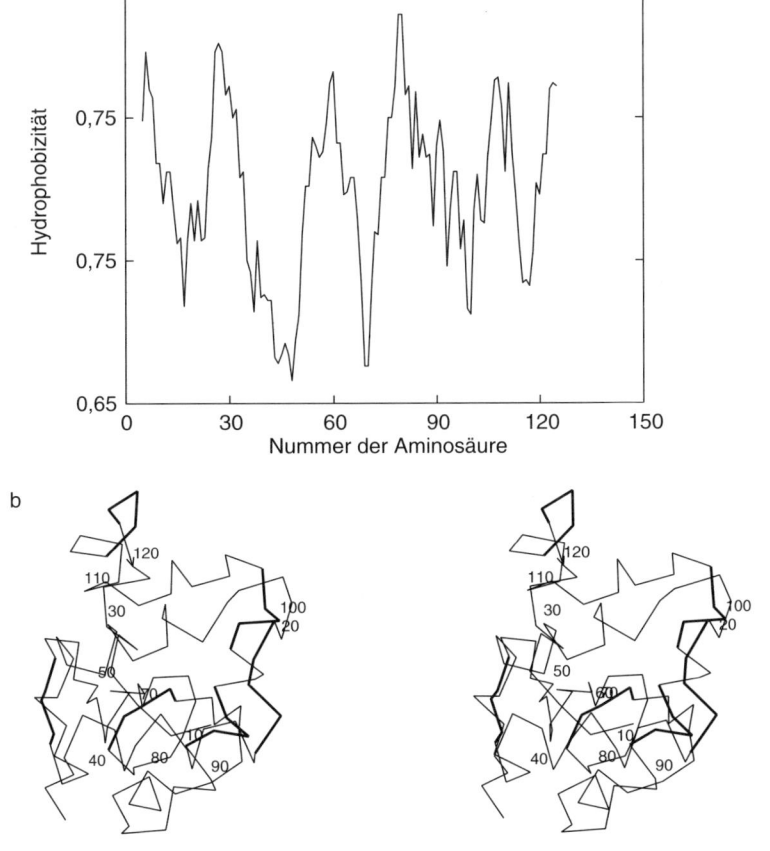

5.4 a) Hydrophobizitätsprofil des Lysozyms aus Hühnereiweiß (erzeugt mithilfe der „Primary Structure Analysis"-Werkzeuge unter `http://www.expasy.ch`). b) Struktur des gleichen Enzyms. Abschnitte, die den Minima im Hydrophobizitätsprofil entsprechen, sind durch etwas dickere Linien gekennzeichnet.

— **Beispiel 5.1** *Fortsetzung*

117. Die Struktur des Proteins ist in Abbildung 5.4b wiedergegeben. Hier kann man den Zusammenhang zwischen *turns* in der Struktur und den Minima im Hydrophobizitätsprofil überprüfen.

Die ausgeprägtesten Minima liegen in der Position der *turns* oder in ihrer Nähe. Ein weiteres Minimum findet sich in einer Region, die an der Oberfläche frei liegt, aber was die Struktur angeht, handelt es sich dabei nicht um einen *turn*, sondern um ein β-Faltblatt. Eines der Minima befindet sich in einer Helix. Umgekehrt entsprechen auch viele *turns* keinen auffälligen Minima in der Hydrophobizitätskurve. Solche Profile liefern also nützliche Informationen, man kann mit ihrer Hilfe aber nicht alle *turns* in einer Proteinstruktur zweifelsfrei voraussagen.

— **Beispiel 5.2** ——————————————————————————————

Das helikale Rad. Nach den Beobachtungen von O. B. Ptitsyn haben α-Helices in globulären Proteinen häufig eine ins Innere des Proteins weisende „hydrophobe Seite", während eine „hydrophile Seite" nach außen zum Lösungsmittel gerichtet ist. In einer α-Helix ist jede Aminosäure zu ihrem Vorgänger um rund 100 Grad in der Spirale verschoben. Damit sich der Ptitsyn-Effekt ergibt, müssen also hydrophile und hydrophobe Aminosäuren ungefähr alle vier Positionen abwechseln.

Um diesen Zusammenhang zu überprüfen, kann man die Aminosäure in eine Ebene projizieren, die rechtwinkelig zur Helixachse liegt – ein solches Diagramm bezeichnet man als **helikales Rad**. Als Beispiel ist hier die Sequenz einer α-Helix aus dem Myoglobin des Pottwals wiedergegeben. Geladene und polare Aminosäuren sind fett gedruckt, andere in normaler Schrift.

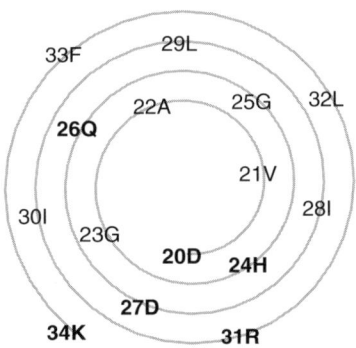

Die Helix hat eine hydrophobe Seite, die zum Inneren der Struktur orientiert ist, und eine nach außen weisende hydrophile Seite. Aufgrund einer solchen Hydrophobizitätsverteilung kann man voraussagen, ob ein Abschnitt der Aminosäuresequenz in der nativen Proteinstruktur wahrscheinlich eine α-Helix bildet.

Der Kasten auf Seite 231 zeigt ein Perl-Programm zum Zeichnen helikaler Räder.

⊣ **www** ⊢

```perl
#!/usr/bin/perl
#helwheel.pl -- draw helical wheel
#usage: echo DVAGHGQDILIRLFKSH | helwheel.pl > output.ps
# or    echo 20DVAGHGQDILIRLFKSH | helwheel.pl > output.ps
#       the numerical prefix sets the first residue number

# The output of this program is in PostScript (TM),
#      a general-purpose graphical language

# The next section prints a header for the PostScript file

print «EOF;
%!PS-Adobe-
%%BoundingBox: (atend)
%1 0 0 setrgbcolor
%newpath
%37.5 161 moveto 557.5 161 lineto 557.5 681 lineto 37.5 681 lineto
%closepath stroke
297.5 421. translate 2 setlinewidth 1 setlinecap
/Helvetica findfont 20 scalefont setfont 0 0 moveto
EOF


#  Define fonts to associate with each amino acid

$font{"G"} = "Helvetica";      $font{"A"} = "Helvetica";      $font{"S"} = "Helvetica";
$font{"T"} = "Helvetica";      $font{"C"} = "Helvetica";      $font{"V"} = "Helvetica";
$font{"I"} = "Helvetica";      $font{"L"} = "Helvetica";      $font{"F"} = "Helvetica";
$font{"Y"} = "Helvetica";      $font{"P"} = "Helvetica";      $font{"M"} = "Helvetica";
$font{"W"} = "Helvetica";      $font{"H"} = "Helvetica-Bold"; $font{"N"} = "Helvetica-Bold";
$font{"Q"} = "Helvetica-Bold"; $font{"D"} = "Helvetica-Bold"; $font{"E"} = "Helvetica-Bold";
$font{"K"} = "Helvetica-Bold"; $font{"R"} = "Helvetica-Bold";

$_= <>;                                    # read line of input
chop();$_ =~ s/\s//g;                      # remove terminal carriage return and blanks

if ($_ =~ s/^(\d+)//)                      # if input begins with integer
    {$resno = $1;}                         # extract it as initial residue number
else {$resno = 1}                          # if not, set initial residue number = 1

$radius = 50;                              # initialize values for radius,
$x = 0; $y = -50; $theta = -90;            # x, y and angle theta

#  print light gray spiral arc as succession of line segments, 10 per residue

$npoints = 10*(length($_) - 1);

print "0.8 0.8 0.8 setrgbcolor\n";         # set colour to light gray
print "newpath\n";                         # draw spiral arc
printf("%8.3f %8.3f moveto\n",$x,$y);
foreach $d (1 .. $npoints) {               # 10 points per residue
    $theta += 10; $radius += 0.6;          # increase radius and theta
    $x = $radius*cos($theta*0.01747737);   # calculate new value of x
    $y = $radius*sin($theta*0.01747737);   #   and y
    printf("%8.3f %8.3f lineto\n",$x,$y);
}
print "stroke\n";

#  print residues and residue numbers

$radius = 50;                              # reinitialize values for radius,
$x = 0; $y = -50; $theta = -90;            # x, y and angle theta
print '0 setgray\n'                        # set colour to black

foreach (split ("",$_)) {                  # loop over characters from input line
    print "/$font{$_} findfont";           # set font appropriate
    print "20 scalefont setfont\n";        # for this amino acid
    printf("%8.3f %8.3f moveto\n",$x,$y);  # move to current point
    print " ($resno$_) stringwidth";       # adjust position to center residue
    print " pop -0.5 mul -7 rmoveto\n";    #    identification on point on spiral
    print " ($resno$_) show\n";            # print residue number and id
    print "% $theta $resno$_\n";
    $theta += 100; $radius += 6;           # set new values of angle, radius
    $x = $radius*cos($theta*0.01747737);   # compute new values of x
    $y = $radius*sin($theta*0.01747737);   #   and y
    $resno++;                              # increase residue number
}

print "showpage\n";                        # postscript signals to
print "%%BoundingBox:";                     # print
$xl = 297.5 - 1.05*$radius;                #   x
$xr = 297.5 + 1.05*$radius;                #    and
$yb = 421. - 1.05*$radius;                 #     y
$yt = 421. + 1.05*$radius;                 #      limits
printf("%8.3f %8.3f %8.3f %8.3f\n",$xl,$xr,$yb,$yt);

print "showpage\n";
print "%%EOF\n";                            # and wind up
```

─── **Beispiel 5.3** ──

Nachweis von Transmembran-Helixabschnitten. Eine Struktur, die man bei vielen Membranproteinen findet, wurde erstmals beim Rhodopsin entdeckt: Sieben durch Schleifen verbundene Helices durchspannen die Membran (Abb. 5.5).

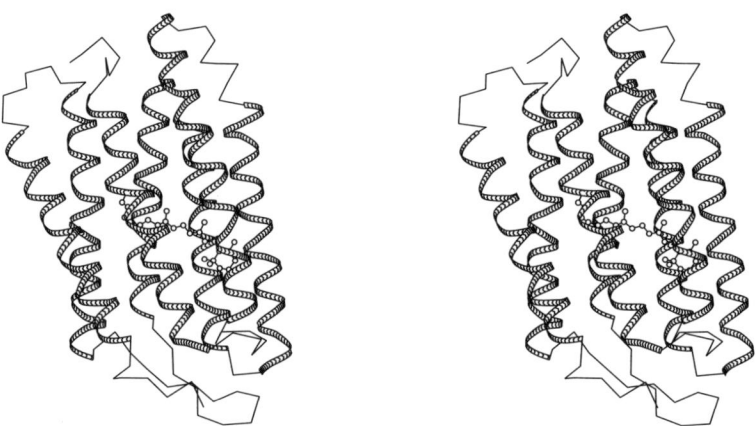

5.5 Das Bacteriorhodopsin aus dem Bakterium *Halobacterium salinarum* (früher *Halobacterium halobium*) [2BRD], betrachtet in der Membranebene. Der als Kugel-Stab-Modell eingezeichnete Ligand ist das Chromophor Retinal.

In den membrandurchspannenden Abschnitten liegen fast ausschließlich hydrophobe Aminosäuren, denn die gesamte Helix ist ja in ein nichtwässriges Medium eingebettet. Dazwischen liegen Abschnitte mit polaren Aminosäuren. Transmembranhelices sind in der Regel 15 bis 30 Aminosäuren lang.

Eine ungefilterte Hydrophobizitätskurve der Aminosäuresequenz des Bacteriorhodopsins aus *H. salinarium* zeigt sieben Maxima, die den sieben Transmembranhelices (durch horizontale Balken gekennzeichnet) entsprechen.

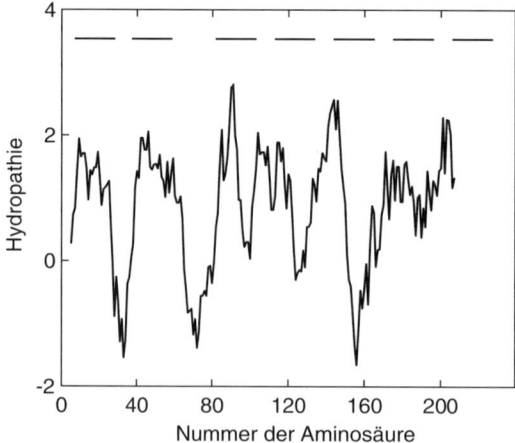

Im Web steht eine ganze Reihe von Programmen zur Verfügung, die mit spezialisierten Verfahren die Voraussage von Transmembranabschnitten ermöglichen.

┤ www ├

Web-Ressourcen: Voraussage von Transmembranhelices

TMHMM (A. Krogh und E. Sonnhammer) – auf der Grundlage eines Hidden-Markov-Modells:

`http://www.cbs.dtu.dk/services/TMHMM-2.0/`

PHDhtm (B. Rost):

`http://dodo.bioc.columbia.edu/predictprotein`

Membrane Protein Explorer (S. White):

`http://blanco.biomol.uci.edu/mpex/`

Superposition von Strukturen und Struktur-Alignment

Manche Aspekte der Sequenzanalyse leiten ziemlich direkt zur Strukturanalyse über, manche muss man dazu verallgemeinern, und in anderen Fällen gibt es überhaupt keine Entsprechung.

Wie bei den Sequenzen, so stellt sich auch bei der Analyse von Strukturen die grundsätzliche Frage, wie man ein Maß für die Ähnlichkeit findet und damit rechnet. Sind die Strukturen zweier Moleküle identisch oder sehr ähnlich, kann man sich eine Überlagerung oder Superposition vorstellen, in der einander entsprechende Punkte der beiden Strukturen sich so nahe wie möglich kommen. Der durchschnittliche Abstand zwischen entsprechenden Punkten ist dann ein Maß für die Strukturähnlichkeit. In der Praxis ist es üblich, für die einander entsprechenden Atome die Wurzel der mittleren quadratischen Abweichung (*root-mean-square deviation*, RMS) anzugeben:

$$\text{RMS} = \sqrt{\sum d_i^2 / n}$$

Dabei ist d_i der Abstand zwischen den Punkten des i-ten Paares bei optimaler Übereinstimmung und n die Zahl der Punkte.

Kennt man die Entsprechungen nicht, muss man sie zunächst ermitteln; erst dann kann man den RMS-Wert für die Unterstrukturen feststellen, für die ein Alignment möglich ist. Entsprechen die einzelnen Punkte den Atomen, welche die aufeinander folgenden Bausteine einer Protein- oder Nucleinsäurestruktur repräsentieren (die $C\alpha$-Atome der Proteine oder die Phosphoratome in den Nucleinsäuren), besteht die Aufgabe ganz buchstäblich im Alignment, das heißt in der Zuordnung von Entsprechungen zwischen den einzelnen Bausteinen (Kasten 5.2). Tatsächlich ist die Aufklärung solcher Entsprechungen zwischen den Bausteinen durch Superposition von mindestens zwei Proteinstrukturen eine sehr leistungsfähige Methode zum Sequenz-Alignment. Da Strukturen in der Evolution in der Regel geringeren Abweichungen unterliegen als Sequenzen, eignet sich das Struktur-Alignment besser als das Sequenz-Alignment zum Nachweis von Homologien und zum Nachweis von Sequenzübereinstimmungen bei weitläufig verwandten Proteinen.

| 5.2 |

Ermittlung von Ähnlichkeit und Alignment in der theoretischen Chemie

1. Ähnlichkeit zwischen zwei Atomgruppen mit bekannten Entsprechungen:

$$p_i \leftrightarrow q_i, \ i = 1,\ldots,N$$

Die analoge Größe für Sequenzen ist der Hamming-Abstand, der nur Fehlpaarungen berücksichtigt.

2. Ähnlichkeit zwischen zwei Atomgruppen mit unbekannten Entsprechungen, bei denen aber die Molekülstruktur – insbesondere die lineare Anordnung der Bausteine – die Möglichkeiten einschränkt. Bei Proteinen und Nucleinsäuren beschränkt sich die Auswahl auf Entsprechungen, bei denen die Reihenfolge entlang der Kette beibehalten wird:

$$p_{i(k)} \leftrightarrow q_{j(k)}, \quad k = 1,\ldots,K \leq N, M$$

mit der Einschränkung, dass $k_1 > k_2 \Rightarrow i(k_1) > i(k_2)$ und $j(k_1) > j(k_2)$. Dies kann man als Entsprechung zum Levenshtein-Abstand deuten, das heißt zu einem Sequenz-Alignment mit Lücken. Das Ergebnis einer solchen Berechnung ist das Alignment von Sequenzteilen.

3. Ähnlichkeiten zwischen zwei Atomgruppen mit unbekannter Entsprechung und ohne Einschränkungen für die Entsprechung:

$$p_{i(k)} \leftrightarrow q_{j(k)}$$

Dieses Problem stellt sich in folgendem Fall: Angenommen, zwei (oder mehrere) Moleküle haben ähnliche biologische Wirkungen, beispielsweise den gleichen pharmakologischen Effekt. Häufig findet man bei solchen Molekülen eine gemeinsame Anordnung bei einer relativ kleinen Untergruppe ihrer Atome, die für die biologische Aktivität verantwortlich ist. Solche Atome bezeichnet man als **Pharmakophore**. Die Aufgabe besteht darin, sie zu identifizieren: Zu diesem Zweck ist es hilfreich, wenn man in den beiden Molekülen die größtmöglichen Atom-Untergruppen mit ähnlicher Struktur findet.

— **Beispiel 5.4** —

Struktur-Alignment des γ-Chymotrypsins und des epidermolytischen Toxins A aus *Staphylococcus aureus*.

Chymotrypsin und das epidermolytische Toxin A aus *S. aureus* gehören zu den Proteasen der Chymotrypsinfamilie. Abbildung 5.6 zeigt die überlagerten Strukturen der PDB-Einträge 8GCH (γ-Chymotrypsin, durchgezogene Linien) und 1AGJ (epidermolytisches Toxin A aus *S. aureus*, gestrichelte Linien). Die Proteine zeigen das gleiche typische Faltungsmuster der Chymotrypsin-Serinproteinasen und die katalytische „Triade" Ser–His–Asp (dickere Linien).

Aus der Superposition lässt sich folgendes Sequenz-Alignment ableiten:

```
8gch CGVPAIQPVLIVNG-------------------------------EEAVP--GS----WPWQVSLQ-DKTG
1agj -------------EVSAEEIKKHEEKWNKYYGVNAFNLPKELFSKVDEKDR-QKYPYNTIGNVFVK-G-

8gch FH--FCGGSLINE-NWVVTAAHC-GV-T---T-SDVVVAGEFDQG---SSSEKI--QKLKIAKVFK-NS-
1agj --QTSATGVLIG-KNTVLTNRHIAK-FANGDPSKVSFRPSI-NTDDNGNT-E-TPYGEYEVKEILQEP-F
```

— **Beispiel 5.4** *Fortsetzung*

5.6 Überlagerte Strukturen des γ-Chymotrypsins [8GCH] (durchgezogene Linien) und des epidermolytischen Toxins A aus *S. aureus* [1AG] (gestrichelte Linien). Die Seitenketten der katalytischen Triade sind ebenfalls dargestellt. Interessanterweise ist der Bereich rund um das aktive Zentrum der am stärksten konservierte Abschnitt des Proteins.

```
8gch KYNSLTINNDITLLKLST-----AAS--FSQTVSAVCLPSASD--DFAAGTTCVTTGWG-LTRYNTPD-R
1agj GAG-----VDLALIRLKPDQNGVSL-GDK---ISPAKIGT---SNDLKDGDKLELIGYPFDH----KVNQ

9gch LQQASLPLL-SNTNCKKYWGTKIKDAM--ICAGASGV-SSCMGDSGGPLVCKKNGAWTLVGIVSWGSSTC
1agj MHRSEIELTTLS--------------RGLRYY----GFTVPGNSGSGIFNSN---GELVGIHSSK----

8gch STST---------PGVYARVTA-LVNWVQQTLAAN-
1agj ----VSHLDREHQINYGVGIGNYVKRIINEKN---E
```

Die Ähnlichkeit zwischen den beiden Sequenzen liegt weit in der „Grauzone". Aus dem üblichen paarweisen Alignment der beiden Sequenzen allein lässt sie sich nicht ableiten.

DALI (*Distance-matrix ALIgnment*)

Während der Evolution eines Proteins verändert sich seine Struktur. Zu den kleinen Einzelheiten, die in der Evolution jedoch häufig erhalten bleiben, gehört die Verteilung der Kontakte zwischen den Aminosäuren: Stehen zwei Aminosäuren in einem Protein in Verbindung, findet man häufig auch in einem ähnlichen Protein nach dem Alignment einen Kontakt zwischen den entsprechenden Aminosäuren. Das gilt sogar dann, wenn zwischen den Proteinen nur eine entfernte Homologie besteht und wenn die betreffenden Aminosäuren unterschiedlich groß sind. Mutationen, durch die sich die Größe der dicht gedrängten, abgeschirmten Aminosäuren verändert, führen zu Anpassungen bei der Anordnung der Helices und Faltblätter.

Diese Beobachtungen wandten L. Holm und C. Sander auf das Struktur-Alignment von Proteinen an. Wenn das Muster der Kontakte zwischen den Aminosäuren selbst bei entfernt verwandten Proteinen erhalten bleibt, sollte es möglich sein, solche entfernt verwandten Proteine auch durch den Nachweis konservierter Berührungsmuster zu identifizieren.

Um dies zu berechnen, erzeugt man Matrizen der Kontaktverteilung in den beiden Proteinen (was sehr einfach ist), und dann sucht man nach den maximal übereinstimmenden Untermatrizen (was schwierig ist). Auf der Grundlage sorgfältig ausgewählter Näherungsverfahren schrieben Holm und Sander ein leistungsfähiges Programm namens DALI. Dieses wird heute sehr häufig verwendet, wenn man Proteine identifizieren will, deren Faltungsmuster dem einer untersuchten Struktur ähneln. Das Programm läuft so schnell, dass man damit routinemäßig die gesamte Protein Data Bank nach Strukturen durchsuchen kann, die Ähnlichkeiten mit einer neu aufgeklärten Struktur besitzen, und man kann damit sogar nach einem Vergleich jeder Struktur mit jeder anderen eine Klassifikation der Strukturen von Proteindomänen vornehmen. Holm und Sander fanden mit dieser Methode mehrere überraschende Ähnlichkeiten, die auf der Ebene des Alignment von Sequenzpaaren nicht nachzuweisen waren.

Ein Beispiel, wie gut DALI auch sehr entfernte Strukturähnlichkeiten erkennt, ist der Nachweis der Verwandtschaft zwischen der Adenosindesaminase der Maus, der Urease aus *Klebsiella aerogenes* und der Phosphotriesterase von *Pseudomonas diminuta* (Abb. 5.7).

DALI steht im Web zur Verfügung. Auf der Site `http://www.ebi.ac.uk/dali/` kann man Koordinaten eingeben und erhält dann die gefundenen ähnlichen Strukturen sowie ihre Alignments mit der eingegebenen Struktur.

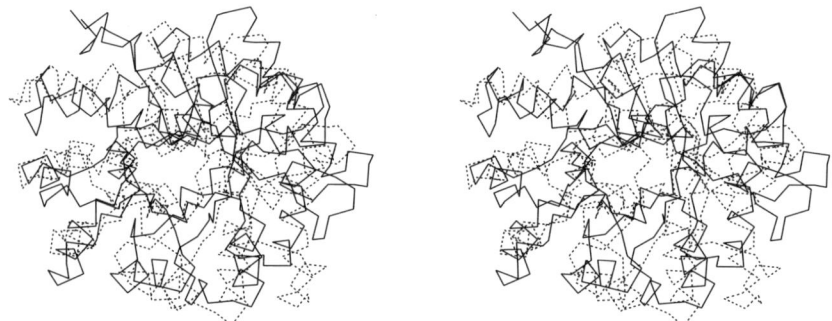

5.7 Abschnitte mit gemeinsamen Faltungsmustern, ermittelt mit dem Programm DALI von L. Holm und C. Sander. Es handelt sich um zwei Proteine mit TIM-*barrels*, die Adenosindesaminase der Maus [1FKX] (durchgezogene Linien) und die Phosphotriesterase aus *Pseudomonas diminuta* [1PTA] (gestrichelte Linien). Nach dem hier gezeigten Alignment stimmen die Ketten nur in 13 Prozent ihrer Aminosäuren überein – ein Wert, der eher im mitternächtlichen Dunkel denn in der Grauzone liegt.

Evolution von Proteinstrukturen

Unter den rund 15 000 heute bekannten Proteinstrukturen sind mehrere Familien, in denen die Moleküle das gleiche grundlegende Faltungsmuster beibehalten haben; das Spektrum der Sequenzähnlichkeit reicht dabei von beinahe völliger Übereinstimmung bis zu einer Konservierung von deutlich unter 20 Prozent. Gute Beispiele sind die Serinproteasen (γ-Chymotrypsin und das epidermolytische Toxin A aus *S. aureus*; Abb. 5.6) und die Familie der Adenosindesaminasen/Phosphotriesterasen (Abb. 5.7).

Im Allgemeinen zieht eine Mutation eine Strukturveränderung nach sich. Biologische Systeme haben die charakteristische Eigenschaft, dass die beobachteten Objekte eine bestimmte Form haben, die durch Evolution aus verwandten Objekten mit ähnlicher, aber nicht genau gleicher Form hervorgegangen ist. Sie müssen also „robust" sein, das heißt, sie müssen so viel Spielraum haben, dass gewisse Abwandlungen möglich sind. Diese Robustheit können wir uns in unseren Analysen zu Nutze machen: Indem wir verwandte Objekte identifizieren und vergleichen, können wir zwischen variablen und konstanten Merkmalen unterscheiden und so feststellen, welche Eigenschaften für Struktur und Funktion unentbehrlich sind.

In Familien homologer Proteine, die nach wie vor die gleiche Funktion besitzen, lassen die natürlich vorkommenden Variationen erkennen, wie Strukturen sich auf Veränderungen in der Aminosäuresequenz einstellen. Aminosäuren an der Oberfläche des Moleküls, die nicht an der Funktion beteiligt sind, können in der Regel ohne weiteres mutieren. Schleifen an der Oberfläche fangen Veränderungen vielfach auf, indem eine lokal begrenzte, neue Faltung entsteht. Verändert sich durch eine Mutation das Volumen der im Molekülinneren gelegenen Aminosäuren, führt dies in der Regel nicht zu einer neuen Konformation einzelner Helices oder Faltblätter, sondern zu einer Verschiebung ihrer räumlichen Anordnung. Das Wesen der Kräfte, die Proteinstrukturen stabilisieren, setzt solchen Konformationsänderungen allgemeine Grenzen. Zusätzlich ergeben sich von Fall zu Fall unterschiedliche Beschränkungen in Abhängigkeit von der Funktion.

Familien verwandter Proteine behalten häufig gemeinsame Faltungsmuster bei. Aber auch wenn die Faltung allgemein gleich bleibt, kommt es zu Verzerrungen, und diese nehmen mit der Auseinanderentwicklung der Aminosäuresequenzen zu. Solche Verformungen verteilen sich nicht gleichmäßig über die Struktur. In der Regel behält ein großer **Kern** (core) in der Mitte der Struktur qualitativ die gleiche Faltung bei, während andere Bereiche tiefgreifendere Konformationsänderungen durchmachen. Als Beispiel kann man die Buchstaben B und R betrachten. Ihre Strukturen haben einen gemeinsamen Kern, der dem Buchstaben P entspricht. Außerhalb dieses gemeinsamen Kerns unterscheiden sie sich: Das B hat unten eine Schleife, das R einen Schrägstrich.

Durch systematische Untersuchung der Strukturunterschiede zwischen Paaren verwandter Proteine konnte man eine qualitative Beziehung zwischen der Unterschiedlichkeit der Aminosäuresequenzen im Kern einer Strukturfamilie und den Unterschieden der Struktur definieren. Je weiter die Sequenzen sich voneinander entfernen, desto stärker werden die Verformungen in der Konformation der Hauptkette, und der Anteil der Aminosäuren, die zum Kern gehören, nimmt in der Regel ab. Solange der Anteil identischer Aminosäuren in der Sequenz nicht unter etwa 40 bis 50 Prozent sinkt, wirken diese Effekte sich nur in geringem Umfang aus. Fast die gesamte Struktur bleibt im Kern, und die Atome der Hauptkette verschieben sich in der Regel durchschnittlich um nicht mehr als 0,1 Nanometer (1 Ångström). Mit zunehmender Abweichung der Sequenz falten sich manche Abschnitte völlig auseinander, sodass der Kern kleiner wird, und die Verschiebung der im Kern verbliebenen Aminosäuren wird stärker.

Einen solchen Zusammenhang zwischen Sequenzunterschieden und Struktur gibt es in allen Proteinfamilien. Abbildung 5.8a zeigt die Strukturveränderungen des Kerns, ausgedrückt als Wurzel der mittleren quadratischen Abweichung (RMS) der Hauptkettenatome nach optimaler Superposition, aufgetragen gegen die Sequenzübereinstimmung, das heißt gegen den Prozentsatz konservierter Aminosäuren im Kern bei optimalem Alignment. Die Produkte entsprechen Paaren homologer Proteine aus vielen Familien. (Die Punkte mit 100 Prozent Sequenzübereinstimmung stellen Proteine dar, deren Strukturen in zwei oder mehreren Kristallverbänden aufgeklärt wurden; die Abweichungen zeigen, dass Kristallkräfte – sowie in geringerem Ausmaß auch Lösungsmittel und Temperatur – die Konformation eines Proteins geringfügig verändern können.) In Abb. 5.8b erkennt man, wie sich der Anteil der Aminosäuren im Kern als Funktion der Sequenzabweichung verändert. Bei weitläufig verwandten Proteinen kann ein

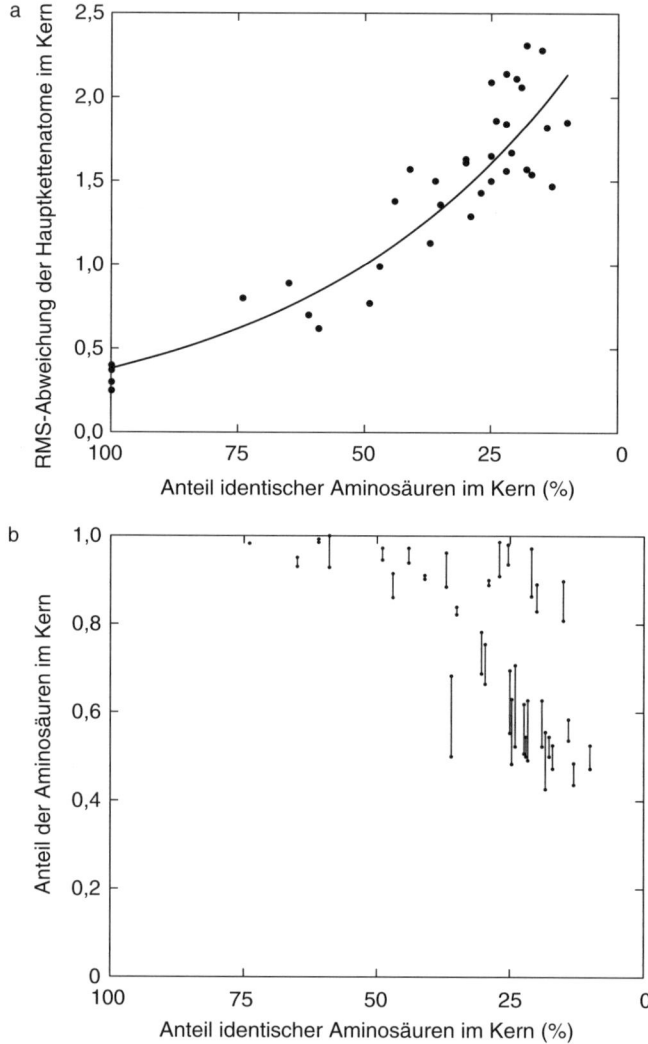

5.8 Zusammenhänge zwischen der Unterschiedlichkeit in der Aminosäuresequenz und dem räumlichen Aufbau der Kernstruktur in der Evolution von Proteinen. a) Zusammenhang zwischen Schwankungen der Wurzel der mittleren quadratischen Abweichung (RMS) für die Kernstruktur und dem Prozentsatz der dort vorhandenen identischen Aminosäuren. b) Zusammenhang zwischen relativen Größenunterschieden der Kernstruktur und dem Prozentsatz der dort vorhandenen identischen Aminosäuren. Die Abbildung zeigt die berechneten Werte für 32 Paare homologer Proteine verschiedener Strukturtypen. (Verändert nach Chotia C, Lesk AM (1986) Relationship between the divergence of sequence and structure in proteins. *The EMBO Journal* 5, 823–826.)

sehr unterschiedlicher Anteil der Aminosäuren zum Kern gehören: In manchen Fällen ist er nach wie vor groß, in anderen schrumpft er auf unter 50 Prozent der Struktur.

Klassifikation von Proteinstrukturen

Wenn man Proteinstrukturen nach ihrem Faltungsmuster einteilt, schafft man für die Einträge in der Protein Data Bank einen sehr nützlichen logischen Aufbau, der eine Grundlage für den strukturorientierten Informationsabruf bietet. Mehrere Datenbanken, die sich von der PDB ableiten, sind rund um eine Klassifikation von Proteinstrukturen aufgebaut. Sie bieten nützliche Eigenschaften, mit denen man die Welt der Proteinstrukturen erkunden kann. Sie ermöglichen unter anderem die Suche nach Stichworten oder Sequenzen, die Navigation unter ähnlichen Strukturen auf verschiedenen Ebenen der Klassifikationshierarchie, die bildliche Darstellung von Strukturen und das Durchsuchen der Datenbank nach Strukturen, die einer neuen Struktur ähneln; Links zu anderen Sites sind ebenfalls vorhanden. Zu diesen Datenbanken gehören SCOP (Structural Classification of Proteins), CATH (Class, Architecture, Topology, Homologous superfamily), FSSP/DDD (Fold classification based on Structure-Structure alignment of Proteins/Dali Domain Dictionary) und CE (The Combinatorial Extension method).

SCOP

Die Datenbank SCOP (Structural Classification of Proteins) ordnet Proteinstrukturen aufgrund ihrer Herkunft in der Evolution und ihrer Strukturähnlichkeiten in eine Hierarchie ein. Auf der untersten Ebene der SCOP-Hierarchie stehen die einzelnen **Domänen**, die aus den Einträgen der Protein Data Bank entnommen werden. Mehrere Domänen werden zu **Familien** homologer Mitglieder zusammengefasst, bei denen Ähnlichkeiten in Struktur, Sequenz und manchmal auch Funktion auf einen gemeinsamen entwicklungsgeschichtlichen Ursprung hindeuten. Familien aus Proteinen mit ähnlicher Struktur und Funktion, bei denen eine Evolutionsverwandtschaft zwar anzunehmen ist, aber nicht überzeugend nachgewiesen wurde, bilden **Superfamilien**. Diejenigen Superfamilien, bei denen zumindest ein großer, zentraler Teil der Strukturen eine gemeinsame Faltungstopologie zeigt, werden zu *folds* oder **Faltungen** zusammengefasst. Und schließlich gehört jede Gruppe von *folds* zu einer der großen, allgemeinen **Klassen**. Die Hauptklassen in SCOP sind α, β, $\alpha+\beta$, α/β und verschiedene „kleine Proteine", die oft kaum Sekundärstrukturen besitzen und durch Disulfidbrücken oder Liganden zusammengehalten werden.

Der Kasten 5.3 zeigt die SCOP-Klassifikation für das Flavodoxin aus *Clostridium beijerinckii* (Farbtafel II). Genauere Erläuterungen zum Ausmaß der Ähnlichkeit von Proteinen, die auf den verschiedenen Ebenen der Hierarchie zu Gruppen zusammengefasst werden, sowie eine Erörterung anderer Klassifikationsschemata finden sich in Lesk, A (2001) *Introduction to Protein Architecture: The Structural Biology of Proteins* (Kapitel 4).

In seiner Version vom Juli 2001 enthielt SCOP insgesamt 13 220 Einträge aus der PDB, die in 31 474 Domänen unterteilt waren. Auf die verschiedenen Ebenen der Hierarchie verteilten sich die Einträge folgendermaßen:

Klasse	Zahl der		
	Familien	Superfamilien	*folds*
α-Proteine	337	224	138
β-Proteine	276	171	93
α/β-Proteine	374	167	97
$\alpha+\beta$-Proteine	391	263	184
Proteine mit mehreren Domänen	35	28	28
Membran- und Zelloberflächenproteine	28	17	11
kleine Proteine	116	77	54
gesamt	1 557	947	605

┤ 5.3 ├

SCOP-Klassifikation für das Flavodoxin aus *Clostridium beijerinckii*

1. **Wurzel:** SCOP

2. **Klasse:** Alpha- und Beta-Proteine (α/β)

   vorwiegend parallele Beta-Faltblätter (β-α-β-Einheiten)

3. **Faltung:** flavodoxinartig

   3 Schichten ($\alpha/\beta/\alpha$); paralleles β-Faltblatt aus fünf Strängen, Reihenfolge 21345

4. **Superfamilie:** Flavoproteine

5. **Familie:** flavodoxinverwandt

   bindet FMN

6. **Protein:** Flavodoxin

7. **Spezies:** *Clostridium beijerinckii*

Aus: `http://scop.mrc-lmb.cam.ac.uk/scop`

Zahlreiche weitere Websites, die eine Klassifikation von Proteinstrukturen vornehmen, sind aufgeführt unter
`http://www.bioscience.org/urllists/protdb.htm` und
`http://www2.ebi.ac.uk/msd/Links/fold.shtml`

Vorhersage und Modellierung von Proteinstrukturen

Wenn jedes Protein sich spontan zu einer einzigen nativen Raumstruktur zusammenfaltet, muss es in der Natur einen Algorithmus geben, mit dem sich die Proteinstruktur aus der Aminosäuresequenz vorhersagen lässt. Manche Versuche, diesen Algorithmus aufzuklären, stützen sich ausschließlich auf allgemeine physikalische Gesetzmäßigkeiten; andere nutzen Beobachtungen an bekannten Aminosäuresequenzen und Proteinstrukturen. Zum Beweis, dass wir ihn verstanden haben, müssten wir in der Lage sein, den Algorithmus mit einem Computerprogramm nachzuvollziehen, das aufgrund einer Aminosäuresequenz die richtige Proteinstruktur voraussagt.

Die meisten Ansätze, Strukturen allein aus grundlegenden physikalischen Prinzipien abzuleiten, versuchen die Wechselwirkungen zwischen den Atomen der Proteine nachzuzeichnen und für jede Konformation eine berechenbare Energie zu definieren. Was die Berechnungen angeht, wird das Problem der Vorhersage von Proteinstrukturen damit zu der Aufgabe, das Gesamtminimum für diese Funktion der Konformationsenergie zu finden. Bisher ist man mit diesem Verfahren nicht zum Ziel gelangt, einerseits weil die Energiefunktion sich als unzureichend erwiesen hat, andererseits aber auch, weil die Minimierungsalgorithmen sich in lokalen Minima festfahren.

In anderen Verfahren zur Strukturvorhersage versucht man, das Problem zu vereinfachen und in irgendeiner Form auf seine wesentlichen Punkte zu reduzieren.

Die Alternative zu solchen am Grundsätzlichen orientierten Methoden sind Versuche, Anhaltspunkte für die Struktur einer neuen Sequenz aus Ähnlichkeiten mit bekannten Strukturen abzuleiten. Solche empirischen oder „wissensbasierten" Methoden sind mittlerweile sehr leistungsfähig.

Heute nähern wir uns dem Ziel, die Menge möglicher Faltungen mit bekannten Strukturen auszufüllen. Dies ist das erklärte Ziel der **strukturellen Genomik** (Kasten 5.4). Wenn wir über eine vollständige Sammlung von Faltungsmustern und Sequenzen verfügen, und wenn es außerdem Methoden gibt, um Beziehungen zwischen ihnen herzustellen, werden empirische Verfahren für viele Probleme pragmatische Lösungen liefern. Wie wird sich dies auf die Versuche auswirken, Proteinstrukturen allein anhand der Grundprinzipien vorherzusagen? Die Aufgabe wird ihren intellektuellen Reiz behalten – in der Natur falten sich Proteine, ohne zuvor eine Datenbank zu durchsuchen. Höchstwahrscheinlich wird man das Problem aber nicht mehr mit der gleichen Aufmerksamkeit weiterverfolgen, und es wird auch nicht mehr in dem gleichen Umfang finanziell unterstützt werden, sobald man eine pragmatische Lösung gefunden hat.

Hier ergibt sich allerdings ein Widerspruch: Die Verfahren, die man zur Identifizierung von Faltungsmustern in Sequenzen entwickelt, sind nicht nur Übungen in der Feinabstimmung von Parametern in Scoring-Funktionen. In Experimenten versucht man jene entscheidenden Eigenschaften von Aminosäuresequenzen zu erforschen, die über die Struktur der Proteine bestimmen. Wenn das gelingt, werden wir für das Verständnis der Beziehung zwischen Sequenz und Struktur über eine weit solidere Grundlage verfügen als heute. Möglicherweise werden solche Kenntnisse im Rückblick die Anhaltspunkte liefern, die dann auch eine Vorhersage aufgrund allgemeiner Prinzipien möglich machen.

Zur Vorhersage einer Proteinstruktur aus der Aminosäuresequenz gibt es folgende Methoden:

- Vorhersage von Sekundärstrukturen ohne den Versuch, diese Abschnitte in drei Dimensionen zusammenzufügen. Das Ergebnis ist eine Liste von Sequenzabschnitten, die der Voraussage zufolge α-Helices beziehungsweise β-Faltblätter bilden.
- Homologiemodellierung: Die dreidimensionale Struktur eines Proteins wird anhand der bekannten Strukturen eines oder mehrerer ähnlicher Proteine vorhergesagt. Das Ergebnis besteht aus den vollständigen Koordinaten für Hauptkette und Seitenketten; das Ziel ist ein hochwertiges Modell der Struktur, das zumindest einer bei niedriger Auflösung ermittelten experimentellen Struktur vergleichbar ist.
- Erkennung von Faltungen: Man geht von einem Verzeichnis bekannter Strukturen aus und stellt fest, welche davon das gleiche Faltungsmuster besitzen wie ein untersuchtes Protein, bei dem man zwar die Sequenz, nicht aber die Struktur kennt. Kommt das Faltungsmuster des untersuchten Proteins in der Bibliothek nicht vor,

| 5.4 |

Strukturelle Genomik

Analog zu den Projekten zur Sequenzierung ganzer Genome hat sich die strukturelle Genomik das Ziel gesetzt, die Strukturen ganzer Proteinausstattungen aufzuklären. Mit Röntgenstrukturanalyse und NMR wird man eine „dichte Menge" von Proteinen untersuchen, sodass dann alle Proteine von einer oder mehreren experimentell ermittelten Strukturen aus per Homologiemodellierung (*homology modelling*) erreichbar sind. Viel stärker als die Genom-Sequenzierungsprojekte trägt die strukturelle Genomik Befunde von unterschiedlichen biologischen Arten zusammen. Dabei ist die Proteinausstattung des Menschen natürlich ebenso von besonderem Interesse wie Proteine, die ausschließlich bei ansteckenden Mikroorganismen vorkommen.

Erreichbar wurden die Ziele der strukturellen Genomik zum Teil durch verbesserte experimentelle Verfahren, die eine Strukturaufklärung mit hohem Durchsatz möglich machen, zum Teil aber auch durch die wachsenden Kenntnisse über Proteinstrukturen, mit deren Hilfe man allgemeine Ziele für die experimentellen Arbeiten umreißen und gezielt geeignete Versuchsobjekte ausmachen kann.

Theorie und Praxis der Homologiemodellierung lassen darauf schließen, dass zwischen einem Untersuchungsobjekt und einer experimentell ermittelten Struktur eine Sequenzübereinstimmung von mindestens 30 Prozent bestehen muss. Deshalb ist die experimentelle Strukturaufklärung für mindestens ein Exemplar jeder Sequenzfamilie erforderlich, darunter auch viele Moleküle mit dem gleichen grundlegenden Faltungsmuster. Man wird also die Strukturen von rund 10 000 Domänen experimentell ermitteln müssen. Im Jahr 2000 waren in der PDB insgesamt 2 297 Strukturen archiviert, das heißt, beim derzeitigen Durchsatz ist das Ziel nicht mehr weit.

Die Methoden der Bioinformatik können dazu beitragen, für die experimentelle Strukturaufklärung diejenigen Objekte auszuwählen, die unter dem Gesichtspunkt brauchbarer Informationen die größte Ausbeute versprechen. Bei einer solchen Auswahl kann es um folgende Ziele gehen:

- Ausschluss redundanter Objekte, das heißt jener Proteine, zu denen man ähnliche Strukturen bereits kennt;
- Identifizierung von Sequenzen, bei denen keine Ähnlichkeit zu Proteinen mit bekannter Struktur nachzuweisen ist;
- Identifizierung von Sequenzen, bei denen nur Ähnlichkeiten zu Proteinen mit unbekannter Funktion bestehen; oder
- Proteine mit unbekannter Struktur und „interessanten" Funktionen, beispielsweise Proteine des Menschen, die bei Krankheiten eine Rolle spielen, oder Bakterienproteine, die für Antibiotikaresistenzen verantwortlich sind;
- Proteine mit Eigenschaften, die für die Strukturaufklärung vorteilhaft sind, beispielsweise weil das Protein löslich ist oder weil es Methionin enthält (was die Lösung des Phasenproblems bei der Röntgenstrukturanalyse erleichtert).

Die Maschinerie zur Ausführung der Homologiemodellierung läuft bereits. MODBASE sammelt Homologiemodelle von Proteinen mithilfe der gemeinsamen Anwendung von PSI-BLAST (Identifizierung und Alignment homologer Sequenzen) und MODELLER (ein Programm von A. Šali und Kollegen).

Projekte zur strukturellen Genomik werden durch große Initiativen der amerikanischen National Institutes of Health und der Privatwirtschaft finanziert.

sollte man dies mit der Methode erkennen. Das Ergebnis ist die Benennung einer bekannten Struktur, die auf die gleiche Weise gefaltet ist wie das untersuchte Protein, oder aber die Feststellung, dass kein Protein der Bibliothek dem untersuchten Protein in seinem Faltungsmuster gleicht.

- Vorhersage neuer Faltungen mit prinzipiellen oder wissensbasierten Methoden: Das Ergebnis besteht aus den vollständigen Koordinaten mindestens für die Hauptkette, manchmal auch für die Seitenketten. Das Modell soll das richtige Faltungsmuster besitzen, man würde aber nicht erwarten, dass es in seiner Qualität mit einer experimentell ermittelten Struktur vergleichbar ist. D. Jones verglich den Unterschied zwischen der Erstellung eines Modells nach grundlegenden Gesetzmäßigkeiten und der Erkennung von Faltungen mit dem Unterschied zwischen einem Aufsatz und einer Multiple-Choice-Frage in einem Examen.

Critical Assessment of Structure Prediction (CASP)

Die CASP-Programme wurden bereits in Kapitel 1 kurz vorgestellt. CASP organisiert Blindtests von Proteinstruktur-Voraussagen: Die beteiligten Röntgenstrukturanalytiker und NMR-Experten veröffentlichen die Aminosäuresequenzen der von ihnen untersuchten Proteine, einigen sich aber darauf, die experimentell ermittelten Strukturen so lange geheim zu halten, bis andere eine Voraussage gemacht und ihr Modell ebenfalls eingereicht haben. CASP läuft in Zweijahreszyklen. Alle zwei Jahre im Frühjahr werden die Sequenzen veröffentlicht, die Voraussagen folgen dann im Herbst. Zum Jahresende treffen die Autoren der Voraussage bei einem Galaempfang zusammen, diskutieren ihre neuesten Ergebnisse und bewerten die Fortschritte.

Die CASP-Voraussagen lassen sich in drei große Kategorien einteilen: 1) vergleichende Modellkonstruktion – eigentlich also Homologiemodellierung, 2) Erkennung von Faltungsmustern, und 3) Konstruktion von Modellen neuer Faltungen:

CASP-Kategorie	Zielstrukturen
comparative modelling	Sehr homologe Proteine mit bekannter Struktur sind vorhanden; Methoden der Homologiemodellierung lassen sich anwenden.
fold recognition	Strukturen mit ähnlichem Faltungsmuster sind vorhanden, die Homologie reicht aber für die Homologiemodellierung nicht aus; die Herausforderung besteht darin, Strukturen mit ähnlicher Topologie zu identifizieren.
new fold	Strukturen mit gleichem Faltungsmuster sind nicht bekannt; erforderlich ist entweder eine von Grundprinzipien ausgehende Methode oder ein wissensbasiertes Verfahren, mit dem man Eigenschaften mehrerer Strukturen kombinieren kann.

Drei Schiedsrichter – einer für jede Kategorie – vergleichen vorhergesagte und experimentell ermittelte Strukturen und bewerten danach die Vorhersagen. Die Vorträge bei der Tagung am Jahresende halten die Organisatoren, die Schiedsrichter und ausgewählte Autoren von Voraussagen, darunter jene, die besonders erfolgreich waren oder interessante neue Methoden präsentieren können.

Beim CASP-Programm im Jahre 2000 ging es um 43 untersuchte Sequenzen. 163 Arbeitsgruppen lieferten in allen Kategorien insgesamt 11 136 Vorhersagemodelle. Dies entsprach nahezu der damaligen Zahl der Einträge in der PDB!

Vorhersage von Sekundärstrukturen

Zwei Dinge scheinen auf der Hand zu liegen: Erstens sollten Sekundärstrukturen leichter vorherzusagen sein als Tertiärstrukturen, und zweitens sollte eine sinnvolle Vorhersage von Tertiärstrukturen voraussetzen, dass man zunächst die Helices und Faltblattstränge konstruiert, um sie dann zusammenzusetzen. Ob diese Annahmen nun stimmen oder nicht: Man hat sie vielfach für bare Münze genommen und entsprechend gehandelt. Liegt die Aminosäuresequenz eines Proteins mit unbekannter Struktur vor, macht man zunächst **Voraussagen über die Sekundärstruktur**, das heißt, man ordnet einzelnen Abschnitten der Sequenz eine Helix- oder Faltblattstruktur zu.

Beim CASP-Programm des Jahres 2000 gelang B. Rost mit seinem PROF-Server eine gute Vorhersage für eine Domäne des Fehlpaarungs-Reparaturproteins MutS aus *Thermus aquaticus*. Um die Qualität einer Sekundärstruktur-Vorhersage zu überprüfen, teilt man die Aminosäuren in der experimentell aufgeklärten Raumstruktur in drei Kategorien ein: Helix = H, Strang = E (*extended*, „ausgedehnt") andere = – . Der Prozentsatz der richtig vorhergesagten Aminosäuren wird als Q_3 bezeichnet. Für die Vorhersage von B. Rost lag der Q_3-Wert bei 81 Prozent:

```
                        10        20        30        40        50
                        |         |         |         |         |
Aminosäuresequenz  ALVEDPPLKVSEGGLIREGYDPDLDALRAAHREGVAYFLELEERERERTG
Vorhersage         HH-----------EEE------HHHHHHHHHH-HHHHHHHHHHHHHHH-
Experiment         -E------------E-----HHHHHHHHHHHHHHHHHHHHHHHHHHHH-


                        60        70        80        90        100
                        |         |         |         |         |
Aminosäuresequenz  IPTLKVGYNAVFGYYLEVTRPYYERVPKEYRPVQTLKDRQRYTLPEMKEK
Vorhersage         --EEEEEEEEEEEEEEEE----------EEEEEEEE--EEEE-HHHHHH
Experiment         ----EEEEE---EEEEEEEHHHHHH-----EEEEE---EEEEE-HHHHHH


                        110       120
                        |         |
Aminosäuresequenz  EREVYRLEALIRRREEEVFLEVRERAKRQ
Vorhersage         HHHHHHHHHHHHHHHHHHHHHHHHHHHH-
Experiment         HHHHHHHHHHHHHHHHHHHHHHHHHHH--
```

Abbildung 5.9 zeigt die experimentell ermittelte Struktur; *vorhergesagte* Bestandteile sind darin gesondert gekennzeichnet. Von einer kurzen 3_{10}-Helix abgesehen, wurden die Sekundärstrukturelemente richtig vorhergesagt, mit Ausnahme einiger kleiner

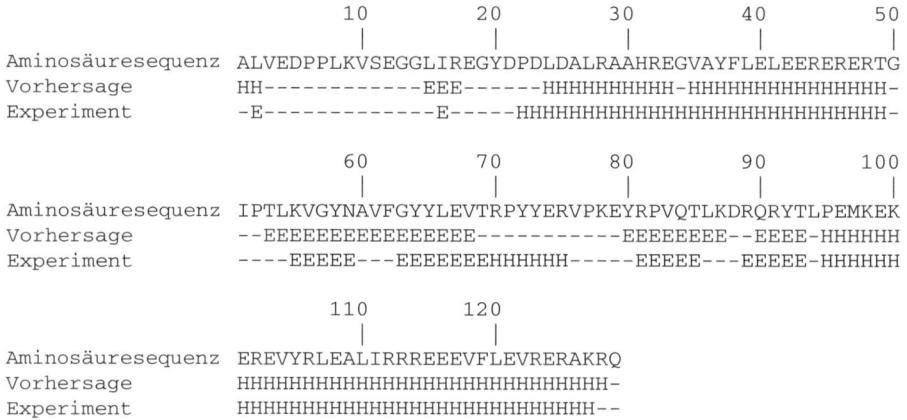

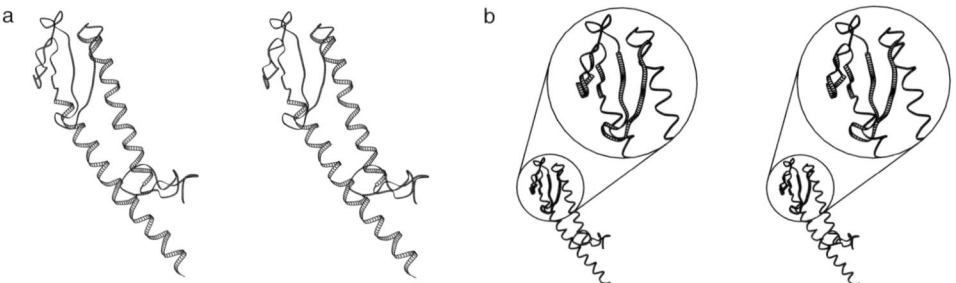

5.9 Die Struktur des Fehlpaarungs-Reparaturproteins MutS aus *Thermus aquaticus* [1ᴇᴡǫ]. a) Abschnitte, die nach der Voraussage von Rosts PROF-Server helixförmig sein sollten, sind als breitere Bänder dargestellt. In der Voraussage wurde nur eine kleine 3_{10}-Helix (im Bild oben links) nicht erkannt. b) Hier sind die Abschnitte, für die eine Strangform vorausgesagt wurde, als breitere Bänder dargestellt.

Abweichungen in den Positionen, an denen sie beginnen und enden. (Andere Scoring-Verfahren prüfen die *Überlappung von Segmenten* und sprechen auf solche Effekte an den Enden weniger stark an.) Das Ergebnis ist von sehr guter Qualität, aber durchaus kein Einzelfall. Der Schwierigkeitsgrad der Aufgabe wurde von den CASP-Schiedsrichtern als *mittel* eingestuft. Derzeit erreicht PROF im Durchschnitt eine Genauigkeit von $Q_3 \approx$ 77%. Vergleichbares leisten auch andere Methoden zur Vorhersage von Sekundärstrukturen.

Die leistungsfähigsten Verfahren zur Vorhersage von Sekundärstrukturen bedienen sich **neuronaler Netze**.

Neuronale Netze

Als neuronale Netze bezeichnet man allgemein eine Kategorie von Berechnungsstrukturen, die sich lose an Anatomie und Physiologie des biologischen Nervensystems anlehnen. Sie wurden erfolgreich auf ein breites Spektrum von Mustererkennungs-, Klassifikations- und Entscheidungsaufgaben angewandt.

Ein einzelnes Neuron ist in dem Berechnungsschema ein Knoten in einem gerichteten Graphen, zu dem eine oder mehrere, als Input bezeichnete Verbindungen hinführen, während eine einzige Verbindung, der Output, ihn verlässt:

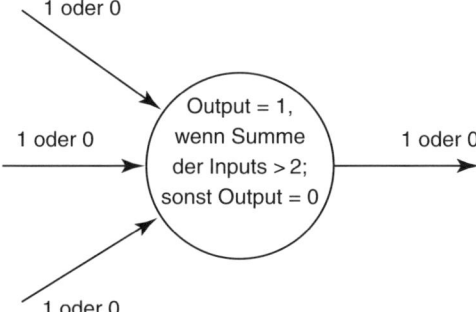

Der physiologischen Metapher folgend, spricht man davon, dass das Neuron „feuert", wenn der Output = 1 ist, und dass es bei einem Output von 0 „nicht feuert". Die simulierten Neuronen können sich sowohl in der Zahl ihrer Input- und Output-Verbindungen unterscheiden als auch in der Formel, nach der sie über das Feuern entscheiden (Kasten 5.5).

Um ein neuronales Netz zu konstruieren, stellt man mehrere Neuronen zusammen, wobei die Output-Verbindungen einiger Neuronen zu den Input-Verbindungen anderer hinführen. Manche Knoten besitzen Verbindungen, die dem gesamten Netz einen Input liefern; manche geben auch Output-Informationen aus dem Netz an die Außenwelt weiter; und wieder andere, die nicht unmittelbar mit der Außenwelt in Wechselwirkung treten, werden als **verborgene Schichten** (*hidden layers*) bezeichnet (S. 247).

Durch Zusammenstellung und Verknüpfung der Neuronen sowie durch unterschiedliche Stärke der Verbindungen lässt sich ein unbegrenztes Ausmaß von Komplexität erreichen. So kann man nicht nur die einfache Summe von Inputs $i_1 + i_2 + i_3$ verwenden, sondern auch eine gewichtete Summe, beispielsweise $10i_1 + 5i_2 + i_3$, sodass das Neuron für den Input 1 am empfindlichsten und für den Input 3 am unempfindlichsten ist. In dem biologischen Vergleich könnte dies einer unterschiedlichen Stärke von Synapsen entsprechen.

| 5.5 |

Die Logik neuronaler Netze

Betrachtet man ein einzelnes Neuron, gibt es für einen linearen Entscheidungsprozess, der über den Output bestimmt, eine geometrische Interpretation in Form von Geraden und Ebenen. Das Neuron in der folgenden Abbildung nimmt zwei Inputs auf. Interpretiert man die Inputs als Koordinaten (x,y) eines Punktes in einer Ebene, „entscheidet" das Neuron, auf welcher Seite einer Geraden dieser Input-Punkt liegt. Der Output ist dann und nur dann 1, wenn $x + y \leq 2$, das heißt, wenn der Punkt unterhalb und links von der Linie $x + y = 2$ liegt.

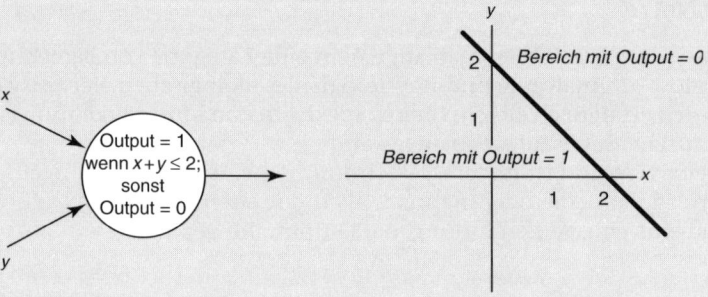

Eine **neuronales Netz** ist charakterisiert durch die Topologie seiner Verknüpfungen sowie durch die Gewichtungen und Entscheidungsformeln seiner Knoten. Ein solches Netz kann komplexere Entscheidungen treffen als ein einzelnes Neuron. Wenn beispielsweise ein Neuron mit zwei Inputs entscheiden kann, auf welcher Seite einer Gerade ein Punkt liegt, können drei Neuronen die Punkte im Inneren eines Dreiecks auswählen.

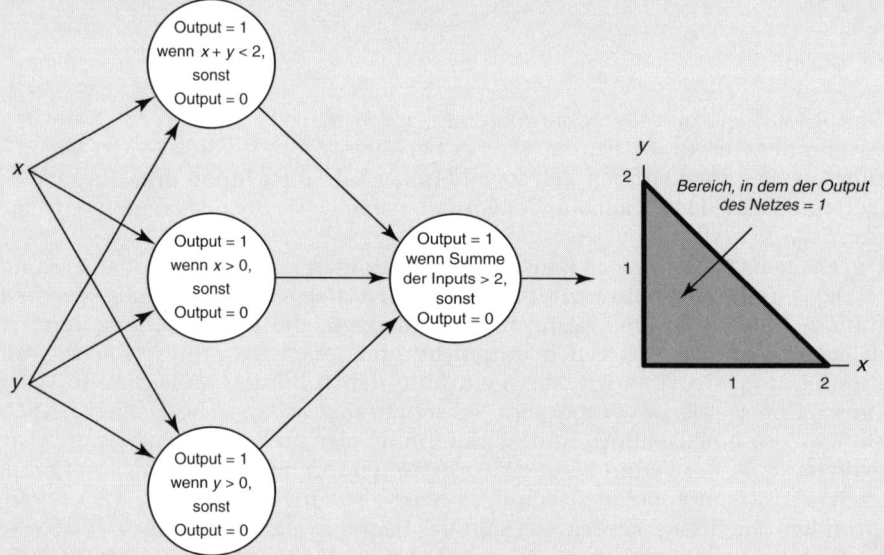

Leistungsfähiger und weniger störungsanfällig sind neuronale Netze, wenn der Output eine bruchlos schwankende Funktion der Inputs ist. Solche Netze können allgemeinere Berechnungen ausführen und leisten die Mustererkennung besser. Für das Training des

5.5 *Fortsetzung*

Netzes ist es außerdem nützlich, wenn der Output eine differenzierbare Funktion der Parameter ist. Zu diesem Zweck ersetzt man die scharf abgegrenzte Schwellenfunktion für den Output eines Neurons durch eine „geglättete" Stufe, das heißt durch eine sigmoidale Funktion.

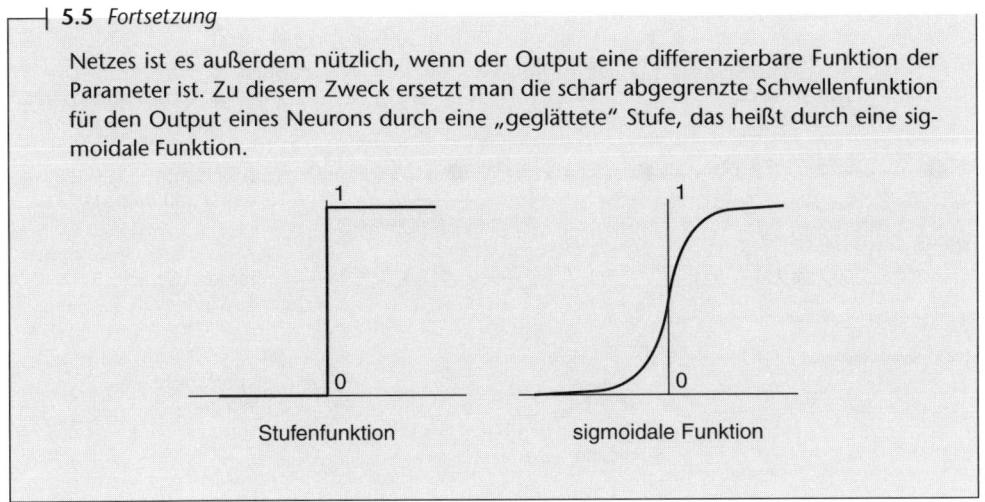

Stufenfunktion   sigmoidale Funktion

Input-Schicht   "verborgene" Schicht   Output-Schicht

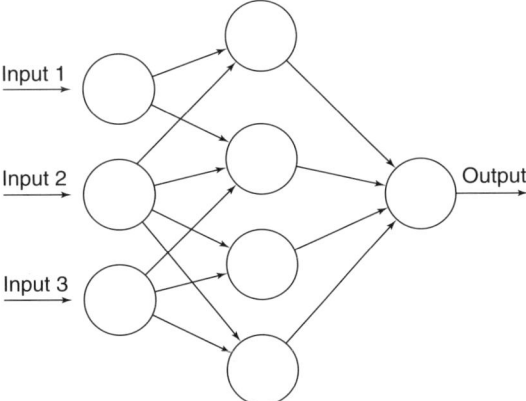

Neuronale Netze beziehen ihre große Leistungsfähigkeit unter anderem aus der Tatsache, dass man die Gewichtungen als **Variablen** betrachten kann, und eine Berechnung oder ein Lernvorgang kann dann darüber bestimmen, welche Gewichtungen sich für eine bestimmte Entscheidung oder zur Identifizierung eines Musters eignen. Um ein Netz zu trainieren, füttert man das System mit Inputs, für die man den gewünschten Output kennt, und vergleicht die vom System gelieferten Ergebnisse mit der richtigen Antwort. Weicht der beobachtete Output vom gewünschten ab, verändert man die Parameter. Die Topologie des Netzes bleibt während des Trainings unverändert, aber wenn man eine Gewichtung auf Null einstellt, hat dies natürlich zur Folge, dass der betreffende Input keine Wirkung mehr hat.

Ein neuronales Netz, das auf die Vorhersage von Sekundärstrukturen angewandt wurde, ist schematisch in Abbildung 5.10 dargestellt.

Mit der Vorhersage von Sekundärstrukturen kam man ein großes Stück voran, als man Erkenntnisse über die Evolution anwandte; zuvor war klar geworden, dass Tabellen mit multiplen Sequenz-Alignments mehr Informationen enthalten als einzelne Sequenzen. Da Sekundärstrukturen bei verwandten Proteinen erhalten bleiben, kann man eine wesentlich besser begründete Korrelation zwischen Sequenz und Struktur herstellen,

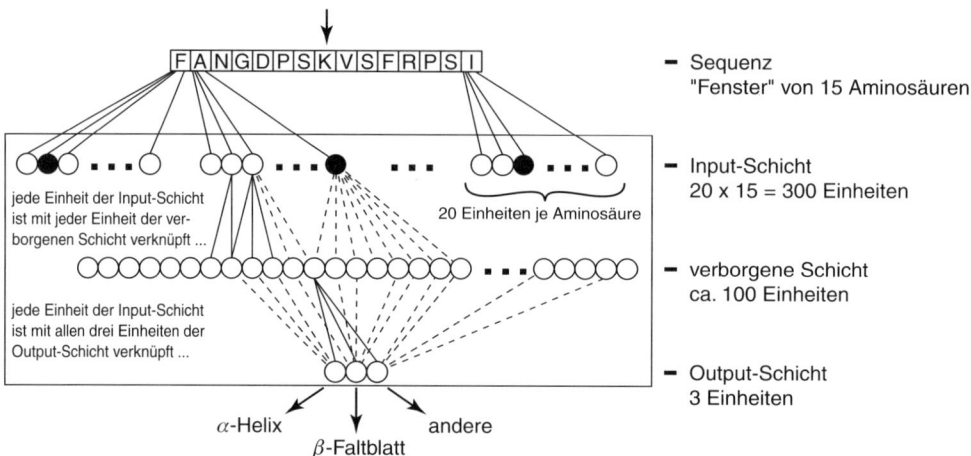

5.10   Ein neuronales Netz, das man zur Vorhersage von Sekundärstrukturen benutzen kann, umfasst drei Schichten.

- Die Input-Schicht „sieht" ein „gleitendes Fenster" von 15 Positionen in der Sequenz, das heißt, sie registriert einen Abschnitt von 15 Aminosäuren, sagt die Sekundärstruktur für die mittlere Aminosäure (ganz oben durch einen Pfeil markiert) voraus, schiebt dann das Fenster entlang der Sequenz um eine Aminosäure weiter und wiederholt den ganzen Vorgang. Jeder der 15 Aminosäuren in dem augenblicklichen Fenster sind 20 Knoten in der Input-Schicht des Netzes zugeordnet, von denen jeweils einer entsprechend der dort stehenden Aminosäure aktiviert wird.
- Eine verborgene Schicht aus rund 100 Einheiten verbindet Input und Output. Jeder Knoten der verborgenen Schicht ist mit *allen* Input- und Output-Einheiten verknüpft; hier sind nicht alle Verbindungen dargestellt.
- Die Output-Schicht besteht nur aus drei Knoten; diese geben an, ob die mittlere Aminosäure im Fenster eine Helix-, Faltblatt- oder andere Konformation besitzt.

wenn man eine ganze Familie berücksichtigt. Die meisten auf neuronalen Netzen basierenden Verfahren, mit denen man heute Sekundärstrukturen vorhersagt, füttern die Input-Schicht nicht nur mit der Identität der einzelnen Aminosäuren an aufeinander folgenden Positionen in der Sequenz, sondern mit einem Profil, das aus einem multiplen Sequenz-Alignment abgeleitet wurde.

Darüber hinaus hat es sich als nützlich erwiesen, zwei neuronale Netze gemeinsam arbeiten zu lassen, um die beobachteten Beziehungen zwischen den Konformationen der Aminosäuren an benachbarten Positionen in Rechnung zu stellen. Man lässt ein Netz, das dem in Abbildung 5.10 gezeigten ähnelt, Vorhersagen erstellen und kombiniert diese mit einem zweiten Netz zu einer endgültigen Voraussage.

Ob ein Vorhersageverfahren ausgereift ist, lässt sich anhand der Frage überprüfen, ob man es vollständig automatisieren kann. Manche Berechnungsmethoden liefern nur eine grobe Skizze der voraussichtlichen Proteinstruktur, und dann muss der Mensch eingreifen, um diesem Entwurf seine endgültige Gestalt zu geben. Andere laufen automatisch ab; es gibt viele Webserver, die Sequenzen annehmen und dann eine Voraussage liefern. Einer davon ist PROF, das System, das die Sekundärstruktur von MutS voraussagte.

Ein Webserver, der eine vollautomatische, ununterbrochene Analyse von Proteinstrukturen erlaubt, unter anderem auch – aber nicht nur – die Vorhersage von Sekundärstrukturen, trägt den Namen EVA. Dieser ist das Ergebnis der Zusammenarbeit zwischen Arbeitsgruppen in New York und Madrid. Die Protein Data Bank liefert Sequenzen, kurz bevor die zugehörigen Strukturen bekannt gegeben werden; die Software von EVA gibt sie an Server für die Vorhersage weiter und analysiert die Ergebnisse. Man kann sich EVA als eine Art ständiges CASP-Programm vorstellen, beschränkt allerdings auf Methoden, die sich automatisch anwenden *und* beurteilen lassen. Näheres ist unter `http://cubic.bioc.columbia.edu/eva` zu finden.

EVA verfolgt das Ziel, die Fortschritte auf diesem Gebiet zu erfassen und den Benutzer an die besten Proteinstruktur-Vorhersageserver der verschiedenen Kategorien zu verweisen. EVA hat Zugang zu wesentlich mehr Daten, als in den eigentlichen CASP-Programmen zur Verfügung standen. Deshalb sind seine Ergebnisse für statistische Schwankungen in Art und Schwierigkeitsgrad der untersuchten Sequenzen grundsätzlich weniger anfällig als die CASP-Programme.

Homologiemodellierung

Modelle aufgrund von Homologien zu konstruieren, ist ein nützliches Verfahren zur Strukturvoraussage eines Proteins mit bekannter Sequenz, wenn dieses Protein mit mindestens einem anderen verwandt ist, dessen Sequenz *und* Struktur man kennt. Sind die Proteine sich sehr ähnlich, können die bekannten Strukturen – die auch als „Eltern" bezeichnet werden – als Grundlage für ein Modell des untersuchten Proteins dienen. Wie gut ein solches Modell ist, hängt dabei zwar vom Ausmaß der Ähnlichkeit zwischen den Sequenzen ab, aber man kann über die Qualität etwas aussagen, bevor man das Modell experimentell überprüft (Abbildung 5.8). Wenn man also weiß, welche Qualität des Modells für den gewünschten Zweck erforderlich ist, kann man begründete Aussagen über den voraussichtlichen Erfolg des ganzen Unternehmens machen.

Die Homologiemodellierung umfasst folgende Schritte:

1. Alignment der Aminosäuresequenzen des untersuchten Proteins und des Proteins (oder der Proteine), dessen Struktur man kennt. In der Regel wird sich herausstellen, dass Insertionen und Deletionen sich in den Schleifen zwischen Helices und Faltblättern befinden.
2. Abgrenzung der Abschnitte in der Hauptkette, die Deletionen oder Insertionen enthalten. Fügt man diese Abschnitte in die Hauptkette des bekannten Proteins ein, erhält man ein Modell für die vollständige Hauptkette des zu untersuchenden Proteins.
3. Austausch der Seitenketten mutierter Aminosäuren. Bei nicht mutierten Aminosäuren wird die Konformation der Seitenketten beibehalten. Auch bei mutierten Aminosäuren bleibt der Konformationswinkel der Seitenketten häufig gleich, sodass man auf dieser Grundlage ein Modell erstellen kann. Mittlerweile gibt es aber auch Berechnungsverfahren, mit denen man mögliche Kombinationen von Seitenkettenkonformationen durchmustern kann.
4. Überprüfung des Modells – sowohl mit bloßem Auge als auch mit Computerprogrammen – auf offensichtliche Kollisionen zwischen Atomen. Diese Konflikte werden so weit wie möglich manuell beseitigt.
5. Verfeinerung des Modells durch begrenzte Energieminimierung. Dieser Schritt dient der Klärung der genauen geometrischen Verhältnisse an Stellen, wo Abschnitte der Hauptkette zusammentreffen, und gleichzeitig sollen sich die Seitenketten ein wenig hin- und herschieben können, sodass sie in eine günstige Position gelangen.

Eigentlich handelt es sich nur um einen kosmetischen Effekt – schwer wiegende Fehler des Modells werden durch Energieoptimierung nicht beseitigt.

Dieses Verfahren liefert in einem gewissen Sinn „das, was umsonst zu bekommen ist": Es definiert für das Protein mit unbekannter Struktur ein Modell, indem es an seinem bekannten Verwandten möglichst geringe Änderungen vornimmt. Nennenswerte Verbesserungen zu erzielen, ist dabei leider nicht einfach. Nach einer Faustregel (Abb. 5.8) erhält man mit der beschriebenen Methode ein Modell, das für viele Zwecke ausreichend genau ist, wenn die beiden Sequenzen bei optimalem Alignment zu mindestens 40 bis 50 Prozent gleiche Aminosäuren enthalten. Ist ihre Verwandtschaft geringer, gelangt man weder mit dem beschriebenen Verfahren noch mit irgendeiner anderen derzeit verfügbaren Methode aufgrund der Struktur eines bekannten Proteins zu einem in den Details korrekten Modell seines Verwandten.

In den meisten Proteinfamilien enthalten die Strukturen sowohl relativ konstante als auch variablere Regionen. Der Kern der Struktur hat bei allen Mitgliedern der Familie die gleiche Faltungstopologie, die allerdings verzerrt sein kann; an der Peripherie dagegen findet man häufig völlig neue Faltungsmuster. Eine einzige Ausgangsstruktur erlaubt also die Konstruktion eines stichhaltigen Modells für den konservierten Teil des untersuchten Proteins, nicht aber für die variablen Regionen. Außerdem erlaubt sie nicht ohne weiteres eine Aussage darüber, welches die variablen und konstanten Regionen sind. Günstiger ist die Situation, wenn mehrere verwandte Proteine mit bekannter Struktur als „Eltern" für die Konstruktion des Modells zur Verfügung stehen. An ihnen sind die Abschnitte mit konstanten und variablen Strukturen der Familie zu erkennen. Die an den „Eltern" beobachtete Strukturvielfalt ermöglicht Rückschlüsse auf die Beschränkungen, denen die Struktur auch in dem Modell unterliegen muss.

⊣ www ⊢────────────────────────────────

Web-Ressourcen: Homologiemodellierung

SWISS-MODEL (automatische Homologiemodellierung):

`http://www.expasy.ch/swissmod/SWISS-MODEL.html`

MODBASE, Datenbank zum Vergleich von Proteinmodellen anhand vollständiger Genome:

`http://guitar.rockefeller.edu/modbase/`

Eine Beschreibung von Websites über strukturelle Genomik findet sich in: Wixon J (2001) Structural genomics on the web. *Comp. Funct. Genomics* 2, 103–113.

Für die Homologiemodellierung steht ausgereifte Software zur Verfügung. Auf der Website SWISS-MODEL kann man die Aminosäuresequenz eines zu untersuchenden Proteins eingeben und feststellen, ob es ein oder mehrere geeignete „Eltern" für die Homologiemodellierung gibt; ist das der Fall, liefert das Programm einen Satz Koordinaten für das fragliche Protein. SWISS-MODEL wurde von T. Schwede, M. C. Peitsch und N. Guex am Genfer Institut für biomedizinische Forschung entwickelt.

Ein Beispiel für die Arbeitsweise von SWISS-MODEL ist die automatische Strukturvoraussage für ein Nervengift des Skorpions *Buthus tamulus*, ausgehend von der Struktur des Neurotoxins seines Verwandten, des nordafrikanischen Dickschwanzskorpions *Androctonus australis hector*. Die beiden Sequenzen enthalten bei optimalem Alignment 52 Prozent identische Aminosäuren. Bei einer derart großen Ähnlichkeit ist es nicht verwunderlich, dass das Modell sehr gut mit den experimentellen Befunden übereinstimmt, sogar im Hinblick auf die Konformation der Seitenketten (Abb. 5.11).

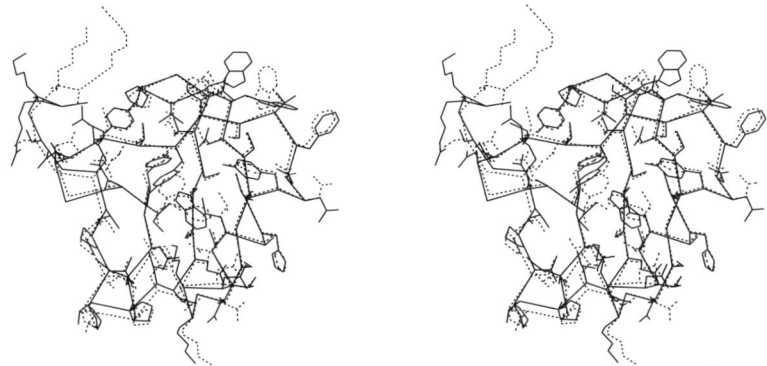

5.11 Struktur des Neurotoxins des roten Skorpions *Buthus tamulus* [1DQ7], vorausgesagt von SWISS-MODEL anhand eines eng verwandten Proteins des Sahara-Dickschwanzskorpions [1PTX]. Die Voraussage (gestrichelte Linien) erfolgte *automatisch*. Es fällt auf, dass die meisten abgeschirmten Seitenketten nicht mutiert sind und sehr ähnliche Konformationen besitzen. Manche Seitenketten an der Oberfläche haben eine andere Konformation, und der C-Terminus der Hauptkette liegt an einer anderen Stelle (oben links). Das Geflecht der Disulfidbrücken, die der Struktur Beschränkungen auferlegen, ist nicht eingezeichnet. Bei zwei derart eng verwandten Proteinen würde man aber auch ohne solche Beschränkungen mit einem Modell von sehr hoher Qualität rechnen.

Erkennung von Faltungen

In einer Sequenzdatenbank nach einer bekannten Sequenz und in einer Strukturdatenbank nach einer zu untersuchenden Struktur zu suchen – das sind Aufgaben, deren Lösung bereits bekannt ist. Weniger einfach sind die gemischten Aufgaben: wenn man mit einer bekannten Struktur in einer Sequenzdatenbank oder mit einer bekannten Sequenz in einer Strukturdatenbank sucht. Für solche Fälle braucht man eine Methode, um die Verträglichkeit zwischen einer bestimmten Sequenz und einem bestimmten Faltungsmuster zu beurteilen.

Das Ziel besteht darin, aus einer Gruppe von Sequenzen und Strukturen auf ihre wesentlichen Eigenschaften zu abstrahieren. Dann kann man damit rechnen, dass andere Proteine, die ebenfalls nach diesen Prinzipien gebaut sind, eine ähnliche Struktur besitzen.

3-D-Profile

Von Mustern und Profilen, die man aus multiplen Sequenz-Alignments ableiten kann, sowie von ihrer Anwendung beim Nachweis entfernt homologer Sequenzen war bereits die Rede. Zur Weiterentwicklung solcher Verfahren kann man die vorhandenen Informationen über Strukturen unter anderem dadurch nutzen, dass man Profile eines besonderen Typs aus den bekannten Sequenzen *und* Strukturen ableitet.

J. U. Bowie, R. Lüthy und D. Eisenberg analysierten die *Umgebung* der einzelnen Positionen in bekannten Proteinstrukturen und setzten sie in Beziehung zu den Vorlieben der 20 Aminosäuren für diese Strukturzusammenhänge.

Liegt eine Proteinstruktur vor, kann man die Umgebung jeder einzelnen Aminosäure anhand von drei Kategorien klassifizieren:

1. nach den Wasserstoffbrücken der Hauptkette, das heißt nach der Sekundärstruktur
2. nach dem Ausmaß, in dem sie im Inneren des Proteins abgeschirmt ist oder an der Oberfläche freiliegt
3. nach den polaren beziehungsweise unpolaren Eigenschaften der Umgebung

Für die Sekundärstruktur gibt es drei Möglichkeiten: Helix, Faltblatt oder andere.
Eine Seitenkette gilt als abgeschirmt, wenn ihre zugängliche Oberfläche kleiner als
$0,4 \text{ nm}^2$ (40 Å^2) ist; als teilweise abgeschirmt wird sie bezeichnet, wenn die zugängliche
Oberfläche zwischen 0,4 und $1,14 \text{ nm}^2$ liegt, und frei liegend ist sie bei einer zugänglichen Oberfläche von mehr als $1,14 \text{ nm}^2$. Gemessen wird auch der Anteil der Seitenket-
tenoberfläche, der von polaren Atomen bedeckt ist. Die Autoren definieren je nach
Zugänglichkeit und Polarität der Umgebung sechs Klassen. In jeder davon können die
Seitenketten dreierlei Sekundärstrukturen annehmen, sodass sich insgesamt 18 Klassen
ergeben.

Wenn man jede Seitenkette einer dieser 18 Kategorien zuordnet, kann man die Proteinstruktur mit einem Alphabet aus 18 Buchstaben beschreiben; eine solche codierte
Beschreibung bezeichnet man als **3-D-Strukturprofil**. Dann lassen sich Algorithmen,
die für die Sequenzsuche entwickelt wurden, auch auf solche als „Sequenz" codierten
Strukturen anwenden. Man kann zum Beispiel ein Alignment zweier entfernt verwandter Sequenzen versuchen, indem man nicht ihre Sequenzen, sondern ihre 3-D-Struktur-
profile nebeneinander anordnet. Mithilfe der 3-D-Profile wandelt man Proteinstrukturen in eindimensionale Gebilde um, mit denen oder unter denen man suchen kann,
ohne dass sie ausdrücklich die Sequenz oder Struktur der Moleküle besitzen, von denen
sie abgeleitet wurden.

Als Nächstes stellt sich nun die Frage, wie man das 3-D-Strukturprofil zur Gesamtheit
der bekannten Sequenzen und Strukturen in Beziehung setzen kann. Eines ist klar: Manche Aminosäuren werden sich an bestimmten Stellen „nicht wohl fühlen", eine geladene Seitenkette wird beispielsweise nicht in einer völlig unpolaren Umgebung eingeschlossen sein. Andere Vorlieben sind nicht so eindeutig zu benennen, und man muss
für sie aus einer statistischen Übersicht über eine ganze Reihe gut aufgeklärter Proteinstrukturen eine quantitative Tabelle ableiten.

Angenommen, wir haben eine Sequenz und wollen beurteilen, mit welcher Wahrscheinlichkeit sie beispielsweise die Globinfaltung annimmt. Aus dem 3-D-Strukturpro-
fil des gut untersuchten Pottwal-Myoglobins wissen wir, zu welcher Klasse die Umgebung jeder einzelnen Position der Sequenz gehört. Betrachten wir einmal ein
bestimmtes Alignment der unbekannten Sequenz und des Pottwal-Myoglobins; dabei
unterstellen wir, dass es sich bei der Aminosäure in der unbekannten Sequenz, die der
ersten Aminosäure des Myoglobins entspricht, um ein Phenylalanin handelt. Im 3-D-
Strukturprofil des Pottwal-Myoglobins gehört die Umwelt der ersten Aminosäure zur
Kategorie „frei liegend ohne Sekundärstruktur". Die Wahrscheinlichkeit, dass man in
einer Umgebung dieser Strukturklasse ein Phenylalanin findet, kann man aus der
Tabelle ablesen, welche die Vorlieben bestimmter Aminosäuren für diese Kategorie im
3-D-Strukturprofil angibt. (Die Tatsache, dass die erste Aminosäure im Pottwal-Myoglobin in Wirklichkeit ein Valin ist, spielt hier keine Rolle, und diese Information ist dem
Algorithmus noch nicht einmal unmittelbar zugänglich. Das Pottwal-Myoglobin wird
hier nur als Sequenz der Umweltkategorien seiner Aminosäuren dargestellt, und die
Tabelle der Vorlieben enthält Durchschnittswerte für Proteine mit vielen verschiedenen
Faltungsmustern.) Erweitert man diese Berechnung nun auf alle Positionen und alle
möglichen Alignments (wobei Lücken in Abschnitten mit einer Sekundärstruktur nicht

zugelassen sind), erhält man einen quantitativen Wert, der angibt, wie gut die unbekannte Sequenz zum Profil des Pottwal-Myoglobins passt.

Diese Methode hat unter anderem den besonderen Vorteil, dass man sie automatisieren kann, sodass einer neuen Sequenz im Vergleich zum 3-D-Profil aller bekannten Faltungsmuster ein Score zugeordnet wird, ganz ähnlich wie man eine neue Sequenz routinemäßig mit einer Bibliothek bekannter Sequenzen vergleicht.

Beurteilung der Qualität aufgeklärter Strukturen mithilfe der 3-D-Profile

Das 3-D-Profil, das man aus einer Struktur ableitet, hängt nur sehr indirekt von der Aminosäuresequenz ab. Sinnvollerweise sollte man deshalb nicht nur fragen, ob man andere Aminosäuresequenzen identifizieren kann, die sich mit dem vorgegebenen Faltungsmuster vertragen, sondern man sollte sich auch dafür interessieren, ob der Score eines 3-D-Profils für seine eigene Ausgangssequenz ein Maß für die Verträglichkeit zwischen dieser Sequenz und der Struktur ist. Wenn tatsächliche Sequenzen sich in der Regel nicht mit ihrer eigenen Struktur zu vertragen scheinen, wäre man natürlich zu der Schlussfolgerung gezwungen, dass es sich hier nicht um eine nützliche Methode zur Untersuchung der Beziehungen zwischen Sequenz und Struktur handelt. In diesem Zusammenhang macht man zwei interessante Beobachtungen: Erstens passen korrekt aufgeklärte Proteinstrukturen gut zu ihrem eigenen Profil, auch wenn andere, ähnliche Proteine manchmal einen noch hören Score erreichen. Mit dem Profil abstrahiert man auf die Eigenschaften der ganzen Familie und nicht auf die einzelner Sequenzen. Und wenn zweitens eine Sequenz nicht zu einem Profil passt, das man aus der experimentell ermittelten Struktur des betreffenden Proteins errechnet hat, liegt wahrscheinlich ein Fehler bei der Strukturaufklärung vor. In welchen Abschnitten der Sequenz man einen Fehler gemacht hat, ist häufig an den Positionen im Profil zu erkennen, die nicht zu passen scheinen.

Threading

Das *threading* („Durchfädeln") ist eine Methode zur Erkennung von Faltungsmustern. Wenn man eine Bibliothek bekannter Strukturen und die Sequenz eines zu untersuchenden Proteins mit unbekannter Struktur besitzt, kann man fragen: Hat das neue Protein das gleiche Faltungsmuster wie eine der bekannten Strukturen? Eine solche Bibliothek von Faltungsmustern könnte die gesamte Protein Data Bank (PDB) oder Teile davon, aber auch hypothetische Faltungsmuster umfassen.

Grundsätzlich steht hinter dem *threading* die Idee, viele grobe Modelle des untersuchten Proteins zu konstruieren, die sich jeweils auf bekannte Strukturen stützen, wobei man sich verschiedener möglicher Sequenz-Alignments mit bekannten Proteinen bedient. Dieser systematischen Untersuchung der vielen möglichen Alignments verdankt das *threading* seinen Namen: Man kann sich das Ausprobieren aller Alignments so vorstellen, dass man die untersuchte Sequenz wie an einem Faden (*thread*) behutsam durch den dreidimensionalen Raum aller bekannten Strukturen zieht. In den Alignments müssen Lücken erlaubt sein, aber wenn man sich einen ausreichend elastischen Faden vorstellt, bleibt die Metapher erhalten.

Sowohl das *threading* als auch die Homologiemodellierung befassen sich mit Raumstrukturen auf der Grundlage eines Alignment der untersuchten Sequenz mit bekannten Strukturen homologer Proteine. Die Homologiemodellierung konzentriert sich dabei auf eine Gruppe von Alignments und hat ein sehr detailliertes Modell zum Ziel. Beim *threading* untersucht man viele Alignments und gelangt nur zu groben Modellen, die in der Regel nicht einmal ausdrücklich konstruiert werden:

Homologiemodellierung	*threading*
zunächst Identifizierung homologer Proteine	Ausprobieren aller möglichen „Eltern"
anschließend Erstellung des optimalen Alignment	Ausprobieren vieler möglicher Alignments
Optimierung eines Modells	Beurteilung vieler grober Modelle

Damit ein Faltungsmuster durch *threading* erkannt werden kann, ist zweierlei erforderlich:

1. ein Verfahren zur Bewertung der Modelle, damit man das Beste auswählen kann
2. ein Verfahren zur Kalibrierung der Scores, damit man entscheiden kann, ob das Modell mit dem höchsten Score wahrscheinlich das Richtige ist

Für das Scoring hat man mehrere Verfahren ausprobiert. Eines der leistungsfähigsten stützt sich auf die empirisch aus bekannten Strukturen abgeleitete Verteilung von Nachbaraminosäuren. Man ermittelt an bekannten Proteinstrukturen die Verteilung der Abstände zwischen den Bausteinen für alle (20 × 20) Aminosäurepaare. Dabei erhält man für jedes Paar eine Wahrscheinlichkeitsverteilung als Funktion der räumlichen Trennung und des Abstandes in der Sequenz. Für das Paar Leu-Ile zum Beispiel betrachtet man in bekannten Strukturen alle Leu- und Ile-Reste und registriert für jede Kombination der beiden den Abstand zwischen ihren $C\beta$-Atomen sowie die Differenz ihrer Positionsnummern in der Sequenz. Mithilfe einer solchen Statistik kann man abschätzen, wie gut die Verteilung in einem Modell mit den beobachteten Verteilungen in bekannten Strukturen übereinstimmen.

Der Zusammenhang zwischen Wahrscheinlichkeit und Energie wird durch die Boltzmann-Gleichung beschrieben. Bei der Anwendung dieser Gleichung geht man in der Regel von einer Energiefunktion aus und sagt eine Wahrscheinlichkeitsverteilung voraus. (Ein häufig genanntes Beispiel ist die Voraussage der Atmosphärendichte als Funktion der Höhe, errechnet aus der Energiefunktion für die potenzielle Gravitationsenergie der Gasmoleküle in der Luft.) Beim *threading* geht man genau anders herum vor: Man leitet aus der Wahrscheinlichkeitsverteilung die Energiefunktion ab und verwendet sie dann, um die *threading*-Modelle zu bewerten.

Mit diesem Verfahren findet man für jedes Faltungsmuster in einer Bibliothek die Aminosäurezuordnung, die den geringsten Energie-Score ergibt. Es handelt sich dabei zwar um eine Alignment-Aufgabe, aber wegen der nicht lokal begrenzten Wechselwirkungen ist sie durch dynamische Programmierung nicht zu lösen.

Erkennung von Faltungsmustern im Rahmen von CASP2000

Die besten Verfahren zur Erkennung von Faltungsmustern sind gleichermaßen leistungsfähig. Dazu gehören die *threading*-Methoden, sie sind aber nicht die Einzigen.

Die Abbildungen 5.12 und 5.13 zeigen zwei Voraussagen, die eine von A. G. Murzin, die andere von Bonneau, Tsai, Ruczinski und Baker; beide wurden im Rahmen des Programms CASP2000 erstellt, und in beiden Fällen handelt es sich um Proteine mit unbekannter Funktion aus *H. influenzae*.

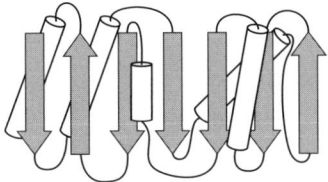

a untersuchtes Protein

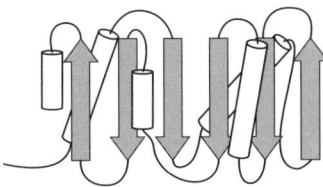

b von A. G. Murzin vorhergesagtes Faltungsmuster

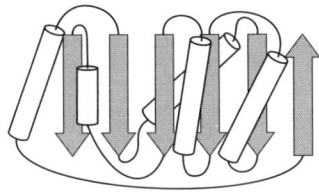

c bekannte Struktur als Vorlage

5.12 Vorausgesagte Strukturen eines hypothetischen Proteins von *H. influenzae*.
a) Faltungsmuster des betreffenden Proteins.
b) Von A. G. Murzin vorausgesagte Faltung.
c) Faltungsmuster des am stärksten homologen Proteins, dessen Struktur man kennt: eines *N*-Ethylmaleimid-sensitiven Fusionsproteins, das am Vesikeltransport beteiligt ist (PDB-Eintrag 1NSF). Topologisch liegt Murzins Voraussage näher an der tatsächlichen Struktur als das am engsten verwandte Ausgangsmolekül.

5.13 Die Voraussage von Bonneau, Tsai, Ruczinski und Baker für ein anderes hypothetisches Protein von *H. influenzae*, abgeleitet von der Glycin-*N*-Methyltransferase [1XVA]. Die experimentell ermittelte Struktur ist als durchgezogene, die Voraussage als gestrichelte Linie dargestellt. In weiten Bereichen passen beide in der Überlagerung gut zusammen. Einige Abschnitte haben lokal ähnliche Strukturen, die Voraussage ist jedoch hinsichtlich der Orientierung und engen Anlagerung an die Hauptmasse des Moleküls nicht korrekt.

Berechnung der Konformationsenergie und molekulare Dynamik

Ein Proteinmolekül ist eine Ansammlung von Atomen. Die Wechselwirkungen zwischen den Atomen schaffen einen einzigen Zustand maximaler Stabilität. Den muss man nur finden, das ist alles!

Was die Berechnungen angeht, wirft dieses Verfahren aber Probleme auf: Erstens lassen sich die Wechselwirkungen zwischen den Atomen weder vollständig noch ganz genau nachvollziehen, und zweitens wäre die Optimierung selbst bei einem ganz genauen Modell problematisch, weil es eine sehr große Zahl von Variablen enthält, darunter solche, die in der objektiven Funktion und ihren Einschränkungen nichtlinear sind, sodass man eine sehr grobe Energieoberfläche mit vielen lokalen Minima erhält. Solche Aufgaben stellen uns wie ein Golfplatz mit vielen Sandbunkern vor große Schwierigkeiten.

Die Wechselwirkungen zwischen den Atomen eines Moleküls kann man in zwei Kategorien einteilen:

a) Primäre chemische Bindungen, das heißt starke Wechselwirkungen zwischen Atomen, die räumlich eng benachbart sein müssen. Diese gelten als festgelegt und werden bei Konformationsänderungen des Proteins weder aufgelöst noch neu gebildet, sind aber mit einer großen Zahl von Konformationen vereinbar.
b) Schwächere Wechselwirkungen, die von der Konformation der Molekülkette abhängen. Diese können in manchen Konformationen von großer Bedeutung sein, in anderen dagegen nicht – sie betreffen Gruppen von Atomen, die durch verschiedene Faltungsmuster der Kette in enge Nachbarschaft gebracht werden.

Die Konformation eines Proteins kann man beschreiben, indem man die Atome in der Struktur, ihre Koordinaten und alle primären chemischen Bindungen zwischen ihnen aufführt (Letztere lassen sich mit nur geringen Zweideutigkeiten aus der Aminosäuresequenz ablesen). Wenn man den Energiegehalt einer Konformation bewertet, bedient man sich in der Regel folgender Begriffe:

- Dehnung von Bindungen: $\Sigma_{\text{Bindungen}} K_r(r-r_0)^2$. Dabei ist r_0 der Gleichgewichtsabstand zwischen den Atomen und K_r die Kraftkonstante für die Dehnung der Bindung. r_0 und K_r hängen von der Art der chemischen Bindung ab.
- Verbiegen von Bindungswinkeln: $\Sigma_{\text{Winkel}} K_\theta(\theta-\theta_0)^2$. Für jedes Atom i, das chemisch an zwei (oder mehr) Atome j und k gebunden ist, hat der Winkel $j - i - k$ einen Gleichgewichtswert θ_0 und eine Kraftkonstante K_θ für das Verbiegen.
- Andere Faktoren zur Stärkung der richtigen stereochemischen Verhältnisse bestrafen Abweichungen von der ebenen Struktur bestimmter Gruppen oder verstärken die richtige Chiralität an asymmetrischen Kohlenstoffatomen.
- Torsionswinkel: $\Sigma_{\text{Dieder}} \frac{1}{2} V_n[1 + \cos n\phi]$. Für jeweils vier verknüpfte Atome $i-j-k-l$ ist die Energiebarriere für die Rotation des Atoms l im Verhältnis zum Atom i um die Bindung $j-k$ durch ein periodisch wechselndes Potenzial vorgegeben. V_n ist die Barriere für eine interne Drehung; bei einer vollständigen Rotation um 360 Grad sind n Barrieren zu überwinden. Ein Beispiel für Torsionsdrehungen sind die Konformationswinkel ϕ, ψ und ω der Hauptkette (Abb. 5.2).
- Van-der-Waals-Wechselwirkungen: $\Sigma_i\Sigma_{j<i}(A_{ij}R_{ij}^{-12} - B_{ij}R_{ij}^{-6})$. Für jedes Paar nicht verbundener Atome i und j steht der erste Term für eine Abstoßung über kurze Entfernungen, der zweite für eine Anziehungskraft über längere Distanzen. Die Parameter A und B hängen von der Art der Atome ab. R_{ij} ist der Abstand zwischen den Atomen i und j.
- Wasserstoffbrücken: $\Sigma_i\Sigma_{j<i}(C_{ij}R_{ij}^{-12} - D_{ij}R_{ij}^{-10})$. Eine Wasserstoffbrücke ist eine schwache chemische/elektrostatische Wechselwirkung zwischen zwei polaren Atomen. Ihre Stärke hängt vom Abstand und auch vom Bindungswinkel ab. In diesem ungefähren Potenzial der Wasserstoffbrücken spiegelt sich nicht ausdrücklich die Abhängigkeit der Wasserstoffbrücken vom Winkel wider; mit anderen Potenzialen versucht man, die geometrischen Verhältnisse dieser Bindungen genauer abzubilden.

- Elektrostatische Wechselwirkungen: $\Sigma_i\Sigma_{j<i}Q_iQ_j/(\in R_{ij})$. Q_i und Q_j sind die effektiven Ladungen der Atome, R_{ij} ist ihr Abstand, und $\in$ ist die Dielektrizitätskonstante. Diese Formel gilt für Medien, die nicht unendlich und isotrop sind, also auch für Proteine, nur näherungsweise.

- Lösungsmittel: Wechselwirkungen mit dem Lösungsmittel Wasser und anderen gelösten Substanzen, zum Beispiel Salzen und Zuckern, sind für die Thermodynamik der Proteinstrukturen von entscheidender Bedeutung. Alle Versuche, das Lösungsmittel als kontinuierliches Medium zu betrachten, das vor allem durch seine Dielektrizitätskonstante charakterisiert ist, sind nur Näherungslösungen. Mit zunehmender Computerleistung ist es mittlerweile möglich, das Lösungsmittel explizit mit einzubeziehen und die Bewegung des Proteins in einer Hülle aus Wassermolekülen zu simulieren.

In dieser oder sehr ähnlicher Form gibt es zahlreiche Gruppen von Konformationsenergie-Potenzialen, und in die Feinabstimmung der Parameter hat man viel Mühe investiert. Den Energiegehalt einer Konformation berechnet man, indem man diese Terme für alle Gruppen interagierender Atome aufsummiert.

Die Potenzialfunktionen erfüllen notwendige Bedingungen für eine erfolgreiche Strukturvorhersage, sind dafür allein aber nicht hinreichend. Um dies zu überprüfen, kann man die richtige Antwort – eine experimentell ermittelte Proteinstruktur – als Ausgangskonformation benutzen und dann die Energie minimieren. In der Regel erhält man mit den meisten Energiefunktionen eine Minimalkonformation, die ungefähr 0,1 nm (Wurzel der mittleren quadratischen Abweichung) von dem Ausgangsmodell entfernt ist. Darin kann man ein Maß für das Auflösungsvermögen des Kraftfeldes sehen. Bei einer anderen Art der Überprüfung geht man von absichtlich falsch gefalteten Proteinen aus und minimiert dann ihre Konformationsenergie; auf diese Weise kann man feststellen, ob der Minimalwert für die lokale Energie in der Nähe der richtigen Faltung signifikant niedriger ist als in der Nachbarschaft einer fehlerhaften Faltung. Bei solchen Untersuchungen stellt sich heraus, dass es mehrere lokale Minima gibt, die man allein aufgrund der berechneten Konformationsenergie nicht zuverlässig von der richtigen Konformation unterscheiden kann.

Versuche, die Konformation eines Proteins durch Minimierung der Konformationsenergie vorauszusagen, haben bisher nicht zu einer Methode geführt, mit der man aus der Aminosäuresequenz auf die Struktur schließen könnte. Wegen dieser beiden Probleme – einerseits fährt man sich schnell in lokalen Minima fest, und andererseits fehlt auch ein gutes Modell für die Wechselwirkungen zwischen Protein und Lösungsmittel – hat man Modelle für die Moleküldynamik entwickelt. Dabei behandelt man das Protein und ausdrücklich einbezogene Lösungsmittelmoleküle auf dem Weg über das Kraftfeld nach der Newtonschen Mechanik. Auf diese Weise kann man tatsächlich einen viel größeren Abschnitt des Phasenraumes erkunden, aber als Verfahren, um die Struktur aus Grundprinzipien vorherzusagen, hat es bisher nicht zuverlässig zum Erfolg geführt. Außerdem erfordern solche Berechnungen sehr viel Computerleistung, sodass sich Fortschritte in der „schieren Kraft" der Prozessoren hier vielleicht stärker auswirken werden als auf allen anderen Gebieten.

Schon heute trägt aber die Moleküldynamik in Verbindung mit experimentellen Daten viel zur Strukturaufklärung durch Röntgenstrukturanalyse (meistens) und Kernresonanzspektroskopie (immer) bei. Wie wird die Moleküldynamik in das Verfahren der Strukturaufklärung eingebunden? Man kann die Widerspruchsfreiheit jeder Konformation anhand experimenteller Daten überprüfen. Bei den experimentellen Daten handelt es sich im Fall der Röntgenstrukturanalyse um die absoluten Werte der Fourier-Transformation der Elektronendichte im Molekül. NMR-Daten liefern Beschränkungen für die Abstände innerhalb bestimmter Aminosäurepaare. Aber die mit beiden Verfahren gewonnenen Daten stellen keine vollständige Strukturaufklärung dar. Um dieses Ziel zu erreichen, muss man nach Koordinaten suchen, mit denen die Abweichung sowohl von den experimentellen Daten als auch von der errechneten Konformationsenergie möglichst gering bleibt. Die Ermittlung solcher Koordinatengruppen gelingt mit der Moleküldynamik: Diese deckt den Raum der Konformationen weit genug ab, und die Vorgabe durch die experimentellen Daten lenkt die Berechnung in Richtung der tatsächlichen Struktur.

ROSETTA

Das Programm ROSETTA, das von D. Baker und Kollegen geschrieben wurde, sagt Proteinstrukturen aufgrund der Aminosäuresequenz voraus und verwertet dabei Informationen über bekannte Strukturen. Im CASP-Programm des Jahres 2000 erbrachte ROSETTA zuverlässig Erfolge in der Kategorie „neuartige Faltungen". Derzeit ist es seinen Konkurrenten um Längen voraus.

Wenn ROSETTA eine Struktur voraussagt, erzeugt es zunächst mithilfe bekannter Strukturen die Struktur kleinerer Fragmente, die es dann zusammensetzt. Als Erstes identifiziert es für jeden zusammenhängenden Abschnitt aus sechs und neun Aminosäuren andere Fälle, in denen diese und ähnliche Sequenzen ebenfalls vorkommen. Bei derart kleinen Bruchstücken kann man dabei keine Homologie zum untersuchten Protein unterstellen. Die Konformationen der Fragmente dienen als Modell für die Verteilung möglicher Konformationen in den entsprechenden Abschnitten der untersuchten Struktur.

ROSETTA untersucht die möglichen Fragmentkombinationen mit Monte-Carlo-Berechnungen (Kasten 5.6). Terme der Energiefunktion spiegeln Kompaktheit, paarweise angeordnete β-Faltblätter und die Abschirmung hydrophober Aminosäuren wider. Das Programm führt 1 000 unabhängige Simulationen durch, und die Ausgangsstrukturen wählt es nach dem zuvor erzeugten Verteilungsmuster der Fragmentkonformationen aus. Die in solchen Simulationen erzeugten Strukturen bilden Cluster, und die Zentren der größten derartigen Häufungen werden als Voraussage für die fragliche Struktur präsentiert. Dahinter steht der Gedanke, dass eine Struktur, die sich bei unabhängigen Simulationen viele Male herausschält, vermutlich günstige Eigenschaften besitzt.

Abbildung 5.14 zeigt zwei Strukturen, die von ROSETTA im Rahmen des CASP-Programms im Jahr 2000 erfolgreich vorhergesagt wurden.

LINUS

Ein anderes Programm für die Voraussage von Proteinstrukturen anhand der Aminosäuresequenz ist LINUS (Local Independently Nucleated Units of Structure). Das von G. D. Rose und R. Srinivasan geschriebene Programm geht ausschließlich von Grundprinzipien aus (*a priori*) und greift nicht auf bekannte Strukturen oder Sequenz-Struktur-Zusammenhänge zurück. Es faltet die Polypeptidkette *hierarchisch*, das heißt, es erzeugt zunächst die Struktur kurzer Abschnitte und setzt diese dann zu immer größeren Fragmenten zusammen.

Hinter LINUS steht die Erkenntnis, dass die Struktur einzelner Proteinabschnitte – kurze Gruppen aufeinander folgender Aminosäuren in der Sequenz – durch lokale Wechselwirkungen innerhalb dieser Abschnitte festgelegt wird. Bei der natürlichen Proteinfaltung probiert jeder Abschnitt bevorzugt seine günstigsten Konformationen aus. Aber diese bevorzugten Konformationen begrenzter Abschnitte – selbst diejenigen, die

⊣ 5.6 ⊢

Monte-Carlo-Algorithmen

Monte-Carlo-Algorithmen werden in Berechnungen der Proteinstruktur sehr häufig verwendet, um Konformationen effizient zu untersuchen, und auch um wie bei vielen anderen Optimierungsaufgaben nach dem Minimum einer komplizierten Funktion zu suchen. Einfache Minimierungsverfahren, bei denen man sich energetisch „bergab" bewegt, versagen in diesem Fall, weil die Berechnung in einem lokalen Minimum „stecken bleibt", das weit vom nativen Zustand entfernt ist.

Ganz allgemein benutzt man bei Monte-Carlo-Verfahren Zufallszahlen zur Lösung von Problemen, bei denen die genaue Berechnung einer Antwort schwierig ist. Den Namen prägte J. von Neumann in Anspielung auf die Verwendung von Zufallszahlengeneratoren in dem berühmten Spielcasino.

Um mit Monte-Carlo-Verfahren das Minimum für eine Funktion mit vielen Variablen zu finden – beispielsweise den Mindestenergiegehalt eines Proteins als Funktion der Variablen, die über seine Konformation bestimmen –, geht man davon aus, dass die Konfiguration des Systems durch die Variablen x festgelegt wird und dass man für jeden Wert dieser Variablen die Energie der Konformation $\mathcal{E}(x)$ berechnen kann. (x steht dabei für eine Menge von Variablen, beispielsweise für alle Atomkoordinaten eines Proteins oder die Torsionswinkel von Hauptkette und Seitenketten.)

Für den weiteren Ablauf schreibt das Metropolis-Verfahren (das 1953 angeblich bei einer Abendgesellschaft in Los Alamos erfunden wurde) Folgendes vor:

1. Erzeuge eine Menge zufälliger Werte für x, um eine Ausgangskonformation vorzugeben. Berechne die Energie dieser Konformation $\mathcal{E} = \mathcal{E}(x)$.
2. Störe die Variablen: $x \rightarrow x'$ und erzeuge so eine Nachbarkonformation.
3. Berechne die Energie der neuen Konformation $\mathcal{E} = \mathcal{E}(x')$
4. Entscheide, den Schritt $x \rightarrow x'$ zu *akzeptieren* oder bei x zu bleiben und es mit einer anderen Störung zu probieren:
   a) Wenn die Energie abgenommen hat – wenn $\mathcal{E} = \mathcal{E}(x) > \mathcal{E}(x')$, das heißt wenn der Schritt *bergab* geführt hat –, akzeptiere stets diesen Schritt. Die gestörte Konformation wird zur neuen Ausgangskonformation: Setze $x' \rightarrow x$ und $\mathcal{E} = \mathcal{E}(x')$.
   b) Wenn die Energie zugenommen hat oder gleich geblieben ist – wenn $\mathcal{E}(x) \leq \mathcal{E}(x')$, wenn der Schritt als *bergauf* geführt hat –, akzeptiere *manchmal* die neue Konformation. Wenn $\Delta = \mathcal{E}(x') - \mathcal{E}(x)$, akzeptiere den Schritt mit der Wahrscheinlichkeit $\exp(-\Delta/kT)$, wobei k die Boltzmann-Konstante und T eine effektive Temperatur ist.
5. Kehre zu Schritt 2 zurück.

Das eigentlich Neue ist der Schritt 4b. Er schafft die Möglichkeit, Schranken zu überwinden und der Falle lokaler Minima zu entkommen. Die effektive Temperatur T bestimmt über die Wahrscheinlichkeit, dass ein Schritt bergauf akzeptiert wird. Dabei ist T nicht die physikalische Temperatur, für die man die Proteinkonformation voraussagen möchte, sondern einfach ein numerischer Parameter, der in die Berechnung einfließt. Je höher die Energiestufe bergauf ist, desto geringer ist bei jeder Temperatur die Wahrscheinlichkeit, dass der Schritt akzeptiert wird. Bei niedrigem T ist $\mathcal{E}(x)/(kT)$ für jeden Wert von $\mathcal{E}$ hoch, und $\exp[-\mathcal{E}(x)/(kT)]$ ist relativ niedrig. Bei hohem T bleibt $\mathcal{E}(x)/(kT)$ niedrig, und $\exp[-\mathcal{E}(x)/(kT)]$ ist relativ hoch. Je höher die Temperatur, desto größer die Wahrscheinlichkeit, dass ein Schritt bergauf akzeptiert wird.

Diese recht einfache Idee hat sich als außerordentlich nützlich erwiesen und wurde mit Erfolg unter anderem – aber bei weitem nicht nur – auf die Berechnung von Proteinstrukturen angewandt.

Der eine oder andere hat vielleicht auch schon einmal den Begriff *simulated annealing* gehört. Bei dieser Abwandlung der Monte-Carlo-Berechnung lässt man T schwanken: Es wird zunächst hoch angesetzt, damit man die Konformationen wirksam erkunden kann, und anschließend wird es gesenkt, sodass das System in einen energiearmen Zustand übergeht.

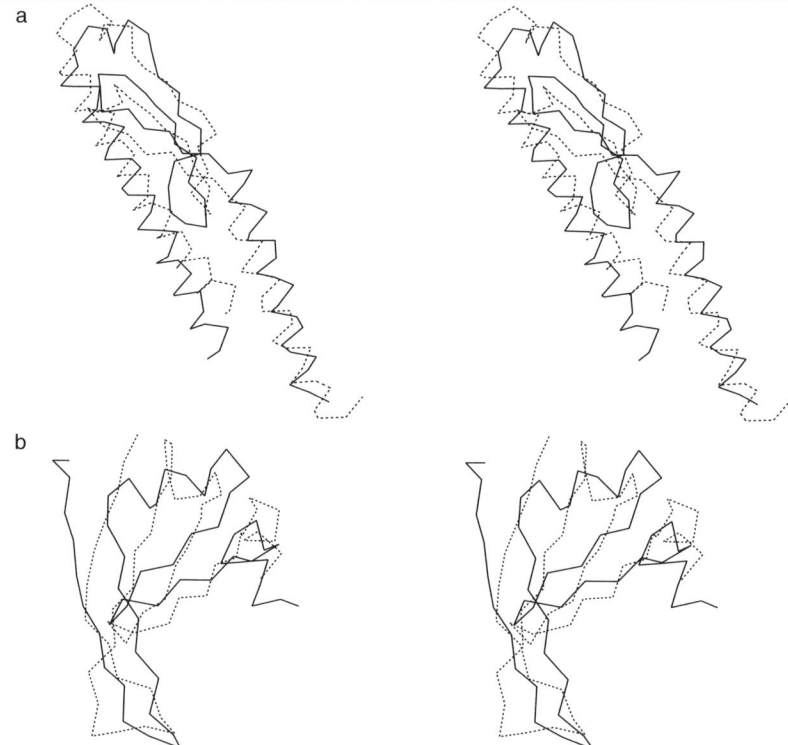

5.14 Voraussagen durch ROSETTA. a) Hypothetisches Protein von *H. influenzae.* b) Die N-terminale Hälfte der Domäne 1 aus dem menschlichen DNA-Reparaturprotein Xrcc4. Teil b zeigt eine ausgewählte Unterstruktur mit den N-terminalen 55 von insgesamt 116 Aminosäuren. Experimentell ermittelte Strukturen sind als durchgezogene, vorhergesagte als gestrichelte Linien wiedergegeben.

sich im nativen Zustand schließlich einstellen – liegen unterhalb der Stabilitätsgrenze. Lokale Strukturen bilden sich nur vorübergehend und lösen sich viele Male wieder auf, bevor sie durch die Wechselwirkungen mit einem geeigneten Partner stabilisiert werden. Im Computer hat man jedoch die Möglichkeit, die Ergebnisse vorwegzunehmen. In einer LINUS-Simulation geben günstige Strukturen begrenzter Fragmente, die aufgrund ihres häufigen Vorkommens in der Simulation identifiziert wurden, ihre bevorzugten Konformationen als „Voreinstellungen" weiter, sodass sie sich auf die nachfolgenden Schritte auswirken. Das Verfahren sorgt also nach Art einer Sperrklinke dafür, dass die Berechnung in einer produktiven Richtung verläuft.

LINUS baut zunächst anhand der Sequenz die gestreckte Polypeptidkette auf. Dann wird die Konformation einer Reihe zufällig ausgewählter Abschnitte von je drei Aminosäuren verändert, und der Energiegehalt der so entstehenden Strukturen wird bewertet. Strukturen, in denen es zu sterischen Kollisionen kommt, scheiden sofort aus; andere Faktoren, die den Energiegehalt beeinflussen, werden nur unter dem Gesichtspunkt lokaler Wechselwirkungen beurteilt. Mithilfe eines Monte-Carlo-Verfahrens (Kasten 5.6) entscheidet das Programm, ob es eine derart erzeugte Struktur übernimmt oder zu der Vorgängerstruktur zurückkehrt. LINUS führt eine große Zahl solcher Schritte durch. In regelmäßigen Abständen überprüft es die Konformation der Aminosäuren und erstellt so eine Statistik über bevorzugte Strukturen.

In den weiteren Stadien der Simulation werden die lokalen Abschnitte zu größeren Fragmenten zusammengefügt, wobei die Informationen über bevorzugte Konformationen kleinerer Segmente als Richtschnur dienen. Der Sequenzabschnitt, der über die verschiedenen Wechselwirkungen bestimmt, wird nach und nach von kurzen auf immer längere Regionen und am Ende auf das gesamte Protein erweitert.

Die Darstellung der Proteinfaltung durch LINUS ist in wesentlichen Aspekten realistisch, stellt allerdings nur eine Näherung dar. Abgebildet werden alle Atome des Proteins außer dem Wasserstoff, aber die Energiefunktion stimmt nur näherungsweise und die Dynamik ist vereinfacht. In der Energiefunktion verkörpern sich mehrere Gedanken: 1) dass die sterische Abstoßung eine Überlappung von Atomen verhindert, 2) dass abgeschirmte hydrophobe Aminosäuren Gruppen bilden, 3) dass Wasserstoffbrücken vorhanden sind, und 4) dass sich Salzbrücken ausbilden.

Der aktuellen Version von LINUS gelingt es in der Regel, die Struktur kleiner Fragmente (in der Größenordnung zwischen Supersekundärstruktur und Domäne) korrekt wiederzugeben, und in einigen Fällen setzt es sie auch zur richtigen Gesamtstruktur zusammen. Abbildung 5.15 zeigt eine mit LINUS erstellte Voraussage für die C-terminale Domäne es Proteins ERp29 aus dem endoplasmatischen Reticulum der Ratte, eines der Forschungsobjekte im CASP-Programm des Jahres 2000.

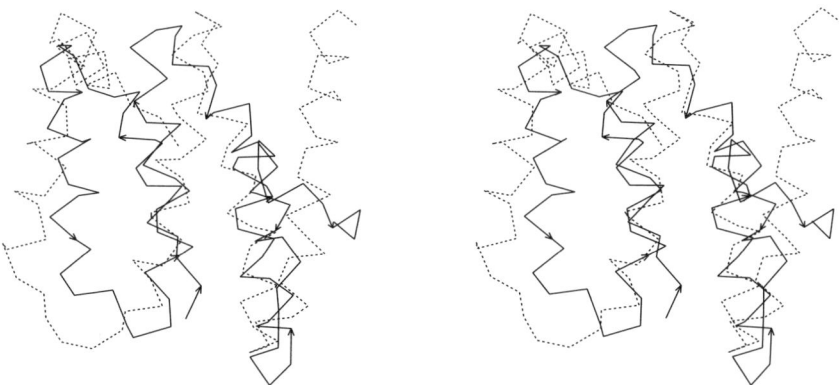

5.15 Die C-terminale Domäne des Proteins ERp29 aus dem endoplasmatischen Reticulum der Ratte nach einer LINUS-Vorhersage aus dem CASP-Programm 2000. Experimentell ermittelte Strukturen sind als durchgezogene, vorhergesagte als gestrichelte Linien wiedergegeben.

Zuordnung von Proteinstrukturen zu Genomen

Eine Genomsequenz ist eine vollständige Aussage über ein potenzielles Lebewesen. Wenn man verstehen will, wie Organismen die Information aus ihrem Genom umsetzen, ist die Zuordnung von Strukturen zu Genprodukten ein erster Schritt.

Man möchte wissen, welche Strukturen die in einem Genom codierten Moleküle besitzen, welche Tätigkeiten und Wechselwirkungen sie im Einzelnen ausüben, und wie diese Tätigkeiten und Wechselwirkungen während des Lebens eines Organismus räumlich und zeitlich organisiert sind. Ebenso geht es um die Frage, welche Beziehungen zwischen den Molekülen bestehen, die im Genom eines Individuums codiert sind, und in welchem Zusammenhang sie mit den Molekülen anderer Individuen, aber auch anderer biologischer Arten stehen.

Betrachtet man einzelne Proteine, ist die Kenntnis ihrer Struktur eine unabdingbare Voraussetzung, wenn man die Mechanismen ihrer Funktionen und Wechselwirkungen verstehen will. Auf der Ebene ganzer Organismen können wir aus ihrer Struktur Aufschlüsse darüber gewinnen, wie das Spektrum der möglichen Proteinfaltung genutzt wird und wie es sich bei verschiedenen biologischen Arten auf die einzelnen Funktionskategorien verteilt. Und wenn man schließlich verschiedene Arten vergleicht, kann man aus den Proteinstrukturen auf Verwandtschaftsbeziehungen schließen, die bei stark auseinander entwickelten Arten ansonsten nicht sichtbar wären.

Für die Zuordnung zu Strukturen gibt es mehrere Methoden:

- **Experimentelle Strukturaufklärung.** Das beste Verfahren!
- **Nachweis von Homologien in Sequenzen.** Mit hoch entwickelten Methoden zum Sequenzvergleich wie PSI-BLAST oder Hidden-Markov-Modellen kann man Verwandtschaftsbeziehungen zwischen Proteinen sowohl innerhalb eines Lebewesens als auch zwischen verschiedenen Arten identifizieren. Wurde die zu einer homologen Sequenz gehörende Struktur bereits experimentell aufgeklärt, kann man zumindest allgemein Rückschlüsse auf das Faltungsmuster der betreffenden Proteinfamilie ziehen.
- **Methoden zur Erkennung von Faltungsmustern** ermöglichen in manchen Fällen selbst dann die Zuordnung eines Faltungsmusters zu einem Protein, wenn es keine Anhaltspunkte für eine Homologie gibt.
- Mit besonderen Verfahren kann man **Membranproteine** und *coiled coils* erkennen.

Durch die Strukturzuordnung erstellt man ein partielles Verzeichnis der Proteine in den verschiedenen Genomen, und für den Teil der Proteine, für die es ausreichend enge Verwandte mit bekannter Struktur gibt, konstruiert man auch detaillierte dreidimensionale Modelle. Das Spektrum der erfolgreichen Zuordnungen wächst rapide, vorwiegend weil die Kenntnisse über Sequenzen und Strukturen sich sehr schnell vermehren. Die Tabelle zeigt den Stand aus jüngerer Zeit.

Spezies	Zahl der Sequenzen	zugeordnete Strukturen	%
E. coli	4 289	916	21
M. jannaschii	1 773	262	14
S. cerevisiae	6 289	1 109	17
D. melanogaster	13 687	2 990	21

(Aus: GeneQuiz, siehe `http://jura.ebi.ac.uk:8765/ext-genequiz/genequiz.html`)

Was besagen diese Ergebnisse über die Nutzung des potenziellen Proteinrepertoires? Derzeit lassen sich alle Proteine, deren Struktur man kennt, in 350 Klassen von Faltungsmustern einteilen; theoretisch wären schätzungsweise 1 000 solche Muster möglich. Beim Vergleich der Faltungsmuster, die man aus den Genomen des Archaeons *Methanococcus jannaschii*, des Bakteriums *Haemophilus influenzae* und des Eukaryoten *Saccharomyces cerevisiae* abgeleitet hat, fand man 45 von insgesamt 148 Faltungsmustern, die allen drei Arten gemeinsam waren – und die, so kann man daraus schließen, vermutlich bei den meisten Lebensformen vorkommen. Die wenigsten gruppenspezifischen Faltungsmuster besaß das Archaeon *M. jannaschii* (Abb. 5.16).

An dem Verzeichnis der Strukturen, die allen drei Arten gemeinsam sind, erkennt man die fünf häufigsten Faltungsmuster für Domänen: 1) die NTP-Hydrolase-Faltung mit einer P-Schleife, 2) die NAD-bindende Domäne, 3) die TIM-*barrel*-Faltung, 4) die Flavodoxin-Faltung, und 5) die thiaminbindende Faltung. Farbtafel III zeigt die Topologie

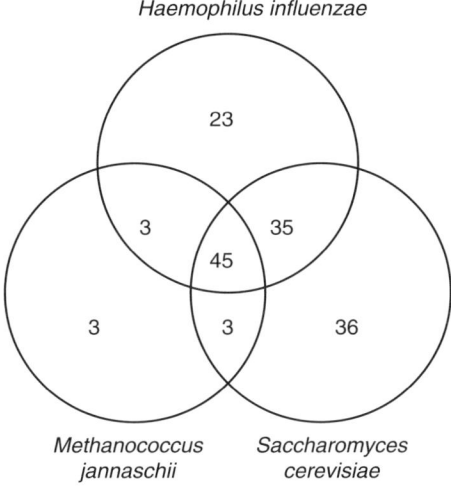

Haemophilus influenzae

Methanococcus jannaschii   Saccharomyces cerevisiae

5.16 Gleiche Proteinfaltungsmuster bei dem Archaeon *Methanococcus jannaschii*, dem Bakterium *Haemophilus influenzae* und dem Eukaryoten *Saccharomyces cerevisiae*. (Aus Gerstein M (1977) A structural census of genomes: comparing bacterial, eukaryotic and archaeal genomes in terms of protein structure. *J. Mol. Biol.* 274, 562–576.)

der zuerst genannten Faltung als Struktur und vereinfachte schematische Darstellung (siehe auch Web-Aufgabe 5.3 und 5.4). Alle gehören zum Typ α/β.

Voraussage von Proteinfunktionen

Der Weg der Schlussfolgerungen sollte im Idealfall von der Sequenz über die Struktur zur Funktion verlaufen. In Wirklichkeit aber können wir zwar sicher sein, dass ähnliche Aminosäuresequenzen auch zu ähnlichen Proteinstrukturen führen, zwischen Struktur und Funktion besteht aber ein komplizierterer Zusammenhang. Proteine mit ähnlicher Struktur und sogar mit ähnlicher Sequenz können sehr unterschiedliche Funktionen erfüllen. Umgekehrt können sehr weitläufig verwandte Proteine ähnliche Funktionen haben. Und genau wie viele Sequenzen mit derselben Struktur vereinbar sind, können auch Proteine, die nicht verwandt sind und unterschiedliche Faltungsmuster besitzen, die gleiche Funktion erfüllen.

Proteine können im Verlauf der Evolution

1. Funktion und Spezifität beibehalten
2. die Funktion beibehalten, aber ihre Spezifität verändern
3. eine neue, verwandte Funktion oder eine ähnliche Funktion in einem anderen Stoffwechselzusammenhang übernehmen
4. eine völlig andere Funktion annehmen

Oft wird die Frage gestellt: Wie muss sich die Sequenz oder Struktur eines Proteins verändern, bevor es eine andere Funktion erfüllen kann? Die Antwort: Manche Proteine haben mehrere Funktionen, das heißt, eine Veränderung von Sequenz oder Struktur ist überhaupt nicht notwendig!

- Bei der Ente dienen eine aktive Lactatdehydrogenase und eine Enolase in der Augenlinse als Crystalline, obwohl sie dort nicht mit ihren Substraten zusammentreffen.

In anderen Fällen sind die Crystalline eng mit Enzymen verwandt, es ist aber eine gewisse Auseinanderentwicklung zu erkennen, in deren Verlauf die Katalysatoraktivität verloren gegangen ist (damit ist bewiesen, dass die Enzymaktivität in der Augenlinse nicht gebraucht wird).

- Ein Protein aus *E. coli*, das Do, DegP oder HtrA genannt wird, wirkt bei niedriger Temperatur als Chaperon (das heißt, es katalysiert die Proteinfaltung), verwandelt sich aber bei 42 °C in eine Proteinase. Dahinter scheint das Prinzip zu stehen, dass es unter normalen Bedingungen oder bei mäßiger Temperaturbelastung das Ziel sein muss, Proteine zu retten, die Probleme bei der Faltung haben; bei stärkerem Hitzestress dagegen wird ihre Rettung unmöglich, und sie müssen wieder verwertet werden.

- Zuvor wurde bereits das Enzym Lipoatdehydrogenase aus *E. coli* erwähnt, das *außerdem* eine unentbehrliche Untereinheit der Pyruvatdehydrogenase, der 2-Oxoglutarat-Dehydrogenase und des Komplexes zur Glycinspaltung ist.

Diese Beispiele für den Zusammenhang zwischen Struktur und Funktion stehen am extremen Ende eines Spektrums, das höchst unterschiedliche Verhaltensweisen umfasst.

Unter anderem besteht das Problem, dass man Funktionsunterschiede nicht ohne weiteres quantitativ definieren kann. Wann sind zwei verschiedene Funktionen einander ähnlicher als zwei andere verschiedene Funktionen? In manchen Fällen verbergen sich hinter einer veränderten Funktion möglicherweise ähnliche Mechanismen. Zur Superfamilie der Enolasen gehören beispielsweise mehrere homologe Enzyme, die unterschiedliche Reaktionen mit gemeinsamen Aspekten des Reaktionsmechanismus katalysieren. Zu dieser Gruppe gehören die Enolase selbst, die Mandelatracemase, das Muconat-lactonisierende Enzym I und die D-Glucaratdehydrogenase. Alle diese Enzyme wirken, indem sie ein α-Proton von einer Carboxylsäure abziehen und als Zwischenprodukt ein Enolat bilden. Der nachfolgende Reaktionsweg und das Endprodukt sind dabei von Enzym zu Enzym verschieden. Alle haben aber eine ähnliche Gesamtstruktur, die eine Variante der TIM-*barrel*-Faltung darstellt. Durch unterschiedliche Aminosäuren im aktiven Zentrum entstehen Proteine, die unterschiedliche Reaktionen katalysieren.

Auseinanderentwicklung von Funktionen: orthologe und paraloge Proteine

Zur Familie der chymotrypsinähnlichen Serinproteasen gehören sowohl eng verwandte Enzyme, bei denen die Funktion konserviert ist, als auch weit entfernte homologe Proteine, bei denen sich ganz neue Funktionen entwickelt haben. Trypsin, ein Verdauungsenzym der Säugetiere, katalysiert die Hydrolyse von Peptidbindungen, die neben einer der positiv geladenen Aminosäuren Arg oder Lys liegen. (Eine **Spezifitätstasche**, eine Vertiefung in der Oberfläche am aktiven Zentrum, ist in Form und Ladungsverteilung komplementär zur Seitenkette der Aminosäure, die neben der gespaltenen Bindung liegt.) Enzyme mit ähnlicher Sequenz, Struktur, Funktion und Spezifität gibt es bei vielen biologischen Arten, so unter anderen beim Menschen, bei der Kuh, beim Atlantiklachs und sogar bei *Streptomyces griseus* (Abb. 5.17). Die Ähnlichkeit des Enzyms von *S. griseus* zu den Trypsinen der Wirbeltiere lässt auf horizontale Genübertragung schließen. Bei den drei Wirbeltierenzymen hat jedes Sequenzpaar im Alignment mindestens 64 Prozent identische Aminosäuren, und bei dem homologen Protein aus den Bakterien sind mehr als 30 Prozent der Aminosäuren mit den drei anderen identisch; die Struktur

TRYPSIN

```
           10        20        30        40        50        60        70        80
           |         |         |         |         |         |         |         |
Human      IVGGYNCEENSVPYQVSLNSGYHFCGGSLINEQWVVSAGHCYKSR---IQVRLGEHNIEVLEGNEQFINAAKIIRHPQYD
Cow        IVGGYTCGANTVPYQVSLNSGYHFCGGSLINSQWVVSAAHCYKSG---IQVRLGEDNINVVEGNEQFISASKSIVHPSYN
Atlantic salmon IVGGYECKAYSQAHQVSLNSGYHFCGGSLVENEWVVSAAHCYKSR---VEVRLGEHNIKVTEGSEQFISSSKVIRHPNYS
S. griseus VVGGTRAAQGEFPFMVRLSMG----CGGALYAQDIVLTAAHCVSGSGNNTSITATGGVVDLQGSGAAVKVRSTKVLQAPGYN
           iVGGy c     p  qVsLnsGyhfCGGsL n  wVvsA HCyks      vrlge ni v eG eqfi    k i hP Y

           90        100       110       120       130       140       150       160
           |         |         |         |         |         |         |         |
Human      RKTLNNDIMLIKLSSRAVINARVSTISLPTAPPATGTKCLISGWGNTASSGADYPDELQCLDAPVLSQAKCEASYP-GKI
Cow        SNTLNNDIMLIKLKSAASLNSRVASISLPTSCASAGTQCLISGWGNTKSSGTSYPDVLKCLKAPILSDSSCKSAYP-GQI
Atlantic salmon SYNIDNDIMLIKLSKPATLNTYVQPVALPTSCAPAGTMCTVSGWGNTMSSTADS-NKLQCLNIPILSYSDCNNSYP-GMI
S. griseus --GTGKDWALIKLAQPINQ----PTLKIATTTAYNQGTFTVAGWGANREGGSQQRYLLKAN-VPFVSDAACRSAYGNELV
           nDimLIKL   a   n  v   lpT      gt c  sGWGnt ssg     L cl  P lS    C      Yp g i

           170       180       190       200       210       220       230
           |         |         |         |         |         |         |
Human      TSNMFCVGFLE-GGKDSCQGDSGGPVVCNG-----QLQGVVSWGDGCAQKNKPGVYTKVYNYVKWIKNTIAANS
Cow        TSNMFCAGYLE-GGKDSCQGDSGGPVVCSG-----KLQGIVSWGSGCAQKNKPGVYTKVCNYVSWIKQTIASN-
Atlantic salmon TNAMFCAGYLE-GGKDSCQGDSGGPVVCNG-----ELQGVVSWGYGCAEPGNPGVYAKVCIFNDWLTSTMASY-
S. griseus ANEEICAGYPDTGGVDTCQGDSGGPMFRKDNADEWIQVGIVSWGYGCARPGYPGVYTEVSTFASAIASAARTL-
           t  mfC G le GGKDsCQGDSGGPvvc g      lqG VSWG GCA     PGVYtkV     wi  t  a
```

5.17 Alignment der Sequenzen des Trypsins aus Mensch, Rind, Atlantiklachs und *Streptomyces griseus*. In der Zeile unter den Sequenzen sind vollständig konservierte Aminosäuren durch Großbuchstaben symbolisiert, Kleinbuchstaben weisen auf Aminosäuren hin, die in drei der vier Sequenzen übereinstimmen (die Ausnahme ist meist, aber nicht immer, *S. griseus*).

ist bei allen sehr ähnlich. Solche Enzyme – homologe Proteine bei verschiedenen biologischen Arten – bezeichnet man als **ortholog**. (Andere homologe Proteine bei Bakterien haben ganz andere Sequenzen.)

Die Evolution hat auch bei ein und derselben Art verwandte Enzyme mit unterschiedlicher Spezifität hervorgebracht. Chymotrypsin und Pankreas-Elastase sind zwei weitere Verdauungsenzyme, die wie das Trypsin ebenfalls Peptidbindungen spalten, aber neben anderen Aminosäuren: Chymotrypsin spaltet neben flachen, hydrophoben Aminosäuren (Phe, Trp), die Elastase neben kleinen Aminosäuren (Ala). Die veränderte Spezifität entsteht durch Mutationen in der Spezifitätstasche. Ein weiteres homologes Enzym, die Leukocyten-Elastase (die in Kapitel 3 Gegenstand der Datenbanksuche war) ist für Phagocytose und Infektionsabwehr unentbehrlich. Unter bestimmten Bedingungen verursacht sie Lungenschäden, die zum Emphysem führen.

Homologe Proteine bei derselben Spezies bezeichnet man als **paralog**. Trypsin, Chymotrypsin und Pankreas-Elastase wirken an der Verdauung der Nahrungsmittel mit. Eine andere Gruppe paraloger Enzyme ist für die Blutgerinnungskaskade verantwortlich. Zwar handelt es sich bei allen um Proteinasen, Verdauung und Blutgerinnung stellen aber sehr unterschiedliche Anforderungen an ihre Aktivierung und Steuerung; die Familien haben sich so auseinander entwickelt und spezialisiert, dass sie diesen unterschiedlichen Aufgaben gerecht werden.

Bei manchen zum Trypsin homologen Proteinen haben sich ganz neue Funktionen entwickelt:

- Haptoglobin ist zum Chymotrypsin homolog, hat aber seine proteolytische Aktivität verloren. Es wirkt als Chaperon und verhindert die unerwünschte Zusammenlagerung von Proteinen. Haptoglobin bildet einen engen Komplex mit Hämoglobinbruchstücken, die von Erythrocyten abgegeben werden. Dies hat mehrere nützliche Wirkungen; unter anderem wird der Verlust von Eisen vermieden.
- Bei der Serinproteinase der Rhinoviren hat sich eine eigenständige, unabhängige Funktion entwickelt: Sie bildet bei der RNA-Synthese den Initiationskomplex, und zwar durch Aminosäuren, die im Vergleich zum aktiven Zentrum für die Proteolyse auf der anderen Seite des Moleküls liegen. Hier wurde also kein aktives Zentrum modifiziert, sondern ein ganz neues aktives Zentrum ist entstanden.
- Untereinheiten, die zu Serinproteinasen homolog sind, findet man in den plasminogenähnlichen Wachstumsfaktoren. Welche Rolle diese Untereinheiten für die Akti-

vität der Wachstumsfaktoren spielen, ist noch nicht bekannt, aber um Proteolyse kann es sich nicht handeln, denn in den Proteinen sind einzelne Aminosäuren verloren gegangen, die für die Katalyse dieser Reaktionen unentbehrlich sind.

- Das „Immunprotein" Scolexin der Insekten ist entfernt homolog zu Serinproteinasen, die bei Infektionen für die Koagulation der Hämolymphe sorgen.

In der Familie des Chymotrypsins kann man beobachten, dass bei eng verwandten Proteinen zusammen mit ähnlichen Funktionen auch die Struktur erhalten geblieben ist, während sich die Funktionen bei manchen, aber nicht allen weitläufiger verwandten Proteinen zunehmend auseinander entwickelt haben.

Daraus kann man die Erkenntnis ableiten, dass das Faltungsmuster eines Proteins insgesamt keine zuverlässige Richtschnur für eine Voraussage der Funktion ist, insbesondere wenn es um sehr entfernt homologe Moleküle geht. Um die Funktion bei weitläufig verwandten Proteinen richtig voraussagen zu können, muss man sich auf das aktive Zentrum konzentrieren. Einige Beispiele:

- Die 3C-Proteinasen der Viren wurden als weitläufig homologe Proteine zum Chymotrypsin identifiziert, obwohl statt des Serins in der katalytisch aktiven Dreiergruppe („Triade") ein Cystein steht.
- Die entfernte Homologie zwischen Retrovirus- und Aspartat-Proteinasen erkannte man an konservierten Asp-, Thr- und Gly-Resten.

Wie PROSITE und andere Motiv-Datenbanken, so vollziehen auch diese Verfahren den unmittelbaren Schritt von einer charakteristischen Aminosäureverteilung im aktiven Zentrum zur konservierten Funktion, und zwar selbst dann, wenn die Struktur nicht experimentell aufgeklärt wurde.

Wenn man sich auf das aktive Zentrum konzentriert, hat man die Gelegenheit zur Anwendung ähnlicher Methoden, wie sie auch im Medikamentendesign zur Gestaltung von Liganden verwendet werden, und man kann damit voraussagen, welche Substrate möglicherweise an die Proteine binden werden. Dabei ist es aber von großer Bedeutung, dass man auch andere experimentelle Befunde einbezieht, beispielsweise die Geweberteilung der Genexpression und Kataloge interagierender Proteine. Versuche, die Funktion direkt beispielsweise durch „Gen-Knockout" zu messen, liefern dabei manchmal eine Antwort, aber wenn der Knockout-Phänotyp letal ist oder wenn mehrere Proteine die gleiche Funktion haben, sind sie nutzlos.

Der Beitrag der Bioinformatik zur Voraussage von Proteinfunktionen aufgrund der Sequenz und Struktur wird wahrscheinlich nicht in einem einfachen Algorithmus bestehen, der eine einfache Antwort liefert (was, so die Hoffnung, für die Voraussage der Struktur aus der Sequenz eines Tages der Fall sein wird). Vernünftiger ist die Aussicht, aufschlussreiche Experimente vorzuschlagen und an der Interpretation der Ergebnisse mitzuarbeiten. Das sind lohnende Ziele.

Entdeckung und Entwicklung von Medikamenten

Vor einem Hörsaal voller Studenten die Frage zu stellen, wie viele der Anwesenden heute noch am Leben wären, wenn sie nicht mindestens einmal wegen einer schweren Krankheit mit Medikamenten behandelt worden wären, ist eine ernüchternde Erfahrung (und dabei lässt man Krankheiten, die durch Impfungen verhindert wurden, noch außer Acht). Das Gleiche gilt, wenn man fragt, wie viele der heute noch lebenden Großeltern der Studenten eine stark verringerte Lebensqualität in Kauf nehmen müssten, wenn sie nicht regelmäßig Medikamente einnehmen würden. Die Antworten sind äußerst aufschlussreich. Unter anderem ist dabei von der Angst vor neuen, antibiotikaresistenten Stämmen ansteckender Mikroorganismen die Rede. Notwendig ist die Entwicklung neuer Medikamente, die in Verbindung mit Informationen über das Genom und einer auf dieser Grundlage gesteigerten Spezifität unser Leben verlängern und verbessern.

Zu einem Medikament zu werden, ist für eine chemische Verbindung nicht einfach. Damit sie diesen Status erhält, muss sie folgende Bedingungen erfüllen:

1. sie muss ungefährlich sein
2. sie muss wirksam sein
3. sie muss – sowohl chemisch als auch im Stoffwechsel – stabil sein
4. sie muss resorbierbar sein und an den Ort ihrer Wirkung gelangen
5. sie muss verfügbar sein – entweder durch Gewinnung aus natürlichen Quellen oder durch Synthese
6. sie muss neuartig und damit patentierbar sein

Die Schritte zur Entwicklung eines neuen Medikaments sind im Kasten 5.7 zusammengefasst. Der Prozess umfasst wissenschaftliche Forschung, klinische Erprobung zum Nachweis von Ungefährlichkeit und Wirksamkeit, sowie äußerst wichtige wirtschaftliche und juristische Aspekte, bei denen es um Patentschutz und Abschätzung der Rendite für die sehr hohen erforderlichen Investitionen geht.

Wenn man ein Medikament entwickeln will, muss man zunächst eine Krankheit auswählen, auf die man sich konzentriert. Man stellt fest, was über ihre möglichen Ursachen, Symptome, genetischen Aspekte, Epidemiologie, Verwandtschaft mit anderen

---

| 5.7 |

Stationen in der Entwicklung eines neuen Medikaments

1. Klärung der Symptome und biologischen Merkmale einer Krankheit; wird sie verursacht von
   - infektiösen Erregern – Bakterien, Viren, anderen?
   - einem Giftstoff nichtbiologischen Ursprungs?
   - einem mutierten Protein des Patienten?

2. Entwicklung eines Testverfahrens. Kann man ein potenzielles Medikament testen anhand
   - seiner Wirkung auf das Wachstum von Mikroorganismen?
   - seiner Wirkung auf Gewebekulturzellen?
   - seiner Wirkung auf Tiere, die an dieser oder einer entsprechenden Krankheit leiden?
   - seiner Bindung an ein bekanntes Protein?

3. Kennt die Volksmedizin eine wirksame Arznei aus einer natürlichen Quelle? Wenn ja, weiter bei Schritt 6.

4. Identifizierung eines spezifischen molekularen Ansatzpunktes (*target*). Klärung seiner Struktur experimentell oder durch Konstruktion von Modellen.

5. Aufbau einer allgemeinen Vorstellung von dem Molekül, das zu dem fraglichen Ansatzpunkt passen würde. Kennt man ein Substrat oder einen Hemmstoff?

┤ **5.7** *Fortsetzung*

6. Identifizierung einer **Leitstruktur** (Leitverbindung, *lead compound*), das heißt einer chemischen Verbindung, die *überhaupt* in messbarem Umfang die gewünschte biologische Aktivität erkennen lässt. Die Leitstruktur ist ein Brückenkopf; sie zu finden und später abzuwandeln sind zwei sehr verschiedenartige Tätigkeiten.

7. Weiterentwicklung der Leitstruktur: umfassende Untersuchung von Varianten der Verbindung mit dem Ziel, alle gewünschten Eigenschaften einzubauen und die biologische Aktivität zu verstärken.

8. Präklinische Prüfung: Nachweis von Wirksamkeit und Ungefährlichkeit *in vitro* und bei Tieren. In diesem Stadium kann man das Medikament patentieren lassen. (Grundsätzlich versucht man wegen der begrenzten Gültigkeitsdauer von Patenten, die Anmeldung so lange wie möglich hinauszuzögern, denn bevor man das Medikament auf den Markt bringen kann, sind noch mehrere zeitaufwendige Schritte erforderlich.)

9. In den USA (und in ähnlicher Form gilt dies auch in allen anderen Industrieländern): Anmeldung eines Medikaments zu Forschungszwecken bei der Arzneimittelbehörde (Food and Drug Administration, FDA). Anschließend folgen drei Phasen der klinischen Erprobung.

10. Klinische Prüfung (Erprobung), Phase I: Der Wirkstoff wird an gesunden Freiwilligen auf Ungefährlichkeit getestet. Es wird geklärt, wie der Organismus den Wirkstoff verarbeitet – wie er resorbiert, transportiert, im Stoffwechsel umgesetzt und ausgeschieden wird. Die Ergebnisse zeigen den ungefährlichen Dosierungsbereich.

11. Klinische Prüfung, Phase II: Der Wirkstoff wird an rund 200 freiwilligen Patienten auf seine Wirksamkeit gegen die fragliche Krankheit getestet. Heilt er die Krankheit, oder lindert er die Symptome? Die Dosierung wird optimiert.

12. Klinische Prüfung, Phase III: Durch einen Test an rund 2 000 Patienten wird schlüssig nachgewiesen, dass das Medikament besser als das beste bisher bekannte Therapieverfahren ist. Es handelt sich um randomisierte Doppelblindstudien im Vergleich zu einem Placebo oder einem bisher verwendeten Präparat. Solche Studien sind sehr teuer; nicht selten wird ein Projekt vor diesem Schritt aufgegeben, wenn in der Phase II Nebenwirkungen oder ungenügende Wirksamkeit erkennbar werden.

13. Antrag auf Zulassung des neuen Medikaments bei der FDA (beziehungsweise den Arzneimittelbehörden anderer Staaten). In dem Antrag werden Wirksamkeit und Ungefährlichkeit mit weiteren Daten nachgewiesen. Nach der Zulassung darf das Präparat verkauft werden. Erst jetzt kann es Gewinne bringen.

14. Klinische Prüfung, Phase IV: Nach Zulassung und Beginn der Vermarktung werden die Wirkungen im Rahmen der wachsenden Erfahrungen mit dem Präparat weiter überwacht. Möglicherweise zeigen sich bei manchen Patientengruppen neue Nebenwirkungen, die zu Beschränkungen im Anwendungsbereich oder sogar zum allgemeinen Rückruf führen.

Krankheiten bei Menschen und Tieren sowie Therapieverfahren bekannt ist. Kann man davon ausgehen, dass der potenzielle Nutzen eines Medikaments den großen Aufwand an Zeit, Geld und Mühe für die Entwicklung lohnt, macht man sich an die Arbeit.

Als Erstes muss man einen geeigneten Test entwickeln, mit dem man in der Anfangsphase den Erfolg feststellen kann. Zielt das Medikament auf ein bekanntes Protein, kann man unmittelbar die Bindung messen. Einen potenziell bakterienhemmenden Wirkstoff testet man aufgrund seiner Auswirkungen auf das Wachstum der Krankheitserreger. Manche Substanzen muss man daraufhin untersuchen, wie sie auf Gewebekulturen von Eukaryotenzellen wirken. Gibt es Labortiere, die für die Krankheit anfällig sind, kann man die Wirkstoffe an ihnen prüfen. Ein Wirkstoff kann aber auf Tiere und Menschen durchaus unterschiedliche Wirkungen haben. Tamoxifen zum Beispiel, eine Verbindung, die heute häufig gegen Brustkrebs eingesetzt wird, wurde ursprünglich als Empfängnisverhütungsmittel entwickelt. In Wirklichkeit verhindert es bei Ratten tatsächlich sehr gut die Befruchtung, bei Frauen dagegen *fördert* es die Ovulation.

Die Leitstruktur

Eines der ersten Ziele bei der Entwicklung eines Medikaments ist die Identifizierung einer oder mehrerer **Leitstrukturen** (*lead compounds*). Als Leitstruktur bezeichnet man jede Substanz, die die gewünschte biologische Wirkung erkennen lässt. Sie ist der Beweis, dass es eine Verbindung gibt, die zumindest einige der gesuchten Eigenschaften besitzt.

Leitstrukturen kann man auf mehreren Wegen finden:

1. durch Zufall: Das klassische Beispiel ist das Penicillin.
2. durch Durchmustern natürlicher Quellen. Das Motto des Pharmakologen lautet „siebet, so werdet ihr finden". Manchmal liefern traditionelle Heilmittel Anhaltspunkte für eine Wirkstoffquelle. Digitalis wurde beispielsweise aus den Blättern des Fingerhuts gewonnen, den man schon seit langem bei Herzversagen verwendete. (Warum benutzt man nicht einfach weiter die traditionelle Arznei? Die Antwort: Wenn man den Wirkstoff isoliert hat, kann man die Dosierung genauer steuern und Varianten untersuchen.)
3. aufgrund der Kenntnisse über Substrate, Inhibitoren und Wirkmechanismus des Proteins, auf das man abzielt; potenzielle Wirkstoffe wählt man anhand dieser Kenntnisse aus.
4. durch Erprobung von Medikamenten, die gegen ähnliche Erkrankungen wirken;
5. durch umfangreiches Screening. Mit den Methoden der kombinatorischen Chemie kann man parallel eine große Zahl verwandter Verbindungen testen. Ein Spezialverfahren, das man bei Polypeptiden anwenden kann, ist das Phagendisplay.
6. gelegentlich aufgrund der Nebenwirkungen vorhandener Medikamente. Minoxidil (2,4-diamino-6-piperidino-pyrimidin-3-oxid), das man ursprünglich als Antihypertonikum entwickelt hatte, stimuliert, wie sich später herausstellte, das Wachstum der Haare. Ein weiteres Beispiel ist Viagra, das ursprünglich ein Herzmedikament sein sollte.
7. durch Screening. Das National Cancer Institute der USA hatte bereits Zehntausende von Verbindungen durchgemustert. (Das Screening von Varianten ist ebenfalls sehr wichtig, *nachdem* man eine Leitstruktur gefunden hat.)
8. Computerscreening und Computerdesign von Anfang an.

Die Entdeckung einer Leitstruktur ist der Ausgangspunkt für weitere Forschungsarbeiten. Um ihre Wirksamkeit zu verbessern und ihr weitere unentbehrliche Eigenschaften zu verleihen, muss man viele Varianten der Leitstruktur ausprobieren. So eignet sich beispielsweise eine Verbindung, die an ihr Ziel bindet, nur dann als Medikament, wenn sie auch dorthin gelangen kann. Damit ein Medikament im Organismus zu seinem Ziel transportiert wird, muss es resorbiert und weitergegeben werden. Das erfordert Stabilität im Stoffwechsel. Es muss das richtige Löslichkeitsprofil besitzen – ein Wirkstoff muss einerseits so stark wasserlöslich sein, dass er resorbiert wird, andererseits darf die Löslichkeit aber nicht zu seiner sofortigen Ausscheidung führen; außerdem muss er (in den meisten Fällen) auch gut fettlöslich sein, damit er Membranen durchdringen kann, er darf aber auch nicht so gut fettlöslich sein, dass er ausschließlich von den Fettspeichern aufgenommen wird.

Verbesserung der Leitstruktur: quantitative Struktur-Wirkungs-Beziehungen (QSAR)

Zu jeder pharmakologisch wirksamen Verbindung gibt es ähnliche Verbindungen, die in der Regel verwandte, in Stärke und Spezifität aber abweichende Wirkungen zeigen. Man geht deshalb von einer Leitstruktur aus und untersucht zahlreiche ähnliche Moleküle, um die gewünschten pharmakologischen Eigenschaften zu optimieren. Für eine solche systematische Suche ist es von großem Nutzen, wenn man weiß, wie die Abweichungen in Struktur und physikalisch-chemischen Eigenschaften der betreffenden Molekülfamilie mit dem pharmakologischen Verhalten zusammenhängen. Dabei stellt sich aber das Problem, dass man Moleküle mit sehr unterschiedlichen Kriterien charakterisieren kann, so unter anderem mit Strukturmerkmalen wie Art und Verteilung der Substituenten, experimentellen Merkmalen wie der Löslichkeit in wässrigen und organischen Lösungsmitteln oder dem Dipolmoment, oder mit errechneten Merkmalen wie der Ladung an einzelnen Atomen.

Die quantitativen Struktur-Wirkungs-Beziehungen (Quantitative Structure-Activity Relationships, QSAR) bieten die Möglichkeit, aufgrund bereits untersuchter Fälle die pharmakologische Wirkung einer Gruppe von Verbindungen anhand der Beziehung zwischen Moleküleigenschaften und pharmakologischer Wirkung vorauszusagen. Die Methode wurde in den Sechzigerjahren des 20. Jahrhunderts von C. Hansch und Kollegen entwickelt und seitdem in großem Umfang eingesetzt.

C. Hansch, J. McClarin, T. Klein und R. Langridge untersuchten Inhibitoren der Carboanhydrase, eines Enzyms, das die Reaktion $CO_2 + H_2O \rightleftharpoons H^+ + HCO_3^-$ katalysiert. Ein klinisches Anwendungsgebiet für die Carboanhydrase sind Diuretika, die Therapie des überhöhten Augeninnendrucks beim Glaukom durch Unterdrückung der Kammerwassersekretion und Antiepileptika. Bergsteiger nehmen Carboanhydrasehemmer, um den Symptomen der Höhenkrankheit entgegenzuwirken.

Gemessen wurde die Bindung von 29 Phenylsulfonamiden an die Carboanhydrase. Phenylsulfonamide haben die allgemeine Formel

Dabei steht X für eine Reihe von Substituenten am Ring, die sich in Struktur und Position unterscheiden. Bei den Messungen stellte sich heraus, dass die Bindungskonstante in Beziehung zu mehreren Größen steht: zur Hammett-Substituentenkonstante σ (einem Maß für die Kraft, mit der ein Substituent Elektronen abzieht oder zur Verfügung stellt), zum Octanol-Wasser-Verteilungskoeffizienten P der nichtionisierten Form des Liganden, und zur Stellung (*ortho* oder *meta*) des Substituenten:

$$\log K \approx 1{,}55\,\sigma + 0{,}65 \log P - 2{,}07\,I_1 + 3{,}28\,I_2 + 6{,}94$$

Darin ist K die Bindungskonstante, $I_1 = 1$ wenn X *meta* steht, sonst 0, und $I_2 = 1$ wenn X *ortho* steht, sonst 0. Die Substituenten X hatten die Form -alkyl oder –COO-alkyl oder –CONH-alkyl.

Aus dieser Korrelation ergeben sich zwei Folgerungen:

1. Man kann mit dem Computer eine große Zahl von Verbindungen durchmustern und dann voraussagen, welche davon man experimentell untersuchen sollte.
2. Man kann die Bindungsstelle aufgrund einer Analyse der Parameter sichtbar machen.
   - Ein positiver Koeffizient σ, der besagt, dass Elektronen abziehende Substituenten bevorzugt werden, legt die Vermutung nahe, dass die ionisierte Form der Gruppe $-SO_2NH_2$ an das Zinkion im aktiven Zentrum der Carboanhydrase bindet.
   - Der positive Koeffizient log P lässt auf hydrophobe Wechselwirkungen zwischen Protein und Ligand schließen.
   - Die negativen Koeffizienten I_1 und I_2 lassen darauf schließen, dass es zu sterischen Kollisionen mit Substituenten in *meta*- oder *ortho*-Position kommt.

Die Strukturaufklärung der Carboanhydrase mit gebundenem Liganden bestätigt diese Schlussfolgerungen (siehe Web-Aufgabe 5.9).

Computergestütztes Wirkstoffdesign

—— Beispiel 5.5 ——————————————————————————————————

Medikamentendesign mit Computerhilfe: Spezifische Inhibitoren für die Prostaglandin-Cyclooxigenase 2

Prostaglandine sind eine Familie natürlich vorkommender Substanzen, die ein breites Spektrum physiologischer Prozesse in Gang setzen. Pharmakologisch verwendet man sowohl die Prostaglandine selbst als auch Wirkstoffe, die ihre Synthese hemmen. Das Prostaglandin E_2 (Dinoproston) dient in der Geburtshilfe zur Einleitung der Wehen. Aspirin, Ibuprofen, Acetaminophen und andere **nichtsteroidale Entzündungshemmer** (*non-steroidal anti-inflammatory drugs*, NSAIDs) wirken gegen Arthritis und ähnliche Leiden (Kasten 5.8). Diesen Effekt haben sie, weil sie Enzyme im Biosyntheseweg der Prostaglandine hemmen, insbesondere die Cyclooxygenasen. Eine bekannte Nebenwirkung von Aspirin sind Blutungen der Magenwand. Sie treten auf,

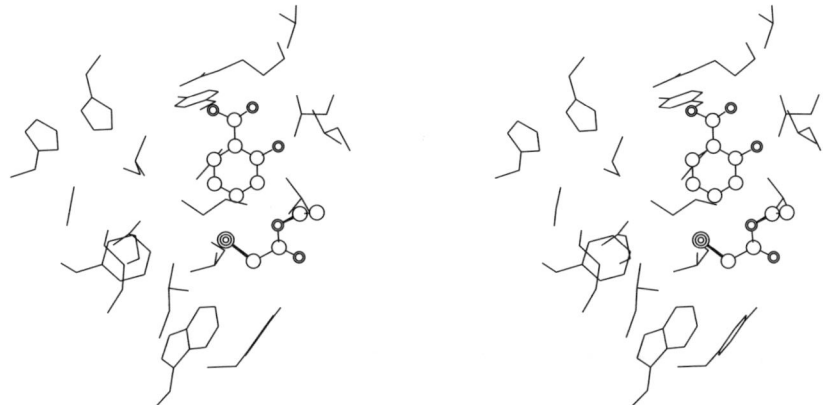

5.18 Die Bindungsstelle in COX-1 für das Aspirin-Analogon 2-Bromacetoxybenzoesäure. Der Ligand hat mit dem Protein reagiert und die Bromacetylgruppe auf die Seitenkette des Serins Nummer 530 übertragen. Das Protein ist als Skelettmodell dargestellt, das Aspirin-Analogon als Kugel-Stab-Modell.

— **Beispiel 5.5** *Fortsetzung*

| 5.8 |

Aspirin

Aspirin ist in der Volksmedizin eines der ältesten und nach neuesten Erkenntnissen auch eines der modernsten Heilmittel. Schon vor rund 2 500 Jahren bemerkte Hippokrates, dass Arzneien aus Weidenrinde oder Weidenblättern Schmerzen lindern und Fieber senken. Der aktive Bestandteil, das Salicin, wurde 1828 gereinigt und 1859 von Kolbe künstlich synthetisiert. Sein Wirkungsmechanismus blieb jedoch lange unbekannt. Erst in den Siebzigerjahren des 20. Jahrhunderts entdeckten J. Vane und Kollegen, dass Aspirin die Prostaglandinsynthese hemmt. Die Tatsache, dass man den Wirkmechanismus nicht kannte, stellte für die Verwendung aber nie ein Hindernis dar.

Vor rund 100 Jahren benutzte man Natriumsalicylat zur Behandlung der Arthritis. Da dabei starke Magenreizungen als Nebenwirkung auftraten, versuchte F. Hoffmann, den Säuregehalt der Verbindung durch die Herstellung von Acetylsalicylsäure zu vermindern. Das Medikament erhielt den Markennamen Aspirin. (Der Name Salicin kommt von *salix*, dem lateinischen Wort für die Weide; *Aspirin* setzt sich zusammen aus „a" für Acetyl und „spir" nach der Pflanze *Spirea*, die ebenfalls Salicin enthält.)

Aspirin hat fiebersenkende und schmerzstillende Wirkung. In hoher Dosierung wirkt es gegen Arthritis. Außerdem wird es zur Vorbeugung und Behandlung von Herzinfarkt und Schlaganfall verwendet. Bei den Herzkrankheiten ist es von Nutzen, weil es die Prostaglandinsteuerung der Verklumpung von Blutplättchen hemmt und damit die Blutgerinnung unterdrückt. In seinen vielen Anwendungsbereichen spiegelt sich die Tatsache wider, dass Prostaglandine an vielen physiologischen Vorgängen beteiligt sind.

Die vielfältigen Anwendungen für Aspirin

geringe Dosierung	mittlere Dosierung	hohe Dosierung
beeinträchtigt die Blutgerinnung	Fieber/Schmerzen	Linderung von Schmerzen und Entzündung bei Arthritis und ähnlichen Krankheiten

weil Prostaglandine (deren Synthese das Aspirin hemmt) die Säuresekretion des Magens unterdrücken und die Bildung des schützenden Schleims auf der Magenschleimhaut fördern.

Aspirin und andere NSAIDs hemmen zwei eng verwandte Prostaglandin-Cyclooxygenasen namens COX-1 und COX-2. (Die gleichen Abkürzungen werden leider auch für die für die Cytochromoxidasen 1 und 2 verwendet.) COX-1 wird in der Magenschleimhaut konstitutiv exprimiert. COX-2 ist induzierbar und wird bei Entzündungen heraufreguliert. Man kann also vermuten, dass ein Wirkstoff, der COX-2, nicht aber COX-1 hemmt, die unerwünschten Nebenwirkungen der NSAIDs vermindert, ohne ihre eigentliche Wirkung zu beeinträchtigen.

Die Aminosäuresequenzen und Kristallstrukturen von COX-1 und COX-2 sind bekannt. (Beide Proteine stimmen in 65 Prozent ihrer Sequenz überein.) Abbildung 5.18 zeigt einen Teil der Struktur von COX-1, der von dem Aspirinanalogon 2-Bromacetoxybenzoesäure (Aspirin, das an der Methylgruppe des Acetylanteils bromiert ist) acetyliert wurde. Die Salicylgruppe bindet ganz in der Nähe. Die Folge ist, dass der

— **Beispiel 5.5** *Fortsetzung*

Zugang zum aktiven Zentrum blockiert wird. Die meisten NSAIDs binden an das Enzym, bewirken aber keine kovalente Veränderung.

Abbildung 5.19 zeigt die gleiche Struktur, überlagert von dem entsprechenden Abschnitt von COX-2. Welche Strukturunterschiede würden sich als Ansatzpunkte für neu konstruierte Wirkstoffe anbieten? Abbildung 5.20 zeigt den Abschnitt von COX-2 mit dem selektiven Hemmstoff SC-558 (1-Phenylsulfonamid-3-trifluoromethyl-5-parabromophenylpyrazol, hergestellt von Searle). In Abbildung 5.21 erkennt man, warum SC-558 COX-1 nicht hemmen kann: Es käme zu einer sterischen Kollision mit der Seitenkette des Isoleucins, an deren Stelle in COX-2 ein Valin steht.

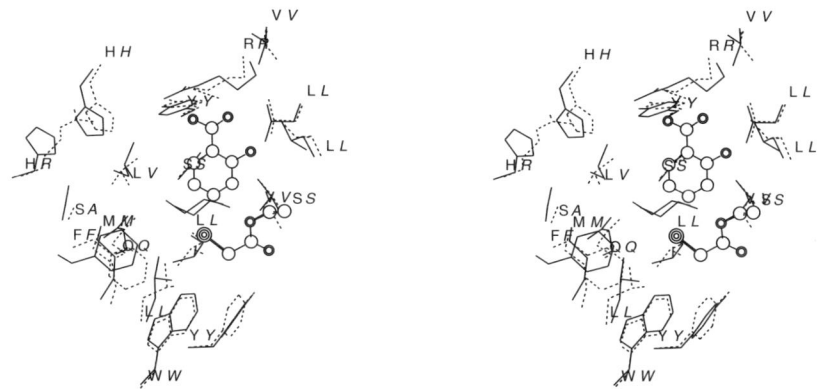

5.19 Die Bindungsstelle in COX-1 für das Aspirin-Analogon 2-Bromacetoxybenzoesäure (durchgezogene Linien, gerade Buchstaben) und die homologen Aminosäuren von COX-2 (gestrichelte Linien, kursive Buchstaben). Erkennen Sie, wie viel unbesetzter Raum im aktiven Zentrum vorhanden ist, der einen größeren Liganden aufnehmen könnte? Welche Sequenzunterschiede könnte man zur Konstruktion eines Inhibitors ausnutzen, der an COX-2 (gestrichelte Linien) bindet, nicht aber an COX-1 (durchgezogene Linien)?

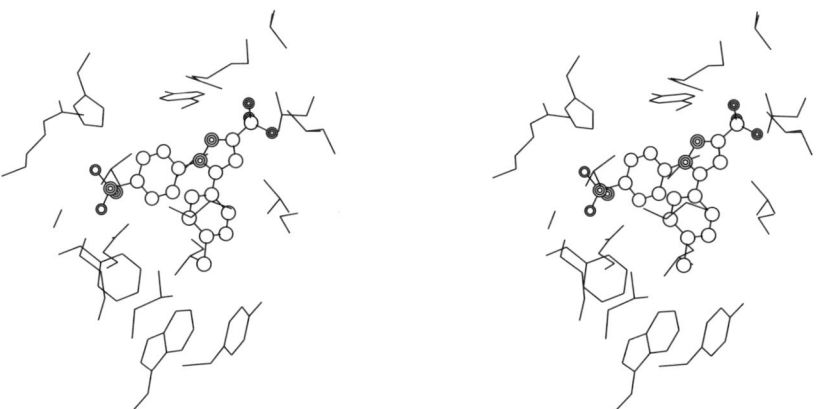

5.20 Die Bindungsstelle in COX-2 für SC-558 (1-Phenylsulfonamid-3-trifluormethyl-5-para-bromphenylpyrazol), einen *selektiven* Inhibitor für COX-2.

— **Beispiel 5.5** *Fortsetzung*

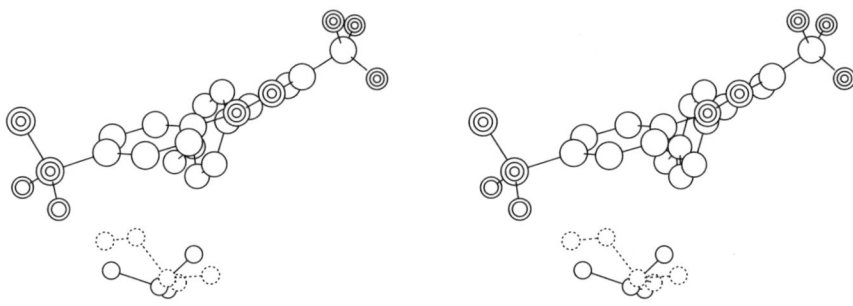

5.21 SC-558 und die Aminosäure in COX-2 (durchgezogene Linien, Valin) beziehungsweise COX-1 (gestrichelte Linien, Isoleucin), die offenbar für die Selektivität verantwortlich ist. SC-558 kann an COX-1 nicht binden, weil es dort in sterischen Konflikt mit dem Isoleucin geraten würde.

Empfohlene Literatur

Proteinfaltung

Baldwin RL, Rose GD (1999) Is protein folding hierarchic? I. Local structure and peptide folding. II. Folding intermediates and transition states. *Trends in Biochemical Sciences* 24, 26–32; 77–83. [Einführung in die derzeitigen Vorstellungen von Proteinstabilität und Proteinfaltung.]

Struktur-Alignment und Beziehungen zwischen Sequenz und Struktur

Holm L, Sander C (1995) Dali: a network tool for protein structure comparison. *Trends in Biochemical Sciences* 20, 478–480. [DALI und seine Anwendung beim Struktur-Alignment.]

Smith TF (1999) The art of matchmaking: sequence alignment methods and their structural implications. *Structure with Folding and Design* 7, R7–R12. [Über die Vereinigung von Sequenz- und Strukturanalyse; Verbindungen zwischen Sequenz und Struktur.]

Das R, Junker J, Greenbaum D, Gerstein MB (2001) Global perspectives on proteins: comparing genomes in terms of folds, pathways and beyond. *The Pharmacogenomics Journal* 1, 115–125. [Genomforschung im größeren Zusammenhang.]

Koonin EV (2001) Computational genomics. *Current Biology* 11, R155–R158. [Eine Meinung über die zukünftige Entwicklung.]

Homologiemodellierung

Guex N, Diemand A, Peitsch MC (1999) Protein modelling for all. *Trends in Biochemical Sciences* 24, 364–367. [Beschreibung von SWISS-MODEL.]

Marti-Renom MA, Stuart AC, Fiser A, Sánchez R, Melo F, Sali, A. (2000) Comparative protein structure modeling of genes and genomes. *Annual Review of Biophysics and Biomolecular Structure* 29, 291–325. [Aktuelles über Homologiemodellierung und ihre Anwendung in der strukturellen Genomik.]

Peitsch MC, Schwede T, Guex N (2000) Automated protein modelling – the proteome in 3D. *Pharmacogenomics* 1, 257–266. [Voraussetzungen für die Lösung der Probleme in der strukturellen Genomik.]

Andere Methoden zur Vorhersage von Proteinstrukturen

Bonneau R, Baker D (2001) Ab initio protein structure prediction: progress and prospects. *Annual Review of Biophysics and Biomolecular Structure* 30, 173–189. [Neuerer Übersichtsartikel über Strukturvoraussagen von den Urhebern eines der erfolgreichsten Verfahren.]

Klassiker, deren Lektüre auch heute noch lohnt

Kauzmann W (1959) Some factors in the interpretation of protein denaturation. *Advances in Protein Chemistry* 14, 1–63.

Richards FM (1977) Areas, volumes, packing and protein structure. *Annual Review of Biophysics and Bioengineering* 6, 151–176.

Chothia C (1984) Principles that determine the structure of proteins. *Annual Review of Biochemistry* 53, 537–572.

Richards FM (1991) Wie Proteine sich falten. *Spektrum der Wissenschaft* (3), 72–81.

Übungsaufgaben, Anwendungsaufgaben und Web-Aufgaben

Übungsaufgabe 5.1 Die Sublimationswärme von Eis am Gefrierpunkt ist $51 \text{ kJ} \times \text{mol}^{-1}$. Im gefrorenen Zustand bildet jedes H_2O-Molekül zwei Wasserstoffbrücken aus. Welchen Energiegehalt hat eine einzelne Wasser-Wasser-Wasserstoffbrücke?

Übungsaufgabe 5.2 Bei welchen Paaren handelt es sich um orthologe Proteine, bei welchen um paraloge, und welche sind keines von beiden?

a) menschliches Hämoglobin α und menschliches Hämoglobin β.
b) menschliches Hämoglobin α und Pferde-Hämoglobin α.
c) menschliches Hämoglobin α und Pferde-Hämoglobin β.
d) menschliches Hämoglobin α und menschliches Hämoglobin γ.
e) die Proteinasen menschliches Chymotrypsin und menschliches Thrombin.
f) die Proteinasen menschliches Chymotrypsin und Actinidin aus der Kiwifrucht.

Übungsaufgabe 5.3 Zeichnen Sie auf einer Fotokopie der Farbtafel VIIa die Stellen in der Struktur ein, die X, Y und Z in dem folgenden Schema entsprechen.

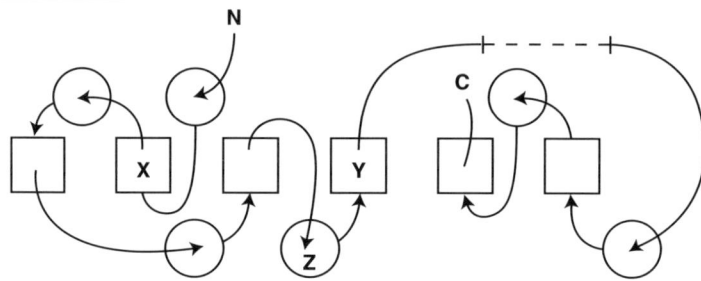

Übungsaufgabe 5.4 Markieren Sie auf einer Fotokopie der Abbildung 5.9b den Abschnitt der Helix 3_{10}, der den Voraussagen zufolge keine Helixstruktur haben sollte.

Übungsaufgabe 5.5 Welches der folgenden Schemata ist eine zutreffende Darstellung der Topologie – das heißt der Reihenfolge der Stränge in der Sequenz und ihrer Orientierung – des β-Faltblatts in Abbildung 5.9b?

a $\quad\uparrow\quad\uparrow\quad\uparrow\quad\uparrow$ $\qquad$ b $\quad\uparrow\quad\downarrow\quad\uparrow\quad\downarrow$ $\qquad$ c $\quad\uparrow\quad\uparrow\quad\downarrow\quad\uparrow$

$\quad$ 1 $\quad$ 2 $\quad$ 3 $\quad$ 4 $\qquad\qquad$ 3 $\quad$ 4 $\quad$ 2 $\quad$ 1 $\qquad\qquad$ 1 $\quad$ 3 $\quad$ 2 $\quad$ 4

Übungsaufgabe 5.6 Betrachten Sie die Strukturvoraussage für das hypothetische Protein von *H. influenzae* in Abbildung 5.12: a) Wo liegen die Unterschiede im Faltungsmuster des hier betrachteten und des experimentell untersuchten Proteins? b) Welche Unterschiede im Faltungsmuster bestehen zwischen der Voraussage von A. G. Murzin und dem untersuchten Protein? c) Welche Unterschiede im Faltungsmuster bestehen zwischen der Voraussage von A. G. Murzin und dem experimentell untersuchten Ausgangsprotein? In welcher Hinsicht gibt Murzins Voraussage das Faltungsmuster besser wieder als das experimentell untersuchte Ausgangsprotein?

Übungsaufgabe 5.7 Zeichnen Sie die Molekülstrukturen von Aspirin und 2-Bromacetoxy-benzoesäure.

Übungsaufgabe 5.8 Zu vielen Proteinen von Krankheitserregern gibt es beim Menschen ein homologes Gegenstück. Angenommen, Sie verfügen über eine Methode, um die Spezifitätsdeterminanten an den Bindungsstellen der beiden homologen Proteine zu vergleichen: Wie können Sie damit viel versprechende Ansatzpunkte für die Medikamentenentwicklung auswählen?

Übungsaufgabe 5.9 Betrachten Sie das neuronale Netz auf Seite 247. Wie viele Parameter – variable Gewichtungen und Schwellenwerte – lassen sich einstellen, wenn man einen linearen Entscheidungsprozess unterstellt?

Übungsaufgabe 5.10 Wie sieht die geometrische Interpretation eines Neurons aus, das zwei Inputs x und y annimmt und dann und nur dann „feuert", wenn $x + 2y \geq 2$?

Übungsaufgabe 5.11 Skizzieren Sie ein Neuron mit zwei Inputs x und y, die jeweils einen numerischen Wert haben können; das Neuron soll dann und nur dann eine 1 ausgeben, wenn der Wert des ersten Inputs größer oder gleich dem des zweiten ist. Wie sieht ein solches Neuron in geometrischer Interpretation aus?

Anwendungsaufgabe 5.1 Betrachten Sie das Alignment der Sequenzen von ETS-Domänen in Anwendungsaufgabe 1.1. a) Welche Mitglieder der Familie sind sich am ähnlichsten, welche sind am weitläufigsten verwandt? b) Angenommen, man hat nur für die erste Sequenz die zugehörige Struktur experimentell aufgeklärt. Für welche anderen Sequenzen werden Sie voraussichtlich ein Modell konstruieren können, bei dem die Wurzel der quadratischen Abweichung insgesamt für mehr als 90 Prozent der Aminosäuren höchstens 0,1 nm beträgt?

Anwendungsaufgabe 5.2 Skizzieren Sie ein neuronales Netz, das acht Inputs jeweils mit dem Wert 0 oder 1 aufnimmt; die Interpretation soll dabei besagen, dass die acht Inputs einer Sequenz von acht Aminosäuren entsprechen, wobei der Wert des i-ten Inputs 0 ist, wenn des sich um eine hydrophile Aminosäure handelt, und 1, wenn die Aminosäure hydrophob ist. Wenn das Muster auf eine Helix hindeutet – der Einfachheit halber fordern Sie dabei, dass es PPHHPPHH lautet, wobei H = hydrophob (ungeladen) und P = polar oder geladen –, soll das Netz den Output 1 abgeben, ansonsten eine 0.

Anwendungsaufgabe 5.3 Schreiben Sie vernünftigere Verteilungen, die Helices anhand der hydrophoben/hydrophilen Natur der Bausteine in einer Sequenz von zehn Aminosäuren erkennen lassen. Die Muster können durchaus „Wildcards" enthalten, das heißt Positionen, an denen hydrophobe oder hydrophile Aminosäuren stehen können; auch Korrelationen zwischen verschiedenen Positionen können einbezogen werden. Verallgemeinern Sie die Anwendungsaufgabe 5.2 und skizzieren Sie neuronale Netze, mit denen Sie diese komplizierteren Muster nachweisen könnten.

Anwendungsaufgabe 5.4 Wir können – ebenso wie Computer – logische Probleme arithmetisch angehen. Es sei 1 = WAHR und 0 = FALSCH. Skizzieren Sie simulierte Neuronen mit zwei Inputs, die jeweils nur den Wert 0 oder 1 haben können, und einen linearen Entscheidungsprozess, der zum „Feuern" führt, wobei a) die logische UND-Verknüpfung zwischen den beiden Inputs und b) die logische ODER-Verknüpfung der Output ist. c) Wie sieht das einfachste neuronale Netz aus, in dem jedes Neuron in einem linearen Prozess über das Feuern entscheidet und das als Output das AUSSCHLIESSENDE ODER der beiden Inputs erzeugt (das ausschließende Oder ist wahr, wenn einer der beiden Inputs wahr ist, und falsch, wenn beide Inputs oder keiner von beiden wahr ist). Lässt sich dies mit einem einzigen Neuron bewerkstelligen? Wenn nicht: Wie viele Schichten muss das Netz mindestens umfassen?

Anwendungsaufgabe 5.5 Wandeln Sie das Perl-Programm zum Zeichnen helikaler Räder (Seite 231) so ab, dass verschiedene Aminosäuren stets in der gleichen Schriftart dargestellt werden, aber nach folgendem Schema in unterschiedlichen Farben erscheinen: GAST = Cyan; CVILFYPMW = Grün; HNQ = Magenta; DE = Rot; KR = Blau.

Anwendungsaufgabe 5.6 Analyse hydrophober Cluster. Angenommen, ein Abschnitt eines Proteins bildet eine α-Helix. Um seine Oberfläche darzustellen, winden Sie die Sequenz in Gedanken zu einer α-Helix auf (und zwar auch dann, wenn sie in der nativen Struktur einen Faltblattstrang oder eine Schleife bildet). Dann „färben" Sie die Helix und rollen sie über ein Blatt Papier, sodass die Namen der Aminosäuren gedruckt werden. Wenn Sie mit der Helix zwei Umdrehungen beschreiben, sind alle Oberflächen sichtbar.

An einem solchen Diagramm erkennt man hydrophobe Bereiche auf der Oberfläche von Helices. Dann kann man voraussagen, welche Sequenzabschnitte in der nativen Struktur tatsächlich Helices ausbilden. Außerdem lassen sich durch den Vergleich hydrophober Cluster auch entfernte Verwandtschaftsbeziehungen nachweisen.

Schreiben Sie ein Perl-Programm, das solche Diagramme erzeugt.

Anwendungsaufgabe 5.7 Im CASP-Programm des Jahres 2000 beschäftigte man sich in der Kategorie „kein ähnliches Faltungsmuster bekannt" unter anderem mit der N-terminalen Domäne den menschlichen Proteins zum Verbinden von DNA-Enden XECC4, Aminosäuren 1–116.

B. Rost sagte die Sekundärstruktur mit der PROF-Methode voraus. Seine Voraussage, die sich auf Profile stützte und sich neuronaler Netze bediente, lautete folgendermaßen (ein H unter einer Aminosäure bedeutet, dass diese der Voraussage zufolge zu einer Helix gehört, ein E deutet auf eine gestreckte – *extended* – Konformation oder einen Faltblattstrang hin, und ein Strich bedeutet „andere"):

```
                   1          2          3          4          5          6
                   0          0          0          0          0          0
Sequenz      MERKISRIHLVSEPSITHFLQVSWEKTLESGFVITLTDGHSAWTGTVSESEISQEADDMA
Vorhersage   ---EEEEEE-----HHHHH-HHHHHHH--EEEEE------EE---HHHHHHHHHHHH

                                                    1          1
                   7          8          9          0          1
                   0          0          0          0          0
Sequenz       MEKGKYVGELRKALLSGAGPADVYTFNFSKESCYFFFEKNLKDVSFRLGSFNLEKV
Vorhersage    HHH-HHHHHHHHHHHH-----EEEEE-----EEEEE------EEEE-----HHHH
```

Die experimentell ermittelte Struktur der Domäne, die nach Einreichen der Voraussagen bekannt gegeben wurde (PDB-Eintrag [1FU1]), sieht so aus:

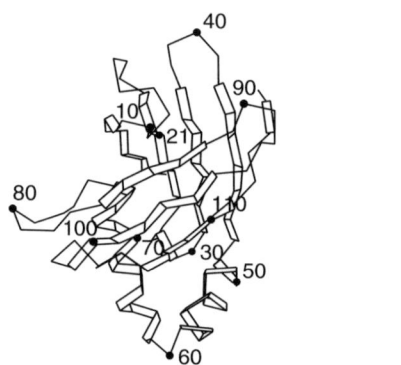 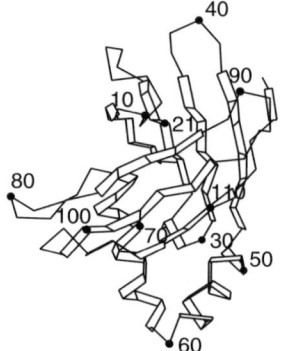

HUMAN XRCC4 [1fu1] Domäne 1   HUMAN XRCC4 [1fu1] Domäne 1

Dem PDB-Eintrag wurden folgende Sekundärstrukturen zugeordnet:

Sekundärstruktur	Aminosäurebereich
Helix	27–29, 49–59, 62–75
Faltblatt 1	2–8, 18–24, 31–37, 42–48, 114–115
Faltblatt 2	84–88, 95–101, 104–111

a) Berechnen Sie Q_3, den Prozentsatz der Aminosäuren, die richtig zu Helix (H), Strang (E) und anderen (–) zugeordnet wurden.

b) Markieren Sie auf einer Fotokopie des Bildes von XRCC4 in verschiedenen Farben die Abschnitte, bei denen es sich *der Voraussage zufolge* um Helices und Stränge handeln sollte.

c) gehen Sie von dem Ergebnis in (b) aus: Wie viele vorausgesagte Helices überlappen sich mit Helices in der experimentell ermittelten Struktur? Wie viele vorausgesagte Stränge überlappen sich mit Strängen in der experimentell ermittelten Struktur?

Anwendungsaufgabe 5.8 Die Arbeitsgruppe von Bonneau, Tsai, Ruczinski und Baker gab im Rahmen des Programms CASP2000 eine Voraussage über die vollständige dreidimensionale Struktur der Aminosäuren 1–116 im Protein XRCC4 ab. Aus ihrem Modell ergeben sich folgende Sekundärstrukturen (H = Helix, E = Strang, – = andere):

```
           1         2         3         4         5         6
           0         0         0         0         0         0
Sequenz    MERKISRIHLVSEPSITHFLQVSWEKTLESGFVITLTDGHSAWTGTVSESEISQEADDMA
Vorhersage ----E--EEEE---EEEE--EHHHHHHHH----EEEE--EEEE-----HHHHHHHHHHHH

           7         8         9         0         1
           0         0         0         0         0
Sequenz    MEKGKYVGELRKALLSGAGPADVYTFNFSKESCYFFFEKNLKDVSFRLGSFNLEKV
Vorhersage HHH---HHHHHHHHHHH-----EEEEEEE--EEEEEEE------HHHH----HHHH
```

a) Wie groß ist Q_3 für diese Vorhersage? b) Welches Verfahren liefert in diesem Fall die besseren Ergebnisse, gemessen als Wert von Q_3: das neuronale Netz, das nur Voraussagen über die Sekundärstruktur macht, oder die Vorhersage der vollständigen Raumstruktur?

Anwendungsaufgabe 5.9 Schreiben Sie Perl-Programme zur Implementierung der im Kasten 5.5 gezeigten neuronalen Netze.

Anwendungsaufgabe 5.10 Angenommen, Sie sollen mit einem *threading*-Verfahren beurteilen, ob eine Sequenz der Länge M wahrscheinlich das gleiche Faltungsmuster aufweist wie ein Protein mit bekannter Struktur, dessen Länge $N > M$. a) Wie viele verschiedene Alignments der beiden Sequenzen sind möglich? b) Angenommen, in dem bekannten Protein gehört die Hälfte der Aminosäuren zu Helices, und in den Helixabschnitten sind keine Lücken erlaubt. Wie viele verschiedene Alignments der beiden Sequenzen sind dann möglich? c) Wie viele Alignments gibt es unter den beiden zuvor genannten Annahmen, wenn $N = 200$ und $M = 150$?

Anwendungsaufgabe 5.11 Schreiben Sie ein Perl-Programm, das mit einer Monte-Carlo-Berechnung den Wert für π ermittelt, und zwar folgendermaßen: Das ebene Quadrat mit den Ecken (0,0), (1,0), (0,1) und (1,1) hat die Fläche 1. Berechnen Sie eine Reihe von Zufallszahlen*paaren* (x,y) im Bereich [0,1] zur Erzeugung von Punkten, die sich in dem Quadrat zufällig verteilen. Zählen Sie die Punkte, die innerhalb eines dem Quadrat einbeschriebenen Kreises mit dem Radius 0,5 liegen. Das Verhältnis der Zahl der Punkte innerhalb des Kreises zur Gesamtzahl der Punkte ist gleich dem Verhältnis der Fläche des Kreises zur Fläche des Quadrats = $\pi/4$.

Ermitteln Sie das durchschnittliche Verhältnis zwischen den gewählten Zahl der Punkte und der Anzahl richtiger Dezimalstellen im berechneten Wert von π. Schätzen Sie ab, wie viele Punkte notwendig sind, um π auf 50 Dezimalstellen genau zu bestimmen.

Anwendungsaufgabe 5.12 Um den Output eines Neurons von einer Stufenfunktion in eine kontinuierliche Funktion umzuwandeln (Seite 247), kann man eine Aussage der Form „X sei eine gewichtete Summe der Inputs; dann ist Output = 1 wenn $X > 0$, sonst Output = 0" in „X sei eine gewichtete Summe der Inputs; dann ist Output

$= 1/(1 + e^{-X})$ umwandeln. a) Weisen Sie nach, dass wenn $X \to -\infty$, dann $1/(1 + e^{-X}) \to$ 0, wenn $X \to +\infty$, dann $1/(1 + e^{-X}) \to 1$, und wenn $X = 0$, dann $1/(1 + e^{-X}) = 0{,}5$. b) Angenommen, das Netz zur Untersuchung der Frage, ob ein Punkt in einem Dreieck liegt (Seite 246), wird so verändert, dass der Output jedes Neurons nicht durch eine Stufenfunktion, sondern durch die kontinuierliche Funktion $1/(1 + e^{-X})$ beschrieben wird und dass ein Punkt als innerhalb der erlaubten Fläche liegend gilt, wenn der Output des Netzes $> 0{,}5$ ist. Schreiben Sie ein Perl-Programm, mit dem Sie feststellen können, welche Fläche dabei definiert ist.

Web-Aufgabe 5.1 Das Bakterium *Pseudomonas fluorescens* und der Pilz *Curvularia inaequalis* besitzen jeweils eine Chlorperoxidase, ein Enzym, das Halogenierungsreaktionen katalysiert. Haben diese Enzyme das gleiche Faltungsmuster?

Web-Aufgabe 5.2 Berechnen Sie ein Hydrophobizitätsprofil für das Rinder-Rhodopsin, leiten Sie es aus dem Spektrum der Aminosäuren ab, die Transmembranhelices bilden, und prüfen Sie das Ergebnis an der experimentell ermittelten Zuordnung von Helices in der röntgenstrukturanalytisch ermittelten Struktur.

Web-Aufgabe 5.3 Farbtafel III zeigt die Struktur einer Thiamin-bindenden Domäne, in der M. Gerstein eines der fünf häufigsten Faltungsmuster bei Archaea, Bacteria und Eukarya erkannte. Zeichnen Sie mit Hilfe der in SCOP gebotenen Möglichkeiten Bilder der vier anderen Strukturen.

Web-Aufgabe 5.4 Zeichnen Sie mithilfe der Ergebnisse aus Web-Aufgabe 5.3 oder anhand der Bilder in *Introduction to Protein Architecture: The Structural Biology of Proteins* analog zu Farbtafel III vereinfachte topologische Diagramme der anderen vier Strukturen.

Web-Aufgabe 5.5 Codiert das menschliche θ_1-Globingen ein aktives Globin? Oder ist es in Wirklichkeit ein Pseudogen? Schicken Sie die Aminosäuresequenz von θ_1 an SWISS-MODEL und fordern Sie einen WhatCheck-Report für das Ergebnis an. Welche Schlüsse über den Zustand des θ_1-Globingens können Sie aus dem Ergebnis ziehen?

Web-Aufgabe 5.6 Vergleichen Sie die Zahl der Einträge in den verschiedenen Kategorien von SCOP, wie sie im Kasten 5.3 aufgeführt sind, mit der derzeitigen Anzahl der Einträge.

Web-Aufgabe 5.7 Führen Sie mit Verfahren zum paarweisen Alignment ein Alignment der Sequenzen des γ-Chymotrypsins und des epidermolytischen Toxins A aus *S. aureus* durch. Vergleichen Sie die Ergebnisse mit dem im Text beschriebenen Struktur-Alignment.

Web-Aufgabe 5.8 Führen Sie ein Sequenz-Alignment der Elastase aus menschlichen Neutrophilen und der Elastase aus *C. elegans* durch. a) Wie viele Aminosäuren sind bei optimalem Alignment identisch? b) Wäre es vernünftig, ausgehend von der menschlichen Neutrophilen-Elastase ein Modell der Elastase von *C. elegans* zu konstruieren?

Web-Aufgabe 5.9 S. Chakravarty und K. K. Kannan klärten die Strukturen der Carboanhydrase mit einem Benzolsulfonamid als Liganden auf (Eintrag 1CZM in der Protein Data Bank). Zeichnen Sie Bilder der Bindungsstelle, auf denen man das Wesen der Wechselwirkungen zwischen Protein und Ligand erkennt. Beschreiben Sie diese Wechselwirkungen vor dem Hintergrund der Erkenntnisse, die aus der QSAR-Analyse gewonnen wurden.

Zum Schluss

Was können wir nach dem heutigen Stand der Dinge über die Bioinformatik der Zukunft sagen? Ohne Zweifel wird das Sammeln von Daten mit ständig wachsender Geschwindigkeit voranschreiten. Für die Speicherung, Verbreitung und Analyse der Ergebnisse wird man immer leistungsfähigere Rechner einsetzen. Man wird verbesserte Algorithmen entwickeln, um die zur Verfügung stehenden Informationen auszuwerten und zu interpretieren, damit wir von Daten über Wissen zu tieferem Verständnis gelangen.

Zu einem gewissen Einschnitt wird es kommen, wenn unsere Kenntnisse über Sequenzen und Strukturen nahezu vollständig sind, das heißt, wenn eine ausreichend große Teilmenge der entsprechenden Daten aller heutigen Lebensformen gesammelt wurde. (Dass es nicht möglich sein wird, alles zu kennen, steht außer Zweifel.) Praktisch betrachtet, wird dieser Punkt erreicht sein, wenn ein zufälliger Griff in den großen Topf der Genome oder die Aufklärung einer neuen Proteinstruktur mit wesentlich größerer Wahrscheinlichkeit etwas bereits Bekanntes und nichts völlig Neues mehr zutage fördert. Letztlich ist die Natur ein System mit unbegrenzten Möglichkeiten, von denen aber nur eine endliche Zahl verwirklicht ist.

Es wird bessere praktische Anwendungen geben, und diese werden schneller von der Forschung „ins Blaue hinein" zu industriellen und medizinischen Standardverfahren werden. Auch höhere Ebenen der biologischen Informationsübertragung, beispielsweise das genetische Entwicklungsprogramm, das während der Lebenszeit eines Organismus abläuft, oder die Tätigkeiten des menschlichen Geistes, werden zu den Vorgängen gehören, die wir quantitativ erfassen und unter dem Gesichtspunkt der Moleküle und ihrer Wechselwirkungen beschreiben können.

In Michelangelos Fresken an der Decke der Sixtinischen Kapelle hat die Schlange, die Eva den Apfel vom Baum der Erkenntnis darbietet, ihre Beine in Form einer Doppelhelix um den Baumstamm gewunden. Wir können nur hoffen, dass die Versuchung, die heute in dem durch eine andere Doppelhelix verkörperten Wissen liegt, erfreulichere Auswirkungen haben wird.

Index

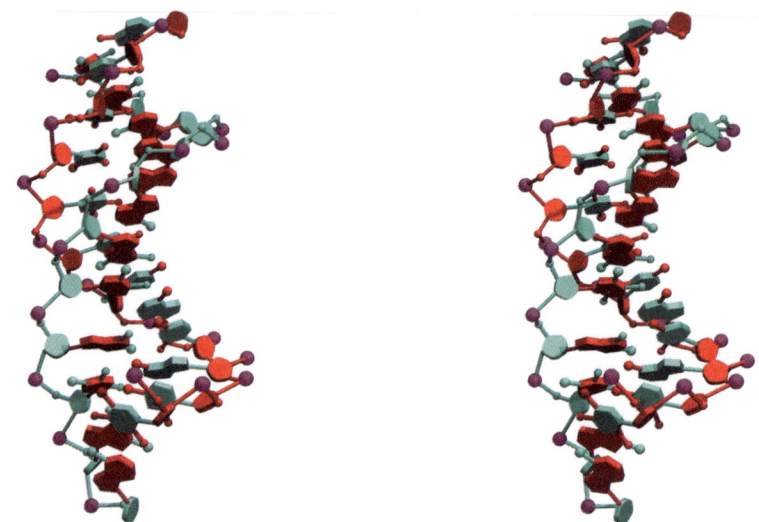

Farbtafel I   DNA-Doppelhelix. (Siehe Seite 5.)

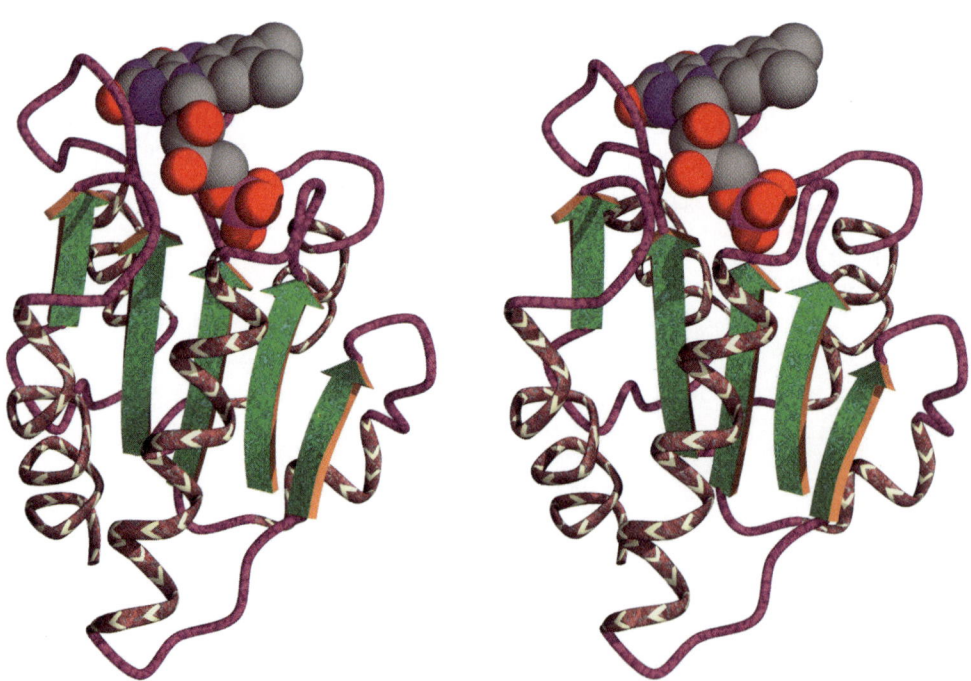

Farbtafel II   Flavodoxin aus *Clostridium beijerinckii* mit gebundenem Cofaktor FMN [5NLL]. Die grünen Pfeile repräsentieren Faltblattstränge. Die Einordnung dieser Struktur im Rahmen einer hierarchischen Klassifikation von Proteinstrukturen gemäß der SCOP-Datenbank ist auf Seite 239 beschrieben.

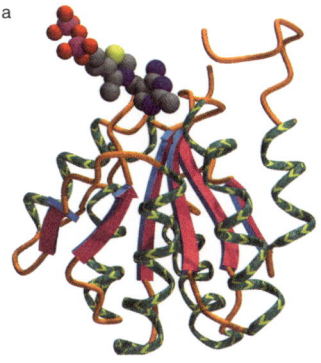
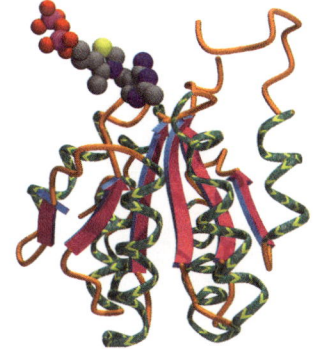

a

b

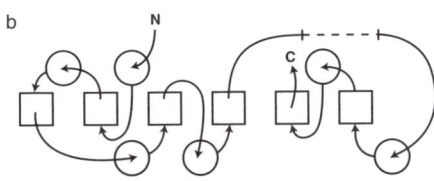

N

C

Farbtafel III Die thiaminbindende Domäne der Pyruvatdecarboxylase von Hefe. Thiaminbindende Domänen zählen zu den häufigsten Faltungsmustern und sind bei Archaea, Bacteria und Eukarya entdeckt worden. a) Dreidimensionale Struktur. b) Schematische Darstellung der Topologie. (Siehe Seite 262.)

Farbtafel IV Mithilfe der Fluoreszenz-*in-situ*-Hybridisierung (FISH) lassen sich orts- oder locusspezifische Sonden nachweisen und ihre Bindungsstellen auf den Chromosomen visualisieren. In der Abbildung rot markiert ist eine Sonde für die Centromerregion des Chromosoms 20, die zur Identifikation der zwei homologen, in der Metaphase befindlichen Kopien des Chromosoms dient. Grün markiert ist eine Sonde für den Marker D20S108 innerhalb der Region 20q11.2–13.1, der in einer Kopie des Chromosoms 20 vorhanden ist und in der anderen fehlt (weißer Pfeil). Die Zelle stammt von einem Patienten, der an Polycythaemia rubra vera leidet (einer deutlichen Vermehrung der Blutzellen, insbesondere der Erythrocyten, die auf eine Knochenmarksanomalie zurückzuführen ist). Die Region, die in dem langen Arm des Chromosoms 20 deletiert ist, enthält vermutlich Tumorsuppressorgene, deren Fehlen die Leukämieentwicklung fördert. (Siehe Seite 77.) (Mit Genehmigung von Dr. E. Nacheva, Department of Haematology, University of Cambridge.)

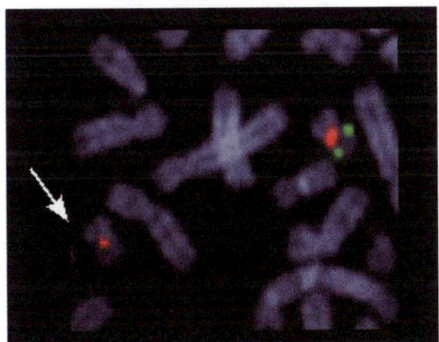

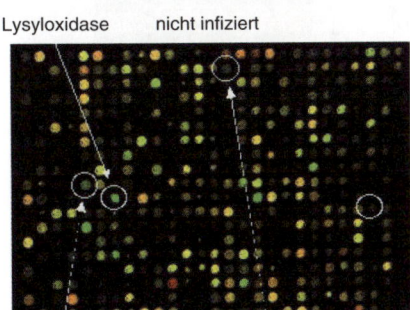

Lysyloxidase   nicht infiziert   8 Wochen nach Infektion

kollagenbindendes Protein Prokollagen,Typ III, alpha 2   Prokollagen, Typ V, alpha 2

Farbtafel V Schistosomen (Pärchenegel) sind Parasiten, die in tropischen und subtropischen Regionen schwerwiegende gesundheitliche Probleme verursachen können. Die Abbildung zeigt den Einsatz von cDNA-Mikroarrays, um die Auswirkungen einer Infektion mit *Schistosoma mansoni* auf das Transkriptionsprofil von Genen im Lebergewebe einer Maus zu analysieren. Jeder Punkt in den oben gezeigten Anordnungen (Arrays) gibt Auskunft über die Aktivität eines einzelnen Gens. Die entsprechenden Punkte in den beiden Arrays können zum Vergleich der Genaktivität herangezogen werden: links eine nicht infizierte Kontrollgruppe, rechts infizierte Tiere acht Wochen nach der Infektion. Die grüne Farbe zeigt nichtinduzierte Expressionsniveaus an, die rote Färbung induzierte Niveaus.

Ziel solcher Experimente ist es, in den differenziell exprimierten Genen Muster aufzudecken. In diesem Fall sind mehrere, infolge der Infektion höher regulierte Gene (weiße Kreise) an der Kollagensynthese und -ablagerung beteiligt. Dies ist mit einem ausgewogenen Abwehrmechanismus des Wirtes verknüpft, bei dem die Eier des Parasiten in ein fibröses Granulom eingeschlossen werden. Die Analyse der Genexpressionsmuster, die bei der Entwicklung einer solchen Störung nachweisbar sind, kann zur Aufklärung der Pathogenesemechanismen beitragen. (Siehe Seite 70.) (Mit Genehmigung von Dr. K. Hoffmann, Department of Pathology, University of Cambridge.)

Säugetier-Elastasen

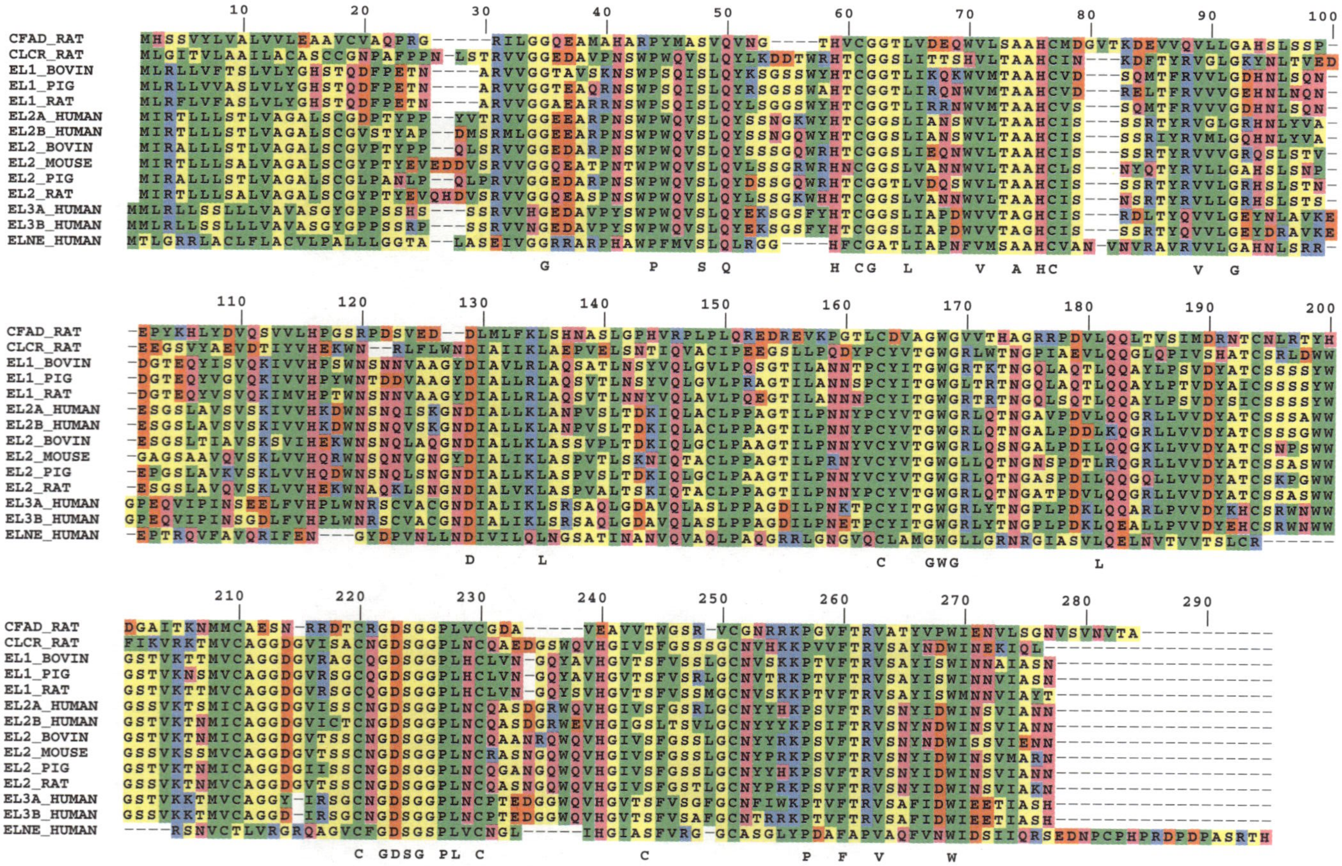

Farbtafel VI Alignment der Aminosäuresequenzen verschiedener Säugetier-Elastasen. (Siehe Seite 153.)

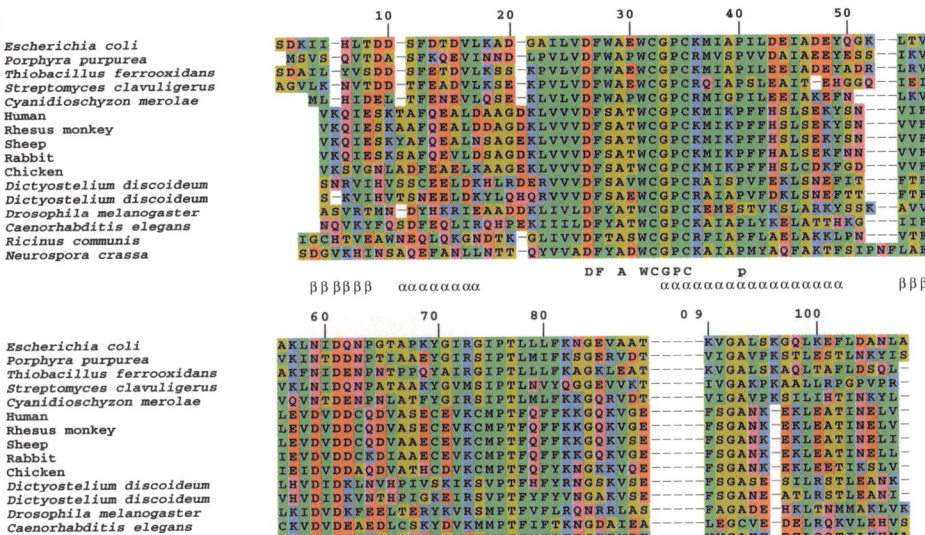

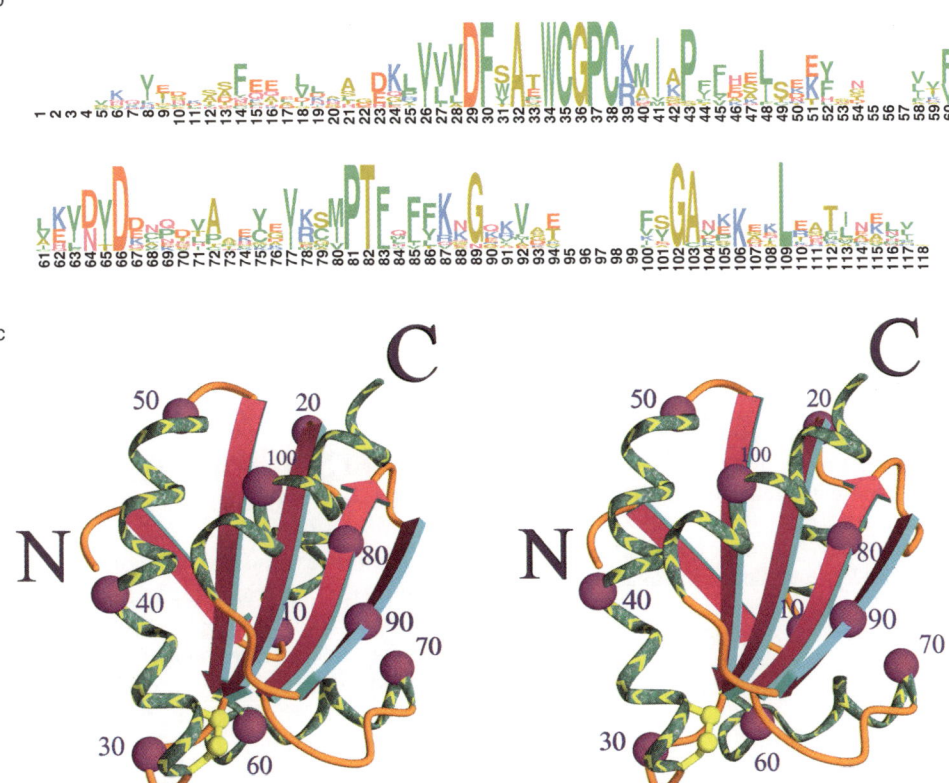

Farbtafel VII a) Alignment der Aminosäuresequenzen des Thioredoxins von *E. coli* und mehrerer homologer Enzyme. Einige der Sequenzen sind an ihren Enden gekürzt. Die Nummerierung der Aminosäuren in dieser Aufstellung entspricht den Positionen in der *E. coli*-Sequenz (erste Zeile). Die Helix-(α-) und Strang-(β-)Zuordnungen für das Thioredoxin von *E. coli* stammen aus dem PDB-Eintrag 2TRX. b) Von diesem multiplen Alignment abgeleitetes Sequenzlogo. c) Die Struktur des Thioredoxins von *E. coli* [2TRX] weist ein zentrales fünfsträngiges β-Faltblatt auf, das auf beiden Seiten von α-Helices flankiert ist. Die Nummerierung der Aminosäuren stimmt mit der in dem multiplen Alignment überein. N- und C-Ende sind ebenfalls markiert. Das Cα-Atom jeder zehnten Aminosäure ist durch eine violette Kugel gekennzeichnet. Die reaktive Disulfidbrücke zwischen Cys32 und Cys35 ist gelb markiert. (Siehe Seiten 189–190.)

Bioinformatik - Ihre Bücher fürs Studium